WWER-1000 压水堆核电厂运行物理

主　编　钱纪生

中国原子能出版传媒有限公司

图书在版编目(CIP)数据

WWER-1000 压水堆核电厂运行物理/钱纪生主编．—北京：中国原子能出版传媒有限公司，2011.2

ISBN 978-7-5022-5165-9

Ⅰ．①W…　Ⅱ．①钱…　Ⅲ．①压水型堆－核电厂－运行　Ⅳ．①TM623.91

中国版本图书馆 CIP 数据核字(2010)第 024909 号

内容简介

本书主要介绍与反应堆有关的原子核物理基础知识、反应堆临界理论、反应堆动力学、反应性的变化和控制、压水堆堆芯燃料管理等。本教材按照《核电厂操纵人员执照考核》(中华人民共和国核行业标准 EJ/T 1043—2004)附录 A1 的要求编写，内容具有通用性，不仅适用于 WWER-1000 型压水反应堆操纵人员培训，而且适用于其他压水反应堆操纵人员培训。在作适当的简化后亦可用于核电厂其他工程技术人员的基础理论培训。

WWER-1000 压水堆核电厂运行物理

出版发行	中国原子能出版传媒有限公司(北京市海淀区阜成路 43 号　100048)
责任编辑	侯茸方
技术编辑	丁怀兰　王亚翠
责任印制	潘玉玲
印　　刷	保定市中画美凯印刷有限公司
经　　销	全国新华书店
开　　本	787 mm×1092 mm　1/16
印　　张	16.875　**字　数**　418 千字
版　　次	2011 年 9 月第 1 版　2011 年 9 月第 1 次印刷
书　　号	ISBN 978-7-5022-5165-9　**定　价**　**80.00 元**

网址：http://www.aep.com.cn　　**E-mail：atomep123@126.com**

发行电话：010-68452845

《WWER-1000 压水堆核电厂运行物理》
编　辑　部

主　　编　钱纪生

审　　核　骆纯珊

统　　审　陶少平　毛正宥

总　序

核工业作为国家高科技战略性产业，是国家安全的重要基石、重要的清洁能源供应，以及综合国力和大国地位的重要标志。

1978年以来，我国核工业第二次创业。中国核工业集团公司走出了一条以我为主发展民族核电的成功道路。在长期的核电设计、建造、运行和管理过程中，积累了丰富的实践和理论经验，在与国际同行合作过程中，实现了技术和管理与国际先进水平相接轨，取得了骄人的业绩。

中国核工业集团公司在三十多年的核电建设中，经历了起步、小批量建设、快速发展三个阶段。我国先后建成了秦山、大亚湾、田湾三大核电基地，实现了我国大陆核电"零"的突破、国产化的重大跨越、核电管理与国际接轨，走出了一条以我为主，发展民族核电的成功之路。在最近几年中，发展尤为迅猛。截至2008年底，核电运行机组11台，装机容量907.82万千瓦，全部稳定运行，态势良好。

进入新世纪，党中央、国务院和中央军委对核工业发展高度重视、极为关怀，对核工业做出了新的战略决策。胡锦涛总书记指出："无论从促进经济社会发展看，还是从保障国家安全看，我们都必须切实把我国核事业发展好"。发展核电是优化能源结构、保障能源安全、满足经济社会发展需求的重要途径。2007年10月，国务院正式颁布了《核电中长期发展规划(2005—2020年)》。核电进入了快速、规模化、跨越式发展的新阶段。

在中国核电大发展之际，中国核工业集团公司继续以"核安全是核工业的生命线"的核安全文化理念和"透明、坦诚和开放"的企业管理心态，以推动核电又好又快又安全发展为己任，为加速培养核电发展所需的各类人才，组织核电领域专家，全面系统地对核电设计、工程建造、电站调试、生产准备和生产运营等各阶段的知识进行了梳理，构造了有逻辑性、系统性的核电知识体系，形成了覆盖核电各阶段的核电工程培训系列教材。

这套教材作为培养核电人才的重要工具，是国内目前第一套专业化、体系化、公开出版的核电人才培养系列教材，有助于开展培训工作，提高培训质量、节约培训成本，夯实核电发展基础。它集中了全集团的优势，突出高起点、实用性强，是集团化、专业化运作的又一次实践，是中国核工业50余年知识管理的积淀，是中国核工业10万人多年总结和实践经验的结晶。

21世纪是“以人为本”的知识经济时代，拥有足够的优秀人才是企业持续发展的重要基础。中国核工业集团公司愿以这套教材为核电发展开路，为业界理论探讨、实践交流提供参考。

我们要继续以科学发展观为指导，认真贯彻落实党中央、国务院的指示精神，积极推进核电产业发展。特别是要把总结核电建设经验作为一项长期的工作来抓，不断更新和完善人才教育培训体系。

核电培训系列教材可广泛用于核电厂人员培训，也可用于核电管理者的学习工具书，对于有针对性地解决核电厂生产实践和管理问题具有重要的参考价值。

中国核工业集团公司总经理 孙勤

2009年9月9日

前　言

本教材按照《核电厂操纵人员执照考核》(中华人民共和国核行业标准EJ/T 1043—2004)附录A1的要求，为田湾核电厂(WWER-1000型压水反应堆)的操纵人员培训编写。由于内容的通用性，也适用于其他压水反应堆核电厂的操纵人员。在作适当的简化后可用于压水堆核电厂其他工程技术人员的基础理论培训。

本教材的教学总目标是：使操纵人员获得与压水反应堆有关的核物理和反应堆物理基础理论知识，能够描述目录所列的基本概念，并能够进行相关的计算。在此基础上，对核电站反应堆运行过程中出现的各种物理现象有较清楚的了解，在实际工作中能够自觉地、严格地执行本电站有关反应堆物理的运行规程，对可能出现的物理问题能通过观察，运用所学知识初步分析其原因，预见其发展和后果，并能适时地提出对策和措施，从而避免操作的盲目性，确保反应堆运行的物理安全。

本教材中很多例题和思考题来源于操纵员和高级操纵员取照考试的试题，教材的中间教学目标就是通过解答这些例题、思考题、各章的复习题来实现的。

要特别申明的是：本教材所用的插图只用于说明某种概念、原理，不供实际使用。

本教材承蒙邵向业、居玉鑫、陶少平、毛正宥等本领域的著名专家、各核电站的同行以及本电站相关专业技术人员的精心审评，在此向他们致以诚挚的谢意。

编　者

2010年10月

目　录

第一章　概　述

第二章　原子核物理基础

第三章 反应堆临界理论

第四章　反应堆动力学

第五章　反应性的变化和控制

第六章　压水堆堆芯燃料管理简介

第一章 概 述

1.1 人类对核裂变的认识历程

19 世纪末，人们对物质的研究进入到微观领域。20 世纪初，原子物理成为探索物质微观结构的前沿学科，30 年代进入原子核物理领域，50 年代开始了粒子物理的研究。与此相对应，在物理学中，在物质微观结构的研究中建立了三个分支学科：原子物理学、原子核物理学和粒子物理学。其中，原子核物理是研究原子核性质、结构和运动变化规律的一门学科，它与利用核能发电的关系最为密切。

在物质结构中，原子和原子核完全是泾渭分明的两个层次，它们之间的关系既不同于分子和原子间的关系，也不同于原子核和基本粒子之间的关系。

1896 年，贝可勒尔(A. H. Becquerel)发现了天然放射性，这是人类第一次在实验室里观测到原子核变化的现象。人们常把这一重大发现作为原子核物理学的开端。1911 年，卢瑟福(E. Rutherford)通过 α 粒子大角度散射发现了原子核的存在；1919 年，他还通过用 α 粒子轰击各种原子，观测 α 射线所发生的偏折，从而确认了原子的核结构，并提出了原子结构的行星模型。这一成就为原子结构和原子核的研究奠定了基础，把原子结构的研究引入了正确的轨道。同年，人类首次用人工实现核反应(即，用 α 粒子轰击氮核引起核反应)，发现了质子(氢原子的原子核)。从此，用射线轰击原子核来引起核反应逐渐成为研究原子核的重要手段。此后，人们便初步弄清了原子的壳结构和电子在原子中的运动规律，建立和发展了描述微观世界物质运动基本规律的量子力学。

20 世纪 30 年代是原子核物理的大发展时期。

1932 年，查德威克(J. Chadwick)发现了中子；此后，海森伯(W. Heisenberg)很快就提出原子核是由质子和中子组成的假设。由于人们找到了中子这个不带电的、穿透性很强的“炮弹”，从而使核结构和核反应的研究工作得到深入的发展。可以说，中子的发现是原子核物理学发展史上最重要的事件。

核物理是在全部物理学的理论和技术基础上发展起来的。在理论基础方面，早在 1905 年，爱因斯坦就发表了划时代的论文《论运动物体的电动力学》，提出了狭义相对论，阐述了宇宙中物质的质量和能量这两个基本要素的内在联系。

核物理学的发展不但得益于经典力学、电磁学，而且还得益于化学方面的相互配合，由此还产生了其分支学科——放射化学，后来又从其中分出了核化学。我们现有关于放射性和原子核性质的知识，有不少是放射化学和核化学的研究成果。

1938 年，在研究中子辐照产物时，发现了 4 个放射性产物，它们都不是铀的同位素，由此提出了铀核在中子的作用下会发生分裂的想法。1939 年，哈恩(O. Hahn)和斯特拉斯曼(F. Strassmann)用放射化学的方法发现和证实了 ${}^{235}_{92}U$ 核在中子的轰击下发生裂变的现象。但当时把放出的新的中子给忽略了。1939 年，科学家居里(P. Curie)等人用中子轰击铀原子核，以寻找一种新的重核，却意外地发现了铀原子核在中子的轰击下会裂变成 2 块甚至 3

块碎片。后来又发现在铀核裂变的同时会释放出平均多于两个的中子，在适当的条件下，裂变过程中放出的中子还能使其他铀原子核发生裂变，从而使裂变反应持续下去，实现链式反应。这就是现今所有核反应堆的基本工作原理。

1942年，费密(E. Fermi)等人在美国芝加哥大学建造了世界上第一座核反应堆。

核裂变现象的发现和第一座链式反应堆的建立，这两项重大成就标志着人类使用核能将成为现实，从此原子核物理进入了一个新的核能利用的时代。

从20世纪30年代起，由于各种加速器的发明，核物理试验有了新的手段；同时，由于半导体技术的应用，粒子探测技术有了很大发展，大大提高了测定粒子能量的分辨率；核电子学和计算技术的飞速发展，又从根本上改善了实验数据获取和处理的能力，扩展了所观测的核现象的范围，提高了观测的精度，从而促进了核物理基础研究。

通过长期对各种核物理现象的研究，对试验结果的系统性分析，在核衰变、核结构、核反应等方面，都有了新的发现和认识，从而使人们对原子核的基本结构和变化规律有了认识上的飞跃。

在核物理理论发展规律中，人们在一直努力构建核结构和核反应的微观理论。建立微观理论碰到的困难主要在于核力的细节不清楚以及多体问题的数学处理。所以，在核物理研究中，往往采用唯象的、综合的方法，较成功的理论是模型理论这种唯象和半唯象的理论，而很少采用理论物理常用的演绎法，即，从一些基本原理出发来推导出全部知识。所谓唯象理论，就是从实验事实出发，假设一种近似的物理模型，与实验数据比较定出若干参数，从而得到某些核现象的定量描述、解释或预言一些新的性质。

在原子核基础理论研究迅速发展的同时，还产生了一门应用科学——核技术，包括：核武器、核动力、同位素和辐射技术。核技术的应用对世界政治、经济产生了巨大的影响。在1945年第一颗原子弹爆炸成功后，原子弹、氢弹、中子弹等核武器相继研制成功；1954年，前苏联在奥勃宁斯克建成了世界上第一座5 000 kW的试验核电站，开始了人类和平利用核能的新时期，世界上核电站数量迅速增加。我国在1958年建成第一座中子反应堆，在1964年成功地爆炸了第一颗原子弹，1967年成功爆炸了第一颗氢弹。从20世纪90年代以来，我国已建成多座核电站。

事实上，传统的低能核物理学已不能解释大量的实验事实。通过高能和超高能射线束与原子核的相互作用，人们发现了庞大的粒子家族(包括重子、介子、轻子和各种共振态粒子)。从20世纪70年代开始，电子计算机技术、重离子加速技术和强束流的中/高能加速器的建造这三方面技术的发展推动了核物理继续向前发展，使粒子物理学成为核物理研究的新前沿，并为核物理学开拓出新的研究领域，为核技术开辟了新的应用途径。

核物理学的发展历史表明，它是一门内容非常丰富、在理论上和应用上都十分重要的学科。一百多年的研究工作，取得了极其丰硕的成果。但是，没有探索过的领域更加宽广，已经探索过的领域也还有很多方面缺乏精确的实验资料，更没有建立起一套系统的、完整的理论。至于在核能利用和核技术应用方面，则还有更大量的核物理方面的工作要做。总之，原子和核物理学是一门内容十分丰富、正在继续不断发展的生气勃勃的学科，它又是核技术应用的重要基础。

人们将核物理学的研究成果，尤其是中子物理学方面的成果，包括在长期的科学实验中积累起来的大量核数据(如核截面数据)，运用到核反应堆的设计、建造和运行之中，就逐渐形成了反应堆物理学这门学科。通过不断改进反应堆物理计算的模型和方法，恰当地评价、处理和选择核数据，提高原始核数据的精确性，并不断地使用现代技术，特别是计算机技术，使核反应堆的设计计算的精度大大提高，从而使核反应堆的运行更加安全可靠。

本教材讲述与核反应堆有关的核物理学内容，而且只是低能核物理。它的基本出发点是：原子核由核子（质子和中子）组成；不考虑核子的内部结构，将其看成点粒子；核子的运动规律遵循非相对论、经典力学；研究的主要对象是β稳定线附近的核素和通常条件下的性质。

1.2　核电工程要解决的三大问题

图 1-2-1 所示为$^{235}_{92}$U 核的裂变，对于核电站来说这是最重要的物理现象。此图是人们对多年来在核裂变现象方方面面探索的一个简明扼要的总结。由图可见，在将物理问题转变为核电工程问题时，在核电站的设计、建造和运行方面有以下三个根本问题必须解决（或者说核电站必须具备以下三个安全功能）：

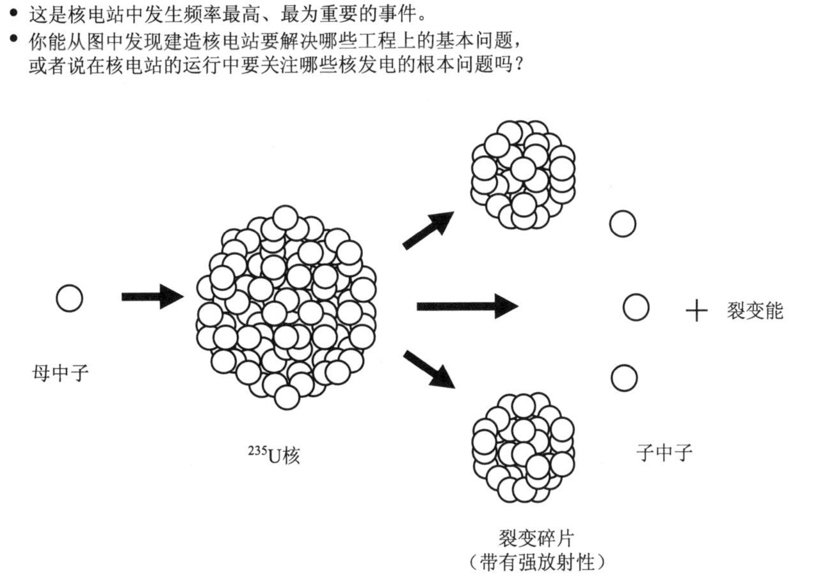

图 1-2-1　^{235}U 核的裂变现象

1）将堆芯中的能量带出来加以利用或安全地加以疏导。

2）控制反应性（关于反应性的概念见第四章和第五章）。控制好堆芯内的反应性，就控制了堆芯内产生的裂变中子数。而控制了中子数，也就是控制了产生的裂变能量，从而可以满足电网的需求。

3）包容和控制核裂变所产生的放射性产物，即实现对放射性产物的屏障控制功能。

因此，核电站反应堆的操纵员所从事的工作，总的来说就是：在安全的前提下，使电站最大限度地发出电力来。从反应堆物理学的角度来看，就是：操纵员应按运行规程的要求控制反应性，控制反应堆的功率和功率分布，使相关参数值保持在限值以下，从而确保四道屏障的完整性。

为了实现上述工作目标，要求学员通过本课程的学习，能理解、熟悉并应用由图 1-2-1 中提炼出来的以下物理问题的基本概念：

1）与易裂变核素和可裂变核素（尤其是核素 $^{235}_{92}U$ 核的裂变）相关的物理问题，包括 $^{235}_{92}U$ 的核、裂变碎片、中子循环、中子的性能和行为等。这主要是核物理方面的基础知识。

2）与反应堆功率和功率分布有关的概念。反应堆功率涉及反应堆物理和热工这对“孪生兄弟”，在核物理和反应堆物理方面，包括核反应率、中子通量密度、中子通量密度分布及其展平、峰值因子、功率和功率分布的控制等。

3）与反应性有关的概念。包括缓发中子效应、点堆动力学方程、周期、倒时方程、瞬发临界、反应性控制、反应性系数、反应性效应、裂变产物中的毒物中毒、反应性平衡等。这些问题与核反应堆运行物理密切相关。

4）在学习本课程关于控制好反应性以及控制好功率和功率分布、从而确保四道放射性屏障的完整性的基本概念的基础上，在将来的实际运行过程中，学会进行这些控制的具体方法。

本教材将按照循序渐进的原则来安排上述内容。

复习思考题

1. 试述图 1-2-1 所示的 $^{235}_{92}U$ 核裂变现象和链式反应。
2. 简述核电站应该具有的安全功能。
3. 试从反应堆物理学的角度描述反应堆操纵员的工作任务。

第二章　原子核物理基础

反应堆由核燃料、冷却剂、慢化剂、结构材料和控制材料等构成，反应堆的运行就建立在中子与它们相互作用的基础之上。运行着的反应堆实际上是一个强大的中子辐照场。

中子与物质相互作用的方式多种多样，可进行定量描述。中子与物质的作用与中子的能量有着十分密切的关系。反应堆中存在着瞬发中子和缓发中子这两种类型的中子，它们有着不同的产生机理，其属性也不相同。

本章介绍与反应堆有关的原子核物理基础知识，主要是中子物理学基础。首先简单地介绍原子核的性质、核衰变及质量和能量的关系；然后介绍中子与核的各种核反应；最后介绍核裂变的机理，并讲述反应堆热功率和衰变热的计算。

2.1　原子核的性质

目前人类已知的物质都是由一百多种元素的原子组成的。原子是保持物质化学性质的最小粒子，但原子并不是物质组成的最基本的单位。

(1) 原子核的组成、各组分的质量

核物理实验证明：原子有一个密实的核，它由质子和中子这两种基本粒子(统称为核子，或者说它们是核子的两种不同的状态)组成，电子在离核不同距离的分立的轨道上运转。由于原子核所带的正电荷与核外电子所带的负电荷的绝对值相等，因而原子呈电中性。

核的主要特性之一是它的质量。核和其中的核子的质量单位为“原子质量单位”，记作u(是 unit 的缩写)，定义为中性的碳原子($^{12}_{6}C$)质量的 1/12。

$$\begin{aligned}1\ \text{u} &= (12/N_A)\times(1/12) = (6.022\,142\times10^{23})^{-1}\text{g} \\ &= 1.660\,538\,7\times10^{-27}\ \text{kg}\end{aligned} \tag{2-1-1}$$

式中：N_A为阿伏加德罗常数。此式表明，常数 N_A本质上是宏观质量单位“g”与微观质量单位“u”的比值。而 N_A又表示 1 mol 的任何元素都包含有 $6.022\,142\times10^{23}$个原子。

质子和中子除了在质量上存在微小差别以及电荷的差异之外，其余性质十分相似。

质子带 1 个单位的正电荷，其电量等于电子电荷的电量(这种粒子实际上就是氢原子的核，也就是去掉氢原子唯一的一个电子后所剩下的部分)。质子的质量为：$m_p=1.007\,277$ u。

中子不带电。中子的质量为：$m_n=1.008\,665$ u。

质子、中子以克为单位的质量分别为：$m_p=1.672\,648\times10^{-24}$ g 和 $m_n=1.674\,954\times10^{-24}$ g。由此可见，中子稍稍重于质子。

电子的质量为：$m_e=0.000\,549$ u，将它与中子和质子的质量相比较，可知整个原子的质量几乎就是原子核中质子和中子的质量。

按照原子核结构的理论，一个电荷数为 Z(即原子序数)、质量接近于氢原子质量 A 倍的原子核是由 Z 个质子和 $N=A-Z$ 个中子组成。整数 A 称为核的质量数。每一类包含一种唯一的质子和中子的结合方式(即具有特定 Z、A 的原子核)的原子称为核素,用符号$^{A}_{Z}X$表示。其中 X 是元素的符号,A 是质量数,Z 是质子数。例如:$^{15}_{7}N$ 是元素氮的一种核素,它的质量数是 15,质子数是 7,中子数是 8。由于在核素 X 的表示中,其质量数 A 隐含了其原子序数 Z,常只写成^{A}X,例如$^{235}_{92}U$ 也可写成^{235}U。

(2) 原子核的大小

与原子半径相似,原子核的大小(半径)并不是一个可精确确定的量。用宏观的尺度来衡量,核半径是一个很小的量,约为 $10^{-13}\sim10^{-12}$ cm 数量级,无法直接测量,一般通过原子核与其他粒子的相互作用间接测量得到:测量带电粒子(如高能电子等)与核的库仑相互作用,可得到核的电荷分布半径,即核内质子分布半径;测量核子(如中子、质子等)与核的强相互作用,可得到核物质的分布半径,即核力作用半径。实验证实:可以把核看作一个不可压缩的密度均匀的球,其半径与原子的质量数有关:

$$r=(1.25\times10^{-13})A^{1/3} \tag{2-1-2}$$

式中:r ——核半径,cm;

A——原子质量数,无量纲。

尽管原子核比原子小得多(原子的平均半径约为 2×10^{-8} cm),但其质量却占整个原子的 99.9%以上。这种类似于太阳系的具有核心的原子模型(玻尔模型)唯象理论就是据此建立的。

(3) 同位素

元素的化学性质取决于核周围的(轨道)电子。因为整个原子是呈电中性的,其电子的数目必定等于原子核中的质子数。因此,只要原子核内包含同样数量的质子数,即具有相同的原子序数 Z,即使其质量数不同(原子核内具有不同的中子数),其化学性质也基本相同,但是它们的核特性往往具有明显的差别。

这些原子序数相同而质量数不同、因而在化学性质方面一般无法区别、但却具有不同的核特性的核素叫做同位素。

例如:$^{235}_{92}U$ 表示该铀原子核内有 92 个质子,235 个核子(质子和中子总数)。显然,原子核内有 235－92＝143 个中子。$^{238}_{92}U$ 原子核内也有 92 个质子,但共有 238 个核子(质子和中子总数)。因而其原子核内的中子数为 238－92＝146 个。$^{235}_{92}U$ 和$^{238}_{92}U$ 都是铀元素,在元素周期表中处于同一个位置。两者只相差 3 个中子,它们的化学性质和一般的物理性质几乎完全相同,但在核性质上,它们却大不相同,所以它们是同位素。

在热中子的轰击下$^{235}_{92}U$ 原子核能分裂成两个碎片,同时释放出大量的能量,它被称为易裂变核素,可用作核反应堆的燃料。除$^{235}_{92}U$ 外,还有$^{233}_{92}U$、$^{239}_{94}Pu$ 和$^{241}_{94}Pu$ 等核素在各种能量的中子作用下均能发生裂变,并在低能中子作用下具有比较大的裂变可能性。

$^{235}_{92}U$ 核吸收中子并发生裂变反应的一般表示式为:

$$^{235}_{92}U+^{1}_{0}n\rightarrow(^{236}_{92}U)^{*}\rightarrow\ ^{A_1}_{Z_1}X_1+^{A_2}_{Z_2}X_2+\nu\ ^{1}_{0}n+W \tag{2-1-3}$$

式中:$(^{236}_{92}U)^{*}$——复合核(见 2.4.2 节);

$^{A_1}_{Z_1}X_1$、$^{A_2}_{Z_2}X_2$——中等质量数的核素,它们是质量数分别为 A_1、A_2的核,称为裂变碎片;

ν ——每次裂变平均放出的中子数,也称作“每次裂变的中子产额”;

W——裂变释放出的能量,约为 200 MeV。

然而，$^{235}_{92}U$ 核吸收中子后并不全部都发生核裂变，除发生上述裂变反应外，还有一定比例的 $^{235}_{92}U$ 核与中子发生辐射俘获反应：

$$^{235}_{92}U+^{1}_{0}n \rightarrow (^{236}_{92}U)^{*} \rightarrow ^{236}_{92}U+\gamma \tag{2-1-4}$$

核素 $^{238}_{92}U$ 与 $^{235}_{92}U$ 不同，它在热中子的轰击下不能发生裂变反应，而是在俘获中子后生成复合核($^{239}_{92}U$)*(辐射俘获反应)，经过两次 β^- 衰变而转化为 $^{239}_{94}Pu$(如上所述，它是一种很重要的易裂变核素)。$^{238}_{92}U$ 被称为可裂变核素。核反应式为 $^{238}_{92}U(n,\gamma)^{239}_{92}U$，即：

$$^{238}_{92}U+^{1}_{0}n \rightarrow (^{239}_{92}U)^{*} \rightarrow ^{239}_{92}U+\gamma \tag{2-1-5}$$

$^{239}_{92}U$ 经两次衰变生成 $^{239}_{94}Pu$。这是再生燃料 $^{239}_{94}Pu$ 的生成反应：

$$^{239}_{92}U \xrightarrow{\beta^-,23\ \text{min}} {}^{239}_{93}Np \xrightarrow{\beta^-,2.3\ \text{d}} {}^{239}_{94}Pu \tag{2-1-6}$$

与 $^{238}_{92}U$ 同为可裂变核素的还有 $^{232}_{90}Th$、$^{240}_{94}Pu$ 等核素，它们只有在能量高于某一阈值的中子作用下才能发生裂变。

(4) 核力

如前所述，原子核是由带正电荷的质子和呈电中性的中子(两者统称为核子)组成的。那么，质子之间的静电排斥力是怎样被吸引力所克服的呢?

根据经典物理学，显然，在核中至少存在着两种力：1)任何两个具有质量的物体之间的吸引力；2)带电粒子之间的静电力。可以计算出吸引力和静电排斥力的大小。

万有引力定律表明：两个物体之间的吸引力与该两个物体的质量成正比，与它们之间的距离的平方成反比，其关系式为：

$$F_g=\frac{Gm_1m_2}{r^2} \tag{2-1-7}$$

式中：F_g——吸引力，N；

m_1——物体 1 的质量，kg；

m_2——物体 2 的质量，kg；

G——万有引力常量，6.67×10^{-11} N·m^2/kg^2；

r——粒子之间的距离，m。

此式表明，物体的质量越大，或者物体间的距离越小，其吸引力就越大。所以，尽管核子的质量非常小，但核子之间的距离极短，这使得吸引力很大。设两个质子之间的距离为 10^{-20} m，按式(2-1-7)可计算得到吸引力的值，约为 10^{-24} N。

根据库仑定律，两个质子之间的静电斥力与两个带电粒子的电荷成正比，与它们之间的距离平方成反比，即：

$$F_e=\frac{kQ_1Q_2}{r^2} \tag{2-1-8}$$

式中：F_e——静电斥力，N；

k——静电常数(9.0×10^9 N·m^2/C^2)；

Q_1——粒子 1 的电荷，C；

Q_2——粒子 2 的电荷，C；

r——粒子之间的距离，m。

取两质子之间的距离为 10^{-20} m，利用式(2-1-8)，可计算得到两质子之间的静电斥力约

为 10^{-12} N。将静电斥力与吸引力的计算结果进行比较(分别为 10^{-12} N 和 10^{-24} N),可知后者是如此之小,以至于可将其予以忽略。

如果在核中仅仅存在着静电斥力和吸引力,就不可能由质子和中子组成稳定的核。原子核由中子和质子组成,这是确信无疑的事实。而质子间的吸引力与质子间的静电排斥力相比实在是太小了,是不可能将核子聚集在一起的。所以,一定有另外一种力在核内起着作用,这种力叫做核力。

核力是一种强大的吸引力,它与电荷无关,它只是同样地作用于中子对之间,作用在质子对之间,以及作用在一个中子和一个质子之间。核力的作用距离很短,是一种短程力。但是,核子不能无限靠近,在它们之间除了引力之外在极短程内还存在着斥力(当两核子之间的距离为 0.8～2.0 fm 时。1 fm$=10^{-15}$ m)。随着核子之间距离的增加,所有核子之间的核力要比质子之间的静电排斥力减弱得快得多(当两核子之间的距离大于 10 fm 时核力完全消失)。在表 2-1-1 中对核内存在的几种力的作用特点进行了比较。

表 2-1-1 在核内的作用力

力	相互作用	作用距离
引力	所有核子之间存在着很弱的吸引力	相对长
静电力	带电粒子(质子)之间存在着强大的排斥力	相对长
核力	所有核子之间具有强大的吸引力	极短

核力是一种饱和力。在每一个稳定的原子核中,一种核素的核子只能与有限数目的别的核子相结合,或者说,一个核子只能吸引离它最近的几个核子。例如,在轻核中,α 粒子的核子结合得最为紧密:两个质子和两个中子在此核中形成一个饱和系统;如果在 α 粒子中再加进一个核子,则得到的是不稳定核。

从发现中子以来,人们就对核力进行了各种探索,并已经积累了关于核力的大量知识,然而,对它的性质还有待继续作进一步探索和研究。

在稳定的原子中,在核内的吸引力和排斥力处于平衡状态。如果这些力不平衡,该原子就不可能稳定,它的核就会发出射线,试图达到一个较为稳定的状态。

(5) 核的能级

原子核内部能量是量子化的,即原子核可以处于不同的分立的能量状态,即处于不同的能级:它有一最低的能量状态(基态)以及分立的、各种可能的激发状态。在基态时,原子核处于正常状态;一个处于激发状态的核将不会无限长时间处于这个能级,因为此时原子核是不稳定的,它会向着它的较低的或最低的能量状态(基态)转变,在此转变过程中将发射出不连续的电磁辐射束[叫做伽马(γ)射线]。不同的能级结构反映了不同的原子核结构情况。因此,对核能级的研究是认识原子核结构的重要途径。

一个核的能级可用核能级示意图表示(例如图 2-1-1 所示的^{60}Ni 能级图),它由分层的水平线组成,各条横线与该核的各个激发态相对应。相应于一个激发态的横线与表示基态的横线之间的垂直距离与相对于基态的激发态的能量水平成正比。基态与激发态的能量差称为该激发态的激发能。核素的基态的激发能为零。表示各激发态的横线标以各自的能量水平(能级)。

核的能级通常用兆电子伏(MeV)来度量。用于原子和原子核的能量基本单位是电子伏(eV)，它表示当一个电子通过电势差为 1 V 的电场时所获得的能量。$1\ eV=1.602\times10^{-19}\ J$。

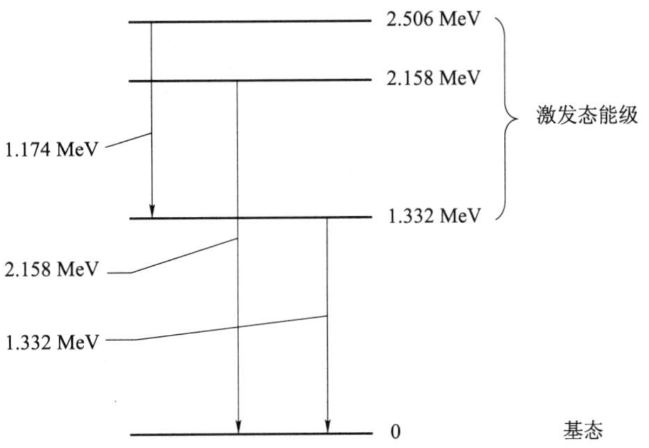

图 2-1-1　$^{60}_{28}Ni$ 的能级图

2.2　核衰变

2.2.1　衰变类型

通过实验发现的核素约有 2 000 多种(其中包括自然界存在的 280 多种稳定核素和 60 多种寿命很长的放射性核素；其余大多数放射性核素是用加速器和反应堆人工制造的)，它们绝大多数是不稳定的，会自发地蜕变成另一种核素，同时发射出射线，这种现象称为放射性衰变。

自从贝可勒尔在 1896 年发现铀的放射性以来，已发现了多种类型的放射性衰变(见表 2-2-1)。下面介绍几种常见的核衰变的类型。

表 2-2-1　核素放射性衰变类型

衰变类型		参与衰变的粒子	子核或剩余核
释放出核子的衰变	α 衰变	放出 α 粒子(即氦核：$A=4,Z=2$)	$(A-4,Z-2)$
	p 衰变	放出质子	$(A-1,Z-1)$
	中子发射	放出中子	$(A-1,Z)$
	双质子发射	同时放出 2 个质子	$(A-2,Z-2)$
	自发裂变	核自发分裂成 2 个或更多个更小的原子核及其他粒子	
	结团衰变	放出比 α 粒子大或小的核子团(A_1,Z_1)，如^{14}C 发射	$(A-A_1,Z-Z_1)+(A_1,Z_1)$
各种 β 衰变	β^- 衰变	放出 1 个电子，同时放出 1 个反中微子	$(A,Z+1)$
	β^+ 衰变	放出 1 个正电子，同时放出 1 个中微子	$(A,Z-1)$
	电子俘获	原子核俘获 1 个核外轨道电子，同时放出 1 个中微子，并使剩余核处于不稳定的激发态	$(A,Z-1)$
	双 β^- 衰变	放出 2 个电子和 2 个反中微子	$(A,Z+2)$
	双电子俘获	原子核俘获 2 个核外轨道电子，同时放出 2 个中微子，并使剩余核处于不稳定的激发态	$(A,Z-2)$
	正电子发射、电子俘获	原子核俘获 1 个核外轨道电子，同时放出 1 个正电子、2 个中微子	$(A,Z-2)$
	双 β^+ 衰变	放出 2 个正电子、2 个中微子	$(A,Z-2)$
同一能级间跃迁的衰变	γ 衰变	释放出 1 个高能光子(即 γ 粒子)	(A,Z)
	内转换	原子核将能量传给核外轨道电子，使其电离	(A,Z)

2.2.1.1 β$^{\pm}$衰变

研究β衰变具有很大的意义，因为易裂变核素^{235}U的核在发生裂变时产生的裂变碎片几乎都是β^-发射体(见本书2.5.3节)。把具有β稳定性的核素标绘在Z-N图上，可得到图2-2-1所示的核素图。

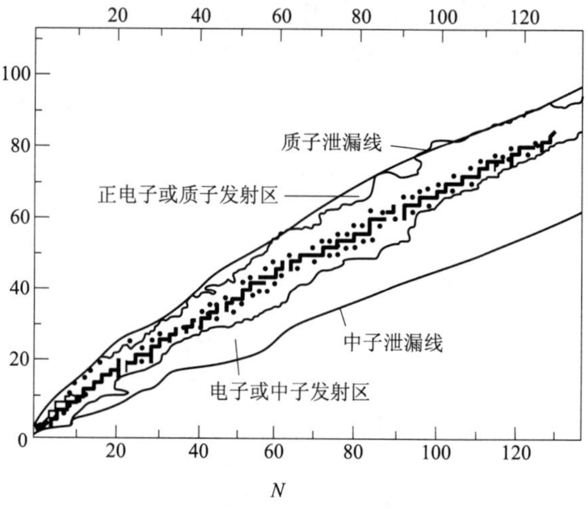

图2-2-1　核素图

注：在两条折线范围内为稳定核素(小黑方块)和实验已发现的核素；在两条实线范围内为理论预言的核素。

1) β稳定线：表示稳定核素的小黑方块落在一条几乎光滑的曲线上以及紧靠此曲线的两侧。该区域称为稳定区，该曲线称为β稳定线，其上的核素是β稳定的。对于$A<40$的核素，β稳定线近似为直线，且$N=Z$，即中子数N与质子数Z之比(中质比)$N/Z=1$，这些核素比较稳定。对于$A>40$的核素，情况发生了变化，这是因为：库仑相互作用是长程相互作用，它能作用于核内的所有质子，而核力是短程力，只作用于相邻的核子。随着Z的增加，库仑作用的影响增长得比核力快，原子核为了保持稳定，必须使中子数有较大增长才能抵消长程库仑力的破坏作用。所以，随着Z的增长，稳定核素的中子数越来越比质子数多，因而β稳定线的中质比$N/Z>1$。β稳定线可用一个经验公式来表示：

$$Z=\frac{A}{1.98+0.0155A^{2/3}}$$

其中，$A=Z+N$。目前实验已发现的核素都已画在图中的两条折线之内。

2) 缺中子区和丰中子区：稳定区上侧属于缺中子区，由于质子过剩而具有β^+放射性(正电子发射)或质子发射。稳定区下侧属于丰中子区，中子过剩而具有β^-放射性(电子发射)或中子发射。在缺中子区和丰中子区内的核素，不论是β^+还是β^-衰变，其变化过程的结果，都是向着β稳定区、β稳定线靠拢。

3) 大质量数的核素：实验只观察到$A\leqslant 240$的核素，A再大，核的寿命很短，不再存在稳定的核素。这时，由于库仑斥力($\propto Z^2$)随A增大而急剧增大，通过α衰变和自发裂变两种方式变为较轻的核素。

4) 质子泄漏线和中子泄漏线：图2-2-1中上、下两条实线分别代表质子泄漏线(线上质子的结合能为零)和中子泄漏线(线上中子的结合能为零)。在上面的实线之外，原子核含的质子数太多，它们就从核内泄出；在下面的实线之外，原子核含的中子数太多，它们就从核内泄出。由理论估计，在两条实线范围内至少应存在5 000种核素，但绝大多数核的寿命极短，尚未在实验中制备出来。

原子核自发地发射负电子(β^-衰变)、正电子(β^+衰变)或俘获核外电子(轨道电子俘获)的衰变统称为β衰变。

β衰变的半衰期大致分布在10^{-2} s～10^{18} a的范围内。发射出粒子的能量最大为几个MeV。β衰变不仅在重核范围内能发生，在全部周期表的范围内都存在β放射性核素，这与

α 衰变是不同的。

大量实验证明，原子核的能量状态是分立的，与此相对应，在核衰变过程中放出的 α 射线和 γ 射线的能量也是分立的。照理说，β 粒子也是从原子核中发射出来的，似乎它的能量也应该是分立的。但是实验发现的 β 能谱却是连续分布的。在对核素的衰变链的大量研究中提出了“在 β 衰变中衰变能如何满足能量守恒定律”的问题。为了解决这个困难，曾经提出种种假说，但都被实验所否定。最后，由泡利(W. Pauli)提出的中微子假说使以上困难得以克服。

原子核在 β 衰变过程中，不仅放出一个 β 粒子，还放出一个不带电的中性粒子，它的质量小得几乎为零，所以叫做“中微子”，用符号 ν 表示。因而，在 β 衰变过程中，牵涉到 β 粒子、中微子 ν 和反冲核这三个物体，而不是两个物体，这样一来，动量守恒和能量守恒都可得到满足。它们之间的能量分配方式是任意的，所以，$\beta^{\pm}$ 粒子的能谱是连续的。中微子的存在后来为许多实验所证实。

中微子与物质的作用是极弱的。按理论估计，它与一般原子核的作用截面只有约 10^{-44} cm^2 数量级。物质的原子密度通常为 10^{23} cm^{-3}，所以中微子在普通物质中的平均自由程可达到 10^{16} km，比地球的直径大亿万倍，这表明中微子可以横贯地球而通行无阻。由此可以想象，在核反应堆中，伴随核反应和 β 衰变产生的中微子将会穿越堆芯和结构材料而逸出堆外，并带走一部分能量。

根据费密基于中微子假说和实验事实建立的 β 衰变理论，β 衰变的本质在于原子核中的一个中子转变成质子，或者一个质子转变成中子，而中子和质子可以看作是同一个核子的两个不同的量子状态。它们之间的相互转变，就相当于核子从一个量子状态跃迁到另一个量子状态，在跃迁过程中，放出电子和中微子，这可用式子作如下表示：

$$\beta^{-}\text{ 衰变：}{}_{Z}^{A}X \rightarrow {}_{Z+1}^{\ \ A}Y + {}_{-1}^{\ \ 0}e + \bar{\nu} \tag{2-2-1}$$

$$\beta^{+}\text{ 衰变：}{}_{Z}^{A}X \rightarrow {}_{Z-1}^{\ \ A}Y + {}_{+1}^{\ \ 0}e + \nu \tag{2-2-2}$$

$$\text{轨道电子俘获：}{}_{Z}^{A}X + {}_{-1}^{\ \ 0}e \rightarrow {}_{Z-1}^{\ \ A}Y + \nu \tag{2-2-3}$$

式中：X、Y、${}_{-1}^{\ \ 0}e$、${}_{+1}^{\ \ 0}e$、ν 和 $\bar{\nu}$ 分别表示母核、子核、负电子、正电子、中微子和反中微子。

根据电荷守恒和质量守恒定律，核素 ${}_{Z}^{A}X$ 经 $\beta^{\pm}$ 衰变即变为 ${}_{Z\mp1}^{\ \ A}Y$。核的质量数不变，质子则减少(增加)一个。β^{+} 衰变后的元素在周期表上向后倒退了一格，β^{-} 衰变后的元素在周期表上向前进了一格。

2.2.1.2　α 衰变

原子核自发地发射出 α 粒子(即氦核，${}_{2}^{4}He$)而发生的转变称为 α 衰变。它的半衰期随核素的不同变化很大，短者可小于 10^{-7} s，长者可达约 10^{15} a。

α 衰变放出的能量(即衰变能)与衰变前后粒子的静止质量差相对应，它以 α 粒子的动能和子核动能的形式出现。α 粒子的能量一般分布在 4～9 MeV 范围内，其能谱是不连续的。实验测量表明：对于 $A \geqslant 150$ 的原子核都有可能自发发生 α 衰变。

α 衰变可以表示为：

$${}_{Z}^{A}X \rightarrow {}_{Z-2}^{A-4}Y + {}_{2}^{4}He\text{，或}{}_{Z}^{A}X \rightarrow {}_{Z-2}^{A-4}Y + \alpha \tag{2-2-4}$$

式中：X、Y 分别为 α 衰变的母核和子核。此式表示：α 衰变后的元素其质量数减少 4，电荷数减少 2，在周期表上向后倒退了两格。

2.2.1.3 γ发射

如本书2.1节所述，处于激发态的原子核是不稳定的，一般会放出γ射线退激到基态，或者先退激到较低的激发态而后再退激到基态，这个过程称为γ发射(或称为γ跃迁，见图2-1-1)。压水反应堆中初始γ射线的主要来源有：

- 核裂变的瞬发γ射线；
- 裂变产物的缓发γ射线；
- 辐射俘获反应放出的γ射线；
- 活化产物放射性衰变放出的γ射线；
- 快中子非弹性散射放出的γ射线。

γ射线基本上同X射线一样，是高能穿透性电磁辐射。γ射线与X射线之间的差别在于：前者是从原子核内产生的，而后者是在核外电子的跃迁过程中产生的；前者反映了原子核的分立的能量状态的变化，通常用MeV来度量，而后者反映了原子的电子的分立的能量状态的变化，一般用eV或keV来度量。

核素发生γ辐射时，其质量数与原子序数均保持不变。

例2-2-1 核素的质量数和原子序数在下列衰变中是如何变化的？

1) α衰变；2) β^+衰变；3) γ辐射；4) n衰变。

解

1) 质量数减少4，原子序数减少2；2) 质量数不变，原子序数减少1；3) 质量数与原子序数保持不变；4) 质量数减少1，原子序数不变。

例2-2-2 给出下列核反应式中未知核素X的原子序数和相对原子质量。

$$^{239}_{94}\mathrm{Pu}+\mathrm{n}\rightarrow{}^{(?)}_{(?)}\mathrm{X}_1+{}^{135}_{55}\mathrm{Cs}+3\mathrm{n}$$

$$^{241}_{95}\mathrm{Am}\rightarrow{}^{(?)}_{(?)}\mathrm{X}_2+\alpha$$

$$^{105}_{44}\mathrm{Ru}\rightarrow{}^{(?)}_{(?)}\mathrm{X}_3+\beta^-$$

$$^{130}_{55}\mathrm{Cs}\rightarrow{}^{(?)}_{(?)}\mathrm{X}_4+\gamma$$

解

$$^{239}_{94}\mathrm{Pu}+\mathrm{n}\rightarrow{}^{(102)}_{(39)}\mathrm{X}_1+{}^{135}_{55}\mathrm{Cs}+3\mathrm{n}$$

$$^{241}_{95}\mathrm{Am}\rightarrow{}^{(237)}_{(93)}\mathrm{X}_2+\alpha$$

$$^{105}_{44}\mathrm{Ru}\rightarrow{}^{(105)}_{(45)}\mathrm{X}_3+\beta^-$$

$$^{130}_{55}\mathrm{Cs}\rightarrow{}^{(130)}_{(55)}\mathrm{X}_4+\gamma$$

例2-2-3 填空题：

$$^{90}_{38}\mathrm{Sr}\rightarrow{}^{(?)}_{(?)}\mathrm{Y}+\beta^-$$

$$^{210}_{84}\mathrm{Po}\rightarrow{}^{206}_{(?)}\mathrm{X}+\alpha$$

$$^{239}_{94}\mathrm{Pu}+\mathrm{n}\rightarrow{}^{(?)}_{48}\mathrm{X}_1+{}^{118}_{(?)}\mathrm{X}_2+2\mathrm{n}$$

解

$$^{90}_{38}\mathrm{Sr}\rightarrow{}^{(90)}_{(39)}\mathrm{Y}+\beta^-$$

$$^{210}_{84}\mathrm{Po}\rightarrow{}^{206}_{(82)}\mathrm{X}+\alpha$$

$$^{239}_{94}\mathrm{Pu}+\mathrm{n}\rightarrow{}^{(120)}_{48}\mathrm{X}_1+{}^{118}_{(46)}\mathrm{X}_2+2\mathrm{n}$$

2.2.2　放射性衰变的统计规律

把某种放射性核素的样本单独存放起来时，它会通过发射 α 或 β 粒子而变成另一种核素，原来核素的核的数量将随时间按指数衰减规律减少：

$$N(t)=N_0\mathrm{e}^{-\lambda t} \tag{2-2-5}$$

式中：N_0——在时刻 $t=0$（即选定的零时刻）时的放射性核素样本的原子核数目；

λ——放射性衰变常量，表征衰变的快慢，λ 越大衰变得越快，λ 越小衰变得越慢。λ 数值大小只与放射性核素的种类有关，几乎与所处的物理和化学状态无关；

$N(t)$——该样本经衰变到 t 时刻剩下的放射性核素的原子核数目。显然：

$$\text{衰变掉的数目}=N_0(1-\mathrm{e}^{-\lambda t}) \tag{2-2-6}$$

式(2-2-5)表示大量原子核衰变的统计规律。而一个具体的核到底何时衰变则完全是偶然的，因此，无法说明放射性核素样本中哪一个核先衰变、哪一个核后衰变。对式(2-2-5)求微分，再乘以(－1)，得：

$$-\mathrm{d}N=\lambda N\mathrm{d}t \tag{2-2-7}$$

此式表示，在 t 到 $t+\mathrm{d}t$ 这段时间内衰变掉的原子核数($-\mathrm{d}N$)与 t 时刻还存在的原子核数 N 成正比，与 $\mathrm{d}t$ 成正比。将式(2-2-7)改写成：

$$\lambda=\frac{-\mathrm{d}N/\mathrm{d}t}{N} \tag{2-2-8}$$

由此式可见，λ 表示一个原子核在单位时间内发生衰变的概率。这就是 λ 的物理意义。每一种放射性核素都有它特有的 λ，没有两种核素的 λ 是一样的，因此，λ 可以作为放射性核素的特征量，可由测量得到的 λ 来判断它属于哪一种核素。

通常还使用半衰期 $T_{1/2}$ 和平均寿命 τ 来描述衰变的快慢。半衰期 $T_{1/2}$ 是放射性原子核衰减到一半所需要的时间。按定义有：

$$N=N_0/2=N_0\mathrm{e}^{-\lambda/T_{1/2}}$$

所以

$$T_{1/2}=\frac{\ln 2}{\lambda}=\frac{0.693}{\lambda} \tag{2-2-9}$$

对于大量放射性核素的核而言，从 $t=0$ 到 $t=\infty$ 都不断地在发生着衰变，所以每个原子核的寿命是各不相同的，但可以算出初始原子核数目为 N_0 的样本中所有核的平均寿命。从式(2-2-7)可知，在无穷小时间间隔 t 到 $t+\mathrm{d}t$ 内有($-\mathrm{d}N$)个核发生衰变，所以可认为这($-\mathrm{d}N$)个原子核的寿命都是 t，总寿命则是 $(-\mathrm{d}N)t=t\cdot\lambda N\mathrm{d}t$，由此可求出平均寿命 τ 与 λ 的关系：

$$\tau=\frac{1}{N_0}\int_0^{\infty}t\cdot\lambda N(t)\mathrm{d}t=\frac{1}{\lambda} \tag{2-2-10}$$

所以，式(2-2-5)又可表示为：

$$N(t)=N_0\mathrm{e}^{-t/\tau} \tag{2-2-11}$$

$T_{1/2}$ 与 τ 的关系如下：

$$T_{1/2}=\tau\ln 2=0.693\tau \tag{2-2-12}$$

因为 $T_{1/2}$、τ 与 λ 相互联系，所以，它们也都可以作为放射性核素的特征量。

根据半衰期的定义，经过 1 个半衰期的时间，核的数目(或它们的活度)将衰减到其初始值的一半，所以到 2 个半衰期末，核的数目(或活度)将下降到初始值的 1/4，可依此类推(见

图 2-2-2)，经过 n 个半衰期以后，留存的核数(或活度)占初始值的 $(1/2)^n$。经过 7 个半衰期以后，放射性物质的数量将减少到其初始值的 1%以下。

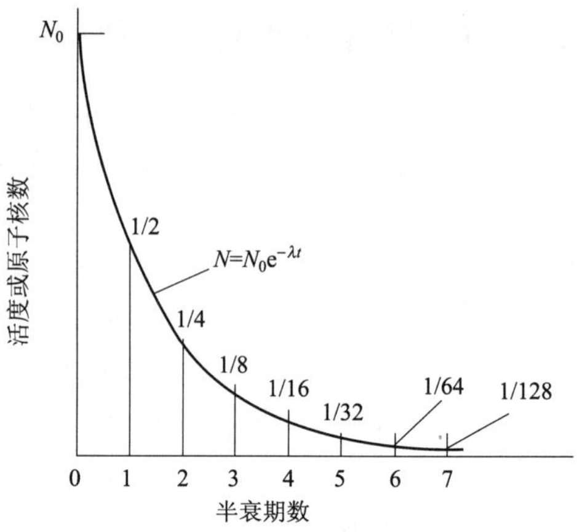

图 2-2-2 放射性活度与半衰期的指数关系

表 2-2-2 列出了核能领域中具有重要意义的一些放射性核素的半衰期，左边为自然界中存在的核素的半衰期，而右边则是人造核素的半衰期。三种易裂变核素($^{233}_{92}U$、$^{235}_{92}U$ 和 $^{239}_{94}Pu$)和两种可转换核素($^{232}_{90}Th$ 和 $^{238}_{92}U$，见本书 2.4 节)全都是 α 发射体，它们具有很长的半衰期，因而是比较稳定的。另一方面，由可转换核素俘获中子而产生的核素($^{232}_{90}Th$ 和 $^{239}_{92}U$)以及它们的瞬时衰变产物($^{233}_{84}Po$ 和 $^{239}_{93}Np$)全部是 β 发射体，其半衰期比较短。这表明，以上提到的这些可转换核素和易裂变核素可以保存许多年而不会有明显的损失。但由可转换核素俘获中子以后产生的中间产物的半衰期却比较短，它们将在几天内几乎全部衰变为易裂变核素。

表 2-2-2 一些放射性核素的衰变特征

天然放射性核素			人造放射性核素		
核素	放射性	半衰期	核素	放射性	半衰期
^{232}Th	α	1.4×10^{10} a	^{233}Th	β	22.2 min
^{238}U	α	4.47×10^{9} a	^{233}Po	β	27.0 d
^{235}U	α	7.04×10^{8} a	^{233}U	α	1.58×10^{5} a
			^{239}U	β	23.5 min
			^{239}Np	β	2.35 d
			^{239}Pu	α	2.44×10^{4} a

例 2-2-4 1 mg ^{252}Cf(锎)每秒钟的中子产额为 2.2×10^9，其强度每月(以 30 d 计)衰减 2.3%，试计算其半衰期为多少天？(精确到小数点后一位)

解

按放射性衰减规律式(2-2-11)：

$$N(t)=N_0e^{-t/\tau}$$

t 时刻留存的未衰变的核子数的份额：

$$N(t)/N_0=e^{-30/\tau}$$

即

$$(1-0.023)=e^{-30/\tau}$$

两边取对数：

$$\tau\times\ln(1-0.023)=-30$$

故

$$\tau=(-30)/(-0.023)=1\ 289.2\ \text{d}$$

而

$$T_{1/2}=\tau\times\ln2=1\ 289.2\times0.693=893.4\ \text{d}$$

所以，^{252}Cf 的半衰期为 893.4 d。

例 2-2-5　有一种 β^- 放射源，以 3.5×10^4 β粒子/s 的强度发射β粒子，经 30 d 后其强度下降了 5%。试计算其平均寿命为多少天？（列出计算式和过程，结果精确到天）

解

按题意有：$N(t)=0.95N_0$，$t=30$ d

根据式(2-2-11)：　$N(t)=N_0\mathrm{e}^{-t/\tau}$

故　$0.95N_0=N_0\mathrm{e}^{-t/\tau}$

$\ln 0.95=-30/\tau$

因此　$\tau=-30/\ln 0.95=585$ d

2.3　质量和能量的关系

2.3.1　质量亏损

精密测量表明：一个原子的质量 m_{atom} 总小于组成该原子的单独的 Z 个质子和 $(A-Z)$ 个中子（由它们结合成核）以及 Z 个电子的质量的总和，即

$$m_{\text{atom}}<Zm_{\text{p}}+(A-Z)m_{\text{n}}+Zm_{\text{e}}$$

式中：m_{p}、m_{n}、m_{e}分别为质子、中子及电子的质量。这种质量差称为质量亏损，可表示为：

$$\Delta m=Z(m_{\text{p}}+m_{\text{e}})+(A-Z)m_{\text{n}}-m_{\text{atom}} \tag{2-3-1}$$

1 个质子的质量加上 1 个电子的质量恰好等于 1 个氢原子的质量，即 $m_{\text{H}}=m_{\text{p}}+m_{\text{e}}$，则有：

$$\Delta m=Zm_{\text{H}}+(A-Z)m_{\text{n}}-m_{\text{atom}} \tag{2-3-2}$$

已知氢原子质量 $m_{\text{H}}=1.007\ 825$ u，中子质量 $m_{\text{n}}=1.008\ 665$ u，对于原子质量已由实验确定的任何一种核素，其质量亏损可通过下式计算而得到：

$$\Delta m=1.007\ 825\ Z+1.008\ 665(A-Z)-m_{\text{atom}} \tag{2-3-3}$$

以氘核为例，它由 1 个质子和 1 个中子组成。氘的原子质量 $m_{\text{atom}}=2.014\ 102$ u，氘的原子序数 $Z=1$，质量数 $A=2$，代入上式后，得：

$$\begin{aligned}\Delta m&=1.007\ 825\times1+1.008\ 665(2-1)-2.014\ 102\\&=0.002\ 388\ \text{u}\end{aligned}$$

质量亏损还有更广泛的意义。可以引入所谓“广义质量亏损”概念，把它定义为体系变化前后静止质量之差，即：

$$\Delta m=\sum m_i-\sum m_f \tag{2-3-4}$$

式中：右边第一项和第二项分别表示体系在变化前、后的静止质量。如果 $\Delta m>0$，表示体系变化后静止质量减少了。体系动能的相应变化 $\Delta E>0$，即有能量释放（放能变化）：

$$\Delta E=\sum E_f-\sum E_i \tag{2-3-5}$$

式中：右边第一项和第二项分别表示体系变化后、前的动能。

如果 $\Delta m<0$，体系变化后静止质量增大，相应地有 $\Delta E<0$，即要对体系提供能量（吸能变化）。

在核衰变、核反应和核裂变等方面，均可具体运用广义质量亏损的方法进行吸能或放能的计算。

2.3.2 质能转换与结合能

根据爱因斯坦的狭义相对论原理，质量与能量的等价关系可表示为：

$$E = mc^2 \tag{2-3-6}$$

式中：c 为光速，$c = 2.997\ 924\ 58 \times 10^8$ m/s。此式表示了体系能量的变化和质量的变化相联系。体系有质量的变化就一定有能量的变化，反之亦然。这表明，质量、能量这两个物质的属性是密切联系着的。只有质量而没有能量或者只有能量而没有质量的物质是不存在的。对于孤立体系，总能量守恒，也一定是总质量守恒的。

如果能量 E 的单位为 MeV，质量 m 的单位为 u，则上式可写成：

$$\Delta E\ (\mathrm{MeV}) = 931.5(\mathrm{MeV/u}) \times \Delta m(\mathrm{u}) \tag{2-3-7}$$

即 1 u 与 931.501 6 MeV 的能量相当。此式也表明：当自由核子结合成原子核时，质量总要亏损，即在结合过程中，从该原子核系统中释放出来的能量为：

$$\Delta E = \Delta mc^2 \tag{2-3-8}$$

反之，要把原子核打碎成自由核子，也须提供这么多能量。此能量称为该原子核的结合能。即

$$\Delta E = [Zm_p + (A-Z)m_n - m_A] \times c^2 \tag{2-3-9}$$

或

$$\Delta E = [Zm_H + (A-Z)m_n - m_{atom}] \times c^2 \tag{2-3-10}$$

也可以写成：

$$\Delta E = 931.5[1.007\ 825\ Z + 1.008\ 665(A-Z) - m_{atom}] \tag{2-3-11}$$

ΔE 也称核的总结合能。若把原子核拆成自由核子，平均需要对每个核子所做的功称为比结合能，这也就是原子核中每个核子的平均结合能，用 ε 表示：

$$\varepsilon = \Delta E / A \tag{2-3-12}$$

ε 的单位是 MeV/核子。通过对各种核的比结合能的系统研究，得到了图 2-3-1 所示的比结合能曲线（即 ε-A 图），下面分段说明其特点：

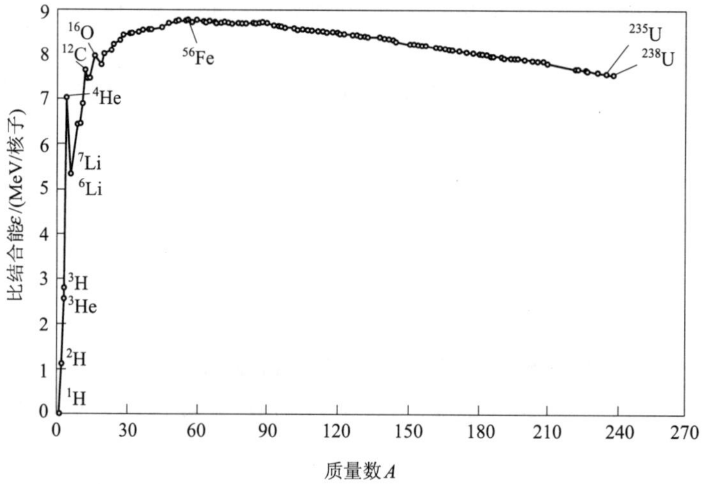

图 2-3-1 比结合能曲线

1）当核子数很小时（$A<30$），原子核的结合能粗略地与核子数成正比，即 $\Delta E \propto A$。每个核子的结合能比原子中每个电子的结合能要大得多，这说明在原子核中核子之间的结合是很紧密的，而原子中原子核对电子的束缚则要松得多。

2）当 $A>30$ 时，曲线进入一个缓慢增长区，到达最大值后，开始缓慢下降（$50<A<120$），曲线的形状呈中间高、两端低。这一区域的比结合能约为 8 MeV/核子，最大值约为 8.5 MeV/核子。

3）$A>120$ 的原子核的比结合能要小于 8 MeV/核子。

曲线的上述形状说明：中等质量的核结合得比较紧密，而很轻的核和很重（尤其是 $A>200$）的核结合得比较松散。正是根据这样的比结合能曲线，物理学家预言了以下两类原子能利用的途径：

1）重核的裂变。一个很重的核可以分裂成两个中等质量的原子核，ε 由小变大，而释放出核能，俗称原子能。例如，重核 ^{235}U 吸收一个中子而可以形成复合核 ^{236}U，并随即裂变成两个中等质量的碎片核[见式(2-1-1)]，ε 由 7.6 MeV 增大到 8.5 MeV。一次裂变约释放出 200 MeV 的能量。这就是原子弹和反应堆内燃料核裂变能够释放出巨大能量的道理。

2）轻核的聚变。两个很轻的原子核聚合成一个重一些的核，ε 由小变大，也可以释放出核能来。例如，氘核和氚核的聚合反应能生成氦核，放出中子：

$$^{2}H + ^{3}H \rightarrow ^{4}He + n$$

一次这样的聚变反应放出 20 MeV 以上的核能。这就是氢弹和热核反应释放大量能量的基本原理。

例 2-3-1 中子与一 $^{235}_{92}U$ 核作用发生以下裂变反应：

$$^{1}_{0}n + ^{235}_{92}U \rightarrow (^{236}_{92}U)^{*} \rightarrow ^{140}_{55}Cs + ^{93}_{37}Rb + 3^{1}_{0}n$$

在图 2-3-2 中给出了比结合能-质量数关系曲线，并注明了反应核（$^{235}_{92}U$）与裂变产物（$^{93}_{37}Rb$和$^{140}_{55}Cs$）的质量数和比结合能。另外，已知 $^{235}_{92}U$ 核、$^{93}_{37}Rb$ 核、$^{140}_{55}Cs$ 核和中子（$^{1}_{0}n$）的质量分别为 235.043 924 u、92.916 99 u、139.909 10 u 和 1.008 665 u。

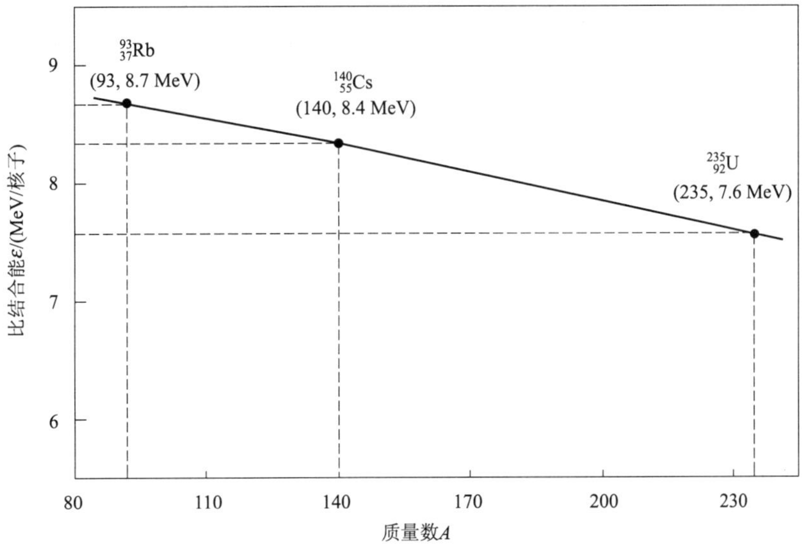

图 2-3-2 比结合能-质量数关系曲线局部放大图

要求：

1）利用给出的比结合能曲线估算在此次裂变反应中释放出来的能量；

2）利用质能定律精确计算裂变能。

解

1）利用比结合能曲线估算裂变能：

利用式(2-3-12)计算各自的结合能：

反应核$^{235}_{92}U$的结合能：

$$\Delta E_{U-235}=\varepsilon_{U-235}\times A_{U-235}=7.6\times 235=1\ 786\ \text{MeV}$$

裂变产物$^{93}_{37}Rb$的结合能：

$$\Delta E_{Rb}=\varepsilon_{Rb}\times A_{Rb}=8.7\times 93=809\ \text{MeV}$$

裂变产物$^{140}_{55}Cs$的结合能：

$$\Delta E_{Cs}=\varepsilon_{Cs}\times A_{Cs}=8.4\times 140=1\ 176\ \text{MeV}$$

由式(2-3-5)，裂变释放出来的能量等于反应核和裂变产物之间结合能之差：

$$\Delta E=(\Delta E_{Rb}+\Delta E_{Cs})-\Delta E_{U-235}=(809+1\ 176)-1\ 786=199\ \text{MeV}$$

2）应用质能定律精确计算裂变发出的瞬时能量：

裂变后立即释放出来的瞬时能量$E_{瞬时}$应等于与在裂变过程中失去的质量等价的能量。

先计算裂变前后的质量差：

质量差=反应物的质量－产物的质量

=(235.043 924+1×1.008 665)－(92.916 99+139.909 10+3×1.008 665)

=236.052 589－235.852 08

=0.200 509 u

应用式(2-3-7)将此质量差转换为等效的能量(裂变能中的瞬时能量)：

$$E_{瞬时}=0.200\ 509\times 931.5=186.8\ \text{MeV}$$

例 2-3-2 在例 2-3-1 中的裂变反应中，除了瞬时能量的释放之外，裂变碎片$^{93}_{37}Rb$和$^{140}_{55}Cs$还将通过发射β^-射线而释放出衰变能($E_{衰变}$)。它们的衰变链如下：

$$^{93}_{37}Rb\xrightarrow{\beta^-}{}^{93}_{38}Sr\xrightarrow{\beta^-}{}^{93}_{39}Y\xrightarrow{\beta^-}{}^{93}_{40}Zr\xrightarrow{\beta^-}{}^{93}_{41}Nb \quad ①$$

$$^{140}_{55}Cs\xrightarrow{\beta^-}{}^{140}_{56}Ba\xrightarrow{\beta^-}{}^{140}_{57}La\xrightarrow{\beta^-}{}^{140}_{58}Ce \quad ②$$

试计算这两个衰变链的衰变能。

解

在每个衰变链的衰变过程中释放的能量，等于裂变产物($^{93}_{37}Rb$和$^{140}_{55}Cs$)与最终的稳定核素($^{93}_{41}Nb$和$^{140}_{58}Ce$)和发射出来的β^-粒子质量之和的差。

按①式，对$^{93}_{37}Rb$的衰变链中释放的能量计算如下：

$$\begin{aligned}E_{衰变Rb-93}&=[m_{Rb-93}-(m_{Nb-93}+4m_e)]\times 931.5\ \text{MeV/u}\\&=[92.916\ 99-(92.906\ 38+4\times 0.000\ 548\ 6)]\text{u}\times 931.5\ \text{MeV/u}\\&=7.84\ \text{MeV}\end{aligned}$$

按②式，对$^{140}_{55}Cs$的衰变链中释放的能量计算如下：

$$\begin{aligned}E_{衰变Cs-140}&=[m_{Cs-140}-(m_{Ce-140}+3m_{电子})\times 931.5\ \text{MeV/u}\\&=[139.909\ 10-(139.905\ 43+3\times 0.000\ 548\ 6)]\text{u}\times 931.5\ \text{MeV/u}\end{aligned}$$

=1.89 MeV

两个衰变链过程的总衰变能等于两衰变链能量之和，即 9.73 MeV。

2.4　中子与原子核的相互作用

2.4.1　概述

前面讨论的核衰变是不稳定的原子核自发发生的转变，这种转变总是朝着原子核稳定的方向发展。而稳定的原子核也可以转变为不稳定的原子核，只是这种现象不能自发地发生，而是通过原子核反应形成的。

原子核和原子核，或者原子核与其他粒子（如中子、γ 光子等）之间的相互作用所引起的各种变化叫做核反应。各式各样的核反应是产生不稳定原子核的最根本途径。

核反应过程对原子核内部结构的扰动以及所涉及的能量的变化一般要比核衰变过程大得多。例如，核衰变只涉及低的激发能级，通常在 3～4 MeV 以下，而核反应涉及的能级可很高，通常在一个核子的分离能以上，甚至高达几百 MeV 以上。核反应产生的现象丰富多彩，使人们可在更广泛的范围内对原子核进行研究。同时，核反应是获得原子能和放射性核的重要途径，所以对它的研究具有很大的实际意义。

一个中子与某种核素的一个原子核之间发生相互作用，导致原子核的质量、电荷或能量状态改变的过程称为中子核反应。

在热中子反应堆内发生得最多的是中子与燃料核、慢化剂核以及结构材料核发生的核反应。设入射粒子为 a，被轰击的原子核即靶核（通常假设它是静止的）为 b，生成核（或反冲核）为 c，生成粒子为 d，则反应过程可以表示为：

$$b(a,d)c \quad 或 \quad a+b\rightarrow c+d$$

为简单起见，这里只假定生成一个粒子和一个生成核。例如 α 粒子作用于某些轻元素（例如铍）核，生成 C 和中子，即$^{9}Be(\alpha,n)^{12}C$，或

$$^{9}Be+^{4}He\rightarrow ^{12}C+^{1}n$$

中子轰击^{16}O 产生^{16}N 及 1 个质子，为$^{16}O(n,p)^{16}N$，或

$$^{16}O+^{1}n\rightarrow ^{16}N+^{1}p$$

大量实验表明，核反应过程主要遵守下列四个基本定律：

1) 质量数守恒。即反应前后的总质量数不变（或核子数相等）。例如，在$^{14}_{7}N(\alpha,p)^{17}_{8}O$ 反应中，反应前的总质量数为 14+4=18，反应后的总质量数也是 17+1=18。

2) 电荷数守恒。即反应前后的总电荷数不变。例如，在$^{14}_{7}N(\alpha,p)^{17}_{8}O$ 反应中，反应前的总电荷数为 7+2=9，反应后的总电荷数也是 8+1=9。

3) 动量守恒。即反应前后体系的总动量不变。例如，在$^{14}_{7}N(\alpha,p)^{17}_{8}O$ 反应中，若靶核$^{14}_{7}N$ 本来静止，则反应前的总动量为 α 粒子的动量，于是反应后的总动量（即质子与$^{17}_{8}O$ 核动量的矢量和）必等于 α 粒子的动量。

4) 质量-能量守恒。质量守恒和能量守恒这两个互不相干的定律，在核级水平上就不能严格地适用。质量和能量之间是可以相互转换的。可以用一种单一的守恒定律来代替这两个互不相干的守恒定律，即，质量和能量之和是守恒的。质量并不以一种不可思议的方式

产生和消失。质量的减少伴随着能量的增加，反过来也一样。

对于核反应，有多种分类方法。例如，核反应按出射粒子的不同，可分为核散射和核转变两大类；按入射粒子的种类不同，可分为中子核反应、带电粒子核反应、光核反应等；按入射粒子的能量不同，可分为低能、中能和高能核反应。

在核反应堆中发生的中子与原子核的核反应主要有以下类型：

(1) 中子散射

在发生散射时，入射粒子是中子，与靶核作用后放出的粒子仍然是中子。散射是使中子慢化的主要核反应，分为弹性散射和非弹性散射两种类型。

1) 弹性散射：(n，n)反应。这种散射在中子的全部能量范围内都可能发生。中子与靶核作用后，中子重新出射，且靶核内能不变，这种反应称为弹性散射。

弹性散射可进一步分为共振弹性散射和势散射两类。两者的区别在于经过和不经过复合核的形成过程。

与其他共振现象一样，共振弹性散射只对具有特定能量的入射中子发生。共振弹性散射的一般反应式为：

$$^{A}_{Z}X+^{1}_{0}n\rightarrow[^{A+1}_{Z}X]^{*}\rightarrow^{A}_{Z}X+^{1}_{0}n \qquad (2\text{-}4\text{-}1)$$

势散射的一般表示式为：

$$^{A}_{Z}X+^{1}_{0}n\rightarrow^{A}_{Z}X+^{1}_{0}n \qquad (2\text{-}4\text{-}2)$$

在弹性散射过程中，因散射前后靶核内能无变化，故仍处于基态，中子-靶核系统的动能和动量均守恒，因而可将这一过程近似地看作弹性小球间的碰撞，用经典力学的方法来处理。在热中子反应堆内快中子的慢化，主要就是靠快中子与慢化剂核的弹性散射。

2) 非弹性散射：(n，n′)反应。发生非弹性散射时，中子先被靶核吸收而形成处于激发态的复合核。在此过程中，入射中子把它一部分动能(通常为绝大部分)转变成靶核的内能，使其处于激发态，然后通过放出中子并发射 γ 射线而返回基态。当核最后处于基态后，出射中子和靶核的动能，以及发出的 γ 射线能量的总和，等于入射中子的初始动能。

在发生非弹性碰撞时，中子能量的损失是比较大的，但并不是所有能量的中子都能发生非弹性散射，只有当入射中子的能量高于某一数值时才能发生，因此，非弹性散射具有阈能的特点。

一般轻核的激发态能量较高，重核的激发态能量较低。例如：对于重核^{238}U，中子必须具有 45 keV 以上的能量才能与它发生非弹性散射。

在热中子反应堆中，裂变中子的能量在兆电子伏范围，所以在高能中子区会发生一些^{238}U核非弹性散射现象。但由于慢化剂的存在，中子能量很快就会降低到非弹性散射的阈能以下，此后，主要就靠弹性散射来慢化中子了。

(2) 中子吸收

1) 辐射俘获：(n，γ)反应。靶核俘获中子放出 γ 射线的反应称辐射俘获，这是最常见的吸收反应。它的一般反应式为：

$$^{A}_{Z}X+^{1}_{0}n\rightarrow[^{A+1}_{Z}X]^{*}\rightarrow^{A+1}_{Z}X+\gamma \qquad (2\text{-}4\text{-}3)$$

此核反应生成的核$^{A+1}_{Z}X$是靶核的同位素。辐射俘获反应可以在所有的中子能区内发生，但低能中子与中等质量核、重核作用时容易发生这种反应。例如，式(2-1-3)所描述的就是在反应堆内发生的一种重要的辐射俘获反应。$^{238}_{92}U$ 核吸收中子后生成复合核$[^{239}_{92}U]^{*}$，它通过

发射 γ 射线而回到基态，并生成 $^{239}_{92}U$，$^{239}_{92}U$ 经过两次 β^- 衰变可转变成 $^{239}_{94}Pu$。这一过程对于核燃料的转换、增殖具有重要的意义。

又如镉控制棒对低能中子的吸收反应 $^{113}Cd(n,\gamma)^{114}Cd$，压水堆结构材料中或水中的不锈钢腐蚀产物内所含的铬、锰、铁、钽等组分对中子的吸收反应 $^{50}Cr(n,\gamma)^{51}Cr$、$^{55}Mn(n,\gamma)^{56}Mn$、$^{58}Fe(n,\gamma)^{59}Fe$ 以及 $^{181}Ta(n,\gamma)^{182}Ta$ 等。

2）放出带电粒子：(n,p)、(n,α)等反应。(n,p)反应的一般表示式为：

$$^{A}_{Z}X+^{1}_{0}n\rightarrow[^{A+1}_{Z}X]^{*}\rightarrow_{Z-1}^{A}Y+^{1}_{1}H \tag{2-4-4}$$

例如压水堆一回路中的水流经堆芯时，水中的 ^{16}O、^{17}O 等核吸收中子后都放出 1 个质子，发生(n,p)反应，如：

$$^{16}_{8}O+^{1}_{0}n\rightarrow^{16}_{7}N+^{1}_{1}H \tag{2-4-5}$$

这些反应的生成核并不稳定，会发生放射性衰变。例如 $^{16}_{7}N$ 会发生 β^- 衰变，并放出 3 种高能 γ 射线：

$$^{16}_{7}N\rightarrow^{16}_{8}O+\beta^-+\gamma \tag{2-4-6}$$

这是一回路水放射性剂量的一个重要来源。

(n,α)反应的一般反应式为：

$$^{A}_{Z}X+^{1}_{0}n\rightarrow[^{A+1}_{Z}X]^{*}\rightarrow^{A-3}_{Z-2}Y+^{4}_{2}He \tag{2-4-7}$$

例如热中子与 ^{10}B 核可发生(n,α)反应：

$$^{10}_{5}B+^{1}_{0}n\rightarrow^{7}_{3}Li+^{4}_{2}He \tag{2-4-8}$$

在低能区，^{10}B 的(n,α)反应截面很大，所以 ^{10}B 被广泛地用作热中子反应堆的反应性控制材料。同时，此反应截面在很宽的能区内很好地满足 $1/v$ 变化规律，所以，^{10}B 还被用来制作热中子探测器。

3）裂变：(n,f)反应。如前所述，一个核的激发态(或激发能级)高于基态，激发态与基态能级之差就是这个核的激发能($E_{激发}$)。对于某种核素，要发生裂变，这种激发能必须大于某一个特定的值，即临界能($E_{临界}$)，它就是要使裂变发生所需的最小的激发能。表 2-4-1 给出了几种重要核素的临界能与结合能。

表 2-4-1　临界能与一个中子的结合能的比较

靶核	$E_{临界}$/MeV	与一个中子的 $E_{结合}$/MeV	$E_{结合}-E_{临界}$/MeV
$^{232}_{90}Th$	7.5	5.4	−2.1
$^{238}_{92}U$	7.0	5.5	−1.5
$^{235}_{92}U$	6.5	6.8	+0.3
$^{233}_{92}U$	6.0	7.0	+1.0
$^{239}_{94}Pu$	5.0	6.6	+1.6

如果某些核素能在各种能量的中子作用下发生裂变，则把它们称为易裂变核素(如 ^{235}U、^{233}U、^{239}Pu)，尤其是它们能与热中子起作用而发生裂变。这种现象具有特殊重要的意义。热中子的能量非常低(基本上为零，因为它们大致与周围物质的热运动处于平衡状态)，因此，要将一种物质归入易裂变物质，它必须能在吸收一个热中子之后发生裂变。对于易裂变核素，热中子并没有为核反应输入动能，仅仅是因为添加一个中子就使结合能发生足够大

的变化，使结合能超过临界能，从而使这些物质的核与热中子能够发生裂变。

有些核素在中子的作用下可能发生裂变，这类核素叫做可裂变核素(例如^{232}Th、^{238}U、^{240}Pu)。所有易裂变核素当然属于可裂变核素。然而，可裂变核素中也包含那些仅与高能中子起裂变反应的核素。核吸收中子后造成结合能的变化，并使其处于某一核激发能级，但此能级小于所需的临界能，因此，还必须由入射中子的动能提供额外的激发能。造成易裂变核素和可裂变核素之间的差别的原因在于所谓核的奇-偶效应。人们发现，在核内，中子数为偶数时比中子数为奇数时的结合能明显地要高。可通过添加一个中子使一个中子数为奇数的核变为中子数为偶数，或者使一个中子数为偶数的核变为中子数为奇数。两者相比较，前者所产生的结合能要比后者的显著地高。如要使后者裂变，就要求高能中子与其作用。

产生新的核素、但又不造成裂变的所有吸收中子的核反应过程称为转换。接着，这些核素会再一次转换，或者发生放射性衰变，进一步产生不同的核素。由这个过程产生的核素称为转换产物。有几种易裂变核素在自然界中并不存在，而只能通过核转换反应而生成。经过转换反应而成为易裂变核素的核素称为可转换核素。图 2-4-1 画出了两种可转换核素^{232}Th和^{238}U 分别通过转换过程各自成为^{233}U 和^{239}Pu 的机理。

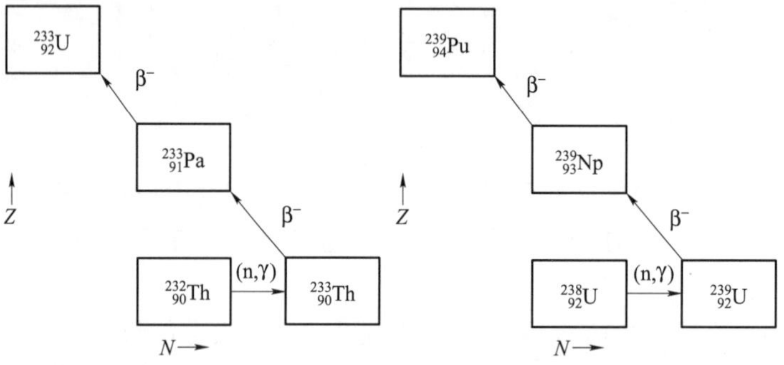

图 2-4-1 可转换核素转变为易裂变核素

4) 放出几个中子：(n,2n)、(n,3n)反应。高能中子轰击某些靶核，有时可产生多个中子。但在热中子反应堆内，发生这类核反应的概率不大。

例 2-4-1 列出几种对 WWER-1000 型压水反应堆重要的中子与靶核相互作用的核反应类型，并指出其在反应堆中所起的重要作用。

解

1) 裂变反应(n,f)

这是 WWER-1000 型压水反应堆中最重要的核反应，可控的裂变链式反应可以实现反应堆在所需的任意功率水平运行。

2) 弹性散射(n,n)

作为热中子反应堆，WWER-1000 型反应堆主要依靠热中子引起易裂变核素^{235}U 核的裂变来维持链式反应，而裂变中子必须通过同慢化剂核的弹性散射而慢化成为热中子。

3) 辐射俘获反应(n,γ)

易裂变核素^{239}Pu 等重核素主要依靠^{238}U 对中子的辐射俘获反应，然后经 β^- 衰变而生成。

4) 放出带电粒子的(n,α)、(n,p)反应由于天然硼中的^{10}B是热中子的强吸收体，故压水反应堆冷却剂中加入了大量的硼酸以补偿较大的剩余反应性。^{10}B与热中子之间的反应主要是(n，α)反应；中子与冷却剂水H_2O中的氧原子的(n,p)反应造成H_2O的辐照分解，$^{16}O(n,p)^{16}N$反应产物^{16}N衰变放出β射线和γ射线，使冷却剂带放射性，通过对此种放射性的监测，可判定蒸汽发生器的传热管是否泄漏和泄漏的严重程度。

例 2-4-2　写出核反应堆内热中子与$^{10}_{5}B$发生主要的核反应方程，指明这是何种类型的核反应，并说明在田湾核电站反应堆上^{10}B有何种用途。

解

热中子与$^{10}_{5}B$发生主要的核反应方程是：$^{10}_{5}B+^{1}_{0}n\rightarrow^{7}_{3}Li+^{4}_{2}He$。这种反应类型是(n，α)反应。在田湾核电站反应堆上，$^{10}_{5}B$用于：

1）将含有$^{10}_{5}B$的硼酸(H_3BO_3)溶解在慢化剂(水)中，以控制反应性的慢变化。

2）用$^{10}_{5}B$的化合物CrB_2制成可燃毒物棒，装在首炉堆芯中，用以补偿后备反应性；使慢化剂中的硼酸浓度降低，从而保证慢化剂温度系数为负；并展平堆芯的径向功率分布。

3）用含$^{10}_{5}B$的化合物BF_3制成源量程通道的探测器。

4）用B_4C制成控制棒的主要吸收体。

2.4.2　中子与物质的相互作用机理

中子与原子核相互作用的方式有三种：势散射、直接相互作用和复合核的形成。

(1) 势散射

势散射是最简单的核反应，它是中子波和核表面势相互作用的结果。在此情况下的中子并未进入靶核。任何能量的中子都有可能引起这种核反应，其特点是：散射前后靶核的内能没有变化。入射中子把它的一部分或全部动能传给靶核，成为靶核的动能。势散射时，中子改变了运动的方向和能量。在势散射的前后，中子与靶核构成的系统的动能和动量守恒，所以势散射是一种弹性散射。

(2) 直接相互作用

直接相互作用是指：入射中子直接与靶核内的某个核子碰撞，使其从核里发射出来，而入射中子却留在了核内。如果从靶核里发射出的核子是质子，这就是直接相互作用(n，p)反应。如果从靶核里发射出的核子是中子，而靶核发射γ射线，同时由激发态返回基态，这就是直接非弹性散射过程。入射中子要具有较高的能量才能与原子核发生直接相互作用。在核反应堆内，这种高能量中子的数量是很少的，所以在反应堆物理分析中，这种直接相互作用方式是不重要的。

(3) 复合核的形成

形成复合核是最重要的中子与原子核的相互作用形式。该模型假定，一般的低能核反应分以下两个独立无关的阶段进行：

1）第一个阶段为复合核的形成：入射粒子与靶核作用后融合成处于激发状态的新核，即复合核；

2）第二个阶段为复合核的衰变：复合核分解成出射粒子和剩余核。

因此，核反应过程可以表示为：

$$a+A\rightarrow B^{*}\rightarrow C+c$$

式中：B^*——复合核，星号表示其处于激发态；

a 和 c——入射和出射粒子；

A 和 C——靶核和剩余核。

复合核模型的基本思想与描述核结构的液滴模型（见本书 2.5.1 节）相同，也是把原子核看作液滴。当入射粒子射入靶核后，通过与周围核子发生的强烈作用，把能量传给附近的核子。这些核子又把能量传给自己周围的核子。最后，经过无数次碰撞，核子间的能量传递达到了动态平衡，从而完成了复合核的形成阶段。可以把这一阶段看作液滴的加热过程。一般说，所形成的复合核总是处于激发态，复合核的激发能相当于液滴增加的热量。

根据能量守恒定律，复合核的激发能 E^* 可表示为：

$$E^*=E_c+E_b$$

式中：E_c——入射粒子 a 和靶核 A 相对于它们的质心运动的动能为：$E_c=[m_A/(m_A+m_a)]E_a$，其中，E_a为入射粒子 a 的动能，m_A和 m_a分别为靶核和入射粒子的质量；

E_b——入射粒子与靶核的结合能。

复合核形成后并不立刻进行衰变。因为要从复合核中发射核子，一般需要大约 8 MeV 的分离能。虽然复合核的激发能可以比此能量高，但激发能是在所有核子中分配的，每个核子分配到的能量并不多。所以要从核中发射出核子，必须在某一个核子上集中足够大的能量，使其大于该核子的分离能。这就要求核子进行足够频繁的能量交换，当某一核子聚集到的能量大于核子的分离能时，它就可能摆脱核力的束缚而飞出原子核，从而完成复合核的衰变。此过程与从液滴中蒸发出液体分子的情形相似，因此，也把复合核通过发射粒子而退激的过程叫做粒子蒸发。蒸发后的余核可能还处于激发状态，只是它的激发能要比原始复合核的激发能低。这正如液滴蒸发出液体分子后液滴的温度会降低一样。

由于要在复合核中某一核子上聚集起足够大的能量的概率是很小的，为此需要进行足够多次数的能量交换，这可使复合核的寿命长达 $10^{-13}\sim10^{-15}$ s，比粒子直接穿过原子核的时间（$10^{-20}\sim10^{-22}$ s）要大好几个量级。复合核的衰变方式一般不只一种，通常可以“蒸发”出中子、质子、α 粒子或 γ 光子等。各种衰变方式各具有一定的概率，概率的大小与复合核的形成方式无关，而仅取决于复合核本身的性质。

综上所述，如果入射粒子为中子，它被靶核^A_ZX 吸收，将形成一个新核，即复合核$[^{A+1}_{Z}X]^*$。中子和靶核在质心坐标系中的总动能，将转化为复合核的内能，同时也把与中子的结合能给予了复合核，于是使复合核处于基态以上的激发态，经过一个短时间后，复合核将发生衰变，放出一个粒子。可以应用复合核理论来解释一些物理现象（参见本书 2.4.3 节）。

2.4.3 中子-核反应截面及相关概念

为了对中子和原子核相互作用进行定量的描述，本节将讨论中子截面（包括微观截面和宏观截面）、中子通量密度和核反应率这些基本的物理概念。

2.4.3.1 微观截面

中子与核素的核相互作用常用截面来度量。它实际上是发生某类核反应的概率。

将一个单位面积、厚度为 Δx 、单位体积内包含 N 个原子的薄靶，放在强度为 I（即在单位时间内，有 I 个中子通过垂直于中子飞行方向的单位面积）的均匀的、速度单一的中子束中，如图 2-4-2 所示。

实验发现：在靶面积一定的情况下，中子束强度的变化规律可用下式表示：

$$\Delta I = -\sigma I N \Delta x \quad (2\text{-}4\text{-}9)$$

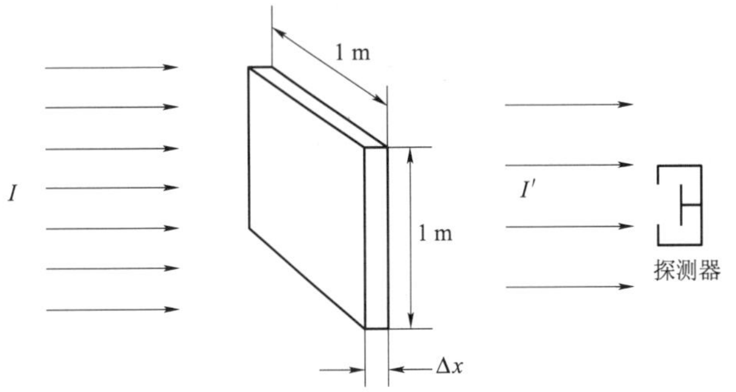

图 2-4-2 中子束垂直射到靶上的实验示意图

式中：I——在放置靶片前测得中子束强度；

ΔI——中子束强度的变化，即，与靶核发生作用的中子数，$|\Delta I| = |I' - I|$，其中 I' 为放置靶片后测得中子束强度。因为中子如果与靶核发生作用，无论是散射还是吸收作用，都将使中子从原来的飞行方向中消失，中子探测器就探测不到这些中子了；

Δx——靶的厚度；

N——靶的核密度；

σ——比例常数，称为微观截面：

$$\sigma = \frac{-\Delta I}{IN\Delta x} = \frac{-\Delta I/I}{N\Delta x} \quad (2\text{-}4\text{-}10)$$

式中：$-\Delta I/I$——平行中子束中与靶核发生作用的中子所占的份额；

$N\Delta x$——对应于单位入射面积上的靶核数。

由式(2-4-10)可知，σ 为靶片中一个靶核与具有某一给定的平均能量的入射中子束中一个中子发生某类核反应的概率。σ 的量纲为面积，故又称 σ 为发生某类核反应的微观截面。规定用 $10^{-24}\ \text{cm}^2$（或 $10^{-28}\ \text{m}^2$）作为一个单位，称为“靶”(barn，简记为 b)，它大致与一个中等核的中心剖面面积相当。

可以用特定的微观截面来描述特定的核反应。

所有微观截面之和称为微观总截面 σ_t，它等于微观散射截面 σ_s 和微观吸收截面 σ_a 之和，即：

$$\sigma_t = \sigma_s + \sigma_a \quad (2\text{-}4\text{-}11)$$

而微观散射截面 σ_s 又等于微观弹性散射截面 σ_e 与微观非弹性散射截面 σ_{in} 之和，即：

$$\sigma_s = \sigma_e + \sigma_{in} \quad (2\text{-}4\text{-}12)$$

微观吸收截面为：

$$\sigma_a = \sigma_\gamma + \sigma_f + \sigma_\alpha + \sigma_p + \cdots \quad (2\text{-}4\text{-}13)$$

式中：σ_γ——微观俘获截面；

σ_f——微观裂变截面；

σ_α、σ_p——分别是(n，α)、(n，p)反应的微观截面。

在压水反应堆内，辐射俘获反应和裂变反应是燃料核吸收中子的核反应中的两种主要核反应，故其微观吸收截面主要由等号右端的前两项决定。

微观截面的大小与靶核的性质及入射中子的能量有关。

测定微观截面与中子能量的关系是实验核物理学家的重要工作内容，他们将各种核素与不同能量的中子发生核反应的各种截面数据编制成数据库，以便应用。

微观截面与中子的能量的关系不一定是单调的，往往会出现奇峰突起的现象，即发生微观截面的共振现象。按发生核反应的类型，共振分为俘获共振、散射共振、裂变共振等。图2-4-3表示在一个共振能级附近共振截面的变化曲线。共振截面变化曲线的特征参数有三个：

共振能 E_r，共振峰峰值截面 σ_0 和能级宽度 Γ。能级宽度 Γ 在数值上等于共振峰半高度处（$\sigma_0/2$）所对应的能量宽度。

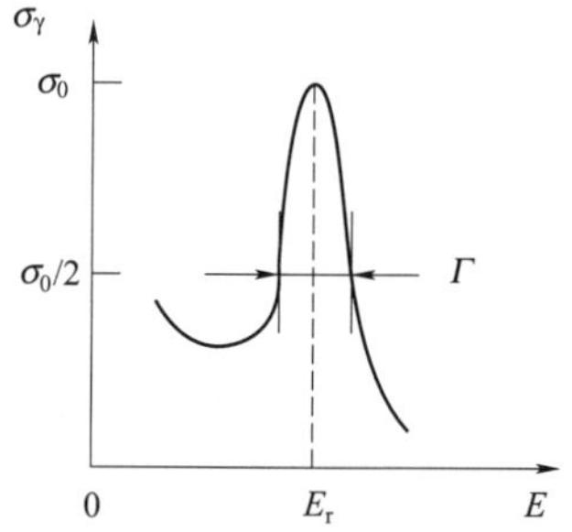

图 2-4-3　共振俘获截面变化曲线——共振峰

可以用复合核模型解释靶核对中子的微观截面（例如微观吸收截面）共振现象。量子力学可以证明：假如核 ^{A+1}X 在能量 E_c+E_b 附近存在一个激发态能级，则形成复合核的概率是很大的，即具有共振能量的中子与靶核 $^{A}_{Z}X$ 发生吸收核反应的截面很大，此时生成的复合核的激发能正好就是 E_c+E_b；反之，如果核 ^{A+1}X 在能量 E_c+E_b 附近没有激发态，则形成复合核的概率就小得多，即相应的截面也小得多。因此，通过形成复合核而进行相互作用的截面对入射中子能量的依赖关系是十分明显的。

总之，在共振现象中，中子的能量与核的分立的能级是精密匹配的，即当一个中子与核的结合能加上该中子的动能，正好等于一个复合核从它的基态升到一个量子能级所需要的量时，就发生共振核反应。

例 2-4-3　假设 ^{236}U 在其基态以上有一个能量为 6.8 MeV 的核量子能级。已知 ^{235}U 核、中子和 ^{236}U 核的质量分别为 235.043 925 u、1.008 665 u 和 236.045 563 u。要求计算在 ^{235}U 的这个共振能级上要发生共振吸收一个中子必须具有的动能。

解

根据式(2-3-4)和式(2-3-7)，有：

$$\begin{aligned}E_{结合} &= [m_{U\text{-}235}+m_{中子}-m_{U\text{-}236}]\times 931\\ &=(235.043\,925+1.008\,665-236.045\,563)\times 931\\ &=6.54\ \text{MeV}\end{aligned}$$

要发生共振吸收，一个中子必须具有的动能为：

$$E_{中子}=6.8-6.54=0.26\ \text{MeV}$$

2.4.3.2　宏观截面

将式(2-4-9)改写成微分形式 $\mathrm{d}I=-\sigma IN\mathrm{d}x$，再对 x 坐标积分，得到在靶的厚度为 x 处未经碰撞的平行中子束强度为：

$$I(x)=I_0\mathrm{e}^{-\sigma Nx} \tag{2-4-14}$$

式中：I_0 为靶表面处入射平行中子束的强度。此式说明，未与靶核发生作用的平行中子束强度随中子进入靶内的深度而按指数规律衰减（见图 2-4-4），衰减的速度与靶核的密度和微观截面的乘积 $N\sigma$ 有关，可表示为：

$$\Sigma = N\sigma \tag{2-4-15}$$

Σ称为宏观截面，表示一个中子与单位体积内所有靶核发生某类核反应的概率。因此，式(2-4-14)可写成：

$$I(x) = I_0 e^{-\Sigma x} \tag{2-4-16}$$

式中：$I(x)/I_0$表示平行中子束的中子在靶内穿行距离 x 而未与靶核发生作用的概率，可进一步表示为：

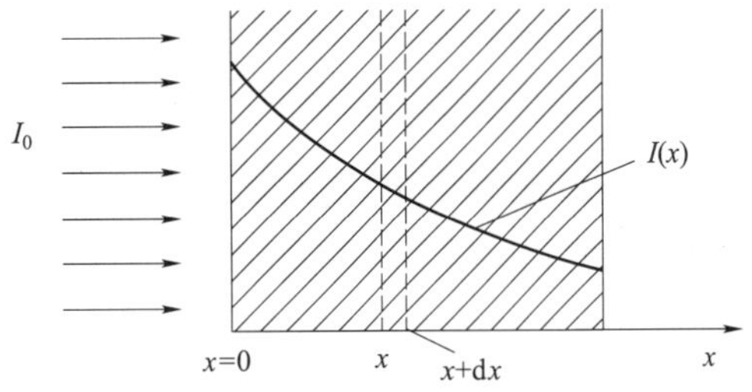

图 2-4-4　在厚靶内平行中子束的衰减

$$I(x)/I_0 = e^{-\Sigma x} \tag{2-4-17}$$

则中子在靶中穿行距离 x 时，它们与靶核发生作用的概率为：

$$P(x) = 1 - I(x)/I_0 = 1 - e^{-\Sigma x} \tag{2-4-18}$$

实际上，宏观截面Σ并不是真正的“截面”，因为它的量纲是长度的倒数(cm^{-1}或 m^{-1}，常用 cm^{-1})。Σ还有另一层物理意义。根据式(2-4-10)可得：

$$\Sigma = N\sigma = \frac{-dI/I}{dx} \tag{2-4-19}$$

因此，也可以将宏观截面Σ解释为一个中子在介质中每穿行单位距离与核发生某类核反应的概率。习惯上将Σ的倒数称为某类核反应的中子平均自由程，用以度量中子与靶核发生某类核反应之前可能的自由飞行平均距离。平均自由程常用λ来表示：

$$\lambda_i = \frac{1}{\Sigma_i}, i = \text{a, f, s}, \cdots \tag{2-4-20}$$

式中：a，f，s 分别表示吸收、裂变、散射等核反应。可将其代入式(2-4-17)和式(2-4-18)得到相应的表达式。

可以证明，中子的总平均自由程可表示为：

$$\frac{1}{\lambda_t} = \frac{1}{\lambda_s} + \frac{1}{\lambda_a} \tag{2-4-21}$$

对不同的反应过程，可定义不同的宏观截面。例如宏观裂变截面定义为：

$$\Sigma_f = N\sigma_f \tag{2-4-22}$$

宏观吸收截面 Σ_a和宏观散射截面 Σ_s分别表示为：

$$\Sigma_a = N\sigma_a \tag{2-4-23}$$

和

$$\Sigma_s = N\sigma_s \tag{2-4-24}$$

宏观总截面 Σ_t为：

$$\Sigma_t = \Sigma_a + \Sigma_s \tag{2-4-25}$$

下面讨论如何计算靶核的宏观截面。

设靶核属同一种核素，ρ 是靶核的密度(g/cm^3)，A 为靶核的相对原子质量，则 1 mol 这种物质含有 A g，1 mol 这种物质含有 N_A个原子(核)($N_A = 6.022 \times 10^{23}\ mol^{-1}$，即阿伏加德罗常数)，则每立方厘米所含的原子(核)数为：

$$N = \frac{\rho}{A} N_A, cm^{-3} \tag{2-4-26}$$

宏观截面为：

$$\Sigma=N\sigma=\frac{\rho}{A}N_{A}\sigma,\text{cm}^{-1} \tag{2-4-27}$$

对于由几种核素组成的均匀混合物或化合物，某种核反应的宏观截面 Σ_x（x=a，f，s，…）可写成：

$$\Sigma_x=\sum_i N_i\sigma_{xi} \tag{2-4-28}$$

式中：σ_{xi}——第 i 种核素的 x 类核反应的微观截面；

N_i——均匀混合介质单位体积中第 i 种核素核的数目。

对于不同的物质，计算核子密度 N_i 有不同的方法。对于相对分子质量为 M 和密度为 ρ（g/cm^3）的化合物，每立方厘米中第 i 种原子(核)数由下式给出：

$$N_i=\frac{\rho}{M}N_{A}\nu_i,\text{cm}^{-3} \tag{2-4-29}$$

式中：ν_i 是每个化合物分子中第 i 种核素的原子核数目。该物质的宏观截面 Σ 为：

$$\Sigma=\sum_i N_i\sigma_i=\frac{\rho}{M}N_{A}\sum_i \nu_i\sigma_i \tag{2-4-30}$$

例 2-4-4 氢核和氧核的热中子的微观俘获截面分别为 $\sigma_\gamma^{H}=0.33$ b 和 $\sigma_\gamma^{O}=2\times10^{-4}$ b，试计算水分子的热中子宏观俘获截面。

解

水的相对分子质量 M=18，而密度 ρ=1 g/cm^3，每个水分子由两个氢原子和一个氧原子组成(即 H_2O)。根据式(2-4-26)，单位体积内水的分子数和氧的原子数为：

$$N_{H_2O}=N_O=(1\times6.02\times10^{23})/18=3.34\times10^{22}\text{cm}^{-3}$$

单位体积内氢的原子数为：

$$N_H=2N_{H_2O}=2\times3.34\times10^{22}=6.68\times10^{22}\ \text{cm}^{-3}$$

水分子俘获热中子的宏观截面可写成：

$$\begin{aligned}\Sigma_{H_2O}&=\Sigma_H+\Sigma_O=N_H\sigma_\gamma^{H}+N_O\sigma_\gamma^{O}\\&=6.68\times10^{22}\times0.33\times10^{-24}+3.34\times10^{22}\times2\times10^{-4}\times10^{-24}\\&=0.022\ \text{cm}^{-1}\end{aligned}$$

例 2-4-5 天然硼的密度为 ρ、相对原子质量为 A。天然硼中包含核素^{10}B(热中子的强吸收剂)，其丰度为 e，热中子微观吸收截面为 σ_a，而天然硼中另一种核素^{11}B 对热中子吸收可忽略。若将一束强度为 I_0 的单方向入射的热中子(见图 2-4-5)减弱至原来的 α 倍，试写出所需硼屏蔽层厚度的计算表达式。(以中子平均吸收自由程为单位；忽略散射，取阿伏加德罗常数为 N_0)

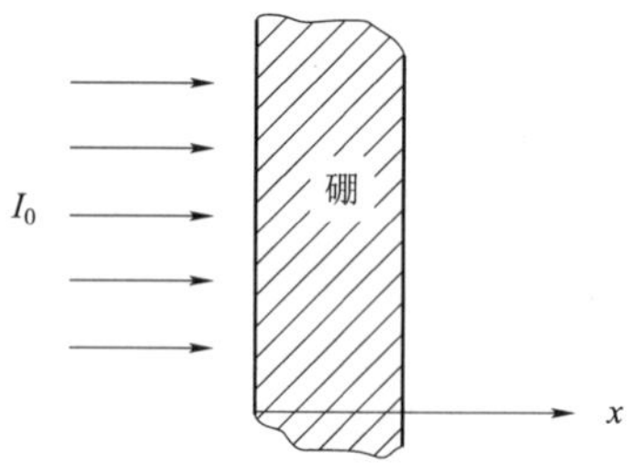

图 2-4-5 中子束垂直射到硼屏蔽层上的示意图

解

硼的热中子宏观吸收截面：

$$\Sigma_a=e(\rho/A)N_0\sigma_a$$

单方向入射中子随入射深度的减弱：

$$dI(x)=-I(x)\Sigma_a dx$$

利用初始条件 $I(0)=I_0$，解得：

$$I(x)=I_0\exp(-\Sigma_a x)$$

$$x=-(1/\Sigma_a)\ln[I(x)/I_0]=-(\ln\alpha)/\Sigma_a$$

相当于中子平均自由程数目：

$$n=x/\lambda_a=x\Sigma_a=-[(\ln\alpha)/\Sigma_a]\Sigma_a=-\ln\alpha$$

例 2-4-6　在纯慢化剂 H_2O 中加了一些硼酸 H_3BO_3，使其热中子吸收截面增加了10%。问此时慢化剂中的硼浓度 c_B 为多少[gH_3BO_3/kgH_2O]？已知：

纯慢化剂 H_2O 的宏观热中子吸收截面：　$\Sigma_{H_2O}=0.022\,1\ cm^{-1}$

硼酸的微观热中子吸收截面：　$\sigma_{H_3BO_3}=756\ b$

天然硼相对原子质量：　$A_B=10.82$

硼酸的相对分子质量：　$M_{H_3BO_3}=61.82$

阿伏加德罗常数：　$N_A=6.023\times10^{23}\ mol^{-1}$

解

设 1 g 水中含有 x g 硼酸，按题意有：

$$(x/M_{H_3BO_3})N_0\sigma_{H_3BO_3}=10\%\Sigma_{H_2O}$$

$$x=(61.82\times10\%\times0.022\,1)/(6.023\times10^{23}\times756\times10^{-24})=3\times10^{-4}\ gH_3BO_3$$

1 kg 水中含硼酸：

$$1\,000x=1\,000\times3\times10^{-4}=0.3\ gH_3BO_3$$

∴　$c_B=0.3\ gH_3BO_3/kgH_2O$[1)]

注：1) WWER-1000 核电厂所使用的硼浓度习惯单位为 gH_3BO_3/kgH_2O。如使用国内其他核电厂硼浓度的习惯单位 ppm①，则本题答案为：

$$c_B=0.3\ gH_3BO_3/kgH_2O\times174.83\ ppm/(gH_3BO_3/kgH_2O)=52.45\ ppm$$

因为每 1 kg 水中含有 1 g 硼酸相当于 1 kg 水中含有 174.83 mg 的硼，即 174.83 ppm。所以，硼浓度的两种习惯单位的换算关系为：

$$1\ gH_3BO_3/kgH_2O=174.83\ ppm$$

2.4.3.3　中子通量密度和中子反应率

当一个中子穿越某种物质时，每穿行 1 cm，与该物质发生某种特定的核反应的概率是由宏观截面来决定的。因此，如果想知道实际上发生了多少次核反应，就必须知道：有多少个中子在穿行这种物质，以及它们每秒钟穿行了多少距离。

为了便于考虑在任一时刻、在 1 cm^3 体积中包含的中子的数目，以及它们在每秒钟内所穿行的总距离，可把任一时刻在 1 cm^3 的物质中所包含的中子数定义为中子密度，用符号 n 来表示，单位为“中子/cm^3”。这些中子在每秒钟内所穿行的总距离称为中子通量密度(ϕ)，可用下式确定：

$$\phi=nv \tag{2-4-31}$$

式中：ϕ——中子通量密度，$cm^{-2}\cdot s^{-1}$；

n——中子密度，cm^{-3}；

v——中子速度，cm/s。

① 1 ppm$=10^{-6}$。

在一些应用中(例如截面测量),中子通量密度这一术语被用于单一方向的平行中子束,这是中子通量密度的一个特例。中子束强度(I)是中子密度与中子平均速度的乘积。具有一定方向性的中子束强度,等于每单位面积和单位时间落在一个垂直于中子束方向的表面上的中子数($cm^{-2}\cdot s^{-1}$)。

可以设想,在反应堆中,中子通量密度就像由很多往各个方向穿行的中子束组成似的,于是,中子通量密度就是这些具有方向性的、全部 m 个中子束的强度的标量和(数值相加,不是矢量),即 $\phi=I_1+I_2+I_3+\cdots+I_m$。因为,在反应堆中的某一给定点,中子实际上是在向各个方向运动着的,原子与中子发生相互作用,在任一特定的方向上都没有优先权,所以,所有这些具有不同方向性的中子束对总的反应率都有所贡献。

设在核反应堆内中子以单一速率 v(或者说具有相同的动能)以杂乱无章的方向运动着,介质的宏观截面为 Σ,平均自由程为 λ,$\lambda=1/\Sigma$。此时,一个中子与介质原子核在单位时间内发生核反应的统计平均次数为 $v/\lambda=v\Sigma$。因而,在单位时间、单位体积靶核内 n 个中子与核发生核反应的总次数(称为中子核反应率)R 可表示为:

$$R=\Sigma nv \tag{2-4-32}$$

中子核反应率的单位是"$cm^{-3}\cdot s^{-1}$"。根据中子通量密度的定义,中子核反应率也可以用下式表示:

$$R=\Sigma\phi \tag{2-4-33}$$

在核反应堆内,实际上中子并不具有同一速度 v 或能量 E,而是分布在一个很宽的能量范围内,以不同的速度运动着,即中子数关于能量 E 有一定的中子能谱分布。在实际应用时,应考虑到截面是中子能量的函数,而利用核反应率保持不变的原则求取平均截面(或称等效截面)。在本教材中如未加特别说明,则都是指平均截面。

2.4.4 截面与中子能量的关系

核截面的数值是由入射中子的能量 E 和靶核的性质决定的。对很多核素而言,反应截面随入射中子能量的变化大体上可分为三个区域:

1) 在低能区($E\leqslant1$ eV):吸收截面与中子的速度 v 成反比,此区域称为 $1/v$ 区;

2) 在中能区(1 eV$<E\leqslant10^3$ eV):很多重元素核的截面出现许多共振峰,此区域称为共振区;

3) 在高能区($E>10^3$ eV):通常截面很小,并且随能量的变化比较平缓,此区域称为快中子区。

2.4.4.1 微观吸收截面

在低能区($E\leqslant1$ eV),许多元素的微观吸收截面 σ_a 按 $1/\sqrt{E}$ 规律变化(即服从"$1/v$"律),则 $\sigma_a(E)\sqrt{E}=$常数。而多数图表所提供的微观截面数据都是在标准中子速度 2 200 m/s 下测量得到的,此速度与 20 ℃的介质温度相对应,相应的中子能量为 $E=0.0253$ eV。如果已知 i 核素在此能量下的中子微观吸收截面为 $\sigma_{a,i}(0.0253)$,则任意能量 E(eV)的中子的微观吸收截面可由下式给出:

$$\sigma_{a,i}(E)=\sigma_{a,i}(0.0253)\sqrt{0.0253/E} \tag{2-4-34}$$

式中:$\sigma_{a,i}(0.0253)$可在专门的核数据表中查得。

如果介质的温度高于 20 ℃，则微观吸收截面将低于 20 ℃时的值，为此，必须对微观吸收截面按当前的温度进行修正。下面的公式用于对微观吸收截面(包括俘获截面和裂变截面)进行温度修正：

$$\sigma = \sigma_0 \sqrt{T_0 / T} \tag{2-4-35}$$

式中：σ——进行温度修正后的微观截面；

σ_0——参考温度(20 ℃)下的微观截面；

T_0——参考温度(20 ℃)，用热力学温度 K 表示；

T——当前温度，截面即按此值进行修正，K。

对于多数轻核，在中子能量从热能一直到几个 keV 甚至 MeV 的范围内，其吸收截面都近似地服从 $1/v$ 律；对于重核和中等质量核，在低能区会出现共振吸收现象，其吸收截面就会偏离 $1/v$ 律。

在中能区，对于重核，会在不同的能量处，出现共振现象，所以也叫共振区。图 2-4-6 给出了^{238}U 核的微观总截面(主要为吸收截面)。对于轻核，一般只对 MeV 范围的中子才出现共振吸收。共振峰的宽度：重核的共振峰高而窄，而轻核的则宽而低。

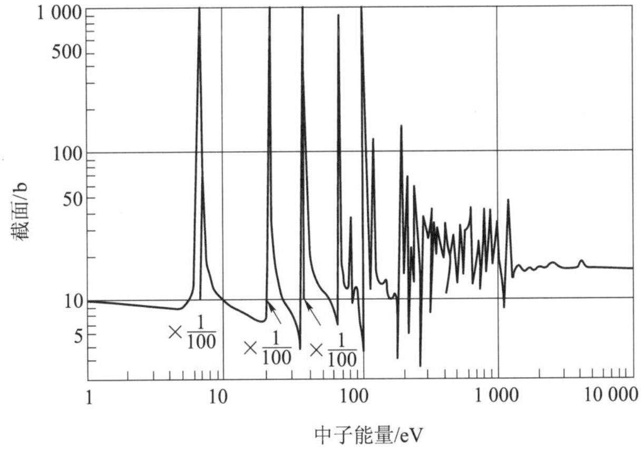

图 2-4-6　^{238}U 核的微观总截面

在高能区，随着中子能量的增加，共振峰开始重叠而无法分辨，微观吸收截面虽随能量的变化有一定的起伏，但变化缓慢平滑，而且数值很小(只有几靶)。

呈山峰状的共振吸收截面具有这样的物理特性：当温度升高时，共振峰截面的高度会变矮，宽度会变宽，这种现象对于燃料中含有大量可裂变核素^{238}U 核的压水反应堆的物理性质来说，具有重要的意义(详见本书 5.1.2 节)。另外，还可以注意到：在共振峰内中子通量密度能谱分布(详见本书 3.2.3 节)在其共振能量附近会发生凹陷和畸变，从而使共振吸收减小。这种现象称为“能量自屏效应”(见图 2-4-7)。

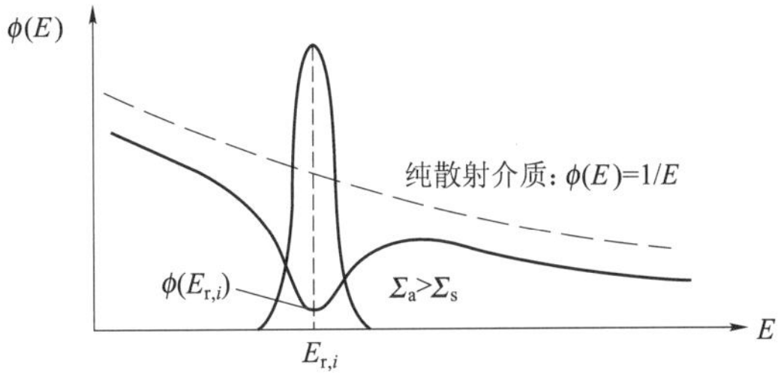

图 2-4-7　共振峰内中子通量密度的畸变

2.4.4.2 微观散射截面

(1) 非弹性散射截面 σ_{in}

非弹性散射具有阈能的特点，而且阈能的大小与核的质量数有关，核的质量数越大，其阈能越低。当中子能量小于阈能时，$\sigma_{in}=0$；当中子能量大于阈能时，σ_{in}随中子的能量的增大而增大(见图 2-4-8)。

(2) 弹性散射截面 σ_s

多数核素的核与能量较低的中子的散射都是弹性散射，σ_s基本上为常数，一般为几靶。对于轻核和中等核，中子从低能一直到 MeV 范围，σ_s都近似为常数。对于重核，在共振能区将会出现共振弹性散射。

2.4.4.3 微观裂变截面 σ_f

^{235}U、^{239}Pu 等易裂变核素的裂变截面随中子能量变化的规律与前述的重核吸收截面的变化规律很相类似。在热能区，σ_f随中子能量的减小而增加，而且其截面值也很大。例如当中子能量 $E=0.025\,3$ eV 时，^{235}U 的 $\sigma_f=583.5$ b，^{239}Pu 的 $\sigma_f=744$ b。所以，热中子反应堆中的裂变反应主要在这一能区发生。在共振区($1\text{ eV}<E\leqslant 10^3\text{ eV}$)，^{235}U 核的裂变截面出现共振峰，此能区延伸至几个 keV。在 keV 到 MeV 的能量范围内，裂变截面随中子能量的增加而下降到几靶。图 2-4-9 和图 2-4-10分别给出了中子能量全范围的^{235}U 和^{239}Pu 的中子诱发裂变截面。^{238}U，^{240}Pu，^{232}Th 等核素核的裂变具有阈能的特点，裂变截面曲线见图2-4-11。

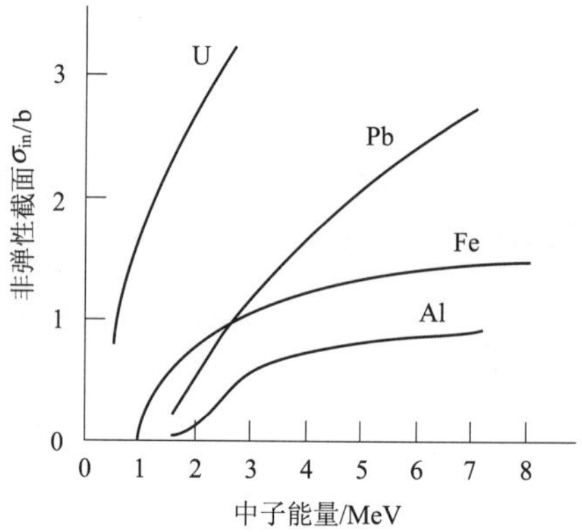

图 2-4-8 几种堆用材料的非弹性散射截面

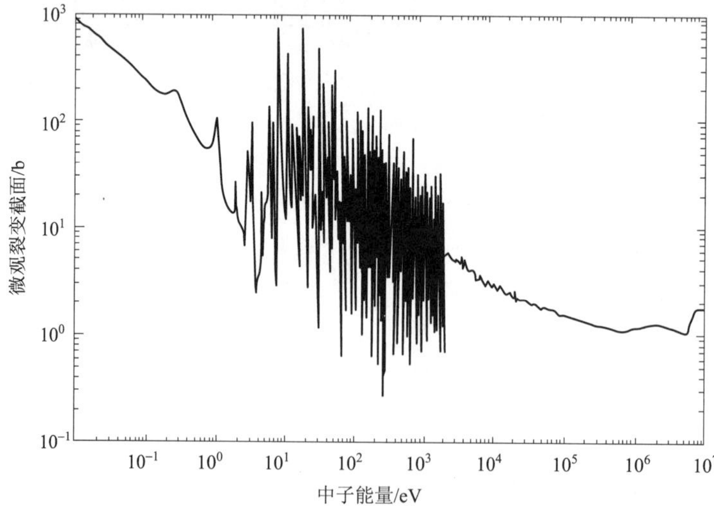

图 2-4-9 ^{235}U 的裂变截面

在本书 2.1 节中已经提及：$^{235}_{92}$U 核吸收中子后并不都发生核裂变反应，除发生上述裂变反应外，还可能发生辐射俘获反应[见式(2-1-2)]。可以定义一个叫做俘获-裂变比的量 α 来表示这种现象，它等于辐射俘获截面 σ_γ 与裂变截面 σ_f 之比：

$$\alpha=\sigma_\gamma/\sigma_f \tag{2-4-36}$$

α 越小表示燃料的利用率越高。表 2-4-2 列出了 ^{235}U 和 ^{239}Pu 的 α 值与入射中子能量的关系。

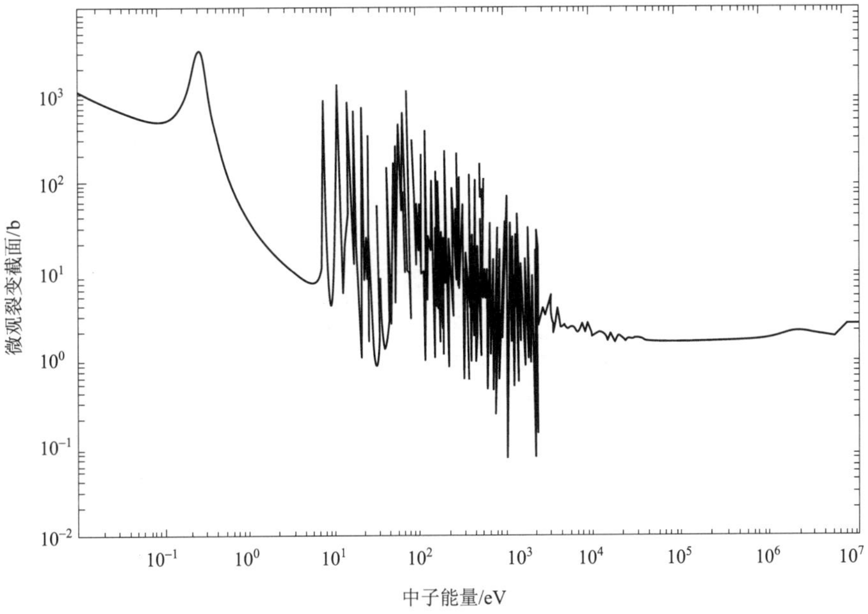

图 2-4-10　^{239}Pu 的裂变截面

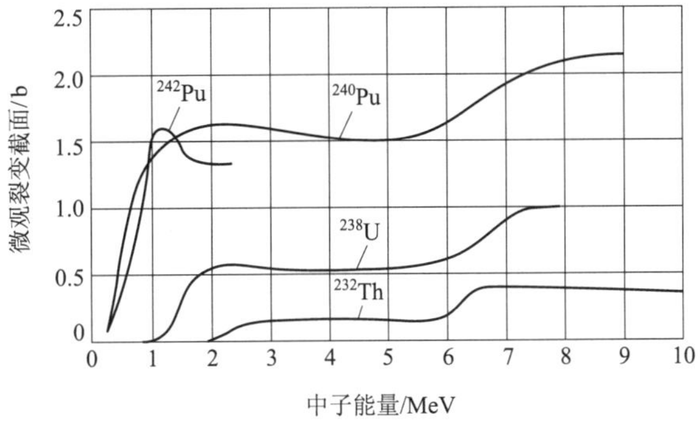

图 2-4-11　^{238}U、^{232}Th、^{240}Pu 和 ^{242}Pu 裂变截面

表 2-4-2　^{235}U 和 ^{239}Pu 的 α 值与入射中子能量的关系

核　素	中子能量	α	核　素	中子能量	α
^{235}U	热中子	0.169	^{239}Pu	热中子	0.42
	30 eV	0.65		100 eV	0.81
	100 eV	0.52		1 200 eV	0.60
	1 200 eV	0.47		15 000 eV	0.45
	15 000 eV	0.41			

由俘获-裂变比还可以引出另一个叫"热裂变因子(也叫做"每次吸收的中子产额"或"η因数")"的物理量，用来表示有效裂变中子数，即燃料核每吸收1个中子后平均放出的中子数，表示为：

$$\eta=\frac{\nu\sigma_f}{\sigma_a}=\frac{\nu\sigma_f}{\sigma_f+\sigma_\gamma}=\frac{\nu}{1+\alpha} \tag{2-4-37}$$

表2-4-3列出了^{235}U、^{239}Pu等易裂变核素的热中子吸收截面和裂变截面等数据。

表2-4-3 ^{235}U等元素的热中子(0.025 3 eV)反应有关数据

核素	σ_a/b	σ_f/b	α	ν	η
^{233}U	578.8	531.1	0.089 9	2.492	2.287
^{235}U	680.8	582.2	0.169	2.418	2.067
天然铀	7.59	4.16	0.91	2.50	1.310
^{239}Pu	1 011.3	742.5	0.362	2.871	2.108
^{241}Pu	1 377	1 009	0.365	2.927	2.145

例2-4-7 已知：

堆芯的平均宏观裂变截面：　$\overline{\Sigma}_f=0.085\ cm^{-1}$；

平均热中子密度：　$n=8\times10^7\ cm^{-3}$；

平均热中子速度：　$v=2.5\times10^3\ m/s$；

取每次裂变释放并可回收利用的能量：　$E_f=200\ MeV(1\ MeV=1.602\times10^{-13}\ J)$。

试求：

1）堆芯内每秒每立方厘米的裂变次数；

2）堆芯平均体积释热率。

解

1）堆芯内每秒每立方厘米的裂变次数计算：

根据式(2-4-31)，堆芯平均热中子通量密度

$$\overline{\phi}=nv=8\times10^7\times2\ 500\times100=2\times10^{13}\ cm^{-2}\cdot s^{-1}$$

根据式(2-4-33)，每秒每立方厘米的裂变次数即为裂变反应率

$$R_f=\overline{\Sigma}_f\overline{\phi}=0.085\times2\times10^{13}=1.7\times10^{12}\ cm^{-2}\cdot s^{-1}$$

2）堆芯平均体积释热率计算：

已知　$E_f=200\ MeV=3.204\times10^{-11}\ J$

堆芯平均体积释热率$=R_fE_f=1.7\times10^{12}\times3.204\times10^{-11}=54.468\ W/cm^3$。

例2-4-8 WWER-1000核电站反应堆的控制棒主要采用B_4C作中子吸收材料。^{10}B与中子的反应为：

$$^{10}_{5}B+^{1}_{0}n\rightarrow^{7}_{3}Li+^{4}_{2}He+2.78\ MeV$$

在额定功率运行时，若某控制棒的B_4C材料发热率为：$Q=44.48\ W/cm^3$，且假定在运行过程中保持此值不变。试估算：该B_4C材料经过1 a的中子辐照后，消耗的^{10}B原子数与初始的^{10}B原子数的百分比r。

已知：天然硼中^{10}B与^{11}B的原子丰度比为18.8∶81.2。

B_4C的密度$\rho=1.75\ g/cm^3$。

（提示：阿伏加德罗常数$N_A=6.023\times10^{23}\ mol^{-1}$。1 MeV$=1.6\times10^{-13}$ J）

解

发热率 Q 所对应的中子吸收率为：

$$R_{吸收}=Q/(2.78\times1.6\times10^{-13})=44.48/(2.78\times1.6\times10^{-13})=1\times10^{14}\ \mathrm{cm^{-3}\cdot s^{-1}}$$

经历 1 a(T s)，每立方厘米硼的总中子吸收次数(即吸收了中子的硼原子数)为：

$$N(T)=T\times R_{吸收}=(3\ 600\times24\times365)\times(1\times10^{14})=3.15\times10^{21}\ \mathrm{cm^{-3}}$$

B_4C 的相对分子质量为：

$$A=10\times4\times0.188+11\times4\times0.812+12=55.25$$

根据式(2-4-23)，每立方厘米中初始的 ^{10}B 原子的总数为：

$$N_{B\text{-}10}(0)=(\rho/A)N_0\times4\times0.188=(1.75/55.25)\times6.023\times10^{23}\times4\times0.188$$
$$=1.43\times10^{22}\ \mathrm{cm^{-3}}$$

经历 1 a，^{10}B 的减少比例为：

$$r=N(T)/N_{B\text{-}10}(0)\times100\%=(3.15\times10^{21})/(1.43\times10^{22})\times100\%=22.03\%$$

2.5　核裂变过程

2.5.1　核裂变机理

裂变过程是原子核的一种重要的运动形态。对裂变现象及运动机理的研究是原子核物理学的重要内容之一。

原子核的裂变分为自发裂变和诱发裂变两种。自发裂变与放射性衰变类似，是原子核在没有外来粒子轰击的情况下自行发生的裂变；在外来粒子的轰击下，重原子核也会发生裂变，称为诱发裂变。

如本书 2.3.1 节所述，如果原子核及其裂变产物构成的体系在核反应前后的静止质量减少了，则该体系在核反应过程中将释放出能量。对于这样的原子核，即使处于基态时也能自发地发生裂变(即自发裂变)。因此，有理由推测，所有的重核都会自发地裂变，并随着时间的推移，有可能全部消失。但是，由于原子核存在着能量位垒在阻碍着裂变的发生，因而自发裂变的发生概率很小。只是随着质量数的增加，裂变位垒值随之减小，自发裂变的概率也将随之增大。天然核素的自发裂变概率极低，只有对于 $Z>90$ 的重核，自发裂变概率才变得大到可在实验中观测到此现象。表 2-5-1 给出了若干重核素自发裂变的半衰期，可见自发裂变的速率差别很大，如：^{238}U 的半衰期(8×10^{15} a)比 ^{235}U 的小很多(1.8×10^{17} a)。更重的核素的自发裂变速率要快得多，如：$Z=104$ 的人造核素 Rf 的自发裂变半衰期数量级为十分之几秒。

表 2-5-1　几种重核素的自发裂变半衰期

半衰期	^{232}Th	^{233}U	^{235}U	^{238}U	^{239}Pu	^{252}Cf	^{261}Rf
T_f/a	1.4×10^{18}	3×10^{17}	1.8×10^{17}	8×10^{15}	5.5×10^{15}	66	0.3 s

在诱发裂变中，以中子诱发裂变最为重要。由于中子和靶核的作用没有库仑势垒，能量很低的中子就可以进入核内使核激发而发生裂变。在裂变过程中将有中子的发射，因而可能形成链式反应。^{235}U 核的(n,f)反应就是一个典型的例子，其反应过程如式(2-1-3)所示。

如前述，易裂变核素(如 ^{235}U、^{239}Pu、^{233}U 等)都具有很大的热中子裂变截面。而对于可裂变核素(以^{238}U为例,见图2-5-1),当入射中子能量增高到一定数值后,裂变截面σ_f随中子入射能量E_n迅速上升。而且,对于快中子引起的核裂变,随着中子能量的增高,裂变截面的变化呈阶梯状。对于其他几种可裂变核素,情况也类似(见图2-4-11)。

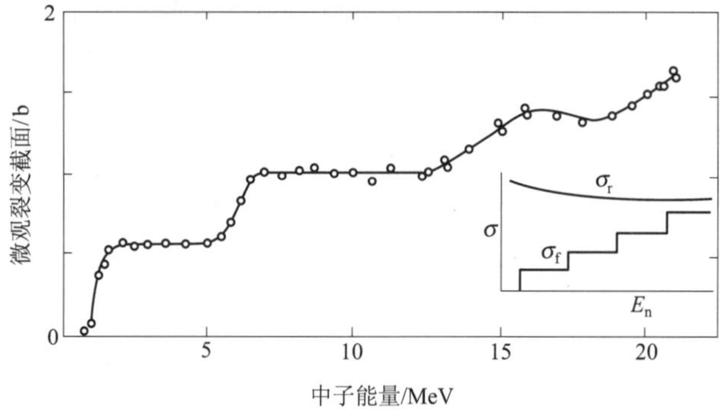

图2-5-1 ^{238}U快中子裂变截面实验曲线

除了中子可以诱发核裂变外,具有一定能量的带电粒子(如p、α)和γ射线也能诱发核裂变,只是概率比较小。

对于质量数A大于50左右的核,每个核子的结合能随着质量数的增加而减小。因此,在重核分裂成两个较轻的核后,就得到更稳定的核结构,这就是裂变过程的起因。

实验表明,中等质量的原子核不出现自发裂变,诱发裂变也很困难,其原因是这些核素的裂变位垒很高,往往为几十MeV。而重核的位垒就比较低,例如,易裂变核素的裂变位垒高度只有6 MeV左右(位垒可由实验测得)。

原子核的裂变过程涉及组成它的核子在核内是如何运动的。迄今为止,还无法从第一性原理出发来解答这个问题,这是因为存在着以下两个困难:其一,在原子核中,核子之间的相互作用核力起了主要作用,但对核力的性质至今还很不清楚。其二,核内的核子数(中子数加上质子数)数量很多,又平等相处,没有一个中心,所以在数学上是一个非常棘手的多体问题;但是,核子数又不是非常多,因而不能采用研究大量质点运动的统计方法予以解决。因此,在核物理领域内,只好采用传统的常用的唯象论的研究方法,即提出各种原子核结构模型,对核内的运动情况作近似的、唯象的描述,从而反映某一方面的特性。在本书2.4.2节中提到的液滴模型就是其中一个被用来描写原子核整体行为的模型,以此可了解原子核裂变过程的物理图像。

所谓"液滴模型",就是将原子核看成一个带电的液滴。原子核的分裂与一滴液体分裂成两个小液滴的过程相似。

在液滴(即原子核)内,组成它的每一个核子与它最邻近的核子发生着等强的相互作用。作为一级近似,核的内能(或结合能)与核子数或质量数成正比。另外,注意到核的半径随$A^{1/3}$而变化,因而核的有效体积也与质量数成正比。这就是液滴模型的实验依据。

如液滴那样,核表面粒子的相邻粒子数少于内部粒子的相邻粒子数[为此,在上述估算的结合能(即体积能)中还须减去一个随核表面积而增加的量]。所以,在核中有一种把核表面的核子拉向中心的核力,从而造成表面张力,这就是裂变位垒的起源。它使核基态的势能处于最小值。为了使核的几何形状偏离初始状态进而引起裂变,需要对形成表面张力的核力做功。而这只能靠从外部引进能量，即需要用某种粒子来加以激发，即，为了使裂变概率增大，必须用各种方法供给原子核能量，其值应高于该种核的能量位垒。另外，除了上述能量项以外，在研究核的行为时还必须对质子之间的静电排斥进行修正。

与原子核在初始的稳定状态相对应，在裂变开始之前，液滴呈球形。此时，核力大于库仑排斥力。当中子被靶核所吸收时，就生成复合核，它暂时还包含着参与核反应的所有电荷与质量，并处于激发态，其激发能等于中子与靶核的结合能及中子的动能之和；激发能将使复合核发生振荡和变形，使它从球形变为椭球形，此时虽然体积没有变化，而表面积却增加了，因而表面势能增大而库仑势能减小，其总的效果是势能增大，但只要体积能超过表面能，液滴还会返回到它的原始形状。如果这样，则过剩的能量将由受激的复合核通过发射一个 γ 光子而释放；当激发能大于临界能时，因振荡造成的变形力足够大，可能使复合核变为哑铃状；此时，在“哑铃”的颈部，由于核力的饱和性，核力有较大的减小，而库仑排斥力只比以前略小。当库仑排斥力大于核力时，或表面能超过为液滴提供内聚力的体积能时，液滴将不能再返回它的原始形状，而是分裂成两个小液滴。这两个小液滴开始多少有点变形；但最后将成为两个小球。

2.5.2　裂变产物

原子核裂变成两个裂变碎片后，在库仑静电斥力的作用下，碎片相互排斥，库仑势能转化为裂变碎片的动能（初始速度可达 10^{7} m/s），这是裂变释放能量的最主要部分（见本书 2.5.4 节）。当碎片达到初始原子的边缘（10^{-10} m）时，碎片之间的相互加速基本结束，但在 $10^{-13}\sim10^{-12}$ s 内还会继续在介质中运动 $10^{-6}\sim10^{-5}$ m，在运动过程中对周围介质的原子进行电离，使它们处于激发状态。这样，碎片的动能就转化成了介质粒子热运动的能量，使介质的温度升高。裂变碎片本身最终将变为具有基态核的中性原子。

裂变中释放的部分能量转化成了裂变碎片的激发能。裂变碎片实际上就是很不稳定的、具有较高的激发能的新原子核，其激发能高于中子的结合能，所以，每个裂变碎片在其转变为基态的退激过程中，会先释放出 1～2 个中子，当初级产物的激发能降低到约小于 8 MeV 时，就不足以再发射核子，但此时的次级碎片还能以 γ 跃迁的方式退激发。绝大多数 γ 射线在中子发射后发出。以上发射中子和 γ 射线的过程分别在裂变后小于 10^{-17} s 和小于 10^{-14} s 这样短的时间内完成。这些中子和 γ 射线分别称为瞬发裂变中子和瞬发裂变 γ 射线。以上过程见图 2-5-2。

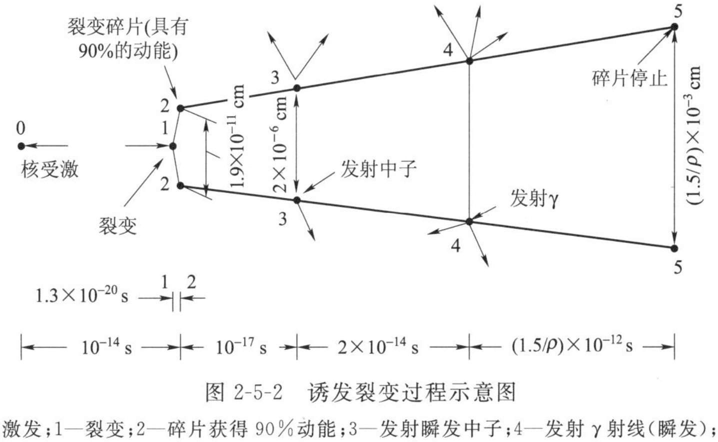

图 2-5-2　诱发裂变过程示意图

0—原子核受激发；1—裂变；2—碎片获得 90％动能；3—发射瞬发中子；4—发射 γ 射线（瞬发）；5—碎片停止

瞬发中子如进入慢化介质中，会很快丢失其动能，转化为介质核的热能。中子最终将通过(n,γ)反应被介质的核俘获(到中子被吸收的时间不超过 10^{-3} s)。俘获γ光子的能量也将在介质中转化为热能。

由于裂变碎片的中子-质子比超过了稳定性范围，所以它们几乎全部是 β^- 发射体。β^- 衰变的能量在 β^- 粒子和反中微子之间分配。伴随着 β^- 衰变，还会有γ辐射发生，并带走不少能量；而中微子具有极强的穿透能力，与物质基本上不发生作用，所以其能量不能被回收。

初级产物还是丰中子的核素，经过一次或多次β衰变(形成β衰变链)，最后转变为稳定的核素。裂变产物是发射中子后裂变碎片的统称，包括β衰变前的初级产物和β衰变子体。这里以著名的 $A=140$ 重碎片的β衰变链为例：

$$^{140}\text{Xe} \xrightarrow{\beta^-,16\text{ s}} {}^{140}\text{Cs} \xrightarrow{\beta^-,66\text{ s}} {}^{140}\text{Ba} \xrightarrow{\beta^-,12.8\text{ d}} {}^{140}\text{La} \xrightarrow{\beta^-,40\text{ h}} {}^{140}\text{Ce}(\text{稳定})$$

正是对这个β衰变链的研究，发现了原子核的裂变。

另一个例子是轻碎片中 $A=99$ 的β衰变链：

$$^{99}\text{Nb} \xrightarrow{\beta^-,2.4\text{ min}} {}^{99}\text{Mo} \xrightarrow{\beta^-,67\text{ h}} {}^{99}\text{Tc} \xrightarrow{\beta^-,2.12\times10^5\text{ a}} {}^{99}\text{Ru}(\text{稳定})$$

这是人造元素锝(Tc，$Z=43$)的重要来源。

β衰变的半衰期是 10^{-2} s或更长，比上述发射中子和γ射线的时间长得多。因而β衰变过程称为慢过程。

在β衰变过程中，也有少量在衰变中形成的核素，其激发能超过中子的结合能，就有可能发射中子。

例如图2-5-3所示，在轻碎片 $A=87$ 的β衰变链中，^{87}Br经 β^- 衰变为 $[^{87}\text{Kr}]^*$。$[^{87}\text{Kr}]^*$ 有一个激发能级可以发射中子。当经 β^- 衰变到达这样的能级时，立即发射一个中子。由实验可知，中子发射的半衰期约55 s，是 ^{87}Br β^- 衰变的半衰期。这种在β衰变慢过程中发射的中子称为缓发中子。其中，处于激发态的 $[^{87}\text{Kr}]^*$ 称为中子发射体，^{87}Br称为缓发中子先驱核。

又如：重碎片 $A=137$ 的β衰变链中，^{137}Xe也是中子发射体，中子发射半衰期由β衰变母核 ^{137}I的半衰期($T_{1/2}=22$ s)所决定。这里的 ^{137}I是缓发中子的先驱核。

缓发中子的存在对核反应堆的动力学性能有着极其重要的影响。在本书2.5.3节和本书4.1.2节中将对缓发中子的特性进行适当的讨论。

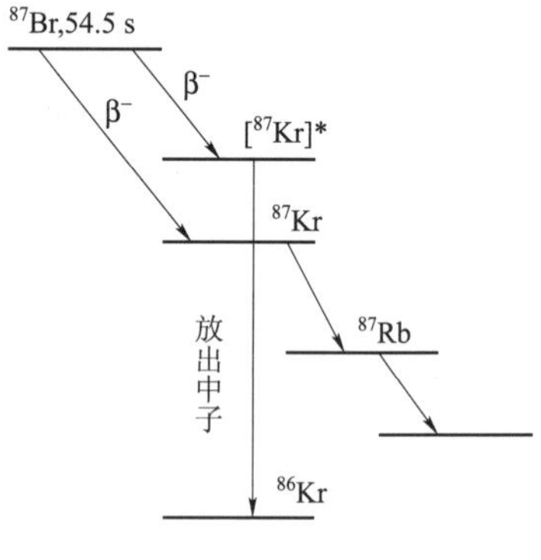

图2-5-3 缓发中子产生过程示例

在裂变过程中所产生的裂变产物，具有一定的质量分布 $Y(A)$。这是指裂变产物的产额与产物质量数 A 的关系(见图2-5-4)。某裂变产物的产额是指每次裂变中该裂变产物所占的百分比。$Y(A)$ 既与裂变核的原子序数 Z 有关，也与裂变核的激发能 E^* 有关。

实验表明，对于 $Z\leqslant 84$ 的核素，裂变碎片呈对称分布，即，质量数为 A 的核因裂变而分裂为两个质量数相同的碎片($A_1=A_2=A/2$)的分配方式的概率最大，这样的核裂变称为对称裂变。$Z\geqslant 100$ 的核素发生的裂变也主要是对称裂变。但对于 $90\leqslant Z\leqslant 98$ 核素的自发裂变或低激发能的诱发裂变，碎片质量分布是非对称的，称为非对称分布。随着激发能的增高，非对称裂变逐渐向对称裂变模式过渡，例如，对于镭等核素，会出现对称裂变与非对称裂变两种同等重要的模式。

对于^{235}U 的热中子诱发裂变，裂变碎片质量分布的非对称性极为突出：重碎片峰位于$A\approx140$ 处，轻碎片峰位于$A\approx96$ 处，产额约 6%。而在对称分裂的$A=236/2=118$ 处，产额曲线有很深的谷，Y (118)=0.010%，峰谷比约 600。

^{233}U 和^{239}Pu 的热中子的诱发裂变以及^{252}Cf 的自发裂变都是非对称裂变，它们的重碎片峰的位置与^{235}U 的一样，在$A\approx140$ 处；而轻碎片的峰位置分别在$A\approx94$、100 和 114 处。$A\approx140$ 的碎片特别容易形成，这表明存在着一种与原子核结构相关的效应。

随着入射中子能量的增大，裂变核的激发能也增加，对称裂变的产额也随之提高。例如，14 MeV 中子引起^{235}U 核的裂变，碎片质量分布曲线的峰谷比降为 5。能量更高的中子引起^{235}U 的裂变则有可能成为对称裂变。

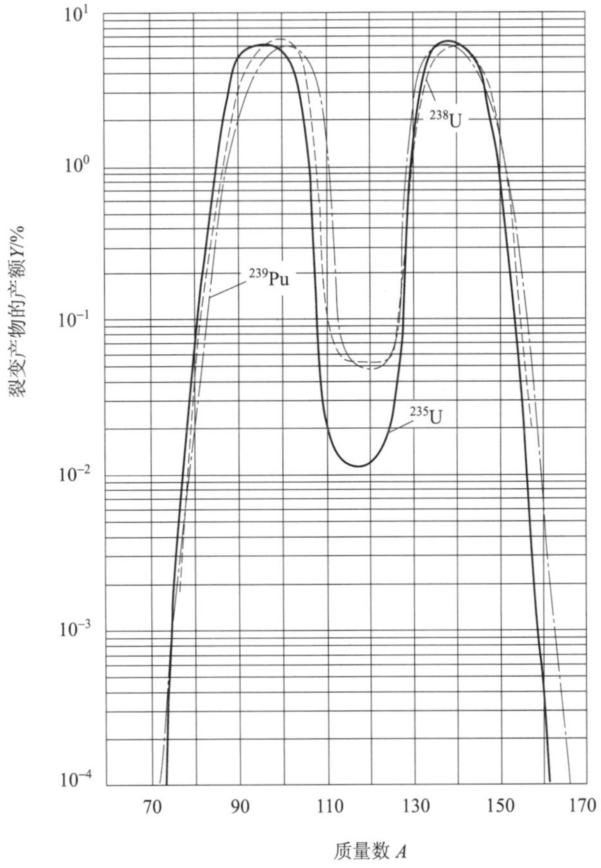

图 2-5-4　^{235}U、^{238}U 和^{239}Pu 的热中子诱发裂变碎片质量分布曲线

在裂变过程中，发生裂变的原子内放出许多轨道电子，结果使裂变碎片带有很高的电荷量。较轻的碎片平均带有约 20 个单位正电荷；而较重的碎片带有约 22 个单位正电荷。这种以 10^7 m/s 量级速度运动的粒子在它们穿过介质的路程上能够使其产生很强的电离。由于它们的质量和电荷大，所以比电离高，因而射程比较短。可以观察到轻群和重群裂变碎片在空气中的射程分别为 25 mm 和 19 mm 左右。它们与放射源中发出的 α 粒子射程相近。

裂变碎片在各种材料中的射程对于反应堆的设计很重要，因为必须防止它们从燃料元件中逸出。

裂变碎片的衰变产物通常也是带放射性的。虽然衰变链各有长短，但平均来说每一碎片都要经过四到五级衰变后才能形成一种稳定核素。由于裂变中产生约 80 种不同的放射性核素，所以在裂变后的短时间内，裂变产物中将存在 300 种以上的放射性核素。

大部分放射性裂变产物除了发射 β 粒子外，还放出 γ 射线。这就是所谓的缓发裂变 γ 辐射。大多数光子具有中等的能量，低于 2 MeV 左右，但少数裂变产物放出的光子具有较高的能量，后者在反应堆屏蔽和控制方面是很重要的。$^{235}_{92}$U 核每次裂变的裂变产物中所放

出的缓发 γ 辐射总能量约为7.5 MeV。

2.5.3 裂变中子

(1) 裂变中子的种类、每次裂变的中子产额 ν 和每次吸收的中子产额 η

裂变中释放的中子可以分成两类，即：

1) 瞬发中子：它们占裂变中子总数的99%以上，在 10^{-14} s(或更短)的裂变瞬间内被释放出来。在裂变发生以后，瞬发中子的发射就马上停止。

2) 缓发中子：在裂变发生以后，缓发中子会在一段时间后从裂变碎片中放出(参见本书2.5.2节)，其过程将持续逾1 min，其后，它们的强度很快地下降。

裂变过程最重要的特性就是每次裂变的中子产额 ν。正是这些裂变二次中子的释放，才能在一定的条件下使链式反应得以维持。

每次裂变释放的二次中子数是个随机值，它在平均值附近按高斯规律分布。它的含义可用下式表示：

$$\nu=\lim_{N_f\to\infty}\frac{N_n}{N_f} \tag{2-5-1}$$

式中：N_n——在 N_f次裂变中产生的二次中子数；

N_f——裂变的次数。

ν 值与核的类型有关，也与引起裂变的中子的能量有关。表2-5-2给出了不同的核素的核在不同能量的中子作用下的 ν 值。

表2-5-2 不同核素的核在不同能量的中子作用下裂变时释放的平均中子数 ν

核素	^{233}U	^{235}U	^{239}Pu	^{238}U
E_n=0.025 eV	2.48	2.42	2.89	—
E_n=1.8 MeV	2.71	2.74	3.21	2.9

由实验得知，ν 值随引起裂变的中子能量的增大而增大。ν 与引起裂变的中子能量 E_n 的关系是线性的，可表示为：

$$\nu(E_n)=\nu_{th}+\alpha E_n \tag{2-5-2}$$

式中：ν_{th}——热中子(E_n=0.025 eV)引起的裂变所释放的二次中子；

α——用最小二乘法对实验数据进行线性拟合得到的斜率，有：

$\alpha(^{233}U)=0.123\ MeV^{-1}$

$\alpha(^{235}U)=0.133\ MeV^{-1}$

$\alpha(^{239}Pu)=0.135\ MeV^{-1}$

ν 值随引起裂变的中子能量的增大而增大，这与引起裂变的中子的能量增大时裂变碎片的激发能增大有关。释放中子后，裂变碎片激发能的降低量等于中子在核中的结合能(约5 MeV)加上被释放的中子的动能(约2 MeV)。因此，引起裂变的中子能量每增加7 MeV，ν 值就增加1。这一规律已由实验证实：所得到的实验数据与中子能量的关系呈线性。

在本书2.4.4节中已经提到过一个叫做“每次吸收的中子产额”的物理量 η，它定义为燃料每吸收一个热中子所产生的裂变中子数。表2-5-3中除给出了在裂变反应中每吸收一个0.025 3 eV中子或快中子(约1 MeV)后所释放的平均(总)中子数 ν 外，还给出了相应的 η。

表 2-5-3　在不同能量的中子作用下裂变时释放的平均中子数和相应的 η

易裂变核	热中子(0.025 3 eV)		快中子(≈1 MeV)	
	ν	η	ν	η
^{233}U	2.48	2.29	2.58	2.40
^{235}U	2.42	2.07	2.51	2.35
^{239}Pu	2.86	2.11	3.04	2.90

对于均匀反应堆，ν 与 η 之间有如下关系：

$$\eta=\frac{\text{燃料核热裂变产生的中子数}}{\text{燃料核吸收的热中子总数}}$$

$$=\nu\times\frac{\text{热裂变反应率}}{\text{热吸收反应率}}$$

$$=\nu\times(\Sigma_f/\Sigma_a) \tag{2-5-3}$$

式中：Σ_f——燃料的热中子宏观裂变截面；

Σ_a——燃料的热中子宏观吸收截面。

对于单一的易裂变核素，Σ_f/Σ_a 可以用 σ_f/σ_a 来代替。对于易裂变核，$\sigma_a=\sigma_f+\sigma_\gamma$，而$\alpha=\sigma_\gamma/\sigma_f$，所以式(2-5-3)就与式(2-4-33)等价。

表 2-5-3 中给出了三种易裂变核素的 η 值。快中子的 η/ν 比值显著地大于热中子，这是因为快中子非裂变反应（主要是辐射俘获）吸收的中子份额较小之故。

表中的数据表明，在核反应堆中，为了维持自持链式反应，或者使可转换核素转化为易裂变核素（增殖），除了应有一个中子用来维持裂变链以外，还必须考虑由于泄漏出反应堆系统以及结构材料与冷却剂等的寄生俘获而不可避免的中子损失（参见例 3-1-7）。对于增殖，还必须考虑有一定份额的中子用于将可转换核素转化为易裂变核素。因此，η 必须为大于 1 的某一个数值。

通常，反应堆的燃料由易裂变核素和可转换核素组成，并且常常还含有其他的核素（例如氧化物燃料中的氧）。所以，需要将单一核素方程(2-5-3)加以推广，以便对燃料物质定义 η：

$$\eta_{\text{燃料}}=\sum_i(\nu\Sigma_f)_i/\Sigma_a \tag{2-5-4}$$

式中：$\sum_i(\nu\Sigma_f)_i$——所有易裂变核素的 $\nu\Sigma_f$项之和；

Σ_a——燃料中存在的所有核素的总吸收截面。

如果燃料由 $^{235}_{92}U$ 和 $^{238}_{92}U$ 的二氧化物组成（如在处于寿期初的压水反应堆堆芯），则 $^{235}_{92}U$ 是唯一的易裂变核素。如忽略氧的吸收截面，则可将方程(2-5-4)写为：

$$\eta_{\text{燃料}}=\nu^{235}\frac{\Sigma_f^{235}}{\Sigma_a^{235}+\Sigma_a^{238}} \tag{2-5-5}$$

(2) 瞬发中子的能谱

瞬发中子的释放大致按以下的方式进行：一个易裂变核素（如 $^{235}_{92}U$）核俘获一个中子形成的受激复合核首先分裂成两个核碎片，每一个碎片都具有对稳定性来说过多的中子以及放出一个中子所需要的过剩（激发）能量（约 6～8 MeV）。这种受激的不稳定核碎片常常在它形成后的极短时间内放出一个或多个中子（瞬发中子）。与此同时还会发射出一些瞬发 γ

射线。

瞬发裂变中子能谱可用量 $\chi(E)$ 来表示，这里 $\chi(E)\mathrm{d}E$ 是裂变中子在能量从 E 到 $E+\mathrm{d}E$ 范围内的份额。它对所有的能量积分(积分区间为从零到无穷)必须为1，即

$$\int_0^\infty \chi(E)\mathrm{d}E = 1$$

经实验发现，在约从0.18～12 MeV的中子能量范围内，瞬发裂变谱可相当精确地用下式表示：

$$\chi(E)=0.453\mathrm{e}^{-1.036E}\sinh 2.29^{0.5} \qquad (2\text{-}5\text{-}6)$$

式中：E 以 MeV 为单位。这个表达式适用于 ${}^{235}_{92}U$ 裂变。对于 ${}^{233}_{92}U$ 和 ${}^{239}_{94}Pu$ 也有类似的表达式，但常数稍微不同。由方程(2-5-6)给出的 $\chi(E)$ 作为 E 的函数画于图2-5-5中。由图可见，虽然大多数瞬发中子能量约在0.5～2 MeV之间，但也有一些中子的能量超过10 MeV(这些高能中子在反应堆的屏蔽设计中必须加以考虑)。能谱的最大值在0.8 MeV处，裂变中子的平均能量 $\overline{E}\approx 2$ MeV。

例 2-5-1 田湾核电站反应堆首次物理启动不使用外部中子源，而是利用堆芯燃料中 ${}^{235}_{92}U$ 和 ${}^{238}_{92}U$ 核的自发裂变产生的中子。铀的自发裂变率为：1 kg ${}^{235}_{92}U$：0.33次/s；1 kg ${}^{238}_{92}U$：6.58次/s。已知：该核电站第一循环堆芯燃料的平均富集度约为2.45%。堆芯由163个燃料组件组成，每个燃料组件有311根燃料棒，每根燃料棒含1.575 kg的 UO_2。每次裂变释放的中子数为2.43。请估算该核电站初始堆芯总的自发裂变中子源强度(中子/s)。(结果保留两位小数)

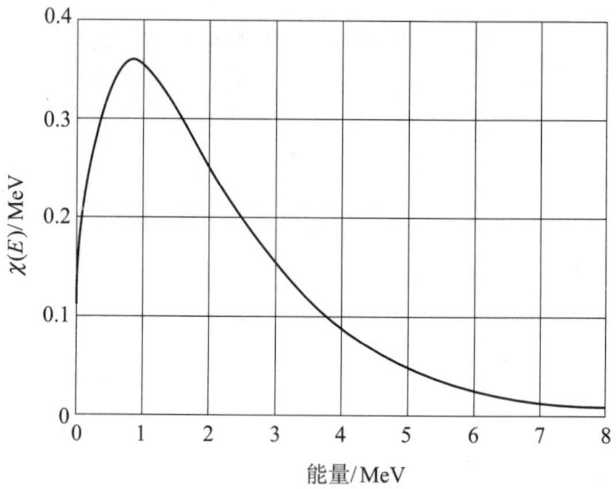

图2-5-5 ${}^{235}_{92}U$ 裂变瞬发中子的能谱

解

1) 计算二氧化铀总装量 m_{UO_2}：

$$m_{UO_2}=1.575\times311\times163=79\ 841.5\ \mathrm{kg}$$

2) 计算铀的总装量：

$$m_U=[A_U/A_{UO_2}]m_{UO_2}=[238/(238+16\times2)]\times79\ 841.5=70\ 378.8\ \mathrm{kg}^{1)}$$

3) 分别计算 ${}^{235}_{92}U$ 和 ${}^{238}_{92}U$ 的总装量：

$$m_{235}=m_U\times2.45\%=70\ 378.8\times0.024\ 5=1\ 724.3\ \mathrm{kg}$$

$$m_{238}=m_U\times(1-2.45\%)=70\ 378.8\times0.975\ 5=68\ 654.5\ \mathrm{kg}$$

4) 计算 ${}^{235}_{92}U$ 和 ${}^{238}_{92}U$ 总的自发裂变率：

$$R_{自发}=6.58\times68\ 654.5+0.33\times1\ 724.3=4.52\times10^5\ \mathrm{s}^{-1}$$

5) 计算自发裂变中子源强 S：

$$S=R_{自发}\times2.43=4.52\times10^5\times2.43=1.10\times10^6\ \mathrm{s}^{-1}$$

(如果忽略 ${}^{235}_{92}U$ 的自发裂变，应予以说明)

注:1) 这是一种近似算法。因题目要求“估算”,这种算法不会引起大的误差,而且很简单、快捷,所以应该是允许的。较精确的算法如下:令 c_5 为富集铀内 ^{235}U 的核子数与铀($^{235}U+^{238}U$)的核子数之比,即:

$$c_5=N_5/(N_5+N_8)$$

铀的富集度 ε 是指在金属铀中 ^{235}U 所占的重量百分比。由此可得:

$$N_5=\varepsilon\rho N_0/235 \text{ 和 } N_8=(1-\varepsilon)\rho N_0/238$$

将它们代入 c_5 的表达式,有:

$$c_5=[1+0.9874\times(1/\varepsilon-1)]^{-1} \tag{2-5-7}$$

而 $A_U=235\times c_5+238\times(1-c_5)$ 和 $A_{UO_2}=235\times c_5+238\times(1-c_5)+16\times2$

将本题数据代入,可得 $A_U=237.9256$,$A_{UO_2}=269.9256$,$M_U=70\,376.195$ kg。

2.5.4 反应堆的热功率

2.5.4.1 裂变释放的能量

一般说,裂变过程中释放的总能量同反应堆中可回收能量(也就是可用于产生热能的能量)是不同的,必须予以区别。为此,需要研究 $^{235}_{92}U$ 的裂变。表 2-5-4 列出了 $^{235}_{92}U$ 裂变放出的总能量和可回收能量。

表 2-5-4 $^{235}_{92}U$ 的裂变能

能量形式		释放的能量/MeV	可回收能量/MeV
瞬发能	裂变碎片的动能	167	167
	裂变中子动能	5	5
	瞬发 γ 射线能量	5	5
	俘获 γ 射线能量	10	10
	总瞬发能量	187	187
衰变能	裂变产物 β 射线	7	7
	裂变产物 γ 射线	6	6
	中微子	10	—
	总衰变能	23	13
总能量		210	200

裂变碎片带有大量的正电荷和很高的动能,占了裂变能的绝大部分,能直接引起介质的电离,将周围介质原子中的轨道电子剥落下来,在电离过程中将动能传给周围的燃料物质的原子。裂变碎片的射程很短,其动能消耗在距裂变位置不超过 10^{-3} cm 的区域内,在燃料芯块中就会转变成热能。因此,裂变碎片的动能全部可以回收。

裂变碎片衰变时发射出来的大约 7 MeV 的 β 射线,只能在堆内穿行很短的距离,可以完全被阻挡在燃料包壳以内,其能量主要在燃料和燃料包壳中转换为热能。所以 β 射线的能量也可以回收。

对于裂变产物衰变时发出 6 MeV 的 γ 射线,由于在低质量数的轻介质中具有很强的穿透力,因此可在燃料棒、燃料棒包壳、堆芯结构材料以及压力容器等材料中转变为热能。因为几乎所有的反应堆都设计成尽量不让 γ 射线射出堆外,所以 γ 射线的能量也可以回收。

瞬发裂变中子的总动能约为5 MeV。由于裂变中子主要在慢化剂中通过与慢化剂核的弹性碰撞而损失能量，因此裂变中子的动能主要在慢化剂（对于压水反应堆而言亦即冷却剂）中转变为热能。在绝大多数反应堆中，绝大部分瞬发裂变中子都不会逃出堆外，所以这部分能量也可以回收。这些中子留在堆内，最终总要被堆内的材料所俘获。但是，在讨论中子循环时（见本书3.1节）将要指出，每次裂变产生ν个中子中，必须有1个中子要被易裂变核素的核吸收并引起裂变，才能使反应堆持续运行。因此，每次裂变所剩下的（$\nu-1$）个中子，必定会在堆内被寄生吸收（即对非裂变反应作出了贡献）。每次吸收往往产生一个或更多的俘获γ辐射，其能量取决于入射中子在复合核内的结合能。${}^{235}_{92}U$的ν近似等于2.42（其精确数值取决于引起裂变的中子能量），平均每次裂变可产生约为10 MeV能量的俘获γ辐射（它取决于堆内的材料），当然，这部分γ辐射能全部可以回收。

由表2-5-4中数值可以看出，俘获γ辐射能在一定程度上补偿了由于中微子发射而损失掉的那部分能量。因而，${}^{235}_{92}U$每次裂变总的可以回收的能量平均约为200 MeV，即：

$$E_f \approx 200\ \text{MeV} \tag{2-5-8}$$

裂变能量与裂变核素的种类有关。${}^{235}_{92}U$每次裂变的可回收能量大约比${}^{233}_{92}U$小2%，比${}^{239}_{94}Pu$大4%。

2.5.4.2 反应堆热功率

反应堆堆芯单位时间内释放的热量，称为反应堆的热功率。它可表示为

$$P=\phi\Sigma_{f5}VE_f \tag{2-5-9}$$

式中：ϕ——反应堆内的平均热中子通量密度，$cm^{-2}\cdot s^{-1}$；

Σ_{f5}——${}^{235}_{92}U$的宏观裂变截面，cm^{-1}；

V——反应堆堆芯体积，cm^3；

E_f——每次裂变平均放出并可回收利用的能量，如式(2-5-8)所示。

由于1 MeV$=1.6\times10^{-13}$ J，所以有

$$\begin{aligned}E_f&=200\times1.6\times10^{-13}\ \text{J}\\&=3.2\times10^{-11}\ \text{W}\cdot\text{s}\\&=3.2\times10^{-17}\ \text{MW}\cdot\text{s}\end{aligned} \tag{2-5-10}$$

例2-5-2 试求下列两种情况下的功率分布：

1）在WWER型核电站反应堆堆芯的上、下反射层内的功率分布；

2）在该型反应堆堆芯中燃料棒中的芯块内，有一直径为1.5 cm的中心孔，求孔内的功率分布。

解

提示：可根据式(2-4-22)和式(2-5-9)回答，此处略。

例2-5-3 功率为1 MW的反应堆每天约消耗多少克${}^{235}_{92}U$？

已知：阿伏加德罗常数$N_A=6.023\times10^{23}\ mol^{-1}$。

解

- 求1 MW的功率相当于多少J/d：

  热功率为1 MW的反应堆每天（86 400 s）产生的能量为

$$1\ \text{MW}\times86\ 400\ \text{s}=10^6\times86\ 400\ \text{J}$$

- 功率为 P(MW)的反应堆每天发生多少次裂变：

根据式(2-5-9)和式(2-5-10)，有：

$$P=3.20\times10^{-17}\phi\Sigma_{f5}V$$

热功率为 P(MW)的反应堆每天发生裂变的总次数为

$(P\times10^{6}\times86\ 400\ \text{J/d})/(200\times1.6\times10^{-13}\ \text{J})=2.70\times10^{21}P\ \text{d}^{-1}$

- 每天因裂变而消耗的 $^{235}_{92}\text{U}$ 质量为

$$2.70\times10^{21}P\times A_{235}/N_{A}=2.70\times10^{21}P\times235/(6.023\times10^{23})=1.05P\ \text{g/d}$$

- 在 $^{235}_{92}\text{U}$ 通过与中子发生裂变反应而消耗的同时，还通过一定比例与中子所发生的辐射俘获反应而消耗掉。由式(2-4-32)，并由表 2-4-2 可知，$^{235}_{92}\text{U}$ 的俘获-裂变比为

$$\alpha=\sigma_{\gamma}/\sigma_{f}=0.169$$

得

$$\sigma_{a}/\sigma_{f}=(\sigma_{f}+\sigma_{\gamma})/\sigma_{f}=1+\alpha=1.169$$

- 将此比值乘以裂变的消耗量就是燃料核俘获中子和裂变的总的消耗量。最后得到 $^{235}_{92}\text{U}$ 的实际消耗率为

$$1.05P\times(1+\alpha)=1.05P\times1.169=1.23P\ \text{g/d}$$

所以，1 MW 的反应堆每天约消耗 1.23 g 的 $^{235}_{92}\text{U}$。

例 2-5-4　一座寿期初(BOL)的压水反应堆(PWR)含有 100 t 的二氧化铀，其中 $^{235}_{92}\text{U}$ 的平均富集度为 2.45%(质量分数)，慢化剂(水)的平均温度为 $T_{m}=310$ ℃，堆的热功率 $P=300$ MW。设 $^{235}_{92}\text{U}$ 的裂变截面服从 $1/v$ 定律，并已知 $^{235}_{92}\text{U}$ 在 20 ℃时的平均裂变截面 $\bar{\sigma}_{f,20℃}=515.95$ b。求：

1) 平均热中子通量密度；

2) 满功率运行 3 个月后，消耗掉 $^{235}_{92}\text{U}$ 的质量。

解

1) 计算热中子平均通量密度 $\bar{\phi}_{th}$：

慢化剂的平均温度用热力学温度表示为

$$T_{m}=273+310=583\ \text{K}$$

按题意，可根据式(2-4-35)得到 583 K 时 $^{235}_{92}\text{U}$ 的平均裂变截面为

$$\bar{\sigma}_{f,T_{m}}=\bar{\sigma}_{f,20℃}\times(T_{0}/T_{m})^{1/2}=515.95\times[(273+20)/583]^{1/2}=365.77\ \text{b}$$

按例 2-5-1 注解所述的解法，金属铀的质量为

$$M_{U}=(A_{U}/A_{UO_{2}})M_{UO_{2}}=(237.956/269.956)\times10^{8}=8.814\ 5\times10^{7}\ \text{g}$$

$$M_{235}=M_{U}\times2.45\%=2.159\ 6\times10^{6}\ \text{g}$$

1 mol 的 $^{235}_{92}\text{U}$ 重 235 g，其中含 $N_{A}=6.023\times10^{23}$ 个 $^{235}_{92}\text{U}$ 核，反应堆中 $^{235}_{92}\text{U}$ 核的总数为

$$NV=(2.159\ 6\times10^{6}\times6.023\times10^{23})/235=5.535\times10^{27}$$

由式(2-5-7)可得热中子平均通量密度为

$$\begin{aligned}\bar{\phi}_{th}&=P/(3.20\times10^{-17}\times\bar{\sigma}_{f,T_{m}}\times NV)\\&=300/(3.20\times10^{-17}\times365.77\times10^{-24}\times5.535\times10^{27})\\&=4.631\times10^{12}\ \text{cm}^{-2}\cdot\text{s}^{-1}\end{aligned}$$

2) 由例 2-5-3 的计算结果，满功率运行 3 个月(90 d)消耗掉的 $^{235}_{92}\text{U}$ 质量为

$$1.23P\times 90=1.23\times 300\times 90=33.21\ \mathrm{kg}$$

例 2-5-5 已知：堆芯功率密度 $P=30\ \mathrm{W/cm^3}$，堆平均宏观裂变截面为 $\Sigma_f=0.06\ \mathrm{cm^{-1}}$；发出 1 W 的热功率需 3.1×10^{10} 次裂变。

求：反应堆堆芯的平均热中子通量密度（忽略快中子的贡献）。

解

反应堆单位体积的热功率 $P=\Sigma_f\phi/(3.1\times 10^{10})$，

故
$$\begin{aligned}\phi &=(3.1\times 10^{10}\times P)/\Sigma_f\\ &=(3.1\times 10^{10}\times 30)/0.06\\ &=1.55\times 10^{13}\ \mathrm{cm^{-2}\cdot s^{-1}}\end{aligned}$$

例 2-5-6 某 PWR 中某个燃料组件从堆芯卸出时，累计燃耗深度 $B=30\ 000\ \mathrm{MW\cdot d/tU}$。假定满功率运行时的物理参数如下：

^{235}U 平均热中子微观裂变截面：$\sigma_f=250\ \mathrm{b}$

^{235}U 平均热中子微观吸收截面：$\sigma_a=290\ \mathrm{b}$

燃料芯块中的平均热中子通量密度：$\phi=5\times 10^{13}\ \mathrm{cm^{-2}\cdot s^{-1}}$

UO_2密度：$\rho=10.5\ \mathrm{g/cm^3}$

初始燃料富集度：$\varepsilon=3.2\%$

^{235}U 核平均每次裂变释放并可回收利用的能量：$E_f=200\ \mathrm{MeV}$

阿伏加德罗常数：$N_A=6.023\times 10^{23}\ \mathrm{mol^{-1}}$

$1\ \mathrm{b}=10^{-24}\ \mathrm{cm^2}$

$1\ \mathrm{MeV}=1.6\times 10^{-13}\ \mathrm{J}$

不考虑其他裂变核的裂变能，试估算该燃料组件在堆芯中累计运行的等效满功率天数。

解

根据式(2-4-23)，燃料组件单位体积的^{235}U 原子核数目

$$\begin{aligned}N_{235}&=\varepsilon\rho N_A/A_{UO_2}\\ &=0.032\times 10.5\times 6.023\times 10^{23}/(238+16\times 2)=7.50\times 10^{20}\ \mathrm{cm^{-3}}\end{aligned}$$

根据式(2-5-10)和式(2-4-30)，燃料芯块的平均功率密度

$$q_F=E_f\sigma_f N_{235}\phi=200\times 1.6\times 10^{-13}\times 250\times 10^{-24}\times 7.50\times 10^{20}\times 5\times 10^{13}=300\ \mathrm{W/cm^3}$$

卸料时，单位体积的燃料芯块平均发出的总能量

$$B_F=\rho B=10.5\ \mathrm{g/cm^3}\times 30\ 000\times 10^6\ \mathrm{W\cdot d}/10^6\ \mathrm{g}=315\ 000\ \mathrm{W\cdot d/cm^3}$$

该燃料组件在堆芯中累计运行的满功率天数

$$t=B_F/q_F=315\ 000\ \mathrm{W\cdot d/cm^3}/(300\ \mathrm{W/cm^3})=1\ 050\ \mathrm{d}$$

注：在本题的估算中作了几处近似，如：^{235}U 的原子核密度 N_{235}；计算 B_F 时所用的 U 的密度 ρ_U 用 UO_2 的密度来代替。如作较精确的计算，可参照例 2-5-1 注解中的式(2-5-7)进行。

2.5.5 反应堆停堆后的剩余功率

如前所述，反应堆中能量的来源包括裂变碎片和裂变中子的动能等瞬发裂变能量以及由裂变产物的放射性衰变而释放出来的缓发裂变能量（这部分能量约占总能量的 6%～7%）。如图 2-5-6 所示，反应堆停堆后，虽然瞬发中子消失了，但仍有能量继续产生出来（这时的功率称剩余功率）。这是因为缓发中子的存在，仍能继续使易裂变核发生裂变而释放能

量。由于$^{235}_{92}U$裂变所释放的缓发中子的先驱核的半衰期很短，最长的也只有 1 min 左右，所以在停堆后的头 1～2 min 内，由缓发中子裂变而产生的能量对剩余功率作出了主要的贡献，可记为 $P_{缓发}$；但在停堆几分钟以后，这部分的能量对剩余功率的贡献就减少了很多。此后，由于裂变产物不断地发生放射性衰变(β 和 γ)而释放出来的能量($P_{\beta,\gamma}$)成了剩余功率的主要贡献者(常称为衰变热)，实际上在停堆后的第 1 min 末，这部分能量就已超过前述缓发中子引起的裂变能而成为剩余功率中的主要部分，并以极慢的速率降低。

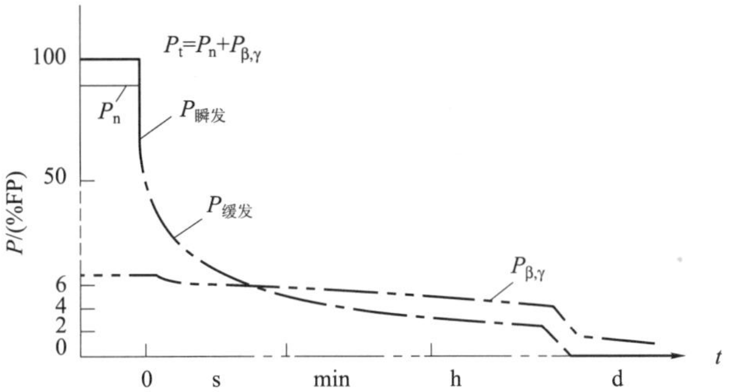

图 2-5-6　停堆后剩余功率的释放

所以，在停堆后，剩余功率的释放形成了颇为复杂的情况，例如：停堆后 1 min 剩余功率释放降低 1/3，经过 1 h 降低 60%，经过几昼夜约降低 3/4。

由于剩余功率的存在，停堆后的一段时间内，反应堆的冷却系统必须继续工作，把这部分热量及时导出，以保证反应堆的安全。

例 2-5-7　假定反应堆满功率运行，核功率为 P_0，堆芯释热率为 q_0，突然发生紧急停堆。请在下面的坐标图上定性地画出紧急停堆后的反应堆核功率和堆芯释热率随时间的相对变化曲线($P(t)/P_0$和 $q(t)/q_0$)，并对曲线趋势作简要说明。

解

$P(t)/P_0-t$ 和 $q(t)/q_0-t$ 曲线见图 2-5-7。

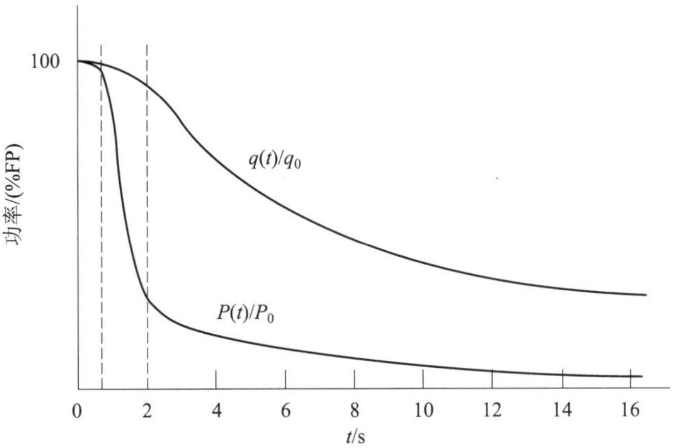

图 2-5-7　紧急停堆后的相对功率水平和相对热流密度

1) 在刚停堆的瞬间，控制棒开始下落，在控制棒落到堆底(即大的负反应性完全引入)之前，核功率在短暂的时间内仍将维持在稍低于 100%FP 水平；控制棒引入了最大反应性后，核裂变反应率急剧降低，堆芯中的瞬发中子密度突然变得很小，核功率迅速下降(陡降)；在中、短寿命的缓发中子先驱核发出缓发中子引起裂变和裂变产物及中子俘获产物衰变的共同作用下，功率下降速度减慢；最后的功率衰减周期决定于寿命最长的缓发中子先驱核的衰变和其他裂变产物的放射性衰变。

2）堆芯释热率的下降速率要慢得多，尽管紧急停堆后核功率迅速下降，但因堆芯燃料具有一定的热容量，降低了堆芯释热率的下降速率。在满功率运行时遗留的显热导出后，尽管堆芯释热率在不断衰减，但由于缓发裂变和燃料元件吸收裂变产物不断发出 γ、β 射线而发热，在相当长的时间内仍然具有比较可观的释热率。

剩余功率与停堆前反应堆的运行历史有关。目前所采用的计算衰变热的方法有两大类：

1）根据裂变产物的种类及它们放出的射线的能谱编制成计算机程序来计算衰变热。这类方法的计算结果与实际测量值比较符合。

2）把裂变产物统计地看作一个整体，根据实际测量的结果整理成简单的经验公式用于计算衰变热。如果停堆前连续运行中有功率的变化，可按不同运行功率和运行时间计算出每段时间的衰变热，再叠加起来求出总的衰变热。

例 2-5-8 反应堆紧急停堆后，因大的负反应性的引入使堆功率迅速下降。如果在停堆后不久，反应堆功率的电流指示值为 10^{-8} A，那么，反应堆功率指示从 10^{-8} A 降至 10^{-9} A，大约需要多少时间？（提示：① 长寿命的缓发中子先驱核的平均寿命约为 80 s；② 忽略 γ 射线对核功率的贡献）

解

因为紧急停堆后，堆功率一开始急剧下降，当瞬变项消失后，堆功率的衰减周期主要取决于寿命最长的缓发中子先驱核（即 ${}^{87}_{35}Br$，其寿命约为 80 s），所以反应堆的功率将以大约 80 s 的周期按指数规律衰减。反应堆功率的稳定衰减可表示为：

$$P(t)=P(0)e^{t/T}$$

因此功率电流指示值从 10^{-8} A 降至 10^{-9} A 所需的时间可按以下方式求出：

$$10^{-9}=10^{-8}e^{t/(-80)}$$

$$\ln(10^{-9}/10^{-8})=t/(-80)$$

$$t=-80\ln 0.1=184\ \text{s}$$

例 2-5-9 ${}^{239}_{94}Pu$ 的 α 衰变（半衰期 $T_{1/2}=2.41\times10^4$ a）反应式如下：

$${}^{239}_{94}\text{Pu}\xrightarrow{2.41\times10^4\ \text{a}}{}^{4}_{2}\text{He}+{}^{235}_{92}\text{U}+5.244\ \text{MeV}$$

试求初始（第 1 秒）时 1 kg ${}^{239}_{94}Pu$ 衰变产生的功率（W），计算结果保留两位小数。

提示：1 MeV $=1.602\times10^{-13}$ J

1 a $=365.25$ d

阿伏加德罗常数：$N_A=6.023\times10^{23}\ \text{mol}^{-1}$

解

根据式（2-4-23），1 kg ${}^{239}_{94}Pu$ 所含的原子个数

$$N=(m/A)\times N_A=(1\ 000/239)\times6.023\times10^{23}=2.52\times10^{24}$$

根据式（2-2-8）等公式，每秒的衰变次数

$$\begin{aligned}\lambda\times N&=[\ln 2/T_{1/2}]\times N\\&=[\ln 2/(2.41\times10^4\times365.25\times86\ 400)]\times(2.52\times10^{24})\\&=2.30\times10^{12}\ \text{s}^{-1}\end{aligned}$$

每次衰变发出的能量

$$\begin{aligned} Q &= 5.244\ \mathrm{MeV} \times 1.602 \times 10^{-13}\ \mathrm{J/MeV} \\ &= 8.40 \times 10^{-13}\ \mathrm{J} \end{aligned}$$

产生的功率

$$P = \lambda \times N \times Q = 2.30 \times 10^{12}\ \mathrm{s}^{-1} \times 8.40 \times 10^{-13}\ \mathrm{J} = 1.93\ \mathrm{W}$$

复习思考题

1. 按教材讲述的内容，简述原子核的性质。

2. 何谓核素？何谓同位素？简述铀的同位素 $^{235}_{92}U$ 和 $^{238}_{92}U$ 在核特性方面的差别。

3. 主要的放射性衰变有哪几种类型？各有什么特点？

4. 简述放射性衰变规律。说明衰变常数、半衰期、平均寿命的物理意义及其相互关系。

5. 什么叫结合能和比结合能？如何计算在裂变反应中释放出来的能量？

6. 简述中子与原子核发生核反应的机理。

7. 简述微观截面、宏观截面、中子通量密度和核反应率的物理意义。

8. $^{235}_{92}U$ 核在裂变过程中释放出来的能量是如何分配的？它们在堆内回收的情况如何(说明原理)？

9. 试用液滴模型解释原子核的裂变过程及复合核的形成。

10. 设反应堆长期稳定运行。试利用反应堆热功率的计算公式说明寿期初和寿期末反应堆中热中子平均通量密度的变化。

11. 试说明反应堆紧急停堆后其热功率的变化过程。

第三章 反应堆临界理论

易裂变核素(如$^{235}_{92}U$)的一个核吸收一个热中子后如果发生裂变,裂变中子又可能引起该易裂变核素的其他核产生新的核裂变。在一定的条件下,裂变反应能够持续地进行下去,形成所谓自持链式裂变反应。此反应过程涉及中子在介质中不断产生、运动和消亡。因此,本章首先通过对中子的生命循环过程的讨论,得到所谓四因子(或六因子)公式,进而得到自持链式裂变反应的实现条件,即临界条件。此条件是反应堆理论要研究的基本问题之一,在后续的讨论中还将具体化。

在核反应堆中产生的裂变中子都是具有较高能量的快中子。对于热中子反应堆而言,易裂变核一般多与热中子发生裂变反应,这涉及快中子转变为热中子的慢化过程,因此,有必要对裂变中子主要通过与慢化剂核的弹性碰撞使其能量降低的机理进行讨论。

快中子慢化成热中子后,在介质中要经历扩散过程,本章对在此过程中形成的能量分布进行讨论。综合慢化能谱、热中子能谱和在上一章讨论的裂变中子能谱,可建立起在热中子反应堆内中子能谱的粗略的图像。

反应堆理论研究的另一个基本问题是反应堆内中子通量密度的分布。严格说,中子在反应堆内的行为特征所遵从的规律是输运方程。但严格求解输运方程是很困难的,按本教材的教学要求也无需进行这种求解。为了简化所研究的问题,首先需要将所研究的增殖介质作"均匀化"处理;其次,将实际反应堆中具有多种能量的中子看作单一能量的中子(即单能群中子,但要求尽量恰当地选择群常数);并采用简化了的输运方程(简单的扩散近似)来描述稳态时中子通量密度在反应堆内的空间分布;然后,以平板裸堆和有限高圆柱均匀裸堆为例,进行单群计算,可得出关于反应堆的临界条件及临界状态下反应堆内中子通量密度的空间分布的一般概念(请注意从特殊到一般的概念升华过程)。这些简化处理虽然极为粗糙,但简单明了,概念清楚,并具有一般意义。

在讨论了均匀裸堆单群计算的基础上,本章对双群计算作了简要介绍。

在讨论了裸堆之后,接着顺理成章地讨论了具有反射层的均匀反应堆,简要描述了反射层的作用及反射层对中子通量密度分布的影响。

最后,在对均匀反应堆研究的基础上,对实际的非均匀反应堆的相关问题进行了讨论。

3.1 中子循环和四因子公式

3.1.1 中子循环

从第二章的讨论中可知,当易裂变核素的原子核受中子轰击而发生核裂变反应时,通常分裂成两个中等质量数的裂变碎片,同时放出 2～3 个次级中子,并释放出裂变能量。当次级中子的能量状态发生改变时,就又有可能引起别的燃料核裂变,又会同时放出次级中子和释放能量,如此等等。在适当条件下,这个过程会不断继续下去,反应堆就能不断地释放出能量。通常把这一连串的裂变反应称为原子核链式裂变反应(见图 3-1-1)。如果每次裂变反应产生的中子数目大于引起裂变所需要消耗的中子数目(参见本书 2.5.3 节)，那么,一旦少量裂变物质的核发生裂变反应后,就有可能不再依靠外界补充中子而使这种过程持续地进行下去。这样的核反应称为自持链式裂变反应。

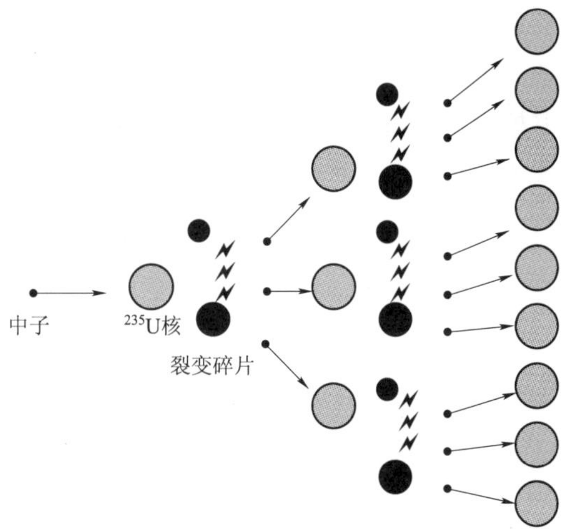

图 3-1-1　链式裂变反应示意图

在压水反应堆(热中子反应堆的一种)中,包含有核燃料与慢化剂组成的增殖介质。核燃料主要是核素$^{235}_{92}$U。能引起$^{235}_{92}$U核裂变的中子主要是热中子。由于核燃料$^{235}_{92}$U的富集度较低,所以反应堆中存在大量的核素$^{238}_{92}$U。在这样的增殖介质中,中子的生命历程涉及以下核反应和物理过程:

(1) 由热中子裂变产生的快中子引起的裂变(快裂变);

(2) 快中子在与周围介质(主要是慢化剂)的原子核发生弹性碰撞而减慢速度(即慢化)的过程中,部分泄漏到堆外;

(3) 快中子在其慢化过程中通过$^{238}_{92}$U核的共振能区时,有可能被部分地吸收;

(4) 当快中子被慢化成热中子后,在热中子的扩散过程中,有部分可能泄漏到堆外;

(5) 热中子部分地被易裂变核素(如$^{235}_{92}$U)的核所吸收(辐射俘获);

(6) 部分热中子引发新的热裂变。

下面讨论在热中子反应堆内由上述物理过程构成的中子的生命循环。

热裂变中产生的二次中子中,能量超过$^{238}_{92}$U核裂变阈能 1.1 MeV 的那一部分中子可能引起$^{238}_{92}$U核裂变;而经历了与慢化剂核或其他核碰撞、能量下降到低于这个阈能的中子,就不会使$^{238}_{92}$U核发生裂变。设反应堆中有一个能量大于 1.1 MeV 的快中子,引起了$^{238}_{92}$U核的快中子裂变,使得中子数增加到 ε 倍。ε 称为快中子增殖因数,它被定义为

$$\varepsilon=\frac{\text{热中子和快中子引起裂变所产生的快中子总数}}{\text{仅由热中子裂变所产生的快中子数}} \tag{3-1-1}$$

ε 的值主要取决于燃料的性质。对于天然铀,ε 约为 1.03。

快中子在慢化过程中有一部分会泄漏到堆外去。假设快中子不泄漏概率为 Λ_s,则泄漏出去的快中子数为 $\varepsilon(1-\Lambda_s)$,而留在堆内的快中子数为 $\varepsilon\Lambda_s$。

快中子在慢化过程中,当其能量处于$^{238}_{92}$U的共振能区时,$^{238}_{92}$U核能够强烈地吸收中子(顺便指出,尽管$^{238}_{92}$U核对中子的共振吸收阻挠着链式反应的发展,但这并不完全是无益地损失中子,因为它吸收任何能量的中子后都可以得到易裂变核素$^{239}_{94}$Pu)。设 p 为一个中子通过共振能区而不被俘获的概率,即逃脱共振俘获概率。那么一个快中子经慢化就可得到 $\varepsilon\Lambda_s p$ 个热中子。p 定义为

$$p=\frac{\text{到达热能区的中子数}}{\text{开始慢化时的快中子数}} \tag{3-1-2}$$

热中子在扩散过程中,仍有一部分中子泄漏到堆外去。假设热中子不泄漏概率为 Λ_d,

则泄漏出去的热中子为 $\varepsilon\Lambda_s p(1-\Lambda_d)$ 个，而留在堆内的热中子为 $\varepsilon\Lambda_s p\Lambda_d$。

反应堆是由燃料、慢化剂和结构材料等构成的，其中每一种材料都能吸收中子，而燃料吸收的中子只占被吸收的总中子数中的一部分。设 f 为热中子利用因数，则被燃料吸收的热中子数为 $\varepsilon\Lambda_s p\Lambda_d f$；被除燃料以外的其他物质所吸收的热中子数为 $\varepsilon\Lambda_s p\Lambda_d(1-f)$。$f$ 定义为

$$f=\frac{\text{燃料吸收的热中子数}}{\text{被吸收的热中子总数}} \tag{3-1-3}$$

令 Σ_{a5}、Σ_{a8} 和 Σ_{am} 分别表示核素 ${}^{235}_{92}U$、${}^{238}_{92}U$ 和慢化剂等反应堆内其他物质的热中子吸收截面，则式(3-1-3)可写成

$$f=\frac{\Sigma_{a5}+\Sigma_{a8}}{\Sigma_{a5}+\Sigma_{a8}+\Sigma_{am}} \tag{3-1-4}$$

${}^{235}_{92}U$ 吸收热中子后，一部分中子使 ${}^{235}_{92}U$ 产生裂变反应，而另一部分中子只与 ${}^{235}_{92}U$ 发生辐射俘获反应而不引起裂变。令 η 为每次吸收的中子产额，定义为燃料每吸收一个热中子所产生的平均裂变中子数(见本书 2.4.4 节和 2.5.3 节)

$$\eta=\frac{\text{燃料核热裂变产生的中子数}}{\text{燃料核吸收的热中子总数}} \tag{3-1-5}$$

显然，式(3-1-5)可以表示为

$$\eta=\frac{\nu_5\Sigma_{f5}}{\Sigma_{a5}+\Sigma_{a8}} \tag{3-1-6}$$

式中：ν_5——核素 ${}^{235}_{92}U$ 的核每裂变一次放出的次级中子平均数；

Σ_{a5}、Σ_{f5}——分别为 ${}^{235}_{92}U$ 的宏观吸收截面和宏观裂变截面；

Σ_{a8}——${}^{238}_{92}U$ 的宏观吸收截面。

以上描述了由一个热裂变产生的快中子开始，经过慢化、扩散，再引起 ${}^{235}_{92}U$ 核的热裂变放出 $\varepsilon\Lambda_s p\Lambda_d f\eta$ 个快中子的中子生命循环的物理图像(见图 3-1-2)。需要指出：在以上讨论中，忽略了次要的效应，例如：由快中子和中能中子引起的 ${}^{235}_{92}U$ 核的裂变；除 ${}^{238}_{92}U$ 以外的其他核素在共振能区对快中子的吸收。

例 3-1-1 WWER-1000 型反应堆堆芯的燃料栅元是由三根燃料棒的中心点与慢化剂(水)围成的等边三角形(边长为 a)，如图 3-1-3 所示。其中 3 根燃料棒的平均热中子通量密度分别为 ϕ_1、ϕ_2、ϕ_3，平均宏观吸收截面分别为 Σ_1、Σ_2、Σ_3，水区的平均热中子通量密度和宏观吸收截面分别为 $\phi_{水}$ 和 $\Sigma_{水}$。请从热中子利用因数的基本定义出发，写出图示的该核电站反应堆燃料栅元的热中子利用因数 f 的表达式。

解

根据式(3-1-3)，热中子利用因数的定义也可写为

$$f=\text{燃料对中子吸收反应率}/\text{所有材料对中子吸收反应率之和}$$

根据反应率的定义式(2-4-33)，吸收反应率 $=\Sigma\phi V$。三角形燃料栅元中每根燃料棒单位高度的 1/6 的体积为

$$V_{棒1}=V_{棒2}=V_{棒3}=V_{棒}=\pi r^2/6$$

而单位高度的水体积为

$$V_{水}=(a^2/2)\sin 60°-3V_{棒}=(a^2\sin 60°-\pi r^2)/2$$

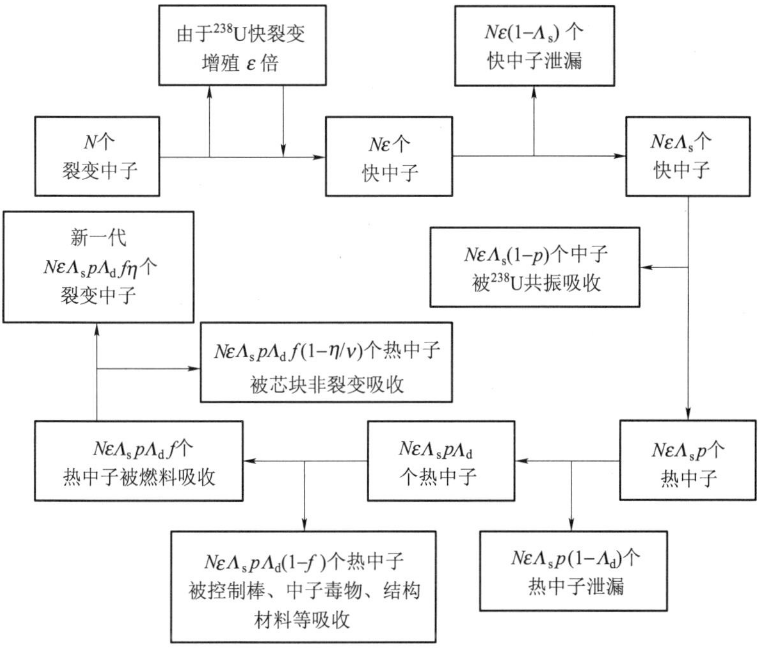

图 3-1-2　热中子反应堆内的中子生命循环

按热中子利用因数的基本定义，可写出

$$f=[V_{棒}(\Sigma_1\phi_1+\Sigma_2\phi_2+\Sigma_3\phi_3)]/[V_{棒}(\Sigma_1\phi_1+\Sigma_2\phi_2+\Sigma_3\phi_3)+V_{水}\Sigma_{水}\phi_{水}]$$

$$=(\Sigma_1\phi_1+\Sigma_2\phi_2+\Sigma_3\phi_3)/\{[\Sigma_1\phi_1+\Sigma_2\phi_2+\Sigma_3\phi_3]+3[(a^2/(\pi r^2))\sin 60^\circ-1]\Sigma_{水}\phi_{水}\}$$

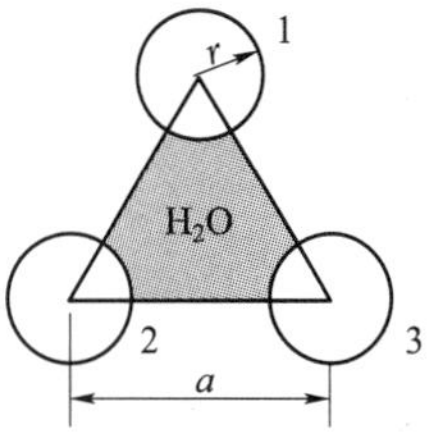

图 3-1-3　栅元示意图

3.1.2　四因子公式和临界条件

当热中子反应堆内材料组分、几何结构、尺寸大小完全确定以后，中子循环内的六个参数(ε, Λ_s, p, Λ_d, f, η)就都已确定了。为了描述堆内裂变中子增殖、衰减的情况，从中子循环的观点来看，可引入反应堆有效增殖因数 k_{eff}，它定义为：

$$k_{eff}=\frac{\text{堆内某一代裂变中子数}}{\text{堆内该代的上一代裂变中子总数}} \tag{3-1-7}$$

根据定义，式(3-1-7)可以写成：

$$k_{eff}=\varepsilon p f\eta\Lambda_L \tag{3-1-8}$$

式中：$\Lambda_L=\Lambda_s\Lambda_d$，表示中子在慢化和扩散过程中的不泄漏概率。

显然，对于无限大反应堆，中子不泄漏概率 $\Lambda_L=1$。这时的增殖因数称为无限介质增殖因数，记作 k_∞：

$$k_\infty=\varepsilon p f\eta \tag{3-1-9}$$

式(3-1-9)称为四因子公式。式中，ε 和 η 主要由燃料性质所决定，而 p 和 f 却可以在一定程度上变化。为了保证核裂变链的延续，应该使 p 和 f 都尽可能地大。但是，实际上，这两个因子是互相制约的，如果使燃料和慢化剂的比例增加，f 将增大，而 p 将减小；反之，则正好相反。因此，p 和 f 的乘积有一个最大值（见图 3-1-4）。在进行反应堆设计时，究竟应如何取值，将另有一番道理（见本书 5.1.3 节）。

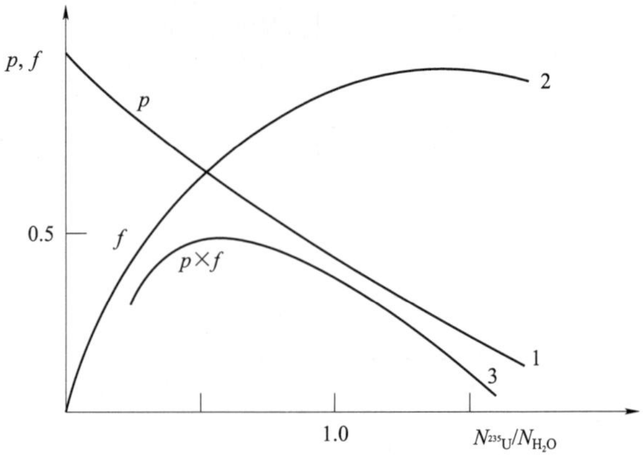

图 3-1-4 在铀-水栅格的四因子公式中两个因子的变化

1—逃脱共振俘获概率 p；2—热中子利用因子 f；3—两因子的乘积 $p\times f$

由式(3-1-7)可知：如果反应堆的有效增殖因数等于 1，则意味着在中子循环过程中，每代的中子数都是一样的，即任意相邻两代的中子数都相等。此时，反应堆处于临界状态，或者说，反应堆的临界条件就是

$$k_{\mathrm{eff}}=k_{\infty}\Lambda_{\mathrm{L}}=1 \qquad (3\text{-}1\text{-}10)$$

如反应堆的增殖因数小于 1，这意味着中子循环中任一代的中子数都比上一代少。显然，链式反应链不能延续，此时反应堆处于次临界状态，$k_{\mathrm{eff}}=k_{\infty}\Lambda_{\mathrm{L}}<1$。

如反应堆的增殖因数大于 1，这意味着随着裂变链的进行，任一代的中子数都多于前一代的中子数，此时反应堆处于超临界状态，$k_{\mathrm{eff}}=k_{\infty}\Lambda_{\mathrm{L}}>1$。

从中子数守恒的观点来看，反应堆的有效增殖因数 k_{eff} 又可以定义为：

$$k_{\mathrm{eff}}=\frac{\text{中子的产生率}}{\text{中子的消失率(吸收+泄漏)}} \qquad (3\text{-}1\text{-}11)$$

从式(3-1-11)可以看出：

1）若反应堆的增殖因数等于 1，则中子的产生与消失处于动态平衡。因而，反应堆有比较稳定的中子通量密度。该系统处于临界状态。

2）若反应堆的增殖因数小于 1，说明中子的消失率大于产生率。因而，系统中的中子将越来越少，该系统处于次临界状态。

3）若反应堆的增殖因数大于 1，说明随着裂变链的进行，中子的消失率小于产生率。因而，系统中的中子将越来越多，该系统处于超临界状态。

例 3-1-2 图 3-1-5 给出了某压水反应堆中中子生命循环的 k_{eff} 六因子物理图像的部分环节。请从相关概念出发，说明图中所包含的因子，并分别计算它们的值（分别写出名称、列出计算式，结果保留到小数点后四位）。

解

图 3-1-5 中所示的中子循环的 k_{eff} 六因子部分物理图像所包含的因子有：

快中子不泄漏概率 $\Lambda_{\mathrm{s}}=1\,985/2\,000=0.992\,5$

逃脱共振俘获概率 $p=1\,800/1\,985=0.906\,8$

热中子不泄漏概率 $\Lambda_{\mathrm{d}}=1\,730/1\,800=0.961\,1$

热中子利用因数 $f=1\,600/1\,730=0.924\,9$

例 3-1-3 已知每次吸收的中子产额 η，试求燃料的富集度 ε。

解

在 $^{238}_{92}\mathrm{U}$ 热中子截面中，$\sigma_{\mathrm{f}}=0$，故 $\sigma_{\mathrm{a}}=\sigma_{\gamma}$，式(3-1-6)用微观截面可表示为

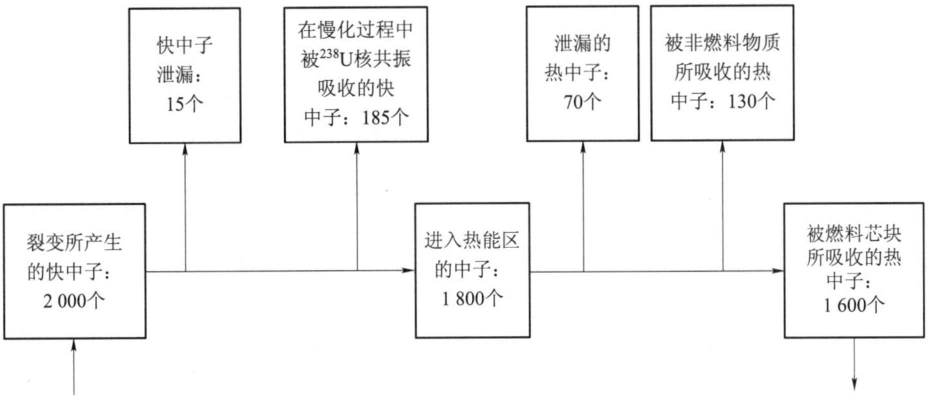

图 3-1-5 中子循环的部分物理图像

$$\eta=(\nu_5\sigma_{f5}N_5)/[(\sigma_{f5}+\sigma_{\gamma5})N_5+\sigma_{\gamma8}N_8]=\nu_5\sigma_{f5}/[\sigma_{f5}+\sigma_{\gamma5}+\sigma_{\gamma8}(N_8/N_5)]$$

式中：N_5、N_8分别为$^{235}_{92}$U、$^{238}_{92}$U 的核子数，而 $\sigma_{\gamma5}$是$^{235}_{92}$U 的辐射俘获截面，均可查得。在求得N_5/N_8后可进一步得到铀内$^{235}_{92}$U 的核子数与总的铀($^{235}_{92}$U+$^{238}_{92}$U)核子数之比，即 $c=N_5/(N_5+N_8)$，然后再根据例 2-5-1 所列的它与富集度 ε 的关系式(2-5-7)，即可求得富集度

$$\varepsilon=[1+1.0128\times(1/c-1)]^{-1}$$

例 3-1-4 假设反应堆中裂变产生 1 000 个快中子，其中：快中子裂变产生 30 个快中子，在慢化到热能之前损失掉(泄漏和共振吸收)140 个快中子，150 个热中子泄漏，其余的热中子有 60%被吸收。取燃料的宏观裂变截面与吸收截面之比为 $\Sigma_f/\Sigma_a=0.852$，每次裂变放出的中子数为 2.43。试通过计算说明：

1) 反应堆处在什么状态(即次临界、临界、超临界)？

2) 如果热中子的泄漏减少 43.35%，反应堆的状态又将如何？

(中子数目的计算舍入到整数)

解

1) 可根据反应堆的中子增殖因数来判断反应堆的状态：

k_{eff}=新一代产生的总中子数/上一代的中子总数= n_1/n_0，其中 $n_0=1\ 000$，

n_1=(上一代的中子数+快裂变产生的中子数－快中子的泄漏和共振吸收损失数－热中子的泄漏数)×被燃料吸收的份额 × $[\Sigma_f/\Sigma_a]_{燃料}$× 每次裂变放出的中子数

$=(1\ 000+30-140-150)\times60\%\times0.852\times2.43=919$

$k_{eff}=919/1\ 000=0.919$，反应堆处于次临界状态。

2) 如果热中子的泄漏减少 43.35%，则

$$n_1=[1\ 000+30-140-150\times(1-43.35\%)]\times60\%\times0.852\times2.43=1\ 000$$

$$k_{eff}=1\ 000/1\ 000=1$$

所以，反应堆处于临界状态。

例 3-1-5 某反应堆通过硼化引入了反应性 $\Delta\rho$ (pcm)。已知以下参数：

硼微分价值： w_B(pcm/ppm)

天然硼的有效微观吸收截面：σ_a^B(b)(1 b=10^{-24} cm^2)

天然硼(B)的相对原子质量： A_B

阿伏加德罗常数： $N_A(\mathrm{mol}^{-1})$

慢化剂密度： $d\ (\mathrm{g/cm^3})$

试导出硼化前堆芯均匀化热中子宏观总吸收截面 Σ_a 的近似表达式。

(提示：只考虑热中子利用因数的变化。关于反应性的概念，请参见本书 4.1.3 节)

解

设燃料部分的均匀化热中子宏观吸收截面为 Σ_a^F，则初始的热中子利用因数

$$f_0=\Sigma_a^F/\Sigma_a$$

假定硼化后堆芯宏观吸收总截面增加了 $\Delta\Sigma_a$，则热中子利用因数

$$f_1=\Sigma_a^F/(\Sigma_a+\Delta\Sigma_a)$$

假如硼酸引入的反应性

$$\Delta\rho=\ln(k_{\mathrm{eff1}}/k_{\mathrm{eff0}})\approx\ln(f_1/f_0)=\ln[\Sigma_a/(\Sigma_a+\Delta\Sigma_a)]$$

由此得到

$$\Sigma_a=\Delta\Sigma_a/(\mathrm{e}^{-\Delta\rho}-1)$$

而 $\Delta\Sigma_a=\Delta N_B\sigma_a^B=\Delta m_B N_0\sigma_a^B/A_B$，其中 Δm_B 为每立方厘米慢化剂天然硼的增量 $(\mathrm{g/cm^3})$，且

$$\Delta m_B=\Delta C_B d=(\Delta\rho d/w_B)\times10^{-6}(\mathrm{g/cm^3})$$

$$\Delta\Sigma_a=\Delta m_B N_0\sigma_a^B/A_B=[(\Delta\rho d N_0\sigma_a^B)/(w_B A_B)]\times10^{-6}(\mathrm{cm^{-1}})$$

最后得

$$\Sigma_a=\Delta\Sigma_a/(\mathrm{e}^{-\Delta\rho}-1)=\{[\Delta\rho d N_0\sigma_a^B]/[w_B A_B(\mathrm{e}^{-\Delta\rho}-1)]\}\times10^{-6}(\mathrm{cm^{-1}})$$

例 3-1-6 判断：(在“[ ]”中，正确的画√，错误的画×)

[√] A. 堆芯内某一代的中子数与上一代中子数之比等于 k_{eff}。

[×] B. 在临界的反应堆中，$k_{\mathrm{eff}}=0$，$\rho=1$。

[×] C. 热中子逃脱 ^{238}U 吸收的概率称之为逃脱共振俘获概率。

[×] D. 在反应堆中，除了 ^{238}U 以外，其他核素不会出现对中子的共振吸收。

[√] E. 所谓的“热中子通量密度”实际上就是每立方厘米内的所有中子在 1 s 内穿行的距离之和。

[√] F. 若中子在介质中穿行的速度为 v、平均吸收自由程为 λ_a、不泄漏概率为 Λ_L，则 $(\lambda_a/v)\Lambda_L$ 表示中子的平均寿命。1)

注：1) 在无限介质中中子的平均寿命为 $l=t_s+t_d$，式中 t_s 为快中子在慢化剂内的慢化时间，t_d 为热中子的扩散时间。在热中子反应堆中，中子的平均寿命主要由热中子的平均寿期(即扩散时间)决定。对于实际的有限大小的反应堆系统，还应考虑对无限介质中中子的平均寿命进行修正，为此，须对 l 乘以中子不泄漏概率 Λ_L，$\Lambda_L=(1+L^2B_g^2)^{-1}$。[参见式(3-6-24)和式(3-6-25)]。

[×] G. 单个中子与单个靶核发生散射反应的次数的平均值为 Σ_s。

[√] H. 中子在被吸收之前所走过的距离的平均值为 $1/\Sigma_a$。

[×] I. 单位时间单位体积内的中子与单个原子核发生吸收反应的次数为 $\Sigma_a\phi$。

[√] J. 一个中子在燃料中穿行 1 cm 引起燃料核裂变的次数为 Σ_f。

例 3-1-7 某热中子反应堆处在临界状态，每次裂变的中子产额 $\nu=2.43$。已知该堆的中子泄漏损失占总中子数的 10%，试求：

1）用于维持裂变链式反应的中子数占总中子数的百分比 R_f。

2）除了裂变以外被吸收的中子数占总中子数的百分比 R_a。

（计算结果保留两位小数）

解

1）反应堆内总中子数正比于 ν，所以只需要考虑 ν 个中子的平衡问题。

已知反应堆处在临界状态，ν 个中子中，必须用 1 个中子来维持链式裂变反应。

故 $$R_f=(1/\nu)\times 100\%=41.15\%$$

2）已知泄漏的中子数为 0.1ν，因此，ν 个中子中，除了裂变以外被吸收的中子数 A 为

$$A=\nu-1-0.1\nu=2.43-1-0.243=1.187$$

故 $$R_a=(A/\nu)\times 100\%=(1.187/2.43)\times 100\%=48.85\%$$

3.2　中子的慢化

3.2.1　中子慢化概述

如第二章所述，由裂变产生的中子是快中子，其平均能量约为 2 MeV。它们在反应堆中与介质的原子核发生弹性或非弹性碰撞，能量不断降低。中子由于与介质的核发生散射碰撞而减慢速度的过程称为慢化过程。在热中子反应堆中，当其平均能量降低到热能区域时，就有可能引起下一次裂变。

在热中子反应堆中发生的慢化过程中，由于对于起慢化作用的慢化剂中的轻核而言，其非弹性散射具有阈能的特点，而且其阈能值很高，约为几个 MeV 的数量级；而裂变中子经过与慢化剂核的几次碰撞，其能量就会很快降到非弹性散射的阈能以下。所以，裂变中子在其慢化过程中发生非弹性散射的机会是很少的，裂变中子的慢化就主要靠它们与慢化剂核的弹性散射进行。因此，在研究慢化过程时必须首先讨论中子与慢化剂核的弹性散射过程。

中子被介质的核弹性散射以两种方式进行。

第一种方式是，中子与靶核发生一种比较少见的相互作用反应：靶核吸收中子后形成一个复合核，接着重新发射出一个中子。这种方式使系统的总动能守恒，而核回到基态。这种现象称为共振弹性散射，它与中子所具有的动能有非常密切的关系。由于在此过程中形成了复合核，所以又称为复合弹性散射。

第二种方式是常见的，叫做弹性势散射。实际上，在势散射过程中，中子与核并不接触，并且也不形成复合核，而是当中子向核趋近到足够近时，它在短程核力的作用下而被散射。

本节要讨论的是上述第二种方式的弹性散射，即弹性碰撞。

3.2.2　弹性碰撞

压水堆中中子的减速主要是快中子与慢化剂核（水中的氢）的弹性碰撞的结果。这种碰撞与两个弹性球碰撞相似：中子与靶核之间只发生动能的转移，而核的内部状态不变。所以，可以应用经典力学的动量和能量守恒原理，把中子和散射核的相互作用完全当作弹性球体之间的弹性碰撞来处理。

设散射前和散射后中子的动能分别为 E_1 和 E_2。应用弹性碰撞理论可以证明，当中子

与靶核发生迎头碰撞时，两者之间交换的能量最大，或者说比值 E_2/E_1 具有最小值，即

$$E_2/E_1=\alpha \tag{3-2-1}$$

或

$$E_2=\alpha E_1 \tag{3-2-2}$$

式中：

$$\alpha=\left(\frac{A-1}{A+1}\right)^2 \tag{3-2-3}$$

式中：A 为慢化剂核的质量数。对于压水反应堆，则是氢核的质量数。式(3-2-2)表明，在一次弹性碰撞中，中子的能量可能减少到最低值 αE_1，因此，可能的实际最大能量损失是

$$\Delta E_{max}=E_1(1-\alpha) \tag{3-2-4}$$

或者说，在一次碰撞中最大能量损失的份额为

$$\Delta E_{max}/E_1=1-\alpha \tag{3-2-5}$$

由式(3-2-3)可知，α 的数值与靶核的质量数 A 有关，在一次碰撞中，中子能量损失也将取决于这个质量数。可以证明，当 $A>50$ 时，有

$$\Delta E_{max}=(1-\alpha)E_1=4E_1/A \tag{3-2-6}$$

例 3-2-1 当中子与氢核发生弹性碰撞时，中子的能量会发生怎样的变化？

解

对氢而言，氢核(质子)与中子的质量基本相等，即 $A=1$，因此，由式(3-2-3)得到 $\alpha=0$。又根据式(3-2-4)可知：中子在与氢核碰撞一次时，有可能失去全部动能。

例 3-2-2 当中子与碳核发生弹性碰撞时，中子的能量会发生怎样的变化？

解

对于碳，$A=12$，$\alpha=0.716$。因此，中子在与碳核碰撞时，可能最大损失能量的份额为：$1-0.716=0.284$。

由例子可知，靶核的 A 越大，每一次碰撞中子可能损失的最大能量越小。若 $A=100$，在一次碰撞中，中子可能损失的最大能量大约为 4%。若 $A=200$，则大约为 2%。因此，可以得到这样的结论：当靶核的 A 增加时，中子与它每一次碰撞损失的最大能量减小。

3.2.3 平均对数能降和慢化能谱

3.2.3.1 平均对数能降

在反应堆内，中子能量从裂变中子的 MeV 数量级，通过慢化降低到了热中子的 eV 数量级。要描述这么大能量范围内的中子分布，采用常用的量纲来表示是不方便的。为了计算方便，在反应堆分析中常用一种称为“勒”的无量纲的量来表示弹性碰撞前后能量的变化。这个量用 u 表示，称为对数能降，定义为

$$u=\ln(E_0/E) \tag{3-2-7}$$

式中：E_0 为选定的参考能量，一般取 $E_0=2$ MeV(裂变中子的平均能量)，或取 $E_0=10$ MeV(假定裂变中子能量的上限为 10 MeV)。

由 u 的定义可知：当 $E=E_0$ 时，$u=0$；随着中子在弹性碰撞后能量的减少，中子的对数能降增加；一次碰撞后对数能降增量为

$$\Delta u=u_2-u_1=\ln(E_0/E_2)-\ln(E_0/E_1)=\ln(E_1/E_2) \tag{3-2-8}$$

式中：u_1和u_2分别为碰撞前和碰撞后的对数能降。

常采用一个称为平均对数能降增量的量ξ来表示每次碰撞中子能量的自然对数的平均变化值：

$$\xi=\overline{\ln E_1-\ln E_2}=\overline{\ln(E_1/E_2)}=\overline{\Delta u} \tag{3-2-9}$$

可以证明，在散射为各向同性的情况下，对质量数$A>12$的靶核，ξ可近似地表示为

$$\xi\approx\frac{2}{A+\frac{2}{3}} \tag{3-2-10}$$

表 3-2-1 给出了一些核素的ξ值。

若用N_c表示中子从初始能量E_1慢化到能量E_2所需要的平均碰撞次数。利用平均对数能降增量可以求得

$$N_c=\frac{\ln E_1-\ln E_2}{\xi}=\frac{1}{\xi}\ln\frac{E_1}{E_2} \tag{3-2-11}$$

例 3-2-3 试求在某一介质中，一个具有能量 2 MeV 的裂变中子慢化到热能值 0.025 eV 所需要的平均碰撞次数。

表 3-2-1 一些核素的散射性质

核 素	质量数 A	ξ	热中子化碰撞次数
H	1	1.000	18
D	2	0.725	25
Be	9	0.209	86
C	12	0.158	114
Na	23	0.008 4	2 166
^{238}U	238	0.008 5	2 172

解

可以应用式(3-2-11)进行计算。即用这一介质的ξ去除对数能降，得到

$$热中子化的平均碰撞次数=[\ln(2\times10^6/0.025)]/\xi=18.2/\xi$$

同理，可利用表 3-2-1 给出的数据算得：对于氢核、石墨核以及^{238}U 核，其碰撞次数分别是 18 次、114 次和 2 172 次。

由方程(3-2-7)可以得到

$$E=E_0\mathrm{e}^{-u} \tag{3-2-12}$$

图 3-2-1(a)表示E与u关系。如果每隔ξ距离画一系列的垂直线，则其高度代表相继碰撞时中子的平均能量。因此可以看到，在前几次碰撞时，中子损失的平均能量较后几次大。图 3-2-1(b)表示裂变中子在介质中通过散射而慢化到热能区，并作为热中子在介质中扩散的物理现象。

3.2.3.2 慢化能谱

当反应堆处于稳态时，在慢化过程中，n(或中子通量密度分布)按能量具有稳定的分布，即中子慢化能谱$\phi(E)$。

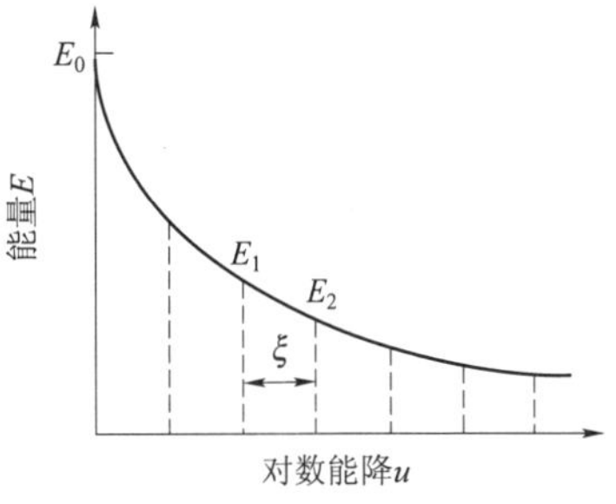

图 3-2-1(a) 能量与“勒”的关系

实际的中子能谱十分复杂，要精确确定慢化能谱比较困难。对于本教材的教学目标来说，近似分布就足够了：略去中子通量密度和空间的依赖关系以及中子泄漏的影响，就可以把反应堆的慢化能谱近似地用无限大均匀介质的慢化能谱来表示。如果再考虑到慢化剂核的散射截面σ_s在很宽范围内基本上是常数(见图 3-2-2)，就可以证明，在无限无吸收的介质中，在慢化能区中，中子通量密度的

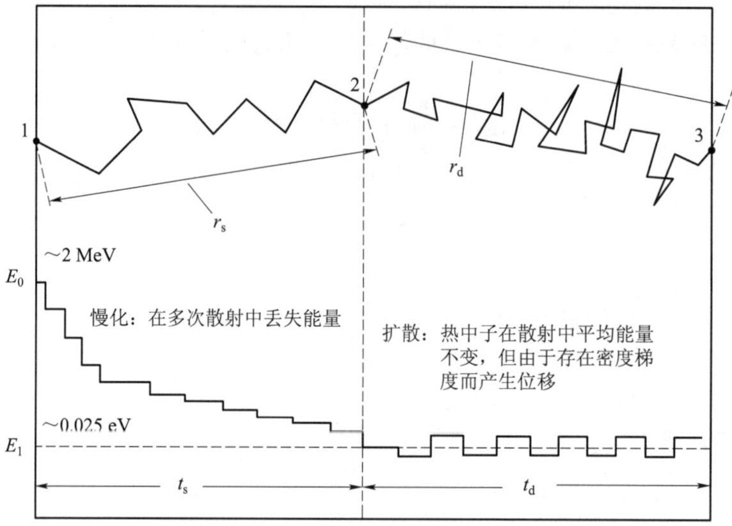

图 3-2-1(b) 中子在介质中慢化和扩散示意图

能谱分布 $\phi(E)$ 近似地按照 $1/E$ 规律变化：

$$\phi(E)=q(E)/(\xi\Sigma_s E) \tag{3-2-13}$$

式中：$q(E)$——慢化密度，即单位时间单位体积内慢化到能量 E 以下的中子数；

ξ——无限大均匀介质的平均对数能降增量；

Σ_s——介质的宏观散射截面。

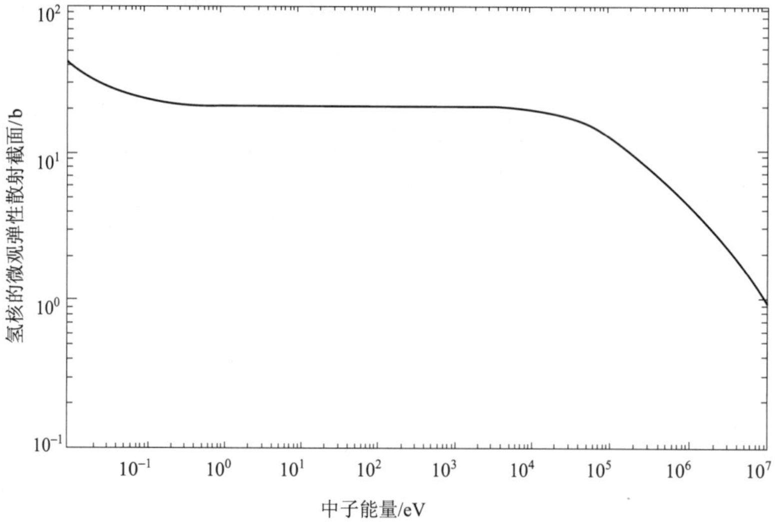

图 3-2-2 氢核的微观弹性散射截面与中子能量的关系曲线

研究还表明，对于弱吸收介质，其慢化能谱与无吸收介质的情况近似相同；而在反应堆内，当中子在慢化过程中经过强共振吸收能区时，有部分中子会遭到 ^{238}U 核的强烈的共振吸收，此时的中子慢化能谱与无吸收介质下的有较大的区别。在窄共振近似下，共振峰内的 $\phi(E)$ 为

$$\phi(E)=S_i/[\xi(\Sigma_{a,A}+\Sigma_s)E] \tag{3-2-14}$$

式中：S_i——慢化到第 i 共振能之前的中子数；

ξ——吸收剂 A 和慢化剂 M 组成的均匀介质的平均对数能降增量的平均值；

$\Sigma_{a,A}$——吸收剂（燃料）A 的宏观吸收截面，与中子能量 E 有关；

Σ_s——混合物的宏观散射截面。

因 $\Sigma_{a,A}$ 与 E 有关，所以在其共振能 $E_{r,i}$ 附近中子通量密度会产生大的畸变，即 $\Sigma_{a,A}(E)$ 的急剧增加造成了 $\phi(E)$ 的畸变和凹陷（称为能量自屏现象），其结果是使共振吸收减小（参见本书 2.4.4 节）。

3.2.4　优质慢化剂应具有的性质

从以上讨论可知，仅从物理的角度来看，对于热中子反应堆，其优质慢化剂的核需满足以下要求：

1）应具有大的平均对数能降增量 ξ 值。ξ 以对数的形式表示每次碰撞能量的减少。因此，对于一种优质慢化剂，其中起主要慢化作用的核素其相对原子质量应尽可能小，如压水反应堆的慢化剂是水，其中的氢相对原子质量 $A=1$，中子在与氢核碰撞一次后，就有可能失去它的全部动能。

2）应具有较大的宏观散射截面 Σ_s。因为只有当中子与核发生散射碰撞时，才有可能使中子的能量降低，为此，可定义物理量“慢化能力”来表示在一种慢化剂中中子慢化快慢的程度，即：

$$\text{慢化能力}=\xi\Sigma_s \tag{3-2-15}$$

慢化能力应尽量大。

3）应具有小的吸收截面 Σ_a。“慢化能力”的概念仍然不能全面地反映慢化剂材料的慢化效率。比如像硼这样的核素，虽然有很高的对数能降和很好的慢化能力，但它却是一种很糟糕的慢化剂，因为它吸收中子的概率很大。所以，还需要引进“慢化比”的概念：

$$\text{慢化比}=\xi\Sigma_s/\Sigma_a \tag{3-2-16}$$

可以看出，慢化比是评价慢化剂优劣的一个重要参数。优质慢化剂不仅应具有较大的慢化能力 $\xi\Sigma_s$ 值，而且还应有大的慢化比。表 3-2-2 列出了不同材料的慢化能力和慢化比。据此，可对几种材料的慢化剂性能进行比较。由表可知，水的慢化能力值最大，所以，以水作慢化剂的反应堆具有较小的堆芯体积；但由于水的吸收截面较大，所以慢化比小，因而水堆必须用富集铀作燃料。

表 3-2-2　不同材料的慢化能力和慢化比

慢化剂	水	重　水	铍	石　墨
ξ	0.924	0.515	0.209	0.158
$\xi\Sigma_s/\mathrm{cm}^{-1}$	1.35	0.188	0.154	0.064
$\xi\Sigma_s/\Sigma_a$	70	2 000	159	170

另外，对慢化剂的选择还应从工程角度加以考虑，如辐照稳定性、价格等。在压水反应堆中，采用了水做慢化剂，除了上述慢化能力强这一特性之外，还因为它具有价廉、易得、热

动力学性能好等特点之故。

3.3 热中子能谱、热堆能谱

易裂变核素的核裂变产生的快中子在慢化介质中慢化到热能，然后在其运动过程中在某处被吸收。热中子所具有的能量与慢化介质原子热运动的能量是可以相比拟的，它们与较慢的原子碰撞时就减速，与较快的原子碰撞时就加速，在多次碰撞后，热中子的速度分布与气体分子的速度分布相似，遵从所谓麦克斯韦-玻耳兹曼分布。

在压水反应堆物理分析中，通常把能量小于 0.625 eV 的中子称为热中子。此能量称为"分界能"或"缝合能"，用 $E_{分界}$ 表示。所以，热中子的能量分布在 $0\sim E_{分界}$ 之间。严格地说，所谓热中子就是与它们所在的介质的原子(或分子)处于热平衡状态的中子。与无限大、无源、不吸收中子的介质的原子处于热平衡状态下的热中子，其能量分布也应遵从麦克斯韦-玻耳兹曼分布，即

$$N(E)=\frac{2\pi}{(\pi kT)^{3/2}}\mathrm{e}^{-E/kT}E^{1/2} \tag{3-3-1}$$

式中：$N(E)$——单位体积、单位能量间隔内的热中子数。它随能量的分布曲线见图 3-3-1；

k——玻耳兹曼常量，$1.380\times10^{-23}\ \mathrm{J\cdot K^{-1}}$；

T——介质温度，单位为 K。

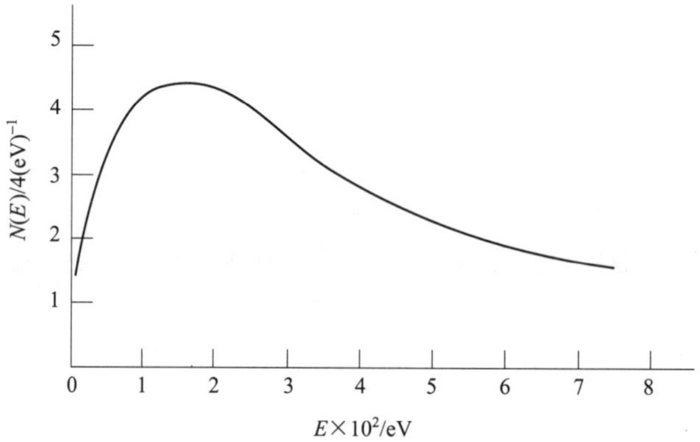

图 3-3-1　麦克斯韦-玻耳兹曼分布($T=300$ K)示意图

实际上，在反应堆内热中子能谱形式与介质原子的麦克斯韦-玻耳兹曼分布是不相同的，这是由于以下两种因素的共同作用的结果：

1) 在反应堆中，所有热中子都是从较高的能量慢化而来的，然后逐渐与介质的原子(或分子)达到热平衡状态，因此，相对而言，在能量较高的区域内的中子数目就会多一些。

2) 反应堆介质多少总是要吸收热中子的，这就使一部分中子还来不及与介质的原子(或分子)达到热平衡状态就已经被吸收了，这又造成了能量较低部分的中子份额降低，而能量较高部分的中子份额相对增加。

由于以上两个原因，在能量较高处的中子数相对增加、在能量较低处的中子数相对减少，使得实际的热中子能谱朝能量高的方向有一定的偏移，亦即热中子的平均能量和最可几能量都要比介质原子核的平均能量和最可几能量高，这种现象称为中子能谱的"硬化"(见图

3-3-2 曲线 2)。但在进行计算时,仍可近似地把热中子能谱按麦克斯韦谱分布形式进行处理(如图 3-3-2 中的曲线 3 所示),只是该分布的最可几能量比介质原子核的能量分布的最可几能量要高而已。为简化这种处理,只要采用所谓中子温度 T_n 代替式(3-3-1)中的 T(介质分子在最可几速度下的温度)就可以了。但要实验测量中子温度是不容易的,需要用中子谱仪测量中子的速度分布,按此分布求得最可几速度,才可得到中子温度。但在实际应用中,只需将介质温度 T 加上 75 ℃就可得到中子温度 T_n,即:$T_n = T + 75$ ℃。

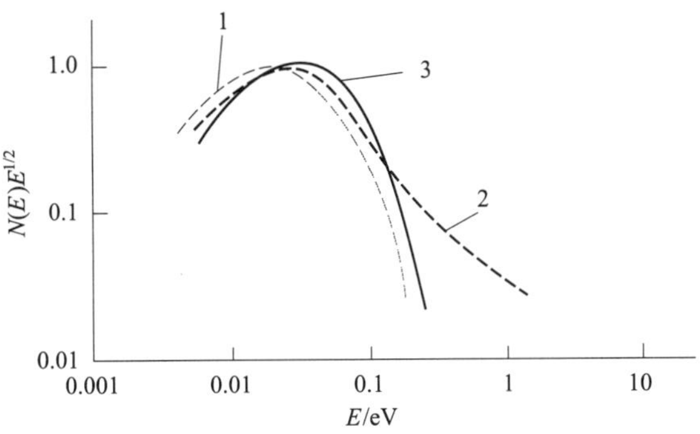

图 3-3-2　热中子能谱的"硬化"

1—温度为 T 时介质原子核的能谱(麦克斯韦谱);2—实际的热中子谱;3—中子温度为 T_n 时的麦克斯韦谱

根据以上讨论,可以得到在一些近似计算中常用的关于热中子反应堆中中子能谱分布的粗略的概念:在 $E > 0.1$ MeV 的高能区,中子能谱近似地可用裂变中子谱来描述(见本书 2.5 节);在慢化能区(1 eV$<E<$0.1 MeV),中子能量密度的能谱分布近似地按 $1/E$ 规律变化(见本书 3.2.3 节);在热能区($E<$1 eV)的中子能谱近似地用麦克斯韦谱分布表示。图 3-3-3 为压水反应堆的中子能谱。

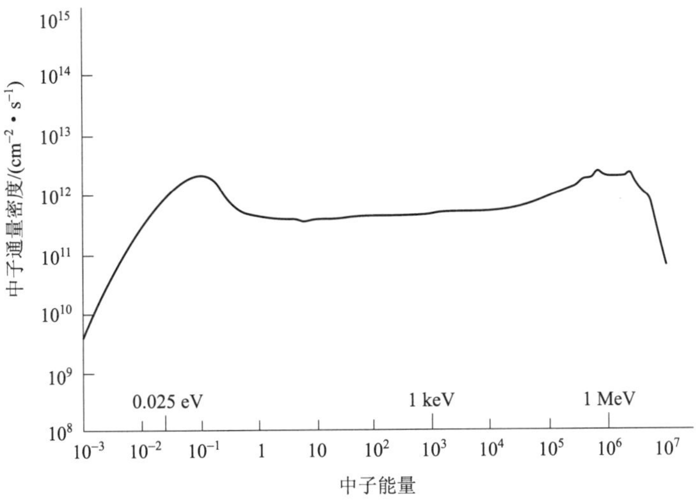

图 3-3-3　压水反应堆中子能谱

3.4　裂变中子的慢化时间和热中子的扩散时间

3.4.1　快中子慢化时间

在无限介质中中子的慢化时间是指:裂变中子从裂变能 E_0 慢化到热能 E_{th}(等于

0.025 3 eV)所需要的平均时间。

设中子的速度为 v,那么,在时间间隔 dt 内每个中子平均与原子核发生的碰撞次数为 $n=v\mathrm{d}t/\lambda_s(E)$,其中 $\lambda_s(E)$ 是能量为 E 的中子的散射平均自由程。由本书3.2.3节可知,每次碰撞的平均对数能降为 ξ,则在 dt 内对数能降 u 的微分增量 du 等于 $n\xi$,即

$$\mathrm{d}u=[\xi v/\lambda_s(E)]\mathrm{d}t$$

由此式和式(3-2-7)的微分形式 $\mathrm{d}u=(\mathrm{d}u/\mathrm{d}E)\mathrm{d}E=-E^{-1}\mathrm{d}E$,得

$$\mathrm{d}t=-\frac{\lambda_s(E)}{\xi v}\frac{\mathrm{d}E}{E} \tag{3-4-1}$$

如果设 λ_s 与能量无关,或者可以用平均值 $\bar{\lambda}_s$ 来代替 $\lambda_s(E)$,并且考虑到 $v=\sqrt{2E}$,就可得到从 E_0 慢化到热能 E_{th} 所需的慢化时间为

$$t_m=-\int_{E_0}^{E_{th}}\frac{\lambda_s(E)}{\xi v}\frac{\mathrm{d}E}{E}=\sqrt{2}\frac{\bar{\lambda}_s}{\xi}\left[\frac{1}{\sqrt{E_{th}}}-\frac{1}{\sqrt{E_0}}\right] \tag{3-4-2}$$

由表3-4-1可知,快中子在几种常用的慢化剂中的慢化时间 t_m 在 $10^{-4}\sim10^{-6}$ s 量级。

表 3-4-1 常温下不同介质(慢化剂)的 t_m 和 t_d

慢化剂	慢化时间 t_m/s	扩散时间 t_d/s
H_2O	0.67×10^{-5}	2.1×10^{-4}
D_2O	4.8×10^{-5}	0.138
Be	5.9×10^{-5}	3.7×10^{-3}
BeO	7.6×10^{-5}	6.2×10^{-3}
石墨	1.49×10^{-5}	1.52×10^{-2}

3.4.2 热中子扩散时间

快中子经过慢化而变成了热中子后,将在介质中扩散。在无限介质中,热中子从产生到最后被俘获之前所经历的平均时间叫做热中子扩散时间,用符号 t_d 来表示。设热中子的平均吸收自由程为 $\lambda_a(E)$,则具有能量 E 的热中子的扩散时间为

$$t_d(E)=\frac{\lambda_a(E)}{v}=\frac{1}{\Sigma_a(E)v} \tag{3-4-3}$$

如果介质的吸收截面满足 $1/v$ 规律,就有 $\Sigma_a(E)v=\Sigma_{a0}v_0$,则由式(3-4-3)得到

$$t_d(E)=\frac{1}{\Sigma_{a0}v_0} \tag{3-4-4}$$

式中:Σ_{a0} 为当中子速度为 $v_0=2\ 200$ m/s 时的热中子宏观吸收截面。式(3-4-4)说明对于满足 $1/v$ 规律的吸收介质,其热中子的扩散时间与中子能量无关。

表3-4-1也列出了几种常用慢化剂中的热中子扩散时间 t_d,约为 $10^{-4}\sim10^{-2}$ s 量级。

3.4.3 中子平均寿命

在无限介质中,快中子从裂变产生,经慢化变成热中子,然后在介质中扩散直到最后被俘获的平均时间,称为中子的平均寿命,表示为

$$l_\infty=t_m+t_d \tag{3-4-5}$$

从表3-4-1和算得的热中子反应堆的热中子平均扩散时间的结果来看,一般 $t_m\ll t_d$,所以大型热堆的平均中子寿命主要由热中子扩散平均时间 t_d 决定,即

$$l_\infty\approx t_d \tag{3-4-6}$$

对于压水反应堆,中子平均寿命 $l_\infty=10^{-4}$ s(从第四章可以知道,这是指瞬发中子的平均寿命)。

以上的推导是针对无限介质进行的,并没有考虑中子泄漏的影响;对于实际的有限大小的反应堆,应考虑中子泄漏出反应堆对中子平均寿命的影响。为此,对本节推导的中子平均寿命要作一定的修正,这样,就使得在有限介质中的中子平均寿命要比在无限介质中的短[参见式(3-6-25)]。在第四章中可以看到,考虑到裂变中子中既包含瞬发中子又包含缓发中子的情况,将赋予中子平均寿命的概念更进一步的含义(见本书 4.1.2 节)。

3.5　单速中子的扩散

3.5.1　单速中子扩散概述

中子与原子核的多次碰撞,使得中子在反应堆内以杂乱无章的折线轨迹运动着。这种运动的结果,使原来在堆内某一位置具有某一能量和某一运动方向的中子,稍后将在堆内的另一位置以另一能量和另一运动方向出现。这种现象称为中子在介质中的输运过程,可以用所谓的输运方程加以描述。此方程建立在中子守恒或中子平衡原理的基础之上,是一个积分微分方程,要对它精确求解是很困难的。在实际应用中,可采用不同的近似方法,并借助各种计算程序得到数值解。其中,扩散近似是最简单的近似之一,它假定反应堆内中子与介质的核的碰撞散射是杂乱无章的,并且各向同性,即沿各个方向所散射出来的中子数相等。因此从数学上看,扩散近似就是假定中子密度 n 与中子运动方向 Ω 无关。如果再假定所有中子的速度完全相同(为单速中子),则又可将方程大大地简化。

3.5.2　泄漏率的计算

3.5.2.1　斐克中子扩散定律

要建立描述中子运动的方程,就需要讨论造成在一个体积元中中子数变化的物理现象,包括中子的产生、吸收及泄漏。而为了研究中子在该体积元中的泄漏率,需借助于斐克扩散定律。

在气体或液体中,分子是通过相互间无规则的碰撞进行扩散的,即分子从浓度高的地方向浓度低的地方扩散,其扩散的速率与分子密度的梯度成正比,即服从所谓“斐克扩散定律”。

中子在介质中的扩散与气体或液体中分子的扩散相类似,其不同之处在于:中子是通过与介质的原子核的散射碰撞而扩散的,而中子与中子之间的相互碰撞可以忽略不计。由于中子在介质中的运动是一个非常复杂的问题,为了简化此问题,可作如下假设:

1) 中子通量密度不随时间变化;

2) 中子具有相同的能量;

3) 介质无限均匀;

4) 介质的吸收截面很小,即 $\Sigma_a \ll \Sigma_s$;

5) 散射是各向同性的;

6) 介质中无中子源;

7) 中子通量密度是随空间位置缓慢变化的函数。

通过推导,可以得到中子流密度与中子通量密度梯度之间所遵循的关系,即

$$\boldsymbol{J} = -D\mathrm{grad}\phi \tag{3-5-1}$$

式中：$\boldsymbol{J}$——中子流密度，是一个向量；

ϕ——中子通量密度；

D——中子扩散系数。

因此，在笛卡儿坐标系（当然也可用其他坐标系）中中子流密度可以表示为

$$\boldsymbol{J} = J_x\boldsymbol{i} + J_y\boldsymbol{j} + J_z\boldsymbol{k} = -D\left(\frac{\partial\phi}{\partial x}\boldsymbol{i} + \frac{\partial\phi}{\partial y}\boldsymbol{j} + \frac{\partial\phi}{\partial z}\boldsymbol{k}\right) \tag{3-5-2}$$

式(3-5-1)表示：中子流密度与中子通量密度的负梯度成正比。这一关系式在形式上与用于描述液体和气体分子扩散现象的斐克定律相同，因此称为斐克中子扩散定律（简称斐克定律）。尽管在推导时作了若干假定，从而使该定律不是一个完全精确地描述中子在空间中运动的定律，但是由于它已足以反映中子扩散的基本现象，再加上表述中子流密度和中子通量密度之间的关系的简单性，使它成为初等扩散理论的基础。

斐克中子扩散定律表达式中的扩散系数 D（比例常数）表示为

$$D = \frac{1}{3\Sigma_s} = \frac{\lambda_s}{3} \tag{3-5-3}$$

实际上，前述的中子散射各向同性的假设只对重核才近似成立，在一般情况下，此假设是不正确的。但输运理论可以证明，如果将上式中的散射平均自由程 λ_s 用输运平均自由程 λ_{tr} 来代替[参见式(3-5-12)]，就对散射的各向异性进行了修正，即

$$D = \frac{\lambda_{tr}}{3} \tag{3-5-4}$$

斐克定律描述了这样的物理现象：在中子密度大的地方，中子与介质的原子核的碰撞次数就多；在中子密度小的地方，碰撞次数就少。中子与介质的原子核发生碰撞后，往往会改变运动方向，从而造成中子从密度大的地方向密度小的地方扩散。式(3-5-1)说明：任何一处净中子流动的方向与中子通量密度分布的梯度的方向相反。因为 gradϕ 的方向指向了 ϕ 增加的方向，所以 $\boldsymbol{J}$ 的方向指向 ϕ 减小最快的方向。

中子流密度 $\boldsymbol{J}$ 表示在空间任一点(x, y, z)上中子宏观净流动的方向和速率。应该注意到：$\boldsymbol{J}$ 既不同于中子束强度 I，也不同于中子通量密度 $\phi(\boldsymbol{r},\Omega)$，尽管它们都具有相同的量纲。从物理上看，$\boldsymbol{J}$ 是由许多具有不同方向的微分中子束向量合成的量，表示该处中子净流动的情况。

为方便讨论，设中子通量密度 ϕ 仅仅是一维空间变量的函数（见图 3-5-1），即 $\phi(x)$。现在来考察中子穿过 $x=0$ 平面的运动。该平面左边的中子通量密度比右边的中子通量密度高，故左边每秒每单位体积中发生散射碰撞的中子数比右边的要多，所以从左边散射碰撞穿过 $x=0$ 平面到达右边的中子数要比从右边散射碰撞到达左边的多。这样，在 $x=0$ 平面上就产生了一个沿 x 正方向的净中子流。而且，在平面两侧的中子通量密度的梯度越大，中子流也越大。这就是对式(3-5-1)所表示的斐克扩散定律的物理解释。

3.5.2.2 中子泄漏的计算

可根据中子流密度来计算中子泄漏。z 方向的中子流密度定义为单位时间内在 z 方向穿过单位面积的净中子数。在直角坐标系中，任取一个坐标点(x, y, z)处的立方体体积元 $\mathrm{d}V$，其边长分别为 $\mathrm{d}x$ 、$\mathrm{d}y$ 和 $\mathrm{d}z$（见图 3-5-2）。考虑两个 $\mathrm{d}x\mathrm{d}y$ 面与 x-y 平面平行，而与 z 方

向垂直。每秒进入底面的中子数为 $J_z\mathrm{d}x\mathrm{d}y$，穿出顶面的中子数为 $J_{z+\mathrm{d}z}\mathrm{d}x\mathrm{d}y$（$J_z$、$J_{z+\mathrm{d}z}$分别为相应面上的中子流密度）。因此，通过平行于 x-y 平面的两个表面逸出该体积元的中子净消失率为

$$(J_{z+\mathrm{d}z}-J_z)\mathrm{d}x\mathrm{d}y=\frac{\partial J_z}{\partial z}\mathrm{d}x\mathrm{d}y\mathrm{d}z$$

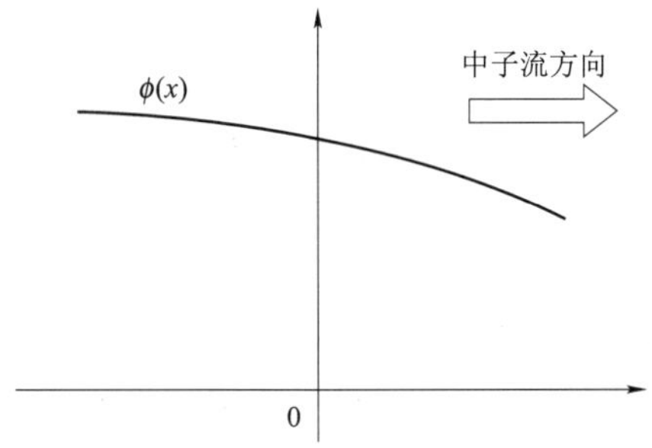

图 3-5-1　中子通量密度的不均匀分布造成的中子流

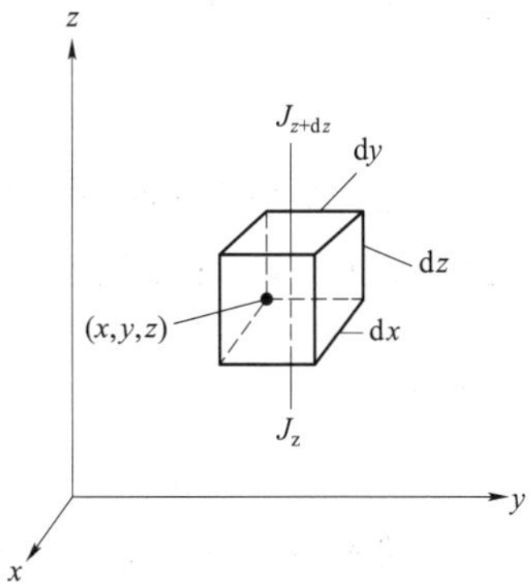

图 3-5-2　中子泄漏计算

因为 $\mathrm{d}V=\mathrm{d}x\mathrm{d}y\mathrm{d}z$，单位体积通过 z 方向的中子消失率为$\partial J_z/\partial z$。同理，可对 x 和 y 方向的中子消失率进行类似的处理，可得到从体积元 $\mathrm{d}V$ 中泄漏出去的总中子数。

$$泄漏率=\frac{\partial J_x}{\partial x}+\frac{\partial J_y}{\partial y}+\frac{\partial J_z}{\partial z}=\mathrm{div}\boldsymbol{J}\tag{3-5-5}$$

式中：$\boldsymbol{J}$——中子流密度；

$\mathrm{div}\boldsymbol{J}$ 表示向量 $\boldsymbol{J}$ 的散度，即从体积元 $\mathrm{d}V$ 中泄漏出去的总中子数等于中子流密度的散度。将式(3-5-1)代入式(3-5-5)，并假定扩散系数 D 与空间位置无关，则

$$\mathrm{div}\boldsymbol{J}=-D\left[\frac{\partial^2\phi}{\partial x^2}+\frac{\partial^2\phi}{\partial y^2}+\frac{\partial^2\phi}{\partial z^2}\right]=-D\nabla^2\phi\tag{3-5-6}$$

式中：∇^2——拉普拉斯算子。

3.5.3　中子扩散方程

为了讨论在介质的一个体积元中单速中子和核的相互作用，假定：

1）中子具有单一的速度，中子与介质核发生作用不改变中子的速度；

2）中子可以被吸收，也可以从体积元内泄漏出去。

如果体积元内存在中子源，则会从源放出附加的中子。中子密度 n 随时间的变化率必定等于该体积元内的中子产生率减去该体积元内中子的吸收率和泄漏率。在该体积元中，中子的产生率用源项 S 表示，中子的吸收率等于 $\Sigma_a\phi$。现在所要研究的是整个系统的体积 V 内中子的平衡关系，而前面讨论的都是在任一体积元中中子的变化率，为此，每一项都需要对 V 积分。因为所有积分都是在相同的积分体积内进行的，所以，对 V 的积分函数之间的平衡关系与被积函数的平衡关系是等价的。因而单速中子守恒方程可以表示为

$$S-\Sigma_a\phi-泄漏率=\frac{\partial n}{\partial t}\tag{3-5-7}$$

将式(3-5-6)代入式(3-5-7)的单速中子守恒方程，得到

$$S-\Sigma_a\phi-[-D\nabla^2\phi]=\frac{\partial n}{\partial t} \tag{3-5-8}$$

式中：ϕ 和 n 都是空间坐标 $\boldsymbol{r}$ 和时间坐标 t 的函数。为了书写简便，已将所有的自变量都略去。因为假定了所有中子都具有相同的能量，所以中子通量密度为

$$\phi=nv$$

则方程(3-5-8)变成：

$$D\nabla^2\phi-\Sigma_a\phi+S=\frac{1}{v}\frac{\partial\phi}{\partial t} \tag{3-5-9}$$

此方程称为单速中子扩散方程。

在稳态情况下，通量密度 ϕ 不随时间 t 变化，即$\partial\phi/\partial t=0$，则式(3-5-9)变为

$$D\nabla^2\phi-\Sigma_a\phi+S=0$$

或

$$D\nabla^2\phi(\boldsymbol{r})-\Sigma_a\phi(\boldsymbol{r})+S(\boldsymbol{r})=0 \tag{3-5-10}$$

此方程被称为稳态单速中子扩散方程。这是一个微分方程，其泄漏项是以斐克扩散定律为基础推导出来的，所以它的应用范围当然要受到此定律适用条件的限制。例如，可以证明，在有限介质内，在其距离表面若干个自由程以外的内部区域斐克定律是成立的，而在距真空边界两三个自由程内的区域则是不适用的；在所讨论地点的几个平均自由程内，中子通量密度分布必须变化缓慢，或者它的梯度变化不大，因此，在诸如控制棒之类的强吸收体附近，或在扩散性质显著不同的两种介质的交界面附近的若干个自由程内，中子通量密度分布会发生急剧的变化，斐克定律不适用；还有，斐克定律只适用于满足条件 $\Sigma_a\ll\Sigma_s$ 的弱吸收介质；另外，在斐克定律的推导过程中，认为中子与介质核的散射碰撞是中子流密度的唯一来源，而没有考虑中子源的贡献，实际上，在强中子源附近，中子通量密度的变化是很大的，因此斐克定律不成立(但可以证明，在离开中子源若干个自由程以外的地方，源中子的贡献和影响就可以忽略，斐克定律则可适用)。

在应用扩散方程(3-5-9)或(3-5-10)进行反应堆物理分析时应注意上述限制条件，在不适用的地方，应使用更精确的方法(如输运理论)，或对扩散理论的结果作必要的修正。

如果只考虑无源区域，则式(3-5-10)就具有以下形式：

$$\nabla^2\phi(\boldsymbol{r})-(\Sigma_a/D)\phi(\boldsymbol{r})=0 \tag{3-5-11}$$

或写为

$$\nabla^2\phi(\boldsymbol{r})-(1/L^2)\,\phi(\boldsymbol{r})=0 \tag{3-5-12}$$

式中：

$$L^2=D/\Sigma_a \tag{3-5-13}$$

L^2 的量纲为长度平方(cm^2)。通常将 L 称为扩散长度，它是表征中子在介质中扩散特性的一个重要的量。方程(3-5-11)或(3-5-12)在数理方程中称为波动方程(或亥姆霍兹方程)，可先用标准方法求得一般解，再利用适当的边界条件解得所求问题的解。

3.5.4 扩散方程的边界条件

由于稳态扩散方程是微分方程，所以它具有无限多个解，即可以有无限多个函数满足这个方程。但是，对应于每个实际的物理问题，只有一个函数能正确地表示中子通量密度分

布。为了辨别出这个合适的函数，除了满足微分方程的要求以外，对方程的解还必须引入某些限制。这些限制由具体的物理问题决定，称为边界条件。边界条件与微分方程一起，可以唯一地确定每一问题的解。

所谓边界，就是物理性质突然变化的地方。稳态扩散方程边界条件概括起来有下列几个：

1）在扩散方程适用的区域内，扩散方程的解必须是正的实数，而且有界；

2）在具有不同扩散性质的两种介质的交界面处，因为不能有中子的积累或消耗，两种介质内的中子通量密度相等，垂直于交界面方向上的中子流密度相等；

3）在介质与真空交界的外表面上，从真空中通过散射返回介质的中子流为零。

根据斐克定律和边界条件(3)，可导出所谓直线外推距离，用 d 表示之(见图 3-5-3)。这是假想从交界面处将中子通量密度分布曲线按其在交界面处的斜率向真空作直线外推(图 3-5-3 中的虚线)得到的在横坐标轴上的截距，在离开交界面的一个距离 d 处的中子通量密度等于零。d 值和中子与介质的碰撞散射性质有关，可表示为

$$d=\frac{2}{3}\lambda_{tr} \tag{3-5-14}$$

式中：λ_{tr} 为输运平均自由程，这是为了对中子对介质核散射的各向异性作适当修正而引入的一个量，用以替代散射平均自由程 λ_s。两者之间的关系如下：

$$\lambda_{tr}=\frac{\lambda_s}{1-\overline{\mu}_0} \tag{3-5-15}$$

式中：$\overline{\mu}_0$ 是实验室系统内的平均散射角余弦，$\overline{\mu}_0=2/(3A)$（见本书 3.2 节）。

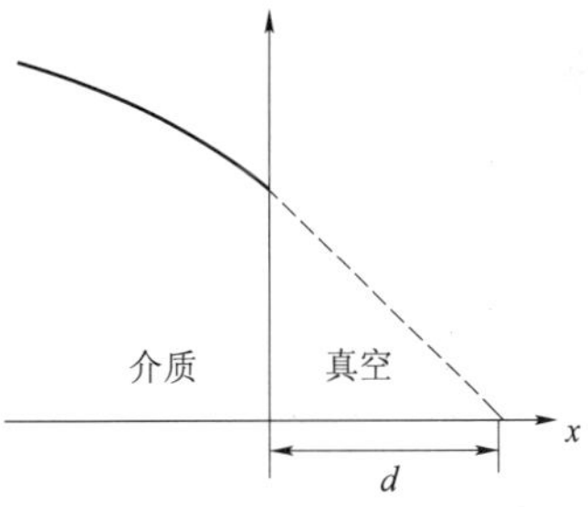

图 3-5-3 中子通量密度分布在交界面处的外推

按照更精确的输运理论，对于平面边界的情况，可求得直线外推距离为

$$d=0.71\lambda_{tr} \tag{3-5-16}$$

以上讨论说明：在自由表面外推距离 d 处中子通量密度等于零。

以上关于边界条件 3)的讨论只是为了简化扩散方程的求解而采用的一种数学方法，并不是说真的在自由外表面外中子通量密度的分布如直线外推那样在外推边界上等于零。这种外推边界只是一种假想的边界概念，利用 d 作为扩散方程的边界条件，往往可以得到较满意的近似结果。如图 3-5-4 所示，应用输运理论的外推距离求出的扩散方程的解，除了在靠近边界处有偏差外，其余部分与输运理论的严格解吻合得很好。

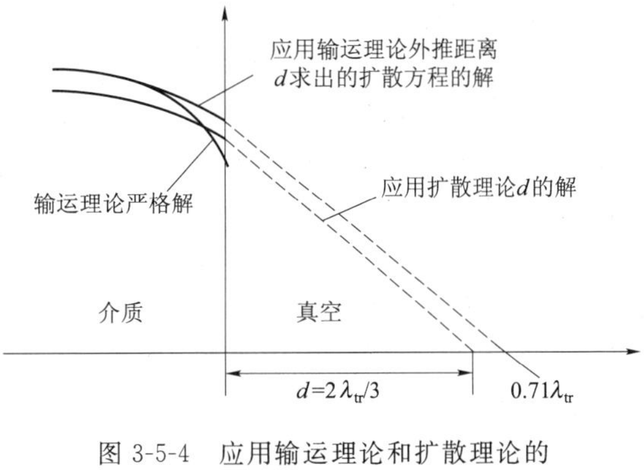

图 3-5-4 应用输运理论和扩散理论的外推距离求得的扩散方程的解

3.5.5 扩散长度、慢化长度和徙动长度

3.5.5.1 扩散长度

前面已经涉及了扩散理论中两个物理参数：扩散系数 D 和扩散长度 L（分别见本书 3.5.2 节和 3.5.3 节）。根据式(3-5-4)和式(3-5-13)，有

$$L^2=\frac{D}{\Sigma_a}=\frac{\lambda_a\lambda_{tr}}{3} \tag{3-5-17}$$

将式(3-5-15)代入上式，得扩散长度的计算公式：

$$L^2=\frac{\lambda_a\lambda_s}{3(1-\overline{\mu}_0)}=\frac{1}{3\Sigma_a\Sigma_s(1-\overline{\mu}_0)} \tag{3-5-18}$$

表 3-5-1 给出了一些常用的反应堆慢化剂的热中子扩散参数。其中 L 是中子温度 $T_n=293$ K 时的热中子扩散长度。

表 3-5-1 反应堆常用慢化剂热中子扩散参数($T_n=293$ K)

慢化剂	密度/(10^3 kg/m^3)	扩散系数 D/cm	热吸收截面 σ_a/b	扩散长度 L/cm
H_2O	1.00	0.163	0.664	2.75
D_2O	1.10	0.960	1.14×10^{-3}	160
Be	1.85	0.533	0.01	21
BeO	2.80	0.560	0.01	29
石墨	1.67	0.900	3.2×10^{-3}	54

在上式中，对于是混合物的扩散介质，各量都应是对混合物的平均值。对于热中子，上式中的宏观吸收截面和宏观散射截面应取对热中子能谱的平均值。在进行计算时应注意到，对大多数核素而言，散射截面与能量无关，而吸收截面则服从 $1/v$ 规律。

扩散长度是核反应堆物理中一个重要参数。下面讨论热中子从产生地点到被吸收地点穿行距离的均方值$\overline{r^2}$，以进一步说明扩散长度的物理意义。

考虑在无限介质内有一热中子点源，在距离点源 r 处的中子通量密度为 $\phi(r)$，则在 r 处的中子吸收率为 $\Sigma_a\phi(r)$。取半径为 r、厚度为 dr 的薄球壳层（见图 3-5-5），球壳体积为 $dV=4\pi r^2 dr$，在球壳内每秒被吸收的中子数是 $4\pi r^2\Sigma_a\phi(r)dr$，可以证明：对于热中子点源，介质中中子通量密度表示为

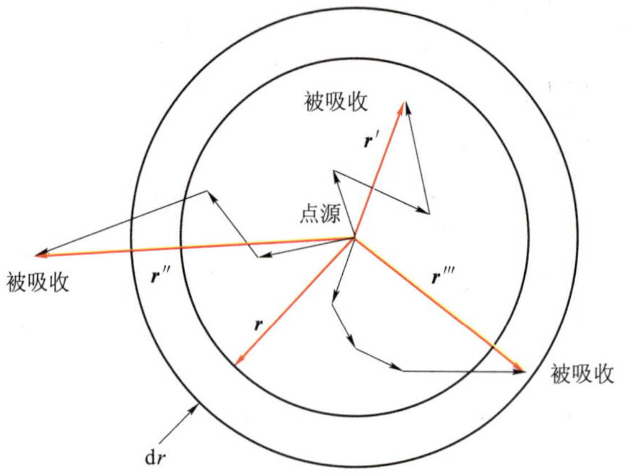

图 3-5-5 点源空间二次矩计算

$$\phi(r)=\frac{S}{4\pi D}\frac{e^{-r/L}}{r}$$

式中：$r>0$，S 为中子源强度，满足

$$\lim_{r\to0}4\pi r^2 J(r)=S$$

由此可求得均方值$\overline{r^2}$（空间二次矩）为：

$$\overline{r^2}=\int_0^\infty r^2[4\pi r^2\Sigma_a\phi(r)]\mathrm{d}r\Big/\int_0^\infty 4\pi r^2\Sigma_a\phi(r)\mathrm{d}r=6L^2$$

或者

$$L^2=\overline{r^2}/6 \tag{3-5-19}$$

此式表示：在无限介质中点源情况下，扩散长度的平方等于热中子从产生地点到被吸收地点穿行的直线距离均方值的1/6。扩散长度L越大，则热中子从产生地点到被吸收地点所移动的直线平均距离也越大，因此，热中子泄漏到反应堆外的概率也就越大。所以，L的大小影响了反应堆中热中子的泄漏。

3.5.5.2 慢化长度(年龄)

设在无限介质中有一快中子点源，发射出能量为E_0的中子。它们在介质中慢化，在$\boldsymbol{r}$处成为热中子，即在其能量从E_0变为E_{th}的过程中所穿行的直线距离为r（见图3-5-6）。

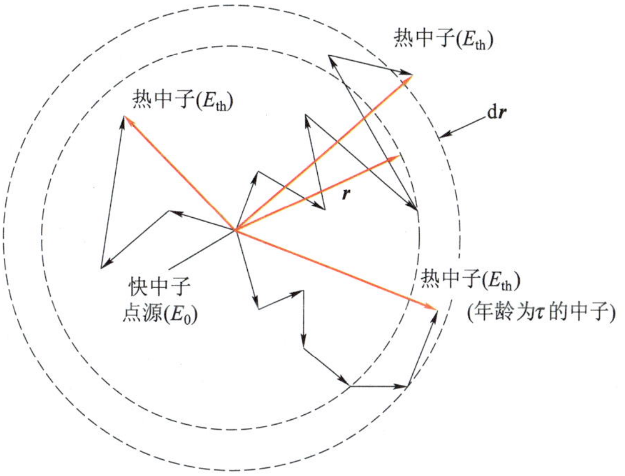

图3-5-6 慢化长度计算

通常把能量从E_0到E_{th}的中子叫做快群中子，表示为

$$\phi_1(\boldsymbol{r})=\int_{E_{th}}^{E_0}\phi(\boldsymbol{r},E)\mathrm{d}E \tag{3-5-20}$$

能量为E_{th}以下的中子称为热群中子。令中子从快群转移到热群的所谓“移出”（减速）截面为Σ_1，则

$\Sigma_1\phi_1(\boldsymbol{r})$＝在$\boldsymbol{r}$处每秒每单位体积内减速到$E_{th}$以下的中子数

设Σ_s为快群中子的宏观散射截面，$\Sigma_s\phi_1$即为每秒每单位体积内快群中子发生碰撞的总次数。由本书3.2节可知，每次碰撞的平均对数能量损失等于ξ，所以，从一个源中子从初始能量E_0降低到E_{th}平均所需要的碰撞次数就等于$N_s=\ln(E_0/E_{th})/\xi$，据此，可求出由快群转移(减速)到热群的中子转移率为

$$\Sigma_1\phi_1=\frac{\Sigma_s\phi_1}{\dfrac{1}{\xi}\ln\dfrac{E_0}{E_{th}}}$$

即

$$\Sigma_1=\frac{\xi\Sigma_s}{\dfrac{1}{\xi}\ln\dfrac{E_0}{E_{th}}} \tag{3-5-21}$$

这样就可列出无限介质点源情况下快群中子的扩散方程

$$D\nabla^2\phi_1-\Sigma_1\phi_1=0 \tag{3-5-22}$$

或者

$$\nabla^2\phi_1-\frac{1}{L_1^2}\phi_1=0 \tag{3-5-23}$$

式中：L_1称为中子从能量E_0慢化到能量为E_{th}时的慢化长度。通常把L_1^2称为中子年龄，用τ_{th}表示，这样，慢化长度就是$\sqrt{\tau_{th}}$，有

$$L_1^2=\tau_{th}=\frac{D}{\Sigma_1} \tag{3-5-24}$$

显然，当中子能量等于源能量(即$E=E_0$)时，中子年龄$\tau=0$；随着能量E的降低，τ将逐渐变大(或中子慢化时间增大)，从这个意义上来说，τ具有"年龄"的意义。但τ并不具有时间的量纲，而具有长度平方的量纲。从统计观点看，中子能量越低，中子离开源点的距离也越大。当$E=E_{th}$时，$\tau(E)$即为热中子年龄τ_{th}。如果ξ、Σ_s都与能量无关，则有

$$L_1^2=\tau_{th}=\frac{D}{\Sigma_1}=\frac{1}{3\xi\Sigma_s\Sigma_{tr}}\ln\frac{E_0}{E_{th}} \tag{3-5-25}$$

也可以证明，慢化长度平方L_1^2或热中子年龄τ_{th}和扩散长度平方L^2具有相似的物理意义，即L_1^2或τ_{th}就等于在无限介质内中子从源点产生、发射出来并在介质中慢化到年龄$\tau_{th}(E_{th})$时所穿行的距离的均方值$\overline{r^2}$的六分之一，即

$$\tau_{th}=\frac{1}{6}\overline{r^2}=\frac{1}{6}\frac{\int_0^\infty r^2[4\pi r^2\Sigma_1\phi_1(r)]\mathrm{d}r}{\int_0^\infty 4\pi r^2\Sigma_1\phi_1(r)\mathrm{d}r} \tag{3-5-26}$$

式中：分子为在球状薄壳体积元$\mathrm{d}V=4\pi r^2\mathrm{d}r$内穿行的直线距离$r$、且慢化到年龄$\tau_{th}$的中子数与直线距离的平方的乘积对整个空间积分；分母为点源所在的无限介质中总的慢化中子数。τ_{th}的量纲是长度的平方。τ_{th}越大，中子在慢化过程中泄漏出堆芯的概率越大。

因为扩散系数D与介质的密度ρ成反比，而Σ_s与介质的密度ρ成正比，所以τ与ρ^{-2}成正比关系。由式(3-5-25)可知，在同一种介质中，当密度分别为ρ_0和ρ，则相应的中子年龄τ_0和τ的关系如下：

$$\sqrt{\tau}=\sqrt{\tau_0}\frac{\rho_0}{\rho} \tag{3-5-27}$$

因为大部分慢化剂的D和Σ_1中的$\xi\Sigma_s$与能量有关，故τ也与能量有关，所以只能通过实验测量得到精确的年龄的数据，如表3-5-2所示。当慢化剂的ρ不同于表中给出的密度ρ_0时，则此慢化剂的中子年龄可按式(3-5-27)计算。

表3-5-2 初始能量为2 MeV的中子慢化长度平方的实验数据

慢化剂	密度ρ/(g/cm^3)	中子年龄τ_{th}/cm^2
H_2O	1.0	27
D_2O	1.1	125
石墨	1.67	313
Be	1.85	86
BeO	2.8	143
联苯混合物	1.06	91

3.5.5.3 徙动面积

在本书3.6.7节中讨论双群扩散方程和临界方程时，将证明

$$M^2=L^2+\tau_{th} \tag{3-5-28}$$

式中：M^2——反应堆物理计算中常用的物理量，叫做徙动面积，通常把M称为徙动长度；

L^2——热中子扩散长度平方；

τ_{th}——热中子年龄。

从式(3-5-28)和上面的讨论中可知

$$M^2=\frac{1}{6}(\overline{r_s^2}+\overline{r_d^2}) \tag{3-5-29}$$

式中：r_s——快中子自源点慢化为热中子时所穿行的直线距离；

r_d——从变为热中子的地点起到被吸收为止所扩散穿行的直线距离（见图 3-5-7）。

设 r_M 为快中子从源点产生变为热中子最后被吸收时所穿行的直线距离，就有

$$\boldsymbol{r}_M=\boldsymbol{r}_s+\boldsymbol{r}_d$$

对此式两边取均方值：

$$\overline{r_M^2}=\overline{r_s^2}+\overline{r_d^2}+2\,\overline{r_d r_s\cos\theta}$$

由于 $\boldsymbol{r}_s$ 和 $\boldsymbol{r}_d$ 的方向互不相关，故两者的余弦 $\cos\theta$ 的平均值等于零，于是有

$$M^2=\frac{1}{6}(\overline{r_s^2}+\overline{r_d^2})=\frac{1}{6}\overline{r_M^2} \tag{3-5-30}$$

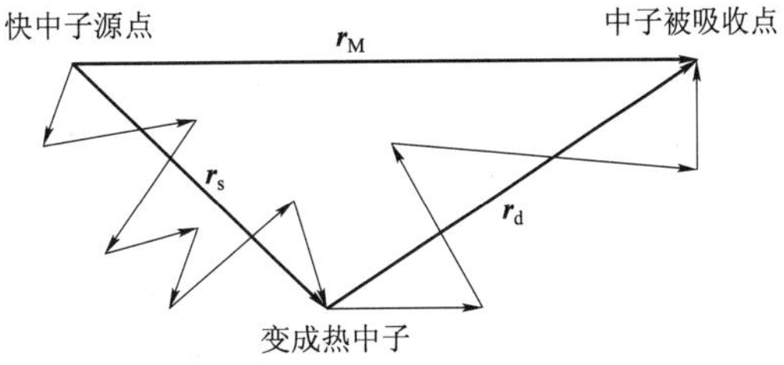

图 3-5-7　徙动长度计算

所以，徙动面积 M^2 等于中子从作为裂变中子（快中子）产生出来、在介质中慢化变成热中子、在介质中扩散直至最后被吸收所穿行的直线距离均方值的 1/6。

表 3-5-3 列出了常温下几种慢化剂中热中子的徙动长度，还给出了扩散长度和慢化长度。

表 3-5-3　293 K 下热中子的徙动长度

慢 化 剂	慢化长度 $\sqrt{\tau}$/cm	扩散长度 L/cm	徙动长度 M/cm
H_2O	5.20	2.75	5.88
D_2O	11.18	160	160.39
Be	9.27	21	22.96
BeO	11.96	29	31.37
石墨	17.69	54	56.82

从以上讨论以及以后讨论中可知，徙动长度 M 与临界反应堆的尺寸直接相关，是影响堆芯中子泄漏程度的重要参数，M 越大，则中子不泄漏概率 Λ_L 便愈小。

3.6　均匀裸堆和有反射层的均匀堆

3.6.1　均匀反应堆和临界理论概述

在本书 3.2 节～3.5 节中已讨论了中子在介质中的慢化和扩散问题，但还没有较多地涉及中子源或介质的增殖特性。这一节将讨论由燃料和慢化剂组成的有限均匀增殖介质（即反应堆堆芯）内的中子扩散问题。

反应堆是一种维持可控链式裂变反应的装置。那么，应当怎样回答在 3.1 节中提及的临界问题呢？即，在什么条件下，这种链式反应过程能够以一定的速率自持地、稳定地进行下去，或者说，反应堆内部的材料组成（几何形状、大小）应怎样匹配，才能使反应堆的有效增殖因数恰好等于 1？

反应堆的临界理论主要研究两方面问题：一方面是各种形状的反应堆达到临界状态的

条件(临界条件),临界时系统的体积大小和燃料成分以及装载量;另一方面是在临界状态下反应堆内的中子通量密度(或功率)的空间分布。

对于一个真实的反应堆,为了满足热工、机械、水力等方面的设计要求,堆芯往往设计成非均匀的。在压水反应堆核电站的堆芯中,燃料、冷却剂和结构材料分离排列。其中往往装载着数以万计不同富集度的燃料元件棒和多组控制棒,在首炉(甚至在随后的)堆芯内还以一定方式布置了一定数量的可燃毒物棒。因此,堆芯的内部结构相当复杂。在本节研究反应堆临界问题时,为了使问题简化,对堆芯作了所谓"均匀化"处理,使燃料、慢化剂、冷却剂及结构材料均匀地混合在一起,然后以均匀介质内中子的扩散理论为依据来研究反应堆的临界问题。在此基础上,再对非均匀堆进行讨论。

第二章已经指出,核素的微观截面与中子能量的关系是非常复杂的,可以顺理成章地认为,中子在反应堆内的运动规律与中子的能量也有着非常复杂的依赖关系。所以,在处理反应堆的临界问题时,除了要面对上述几何形状和材料的复杂性之外,还要处理好反应堆内各种物理过程与中子能量的依赖的关系。

最常用的处理中子能量问题的办法之一就是把中子能量从源能量到热能之间分成多个能量区间,即"能群",再把每一能群的中子作为一个群体进行处理,将它们的物理特性(散射、扩散、吸收等)用适当平均的物理参数("群常数")来描述。

实际计算中往往将堆芯中子的能量范围 0～10 MeV 分成多个能群,例如:按热中子能谱,从 0～0.625 eV 能区分成 172 个能群;按快中子能谱,从 0.625 eV～10 MeV(包括 0.625 eV～100 keV 的共振能区)分成 54 个能群(当然,计算方法也不限于扩散理论)。所以,在分群扩散理论中以"单群"理论最为简单。此理论假设反应堆中所有中子都具有相同的能量。例如,把热中子反应堆中的中子列为单群,这是因为引起裂变的主要是热中子。当然,这样做显然是极其粗糙的,所以只能得到近似的结果。但是,尽管如此,这种理论有其优点:简单明了,而且常可解析求解,它的一些结果和方法还带有普遍意义,因此有利于初学者理解和掌握分群扩散理论的基本概念和方法。在单群的基础上,可再进一步讨论双群扩散理论。

本节先着重介绍单群扩散理论的计算,再简单地介绍一下双群扩散理论;先介绍均匀堆,再讨论非均匀堆。

3.6.2 单群扩散方程

所谓均匀堆,是指燃料和慢化剂等堆内一切材料都是均匀混合的。所谓裸堆是指没有反射层的反应堆。

研究的方法是单群计算,即假设堆内所有中子都具有相同的速度。因而在反应堆内,不考虑中子的慢化,只考虑中子在介质内的扩散。虽然单群方法是一个很粗糙的近似计算方法。但是,通过它可以建立起一些重要概念。而且,在恰当地选取群参数后,也可以用来进行一些简单的估算。

由式(3-5-8)可知,与时间相关的单群扩散方程可以写为

$$D\nabla^2\phi(\boldsymbol{r},t)-\Sigma_a\phi(\boldsymbol{r},t)+S(\boldsymbol{r},t)=\frac{1}{v}\frac{\partial\phi(\boldsymbol{r},t)}{\partial t} \tag{3-6-1}$$

此式是单能中子扩散方程的一般形式,式中 $\boldsymbol{r}$ 表示空间坐标。

对于仅由燃料和慢化剂组成的均匀介质的反应堆系统(均匀裸堆),还可以作更具体的讨论。按裂变反应率的定义[$R=nv\Sigma_f=\phi\Sigma_f$,参见式(2-4-30)],堆内单位时间、单位体积内裂变中子源强为

$$S_F(\boldsymbol{r},t)=\nu\Sigma_f\phi(\boldsymbol{r},t) \tag{3-6-2}$$

又可根据无限介质增殖因数的定义,将裂变中子源强表示为

$$S_F(\boldsymbol{r},t)=k_\infty\Sigma_a\phi(\boldsymbol{r},t) \tag{3-6-3}$$

式(3-6-2)和式(3-6-3)形式不同,但本质上是一样的,所以,在单群近似下,有

$$k_\infty=\nu\Sigma_f/\Sigma_a \tag{3-6-4}$$

将裂变中子源项式(3-6-3)代入式(3-6-1),并且,为了不失一般性,还考虑到系统内存在着外中子源,其源强为 $S_0(\boldsymbol{r},t)$。因此,实际上,在式(3-6-1)中的中子源强为裂变中子源强和外中子源强之和:

$$S(\boldsymbol{r},t)=S_F(\boldsymbol{r},t)+S_0(\boldsymbol{r},t) \tag{3-6-5}$$

这样,与时间有关的反应堆单群中子扩散方程就可写成

$$\frac{1}{v}\frac{\partial\phi(\boldsymbol{r},t)}{\partial t}=D\nabla^2\phi(\boldsymbol{r},t)-\Sigma_a\phi(\boldsymbol{r},t)+k_\infty\Sigma_a\phi(\boldsymbol{r},t)+S_0(\boldsymbol{r},t) \tag{3-6-6}$$

式中的参数 D,Σ_a都是对中子能谱平均后得到的数值。在无外源的情况下,此式可化为

$$\frac{1}{v}\frac{\partial\phi(\boldsymbol{r},t)}{\partial t}=D\nabla^2\phi(\boldsymbol{r},t)-\Sigma_a\phi(\boldsymbol{r},t)+k_\infty\Sigma_a\phi(\boldsymbol{r},t) \tag{3-6-7}$$

3.6.3 平板裸堆

考虑一个无限长、有限厚的平板均匀裸堆。其厚度为 a(包括外推距离),坐标原点取在半厚度的中心线上(见图 3-6-1)。由于是一维问题,由式(3-6-7),均匀平板的扩散方程为

$$\frac{1}{v}\frac{\partial\phi(x,t)}{\partial t}=D\nabla^2\phi(x,t)-\Sigma_a\phi(x,t)+k_\infty\Sigma_a\phi(x,t) \tag{3-6-8}$$

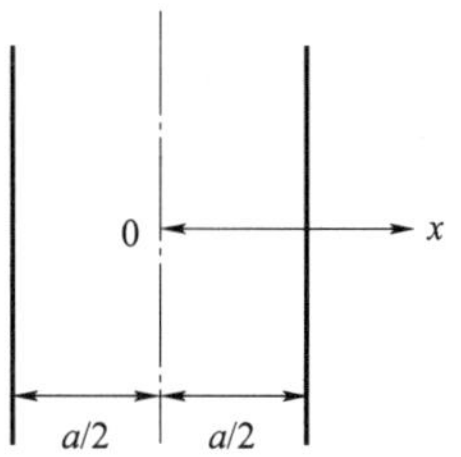

图 3-6-1 无限宽有限厚的平板均匀裸堆

初始条件为

$$\phi(x,0)=\phi_0(x) \tag{3-6-9}$$

边界条件为:

1) 在外推边界上中子通量密度等于零。由于堆的实际尺寸与外推距离相比,总是大很多倍,故可忽略外推边界,改为在外边界处中子通量密度为零,这不会引入较大误差。因而,其数学表达式为:

$$\phi\left(\frac{a}{2},t\right)=\phi\left(-\frac{a}{2},t\right)=0 \tag{3-6-10}$$

2) 中心 $x=0$ 处净中子流密度应为零。这是由于中子通量密度对称分布而得到的自然结果。即:

$$(\partial\phi/\partial x)\big|_{x=0}=0 \tag{3-6-11}$$

对于方程(3-6-8)可采用分离变量法求解,即求如下形式的解:

$$\phi(x,t)=\varphi(x)T(t) \tag{3-6-12}$$

由式(3-6-8)和式(3-6-12)可得

$$\frac{\nabla^2\varphi(x)}{\varphi(x)}=\frac{1}{DvT(t)}\frac{\mathrm{d}T(t)}{\mathrm{d}t}-\frac{k_\infty-1}{L^2} \tag{3-6-13}$$

此式左边是 x 的函数，右边是 t 的函数，如要使等式成立，等式的两边都应等于同一个常数，现将其取为 $-B^2$，则由 x 的函数得到一个典型的波动方程

$$\nabla^2\varphi(x)+B^2\varphi(x)=0 \tag{3-6-14}$$

式中：B^2 称为方程的“特征值”。利用边界条件 2)可得

$$\varphi(x)=A\cos Bx \tag{3-6-15}$$

式中：A 为待定常数。

由边界条件 1)的式(3-6-10)，可导出 $\varphi(x)$应该满足这样的边界条件：

$$\varphi(\pm a/2)=0$$

$$A\cos\frac{Ba}{2}=0$$

因为 $A\neq0$，因此要求

$$B_n=\frac{(2n-1)\pi}{a},\ n=1,2,3,\cdots \tag{3-6-16}$$

对应于其中的任一 B_n值，都可以给出满足波动方程(3-6-13)和边界条件(3-6-10)的解：

$$\varphi_n(x)=A_n\cos B_nx=A_n\cos\frac{(2n-1)\pi}{a}x \tag{3-6-17}$$

由上述可知，波动方程(3-6-14)只对某些特定的特征值 B_n才有解，相应的解 $\varphi_n(x)$叫做此问题的特征函数。

对于式(3-6-12)右边的时间函数，可根据特征函数的性质，求得对应于每一个 n，B_n^2 和 $\varphi_n(x)$的 $T_n(t)$：

$$T_n(t)=C\mathrm{e}^{(k_n-1)t/l_n} \tag{3-6-18}$$

式中：C 为待定常数。

$$l_n=\frac{L^2}{Dv(1+L^2B_n^2)}=\frac{l_\infty}{1+L^2B_n^2} \tag{3-6-19}$$

$$k_n=\frac{k_\infty}{1+L^2B_n^2} \tag{3-6-20}$$

注意：在推导过程中用到了 $L^2=D/\Sigma_a$和 $l_\infty=\lambda_a/v$(λ_a为热中子的平均自由程)。

综上所述，可以得到一维平板反应堆中子通量密度的完全解的表达式，它应是从 $n=1$ 到 $n=\infty$的所有项的总和，即

$$\phi(x,t)=\sum_{n=1}^{\infty}A'_n\left[\cos\frac{(2n-1)\pi}{a}x\right]\exp[(k_n-1)t/l_n] \tag{3-6-21}$$

式中：A'_n为待定常数，可利用初值条件和特征函数的正交性加以确定。

3.6.4 单群临界方程与临界条件

从上一节的讨论中可以知道以下两点：

1) 随着 n 的增加，式(3-6-16)所表示的特征值 B_n^2单调增大，即 $B_1^2<B_2^2<B_3^2<\cdots$；而式(3-6-20)所表示的 k_n随之递减，即 $k_1>k_2>k_3>\cdots$由此可知，全部特征值中以 $n=1$ 时的 B_1^2 值为最小；对应于它的 k_1是 $k_1,k_2,\cdots,k_n$中的最大者。

2）B_n^2与系统的尺寸有关，当系统的尺寸变大时，B_n^2就变小。所以，改变系统的尺寸就可以改变 B_n^2值，也就改变了 k_n值。

可以就 k_n值的三种情况进行讨论：

1）对于一定几何形状和体积的反应堆芯部，如果与 B_1^2对应的 $k_1<1$，则其余的$k_2,\cdots$，k_n都将小于 1，(k_n-1)均为负值，由式(3-6-21)可知，$\phi(x,t)$将随时间 t 的增长按指数规律衰减，所以系统处于次临界状态。

2）如果 $k_1>1$，则$(k_1-1)>0$；除 $n=1$ 之外的其余(k_n-1)可能大于 1，也可能小于 1。但总的来说是使中子通量密度随时间 t 的增加而不断增长。此时，反应堆处于超临界状态。

3）如果通过改变反应堆内的材料成分，或改变堆芯的大小，使 k_1恰好等于 1，则其余对应于 $n>1$ 的 $k_2,\cdots,k_n$都将小于 1，式(3-6-21)中 $n=1$ 的项将与时间无关；而 $n>1$ 的各项将随时间而衰减，当 t 足够长时，$n>1$ 的各项都将衰减为零，系统达到稳定状态。此时，中子通量密度将按基波形式分布，反应堆处于临界状态。

从以上的讨论中，可以得到以下两个重要的结论：

1）裸堆单群近似的“临界条件”是

$$k_1=\frac{k_\infty}{1+L^2B^2}=1 \tag{3-6-22}$$

此式称为单群理论的临界方程。式中：B^2 即为波动方程(3-6-14)的最小特征值 ${B_1}^2$，通常记为 B_g^2，称为几何曲率；k_1显然就是以前定义的有效增殖因数 k_{eff}。

2）当反应堆处于临界状态时，中子通量密度按最小特征值 B_g^2所对应的基波特征函数分布，亦即，稳态反应堆内的中子通量密度分布满足波动方程

$$\nabla^2\phi(\boldsymbol{r})+B_g^2\phi(\boldsymbol{r})=0 \tag{3-6-23}$$

以上两个结论回答了反应堆处于临界状态时，其材料组成与几何形状及大小之间应如何匹配以及临界反应堆内中子通量密度分布的问题。下面对式(3-6-22)的物理意义进行进一步讨论。

可以证明，式(3-6-22)中 $1/(1+L^2B_g^2)$项就是单群近似下反应堆内中子不泄漏概率 Λ_L［见式(3-1-7)］。

在反应堆中单位时间、单位体积内中子的泄漏率等于 $-D\nabla^2\phi$。根据式(3-6-23)，有 $-D\nabla^2\phi=DB_g^2\phi$。另外，单位时间、单位体积内中子的吸收率为 $\Sigma_a\phi$。从单群理论的观点来看，反应堆内的中子不是从堆内泄漏出去，就是在堆内被吸收掉。故有

$$\begin{aligned}\Lambda_L&=\frac{\text{中子吸收率}}{\text{中子吸收率}+\text{中子泄漏率}}\\&=\frac{\Sigma_a\int_V\phi\,\mathrm{d}V}{\Sigma_a\int_V\phi\,\mathrm{d}V+DB_g^2\int_V\phi\,\mathrm{d}V}\\&=\frac{1}{1+L^2B_g^2}\end{aligned} \tag{3-6-24}$$

因此，单群近似的临界条件式(3-6-22)可写为

$$k_1=k_\infty\Lambda_L=1$$

此式与式(3-1-10)所表示的临界条件完全一样。因此，完全有理由认定，k_1就是 3.1.2

节中所定义的有效增殖因数 k_{eff}。而且，从式(3-6-19)可知，l_1 就是考虑了热中子泄漏影响后的中子寿命，即：

$$l_1 = l = \frac{l_\infty}{1+L^2 B_g^2} \tag{3-6-25}$$

由式(3-6-24)可知，反应堆内中子的泄漏不仅与扩散长度有关，而且与几何曲率有关。L 越大，意味着中子自产生到吸收所穿行的距离越大，所以，从反应堆中泄漏出去的概率就越大，不泄漏概率 Λ_L 就越小。当反应堆体积增大时，B_g^2 就减小，不泄漏概率 Λ_L 就增加。

前面已经说明，当反应堆处于临界状态时，反应堆内的中子通量密度分布必定满足波动方程(3-6-23)，按最小特征值 B_g^2 所对应的基波特征函数分布。对于平板裸堆，很容易证明，当临界时，系统中的中子通量密度分布为：

$$\phi(x) = A\cos\left(\frac{\pi}{a}x\right) \tag{3-6-26}$$

式中：A——任意常数。

这一情况表明，从理论上说，堆功率可达到任意高的水平。其原因在于波动方程(3-6-23)是一个齐次方程。如果 $\phi(x)$ 是方程的一个解，则 $\phi(x)$ 的任意倍数也都是方程的解。所以，纯粹通过方程的求解，所给出的当然只能是临界反应堆内中子通量密度分布的形状，而不能给出通量密度的实际大小。这里蕴含着反应堆理论中的一个重要的概念，即，在临界反应堆内，在任意功率水平下，中子通量密度分布都可以稳定为基波特征函数分布。但实际上由于热工传热条件、燃料制造工艺等工程因素的限制，堆功率总被限制在某一数值以下。因而系数 A 也应由功率条件限制为某一数值。据此，可列出计算无限长平板堆单位面积所对应的体积所发出的功率的公式为：

$$P = E_f\Sigma_f\int_{-\frac{a}{2}}^{\frac{a}{2}}\phi(x)\,dx = E_f\Sigma_f\int_{-\frac{a}{2}}^{\frac{a}{2}}A\cos\left(\frac{\pi x}{a}\right)dx \tag{3-6-27}$$

积分后得：

$$A = \frac{\pi P}{2aE_f\Sigma_f} \tag{3-6-28}$$

3.6.5 有限高圆柱形均匀裸堆

设有一圆柱形均匀裸堆，高为 H，半径为 R(H、R 均包括外推距离)，如图 3-6-2 所示，采用圆柱形坐标，坐标原点位于轴线的半高度上。利用波动方程和相关的边界条件导出这种形状反应堆的几何曲率及临界时中子通量密度的分布函数。

所讨论的中子通量密度只取决于 r 和 z 两个变量。波动方程写成：

$$\frac{\partial^2\phi(r,z)}{\partial r^2} + \frac{1}{r}\frac{\partial\phi(r,z)}{\partial r} + \frac{\partial^2\phi(r,z)}{\partial z^2} + B_g^2\phi(r,z) = 0 \tag{3-6-29}$$

边界条件是：

1）在堆内中子通量密度处处为有限值；

2）当 $r=R$ 和 $z=\pm H/2$ 时，$\phi(r,z)=0$。

采用分离变量法，把 $\phi(r,z)$ 表示为 r 的函数和 z 的函数的乘积：

$$\phi(r,z) = \varphi(r)Z(z),$$

并将几何曲率表示为径向几何曲率和轴向几何曲率之和：

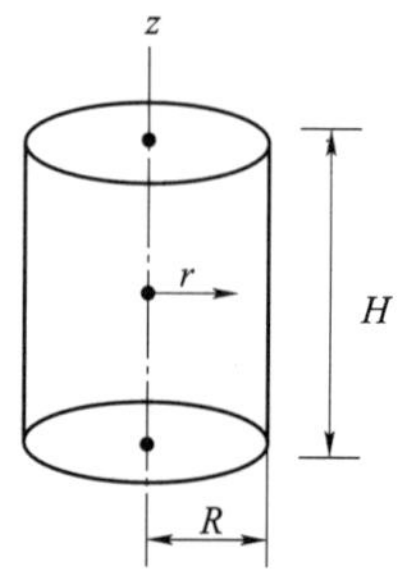

图 3-6-2 有限高圆柱均匀裸堆

$$B_g^2 = B_r^2 + B_z^2 \tag{3-6-30}$$

经过适当的数学变换后，得到零阶贝塞尔方程，其普遍解中包含第一类零阶贝塞尔函数 J_0 和第二类零阶贝塞尔函数 Y_0；以及得到零阶修正贝塞尔方程，其普遍解中包含第一类零阶修正贝塞尔函数 I_0 和第二类零阶修正贝塞尔函数 K_0。上述各函数的曲线示于图 3-6-3。由图可见，根据边界条件(1)和(2)，Y_0、I_0 和 K_0 都不适合作为解或解的一部分。因此，只与 r 相关的方程的允许解为：

$$\varphi(r) = A_1 J_0(B_r r)$$

为了计算 B_r^2，可利用边界条件(2)，即在 $r=R$ 处，$\phi(r,z)=0$，亦即：

$$\varphi(R) = A_1 J_0(B_r R) = 0 \tag{3-6-31}$$

其中常数 A_1 不为零，所以只能是 $J_0(B_r R)=0$，注意到第一类零阶贝塞尔函数 J_0 的第一个零点是 2.405，所以径向几何曲率可表示为：

$$B_r^2 = \left(\frac{2.405}{R}\right)^2 \tag{3-6-32}$$

$$\varphi(r) = A_1 J_0(B_r r) = A_1 J_0\left(\frac{2.405}{R} r\right) \tag{3-6-33}$$

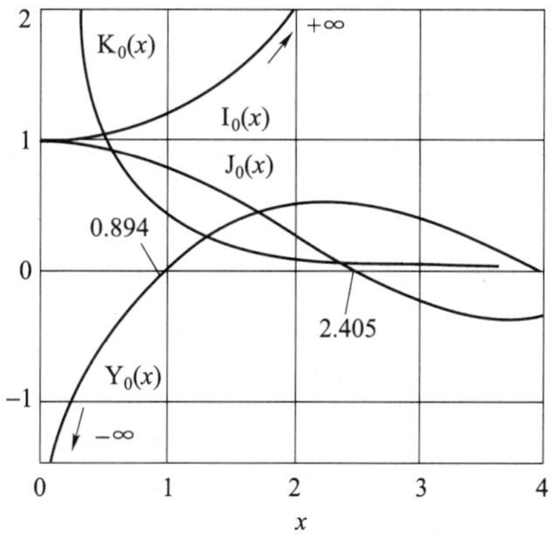

图 3-6-3 零阶贝塞尔函数曲线 $J_0(x)$

$J_0(x)$、$Y_0(x)$ 分别为第一类和第二类零阶贝塞尔函数；

$I_0(x)$、$K_0(x)$ 分别为第一类和第二类零阶修正贝塞尔函数

只与 z 相关的方程与平板堆相似，允许解为：

$$Z(z) = A_2 \cos B_z z \tag{3-6-34}$$

其中，A_2 为一常数，轴向几何曲率为：

$$B_z^2 = \left(\frac{\pi}{H}\right)^2 \tag{3-6-35}$$

根据式(3-6-30)，圆柱形裸堆的几何曲率为：

$$B_g^2 = B_r^2 + B_z^2 = \left(\frac{2.405}{R}\right)^2 + \left(\frac{\pi}{H}\right)^2 \tag{3-6-36}$$

最后可得到有限高圆柱形均匀裸堆中的中子通量密度分布为：

$$\phi(r,z) = C J_0\left(\frac{2.405}{R} r\right) \cos\left(\frac{\pi}{H} z\right) \tag{3-6-37}$$

式中：待定常数 C 由反应堆堆功率条件决定，可求得：

$$C = \frac{3.64P}{E_f \Sigma_f V} \tag{3-6-38}$$

从以上讨论中可知：对于有限高圆柱形均匀裸堆，轴向中子通量密度按余弦函数的形式分布，径向中子通量密度按第一类零阶贝塞尔函数 J_0 分布。

3.6.6 反应堆曲率和临界计算

在反应堆理论中，由波动方程(即亥姆霍兹方程)(3-6-14)及相应边界条件决定的第一个本征值的平方 B_1^2 常称为反应堆的曲率。这是因为这样规定的 B_1^2 可写为：

$$B_1^2=-\frac{1}{\phi}\nabla^2\phi \tag{3-6-39}$$

此式左端的量与临界堆内中子通量密度曲率成正比，因而称为反应堆的曲率。由前几节讨论可知，这个曲率只与反应堆的几何尺寸有关，因而又称为几何曲率，记作 B_g^2。当系统尺寸加大时，B_g^2就减小，因而改变系统的尺寸就可以改变 B_g^2值。

另一方面，由于 k_∞、L^2 等参数都只取决于反应堆芯部材料的特性，因此，对于一定的材料成分（也就是给定了 k_∞、L^2 等参数值），便有一个确定的 B^2 值满足临界方程(3-6-22)，称为材料曲率，记作 B_m^2。所以，对于单群理论，材料曲率为：

$$B_m^2=\frac{k_\infty-1}{L^2} \tag{3-6-40}$$

此式表明，材料曲率 B_m^2反映了增殖介质的特性，其值仅仅取决于堆芯的材料成分和特性（如 k_∞、τ、L^2 等），而与反应堆的几何形状和大小无关。显然，对于任意给定材料成分和几何尺寸的反应堆，其几何曲率不一定就等于材料曲率。

因此，在引入了材料曲率的概念后，反应堆临界条件可表述为：反应堆达到临界的条件是材料曲率等于几何曲率，即：

$$B_m^2=B_g^2 \tag{3-6-41}$$

以上面讨论过的裸堆为例，利用单群理论可将式(3-6-41)的具体形式写成：

$$\frac{k_\infty-1}{L^2}=\left(\frac{\pi}{a}\right)^2\text{（对于平板裸堆）} \tag{3-6-42}$$

$$\frac{k_\infty-1}{L^2}=\left(\frac{\pi}{H}\right)^2+\left(\frac{2.405}{R}\right)^2\text{（对于圆柱形裸堆）} \tag{3-6-43}$$

表 3-6-1 给出了几种几何形状的 R 临界均匀裸堆的几何曲率和热中子通量密度分布。

反应堆的状态可以用 B_m^2 与 B_g^2 之间的关系来表征：当反应堆处于次临界状态时，$B_g^2>B_m^2$，$k_{eff}<1$；当反应堆处于临界状态时，$B_g^2=B_m^2$，$k_{eff}=1$；当反应堆处于超临界状态时，$B_g^2<B_m^2$，$k_{eff}>1$。

通过以上讨论，可以将反应堆临界计算问题归纳为以下两类问题：

1）已知反应堆的材料成分，确定它的临界尺寸。反应堆的材料成分一经确定，就可算得 k_∞、L^2 等堆芯物理参数，所以，在这里，材料曲率是已知量，要求解的问题是反应堆堆芯的临界尺寸。根据式(3-6-41)，可按表 3-6-1 所给出的尺寸和 B_g^2的关系式来计算临界尺寸。

表 3-6-1　临界均匀裸堆的几何曲率和热中子通量密度分布

堆芯几何形状	尺　寸	几何曲率 B_g^2	热中子通量密度分布
无限平板	厚 a	$\left(\frac{\pi}{a}\right)^2$	$A\cos\left(\frac{\pi}{a}x\right)$
长方体	$a\times b\times c$	$\left(\frac{\pi}{a}\right)^2+\left(\frac{\pi}{b}\right)^2+\left(\frac{\pi}{c}\right)^2$	$A\cos\left(\frac{\pi}{a}x\right)\cos\left(\frac{\pi}{b}y\right)\cos\left(\frac{\pi}{c}z\right)$
无限高圆柱	半径 R	$\left(\frac{2.405}{R}\right)^2$	$AJ_0\left(\frac{2.405}{R}r\right)$
有限高圆柱	半径 R 高 H	$\left(\frac{2.405}{R}\right)^2+\left(\frac{\pi}{H}\right)^2$	$AJ_0\left(\frac{2.405}{R}r\right)\cos\left(\frac{\pi}{H}z\right)$
球体	半径 R	$\left(\frac{\pi}{R}\right)^2$	$A\frac{1}{r}\sin\left(\frac{\pi}{R}r\right)$

2）已知反应堆的形状和尺寸，确定它临界时的材料成分。当反应堆的几何形状和尺寸已经给定时，要求求解反应堆临界时所需的材料成分（例如燃料的富集度）。实际上这类问题是第一类问题的逆问题，此时几何曲率 B_g^2 已知，需要改变的是反应堆的燃料-慢化剂成分和比例，使临界方程（3-6-26）得到满足。

在进行临界计算时还会遇到以上两类之外的问题，例如：不仅已知反应堆的几何尺寸，而且还已知反应堆的材料成分，但所要求解的是反应堆的有效增殖因数 k_{eff}：

$$k_{eff}=\frac{k_\infty}{1+L^2B_g^2} \tag{3-6-44}$$

或反应性

$$\rho=\frac{k_{eff}-1}{k_{eff}} \tag{3-6-45}$$

式中反应性的绝对值 $|\rho|$ 表示反应堆偏离临界状态的程度。当反应堆临界时，$\rho=0$；当反应堆处于超临界状态时，$\rho>0$；当反应堆处于次临界状态时，$\rho<0$。有关此概念详见第四章和第五章。

例 3-6-1 一裸堆由直径为 2.54 cm 的金属铀长棒排列成栅距为 15.2 cm 的正方形栅格（见图 3-6-4），并悬挂在圆柱形容器内所组成。容器内盛有某种慢化剂。堆芯的高度、直径之比为 1.2。由材料的性质已知 $B_m^2=8.6\times10^{-4}\ \text{cm}^{-2}$。金属铀的密度 $\rho=19\ \text{g/cm}^3$。试估算使这一反应堆刚好临界的金属铀质量。

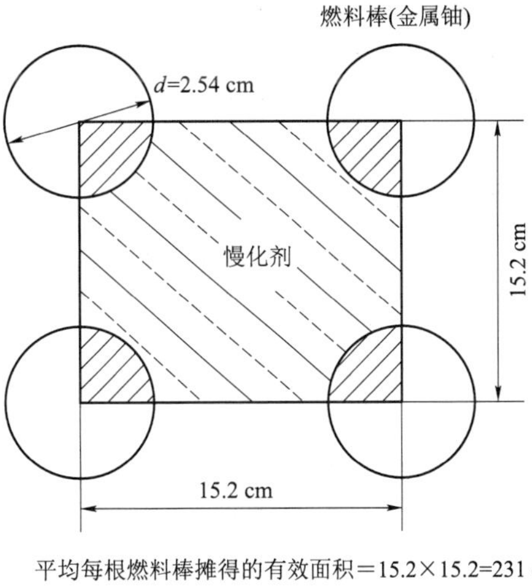

图 3-6-4 堆芯栅格（例 3-6-1）

解

1）有限高圆柱堆的几何曲率 B_g^2 为

$$B_g^2=(2.405/R)^2+(\pi/H)^2$$

∵ $H/(2R)=1.2$，即 $H=2.4R$，代入 B_g^2 表达式：

$$B_g^2=(2.405/R)^2+[\pi/(2.4R)]^2=7.50/R^2$$

又 $$B_g^2=7.50/R^2=B_m^2=8.6\times10^{-4}$$

故 $$R^2=8\ 721\ \text{cm}^2,R=93\ \text{cm}$$

$$H=2.4R=2.4\times93=223\ \text{cm}$$

2）燃料棒位于栅距为 15.2 cm 的正方形栅格节点上。因此每根棒分得的有效面积为 231 cm²，堆芯的横截面积为 $\pi R^2=\pi\times93^2=27\ 172\ \text{cm}^2$，所以燃料棒数为 27 172/231≈117.6。每根棒的直径为 2.54 cm，其长度和堆芯高度相同，即 223 cm。燃料棒体积 V 为：

$$V=(1/4)\times\pi\times2.54^2\times223\times117.6=1.33\times10^5\ \text{cm}^3$$

所以燃料总质量为

$$m=V\rho=1.33\times10^5\times19=2.53\times10^3\ \text{kg}$$

例 3-6-2 已知有限高圆柱反应堆高度为 H，半径为 R。求该反应堆的最小临界体积。

解

当有限高圆柱反应堆临界时，其高度 H 与半径 R 必须满足下式：

$$B^2=(k_\infty-1)/L^2=(2.405/R)^2+(\pi/H)^2$$

反应堆的体积为：

$$V=\pi R^2 H$$

由上面的曲率表达式，可得临界时反应堆半径的表达式

$$R^2=2.405^2/[B^2-(\pi/H)^2]$$

将 R^2 值代入体积表达式，并求 V 的极小值，为此，令

$$dV/dH=0$$

可得：

$$H^2=H_0^2=3\pi^2/B^2 \quad 和 \quad R^2=R_0^2=3\times 2.405^2/(2B^2)$$

因此，最小临界体积为：

$$V=V_0=\pi R_0^2 H_0=3\times\sqrt{3}\times 2.405^2\times\pi^2/(2B^3)=148/B^3$$

以上各式中的 B^2 由材料特性给出。

由此可见，具有最小临界体积的圆柱均匀堆，要求半径与高之比大约为 $R_0 : H_0=(2.405/\sqrt{2}) : \pi=0.54 : 1$，即直径与高大致有 1∶1 的关系。[1)]

注：1) 表 3-6-2 列出了一些实际的压水反应堆堆芯高度与直径的数据。这些反应堆的材料、结构、尺寸以及反应堆功率、工作寿期各不相同，而且都有不同的非均匀栅格结构，但堆芯高度与直径相比，大体都在 1∶1 左右。

表 3-6-2 实际压水堆堆芯尺寸

投入运行时间	电站或核船名称	输出功率/MW	堆芯高/m×直径/m
1972 年 4 月	施塔德 Stade KKs	630	2.99×3.05
1972 年 5 月	缅茵・杨基 Maine YanKee	793	3.6×3.5
1973 年 5 月	哈钦森岛 1 Hutchinson Isl	825	3.5×3.5
1974 年 9 月	勇士 Trojan	1 130	3.66×3.3
1976 年 8 月	比布利斯 B，Biblis B	1 180	3.9×3.6
1962 年 3 月	萨瓦娜号核商船 N・S・Savannch		1.7×1.6
1968 年 10 月	奥托・哈恩号核商船 N・S・Otto Hahn		1.12×1.15
1995 年	大亚湾核电站	900	3.65×3.36
2007 年	田湾核电站	1 013	3.55×3.16

3.6.7 双群扩散方程和双群临界方程

单群扩散理论所给出的结果很粗糙。由于在压水反应堆的堆芯中存在着大量的快中子和热中子，因而单群扩散理论的计算将会带来较大的偏差。下面介绍双群扩散方法。依此类推，可建立多群扩散方法。

在双群扩散方程中，把中子的整个能区分成两部分：第一部分是能量较高的中子，称快群，第二部分称为热群。下面用双群扩散方法对均匀裸堆进行计算，再与单群计算的结果进行比较。

对于快中子群，介质对快中子的吸收很弱，因而 $\Sigma_a \approx 0$。但由于快中子与介质核发生散射，会有部分中子转移到热中子群，这部分贡献对快中子群来说是负贡献，对热中子群来说是正贡献（慢化源），可用转移截面 $\Sigma_{F\to T}$ 表示。无限增殖因数 k_∞ 是无限大系统中任意一代热中子的（平均）产生数和前一代吸收数的比。虽没有泄漏损失，但由于慢化过程中的共振俘获，要损失掉一些中子。因此，每吸收一个热中子，如果要有 k_∞ 个中子到达热能区的话，必须由裂变产生 k_∞/p 个快中子，这里 p 是逃脱共振俘获概率。单位时间、单位体积内被吸收的热中子数为 $\Sigma_{aT}\phi_T$，则快中子源为 $(k_\infty/p)\Sigma_{aT}\phi_T$，因而快群的扩散方程为：

$$D_F \nabla^2 \phi_F - \Sigma_{F\to T}\phi_F + \frac{k_\infty}{p}\Sigma_{aT}\phi_T = 0 \tag{3-6-46}$$

热群的扩散方程为：

$$D_T \nabla^2 \phi_T - \Sigma_{aT}\phi_T + p\Sigma_{F\to T}\phi_F = 0 \tag{3-6-47}$$

解此方程组时，仍需要利用适当的边界条件来求出中子通量密度的空间分布。然而，这里所关注的是临界条件。为此，与处理单群扩散方程一样，可将以上两方程写成波动方程的形式进行求解，并可以证明，采用双群扩散理论时，在一定条件下，有效增殖因数 k_{eff} 可以表示为：

$$k_{eff} = k_\infty \Lambda_s \Lambda_d$$

式中：k_∞——无限大系统的增殖因数；

Λ_s——快中子在慢化过程中的不泄漏概率；

Λ_d——热中子在扩散过程中的不泄漏概率。

不泄漏概率的表达式如下：

$$\Lambda_s = \frac{1}{1+B^2\tau_{th}},\quad \Lambda_d = \frac{1}{1+B^2L^2} \tag{3-6-48}$$

双群扩散理论所得的均匀裸堆临界方程即为：

$$k_\infty \Lambda_s \Lambda_d = 1$$

即

$$\frac{k_\infty}{(1+B^2\tau_{th})(1+B^2L^2)} = 1 \tag{3-6-49}$$

如果将上式的分母部分展开，并略去 B^4 项（因为对于大堆它是非常小的），就化为：

$$\frac{k_\infty}{1+B^2(L^2+\tau_{th})} = 1 \tag{3-6-50}$$

即

$$\frac{k_\infty}{1+B^2M^2} = 1 \tag{3-6-51}$$

式中：$M^2 = L^2 + \tau_{th}$ 是热中子的徙动面积。

将式(3-6-51)和单群临界方程式(3-6-22)进行比较，可以发现，只需简单地把单群计算中的 L^2 换成 M^2，单群计算结果即可变成双群计算的热群结果。这就是单群修正模型。

由表 3-6-3 和表 3-6-4 给出的几种慢化剂的快群和热群参数可知，对于重水和石墨，$\tau_{th} \ll L^2$，因而 $M^2 \approx L^2$。这说明，在重水或石墨与燃料混合的均匀堆中，单群和双群计算结果相差不大；轻水的 τ_{th} 为 27 cm^2，而 $L^2 = 8.1$ cm^2。这说明，在轻水中，快中子慢化成热中子所走过的平均路程要比热中子在其被吸收前所走过的平均路程长。这样，对于以轻水作慢化剂的反应堆，由于 M^2 与 L^2 值的差别显著，因而临界计算时如采用双群方程会更好一些。

表 3-6-3 快群参数

慢化剂	扩散系数 D/cm	转移截面 $\Sigma_{F\to T}/cm^{-1}$	热中子年龄 τ_{th}/cm^2
H_2O	1.13	0.041 9	27
D_2O	1.29	0.009 85	131
Be	0.562	0.005 51	102
石墨	1.016	0.002 76	368

表 3-6-4 热群参数(20 ℃)

慢化剂	密度 $\rho/(g/cm^3)$	扩散系数 D/cm	Σ_{aT}/cm^{-1}	扩散长度平方 L^2/cm^2
H_2O	1.0	0.16	0.019 7	8.1
D_2O	1.10	0.87	2.9×10^{-5}	3.0×10^4
Be	1.85	0.50	1.04×10^{-3}	480
石墨	1.60	0.84	2.4×10^{-4}	3 500

3.6.8 有反射层的均匀堆

3.6.8.1 反射层的性质

实际的反应堆在堆芯周围总是围绕着一层用具有良好散射性能的物质所构成的中子反射层。热中子反应堆的反射层通常采用与慢化剂相同的材料，如普通水、重水或石墨。

(1) 反射层的作用

反射层把一部分本来要泄漏而损失掉的中子散射返回堆芯参与链式反应。由于反射层减少了泄漏出堆芯的中子数，使得堆芯尺寸小于无反射层时临界尺寸就能达到临界状态，因此，利用反射层就有可能显著地节省所需易裂变物质数量。

反射层也能改变中子通量密度的空间分布，如图 3-6-5 所示。图中画出了裸堆和有反射层反应堆内热中子通量密度分布情况。假定两种情况下堆芯的尺寸相同，并且堆芯中心处的通量密度的峰值也相等，但在与反射层交界处的堆芯一侧，热中子通量密度有所增加，这是由于从堆芯逃出的快中子在反射层内被慢化到热能的结果。在反射层紧挨着堆芯的部分内形成的通量密度梯度导致热中子返回堆芯。因而在带反射层的反应堆内，其边界附近的通量密度大于裸堆的通量密度。这样，反射层使整个堆芯的平均中子通量密度增加。因为反应堆的平均功率正比于平均中子通量密度，所以，对于相等的通量密度峰值而言，有反射层时将会使功率输出增加。

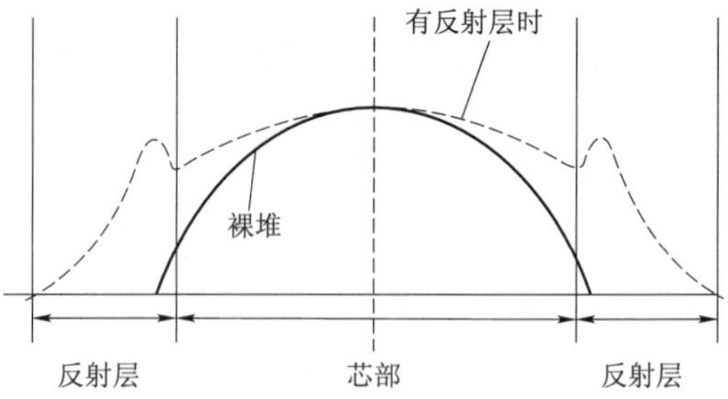

图 3-6-5 裸堆和有反射层反应堆内热中子通量密度分布

(2) 反射层的核特性要求

假设散射是各向同性的，则中子在第一次碰撞后被散射回到堆芯方向上的概率正比于堆芯对发生散射碰撞地点所张的立体角。散射平均自由程越小，这个立体角就越大，因此中子回到堆芯的概率也越大。

在任何介质内，中子在 x 到 $x+dx$ 之间被吸收的概率是 $\Sigma_a dx$，这里 Σ_a 是宏观吸收截面。于是中子在返回堆芯前每飞行单位路程被反射层吸收的概率等于 Σ_a。可知返回堆芯的路程越短，中子在反射层内被吸收的比例越小。所以，除要求反射层内散射平均自由程(或输运平均自由程)和扩散系数应该较小以外，还要求反射层的吸收截面也应较小。

3.6.8.2 反射层节省

反射层节省在反应堆计算中是一个重要的辅助概念，它定义为：由于反应堆堆芯包有反射层而引起的堆芯临界尺寸减少的量。例如，如果无反射层的球形裸堆的临界半径为 R_0，有反射层堆的临界半径为 R，则反射层节省的定义为：

$$\delta = R_0 - R \tag{3-6-52}$$

有关反射层节省的计算可以这样进行：先计算具有同样成分的裸堆和有反射层堆的临界尺寸，然后相减得到；如果已知 δ，则可通过求解裸堆的临界问题，求得具有特定成分的有反射层堆的临界尺寸。于是有反射层堆的实际尺寸等于裸堆尺寸减去 δ。

因为 δ 不是反应堆堆芯性质的灵敏函数，因此，对于某一堆芯成分计算的 δ 值可以用于具有类似的成分的别的反应堆。当然，如果尽可能把裸堆和有反射层堆的临界尺寸算得准确，就能得到很精确的 δ 值。

3.6.8.3 反射层对中子通量密度分布的影响

(1) 有、无反射层时单群计算结果的比较

以有反射层的无限长平板堆为例，中子通量密度分布形式仍为

$$\phi_r = A\cos(B_r x) \tag{3-6-53}$$

式中：符号的脚标“r”表示有反射层；B_r 值要小于裸堆的 π/a 值，即，裸堆和有反射层的堆其中子通量密度的分布形式相似，在 a 相同的情况下，有反射层堆的中子通量密度分布更为平坦(见图 3-6-6)。

(2) 有、无反射层时双群计算结果的比较

图 3-6-7 给出了双群计算结果。由图可见：堆芯边界处的热中子通量密度 ϕ_r 比无反射层时高，这与单群计算的结果是一致的。但在与堆芯边界相接的反射层内却还有一个峰值，这与实际结果相一致，而在单群计算中无此峰值。这是由于快中子从堆芯泄漏到反射层，而反射层具有较大的散射截面，并且由于不含有燃料而使吸收截面较小，因而快中子在反射层内慢化成热中子后一部分泄漏出外边界，而另一部分被反射回堆芯，使靠近反射层的芯部通量密度提高了，并在反射层内形成一个局部峰值。快中子的通量密度分布与单群计算的分布形状是一致的。

由以上讨论可知，由于双群计算既考虑了中子的慢化，又考虑了慢化后中子的扩散，它较只考虑扩散而不考虑慢化的单群计算更符合客观实际。

从图 3-6-6 和图 3-6-7 可见，无论是单群计算还是双群计算，都具有一个共同的特点，即反射层可使堆芯中靠近反射层处的相对中子通量密度分布抬高，从而使全堆中子通量密度分布变得更加平坦。这样就有可能在不增加燃料总质量的条件下，提高反应堆的输出功率。

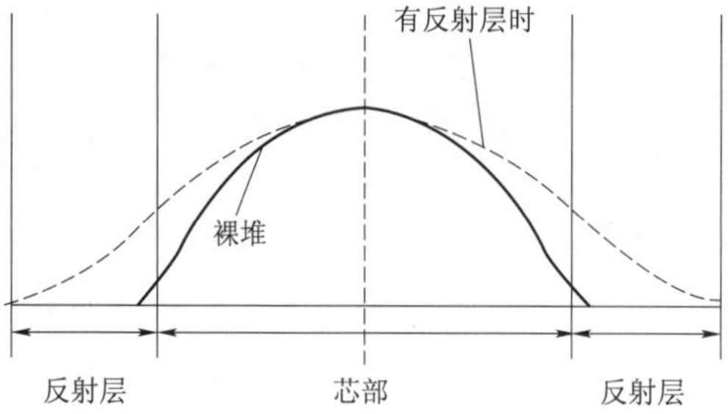

图 3-6-6 平板反应堆中子通量密度分布(单群计算)

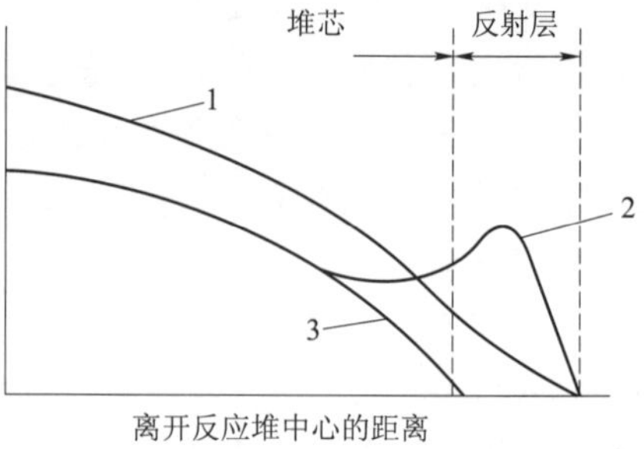

图 3-6-7 有反射层均匀堆的快、热中子通量密度及均匀裸堆的热中子通量密度示意图

1—有反射层的快中子通量密度(双群计算);

2—有反射层的热中子通量密度(双群计算);

3—无反射层的热中子通量密度(单群计算)

3.7 非均匀反应堆:中子通量密度分布

3.7.1 非均匀栅格及其非均匀效应和均匀化处理

3.7.1.1 非均匀栅格的一般介绍

在均匀堆中,燃料和慢化剂是均匀地混合在一起的。因而在这一均匀系统内各处都具有相同的物理参数,如宏观截面、扩散系数等。

但由于热工水力、机械工程、堆物理、经济性等多种原因,几乎所有动力堆都是非均匀的,这是由于采用燃料、慢化剂的非均匀栅格布置有许多优点,其中包括:它能有效地提高中子的逃脱共振俘获概率,从而提高系统的无限增殖因数 k_∞;它提供了冷却剂通道,能把堆芯发出的热量有效地排出堆外等等。

在非均匀堆中,把燃料制成一定的几何形状,按一定的几何形式放置在慢化剂中,构成具有栅格结构的堆芯。组成栅格结构的基本单元叫做栅元(如正方形、三角形、六角形栅元)。图 3-7-1 给出了正方形栅格的例子。栅元的形状、燃料棒直径、燃料棒之间的间距(栅距)、包壳材料的厚度等,统称为栅格参数。在图 3-7-1 中还按"正方形栅元的面积与等效栅元的面积相等"的原则,画出了等效栅元。在非均匀栅格中,各个子区(燃料、慢化剂等)具有不同的宏观截面和核参数,这给计算带来问题。

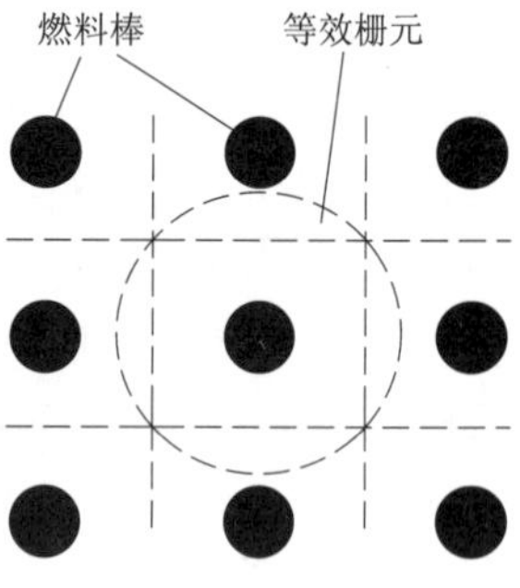

图 3-7-1 正方形栅格的等效栅元

3.7.1.2 栅格的非均匀效应

在非均匀堆中,由于燃料和慢化剂的吸收截面及其他核性质显著地不同,所以其中的中子通量密度也就显著地不同。

(1) 快中子的分布

在裂变中子中大约有 60% 的中子具有 1.1 MeV 以上的能量。具有这样能量的中子与^{238}U核碰撞时，就可能引起^{238}U核裂变。燃料制成块状后，裂变中子在燃料芯块内产生，它在飞出芯块之前就有可能与^{238}U核碰撞，这样就增加了^{238}U核快中子裂变的概率，而每次^{238}U核裂变平均要释放出两个以上的快中子，结果使快中子倍增效应增强，即，使快中子增殖因数ε增大。未与^{238}U核发生作用的裂变中子将飞出燃料芯块，在芯块外的慢化剂内被慢化，因此，在燃料芯块内的快中子通量密度分布比在慢化剂中的要高。

(2) 共振中子的分布

由于空间自屏效应(详见5.1.2节)，燃料核吸收共振中子的能力下降。这是因为共振中子主要在慢化剂中产生，随后入射到燃料芯块上，故首先为芯块表层的燃料核所吸收，而燃料核的共振吸收截面很大，所以在燃料芯块内部的共振中子通量密度急剧下降。

例如，^{238}U核对共振能量$E=6.7$ eV的中子吸收截面σ_a是7 000 b，这种能量的中子在铀块内的吸收平均自由程约为0.003×10^{-2} m(而热中子约为2.5×10^{-2} m)，即这种能量的中子穿入铀块后，基本上在铀块表层就被全部被吸收了，可见对共振中子来说，空间自屏效应是非常强烈的。

如前述，裂变中子主要是在慢化剂内被慢化的。对于非均匀堆，尤其是当燃料块之间的间距足够大时，慢化到共振能量的中子与燃料核碰撞的概率就要比均匀系统的小，而与慢化剂核碰撞的概率就相对地加大了。与慢化剂核碰撞后，中子能量往往就直接降低到共振能量以下，这就使中子在慢化过程中有比较大的概率逃脱共振吸收。

由于存在着这两方面原因(其中空间自屏效应是主要的)，燃料块对共振中子的吸收减少了，而使逃脱共振吸收的概率增加，这是非均匀堆的一个主要优点。

(3) 热中子的分布

一方面由于燃料的慢化能力比慢化剂的小得多，裂变中子主要在慢化剂内被慢化，即热中子主要在慢化剂内产生。另一方面由于燃料对热中子的吸收截面比慢化剂的大得多，热中子主要被燃料核吸收，因此，就形成从慢化剂流向燃料芯块的热中子流。热中子进入燃料芯块后，首先被芯块外层的燃料核所吸收，造成燃料芯块里层的热中子通量密度比外层的低，结果使燃料芯块里层的燃料核未能充分有效地吸收热中子，即，芯块外层燃料核对里层燃料核起了屏蔽作用。

正是这种空间自屏效应，使得与均匀堆相比，在慢化剂和燃料核子数比值相同的情况下，非均匀结构使燃料吸收热中子的能力下降，亦即，使热中子利用因数减小。这是非均匀堆的一个缺点。

综上所述，栅格内中子通量密度分布是不均匀的。空间自屏效应对逃脱共振俘获有利，但对热中子的利用却是不利的。通过合理地选择堆芯的栅格参数，可使热中子利用因数与逃脱共振俘获概率的乘积增加，从而使无限介质增殖因数增加(参见3.1.2节)。

上述因栅格的块结构所引起的效应，以及由此而造成的各种参数的变化，叫做非均匀效应，或叫块效应。在计算非均匀堆参数时要予以考虑。

3.7.1.3　栅格的均匀化处理

非均匀反应堆的结构非常复杂，要严格地按照其栅格的实际几何特点进行物理计算往往很复杂。但是，可将非均匀堆内中子通量密度的分布看成是由两部分中子通量密度分布叠加而成的：一部分是沿整个堆变化的宏观的中子通量密度分布，另一部分为栅元内的精细的中子通量密度分布。当堆内燃料块的数目足够大时，如略去栅元中子通量密度的起伏，从宏观上看，非均匀堆内的中子通量密度分布和均匀堆内的相同。图 3-7-2 中对均匀化计算得到的中子通量密度分布和实际的中子通量密度分布进行了比较。

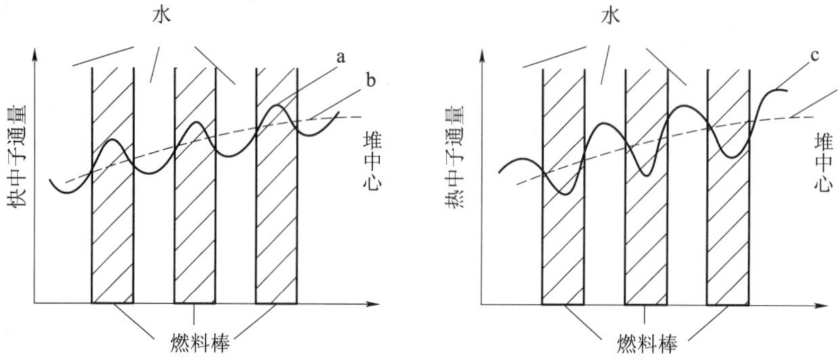

图 3-7-2 均匀化计算得到的和实际的中子通量密度分布比较示意图

a—实际的快中子通量；b—均匀化计算得到的快中子通量；

c—实际的热中子通量；d—均匀化计算得到的热中子通量

因此，对非均匀堆的理论计算大致可分以下两步进行：

1）对非均匀系统进行均匀化处理。用等效的均匀介质来代替非均匀栅格，要使均匀化后的各子区(栅元)的各种截面参数或群常数与原来的非均匀栅格的接近或相等(当然需要考虑到非均匀效应的影响)。进行均匀化处理的原则是:均匀化后的栅元内各能群的各种中子核反应率应与原来非均匀栅元的保持相等。在具体进行计算时，可先按栅元进行均匀化处理，并进一步进行以燃料组件为单位的均匀化处理，求得每个燃料组件的有效均匀化截面。

2）对均匀化堆进行计算。根据上一步算得的参数，利用均匀堆的群扩散方程和临界方程，求得非均匀堆堆内中子的平均通量密度分布及临界尺寸。

3.7.1.4 燃料组件栅元内中子通量密度分布特点

在非均匀反应堆内燃料元件起到快中子线性源和热中子吸收体的作用。

为了从理论上的径向中子通量密度分布(通过求解波动方程得到)向实际的分布过渡，需把在每一个燃料元件区域内的微观分布 $\phi(r)$叠加到均匀化了的沿堆芯半径的宏观分布 $\phi(R)$上。图 3-7-3 表示燃料元件内的微观中子通量密度分布[图(a)]，均匀化了的堆芯内中子通量密度分布(双群计算)[图(b)]，燃料组件内的微观中子通量密度分布[图(c)]，以及非均匀堆芯燃料组件间的中子通量密度分布[图(d)]。

计算和测量都可以证明，非均匀堆芯径向中子通量密度分布的一般特点与在均匀堆芯中的一样；但在每一个燃料组件中发生中子通量密度分布的局部扰动。在均质的非均匀堆芯中，中子通量密度的轴向分布与对应的均匀化堆芯的分布相比较没有差别。

堆芯的非均质性对中子通量密度分布会造成明显影响。例如，调节控制棒束插入堆芯，按非均匀方式在堆芯中设置可燃毒物棒，核燃料浓度沿堆芯半径与高度的变化，等等，这些因素将导致在圆柱形堆芯内中子通量密度的实际分布与理论导出的分布有重大差别。

另外，在其他条件相同情况下，堆芯内燃料组件中的中子通量密度分布与燃料运行的时间相关。核燃料的燃耗，可燃毒物的燃耗，各种不同核素的转换，以及为了补偿这种或那种

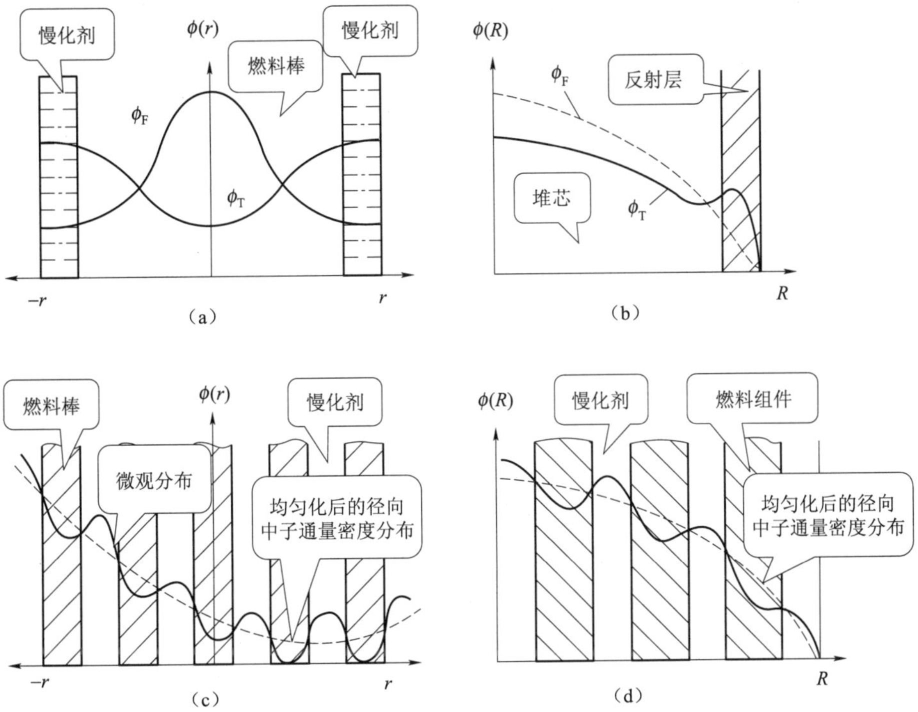

图 3-7-3　非均匀化堆芯中子通量密度分布

(a) 燃料元件内的微观中子通量密度分布；(b) 均匀化了的堆芯内中子通量密度分布；
(c) 燃料组件内的微观中子通量密度分布；(d) 非均匀堆芯燃料组件间的中子通量密度分布

效应而必要的调节棒束的移动，这一切都将引起在运行过程中中子通量密度分布曲线的形状和特性的改变。

例 3-7-1　试定性绘出压水堆堆芯内燃料芯块中及水通道内的

1) 热中子通量密度分布；

2) 共振能量的中子通量密度分布；

3) 共振区以上的快中子通量密度分布。

简要说明形成这些分布的原因。

解

题目所要求绘出的中子通量密度分布图见图 3-7-4。

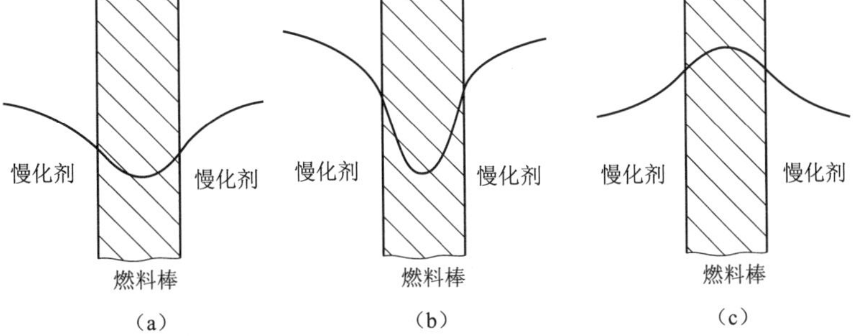

图 3-7-4　中子通量密度分布图

1）图 3-7-4(a)表明：燃料芯块中平均热中子通量密度要比慢化剂中的平均热中子通量密度低，而且，在燃料芯块的中心处最低。这是因为：

- 燃料芯块只产生裂变中子(快中子)，而不产生热中子，而且又吸收热中子。
- 慢化剂能使快中子慢化为热中子，却很少吸收热中子。
- 热中子入射到燃料芯块中时，燃料芯块内层的核在一定程度上被靠近芯块表面的核的热吸收所屏蔽。

2）由于燃料芯块中的$^{238}_{92}U$核对中子有强烈的共振吸收，进入其中的具有共振能量的中子有很大的概率在芯块的表面就被吸收，而不会到达芯块的内层，这种空间自屏效应使芯块中心共振中子通量密度下陷得更厉害[见图 3-7-4(b)]。

3）因为快中子在燃料芯块中产生，而且在芯块的周边，在$^{238}_{92}U$的共振区以上的快中子有可能不发生核反应而穿入燃料芯块的中心，这就使得芯块中央快中子通量密度变为最高，而在芯块周边产生的快中子也有可能逃逸出芯块，因而使芯块周边的快中子通量密度比较低[见图 3-7-4(c)]。

3.7.2 反应堆中子通量密度分布和功率分布

3.7.2.1 中子通量密度分布和功率分布概述

反应堆物理设计和热工设计是一对孪生兄弟，相互影响，相互关联。反应堆功率和功率分布，是这两门学科共同的关注点。

反应堆堆芯的中子通量密度分布是反应堆物理研究的焦点之一，而它与反应堆功率和功率分布有着正比关系。因此，从形状上来说，中子通量密度分布和功率(密度)分布这两者是同义的(但无燃料处除外)，在讨论中子通量密度分布时，自然就要联系到功率和功率分布。

从热工方面来说，所关注的是如何把热量安全地从堆芯中传出来，防止燃料元件的过热和烧毁，特别要防止偏离泡核沸腾(Departure from Nucleate Boiling，DNB)。

如前所述，从理论上说，反应堆可以达到任意高的功率水平；但在实际上，反应堆功率受到反应堆结构材料性能的限制，特别是它们所能承受的温度(与一定的功率水平相对应)的限制，例如受燃料的熔点和包壳材料的熔点的限制。为此，要求结构材料的温度应远低于其限制温度。

而在反应堆运行时，堆芯功率的分布往往是不均匀的，会产生局部功率峰和热点，这些地方到达温度(功率)安全限值的距离就小，一旦接近或超过安全限值，就会危及堆芯的安全。为避免这种情况的发生，就必须降低总功率，以降低功率峰和热点，这样就限制了全堆功率的输出。相反，如果通过展平全堆的中子通量密度分布来展平全堆的功率分布，就可以使反应堆的功率分布整体地与安全限值保持适当的、尽可能小的距离，从而提高了反应堆的总功率输出。

总之，反应堆的平均输出功率受到堆芯内热量产生最大点(热点)是否能得到适当冷却的限制。整个反应堆内的中子通量分布越不均匀，能从给定体积的堆芯内输出的总功率就越少。为了提高总的功率输出，就应该对中子通量密度分布进行展平。

在压水反应堆运行过程中，对堆芯中子通量密度分布监测的目的就在于确保堆芯里任何一点所产生的最大功率不会导致燃料元件的破损。

3.7.2.2 中子通量密度分布的理论计算结果

在反应堆临界理论的讨论中，对于圆柱形的均匀裸堆堆芯，用扩散方程进行处理，解得了堆内轴向热中子通量密度呈对称于反应堆半高度的余弦函数分布，径向中子通量密度分布为对称于反应堆圆心的贝塞尔函数分布(见图 3-7-5 和图 3-7-6)。

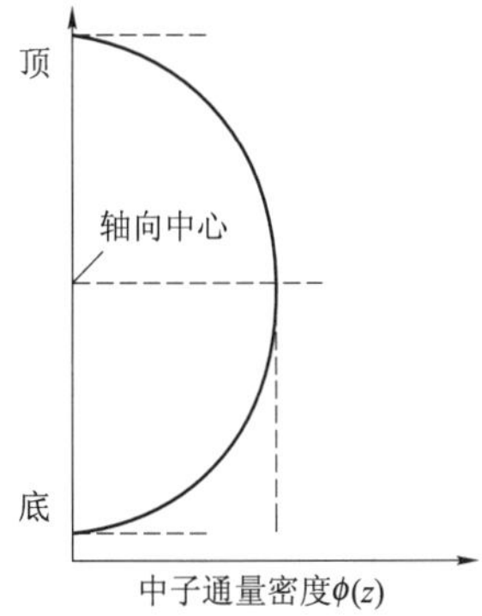

图 3-7-5 圆柱形均匀裸堆堆芯轴向中子通量密度分布

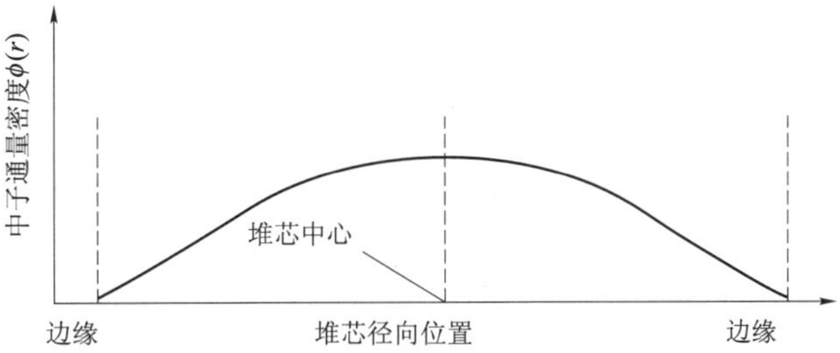

图 3-7-6 圆柱形均匀裸堆堆芯径向中子通量密度分布

实际的压水反应堆是带有水反射层的，它能使从堆芯中泄漏出去的中子部分地返回堆芯，从而使堆芯边缘的热中子通量密度有所抬升。图 3-7-7 和图 3-7-8 对有、无反射层时轴向和径向的中子通量密度分布进行了比较。

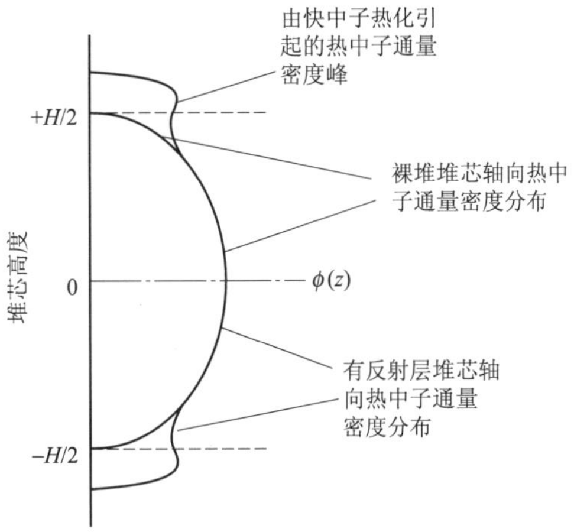

图 3-7-7 裸堆和有反射层堆轴向中子通量密度分布

3.7.2.3 实际的中子通量密度分布及物理影响因素

1. 轴向中子通量密度分布

压水反应堆堆芯是非均匀的，但由于燃料轴向装载一般是均匀的，燃料组件的结构也是均匀的，所以在零功率情况下理论上与实际上的轴向中子通量密度分布形状没有什么差别，都可以用余弦函数表示轴向通量密度分布的形状。图 3-7-9 所示的某压水反应堆堆芯首次装料后“热态零功率”(Hot Zero Power，HZP)工况、寿期初(Beginning of Life，BOL)的轴向功率分布曲线的总体形状呈余弦函数形状(曲线的多处凹陷是燃料组件的定位格架吸收中子造成的)。

但是，反应堆带功率运行时的轴向中子通量密度分布受到以下因素的影响：

1) 控制棒的棒位；

2) 随负荷变化而引起氙的再分布；

3) 功率水平；

4) 堆芯燃耗期。

第 1)项影响因素在关于反应性控制的 5.5 节中描述；第 2)项影响因素在关于裂变产物

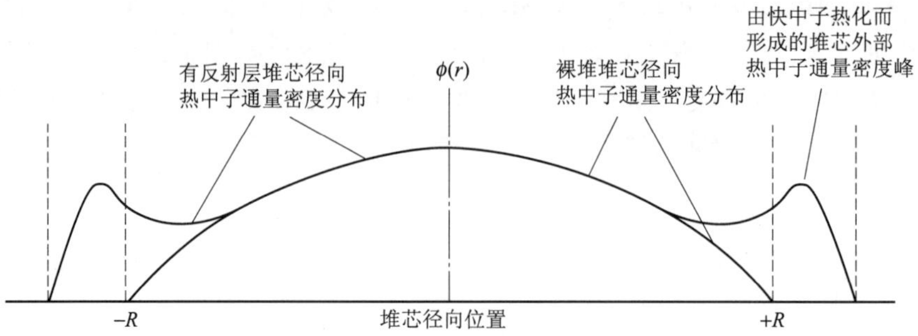

图 3-7-8 裸堆和有反射层堆径向中子通量密度分布

中毒的 5.2 节中描述；关于第 3)和 4)项影响因素在关于再分布效应的 5.4 节中描述，在这里只作简要的讨论。

当反应堆在功率运行时，流过堆芯的冷却剂的温度沿轴向不断升高，其轴向温度分布与零功率情况下大不相同，由于负的慢化剂温度反应性效应(参见 5.1 节)的作用，将使堆芯上部功率密度偏小，下部功率密度偏大，轴向功率分布峰位于堆芯中心偏下的地方，如图 3-7-10的 BOL 曲线所示。

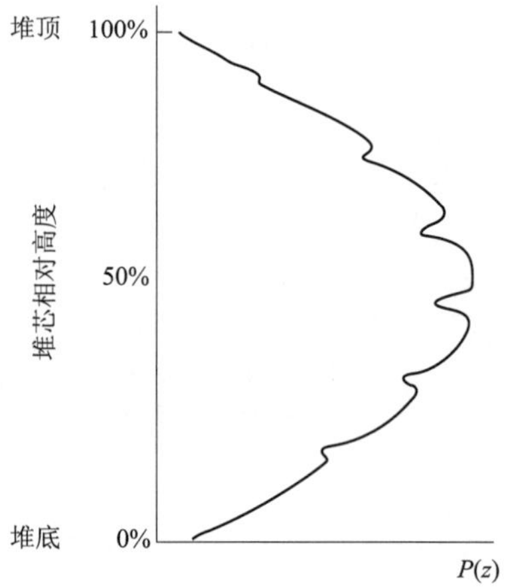

图 3-7-9 轴向功率分布(BOL、HZP)

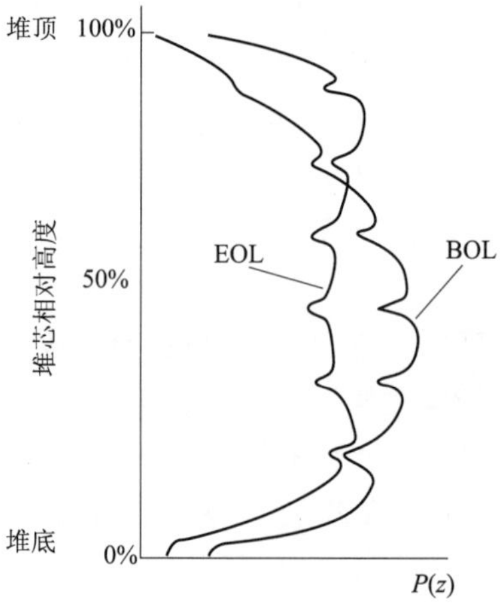

图 3-7-10 轴向功率分布(BOL 和 EOL[1]，HFP[2]、ARO[3]、平衡氙)

注：1) End of Life，寿期末；2) Heat Full Power，热态满功率；3) All Rods Out，所有控制棒提出

燃耗对功率分布的影响在图 3-7-10 中的另一条曲线上表示出来。该曲线表示在 EOL 情况下功率分布较 BOL 的平坦。曲线显示出两个峰，下部的峰是由于负的慢化剂温度效应，堆芯上部的峰是由于燃耗(见图 3-7-11)。

2. 径向中子通量密度分布

有多种因素影响着压水反应堆径向功率分布，除堆芯构造上的不均匀性(包括不同富集度的燃料组件的装载、可燃毒物棒的布置、控制棒的插入深度等)外，功率水平、裂变产物(特别是毒物氙)浓度、燃耗等运行方面因素的变化对径向功率分布也有很大的影响。

(1) 功率水平对径向功率分布的影响

功率水平的高低与堆芯内冷却剂的平均温度有密切关系。同时，随着功率水平的升高，燃料芯块温度也有所上升。在功率密度最大处，燃料温度也最高。由于燃料温度系数总是负的，这引进了负的反应性效应(参见 5.1 节)，从而将自动地降低高的功率密度，这样一来就在一定程度上展平了径向功率密度分布(见图 3-7-12)。

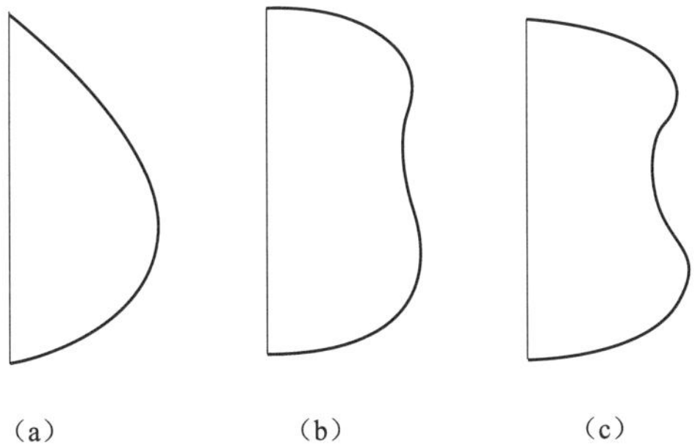

图 3-7-11　轴向功率分布与堆芯燃耗的关系示意图
(a) BOL；(b) MOL[1]；(c) EOL
注：1) Middle of Life，寿期中

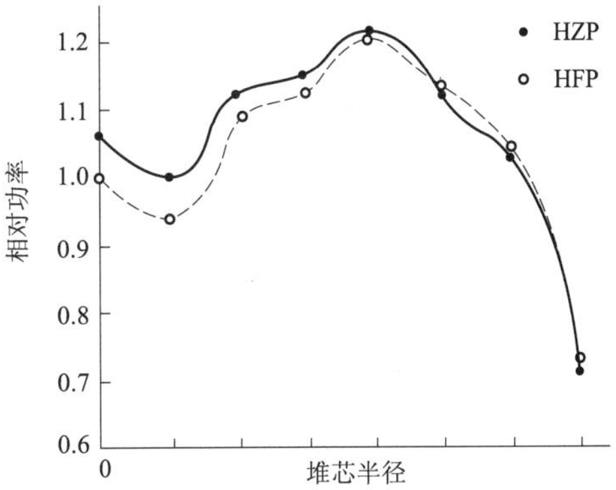

图 3-7-12　不同功率下的径向功率分布(BOL、ARO、无氙)

(2) 氙对径向功率分布的影响

反应堆在平衡氙状态下稳定功率运行时，在堆内功率密度高的地方，其氙的浓度也高，这是因为平衡氙的浓度与热中子通量密度近似地成正比(参见 5.2.2 节)。

氙的热中子吸收截面很大(达 2.7×10^{6} b)，对热中子具有很强的吸收能力，因此它起到使局部的高功率密度自动降低、展平径向功率密度分布的作用(见图 3-7-13。图中 HFP 表示"热态满功率"，Hot Full Power)。

(3) 控制棒对径向功率分布的影响

控制棒插入堆芯也会引起径向功率的局部畸变(见图 3-7-14。参见图 5-5-1)。由图 3-7-14 可见，在控制棒插入处，局部中子通量密度分布下陷，但却使其附近处的中子通量密度抬高。当控制棒插入堆芯中子通量密度高的中心部位时(满足技术规格书关于插入极限的要求)，中子通量密度的峰值下降，并展平了径向功率分布。

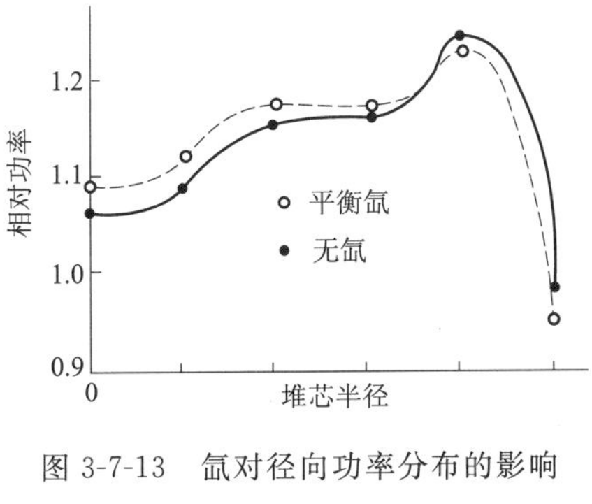

图 3-7-13　氙对径向功率分布的影响
(BOL、HFP、ARO)

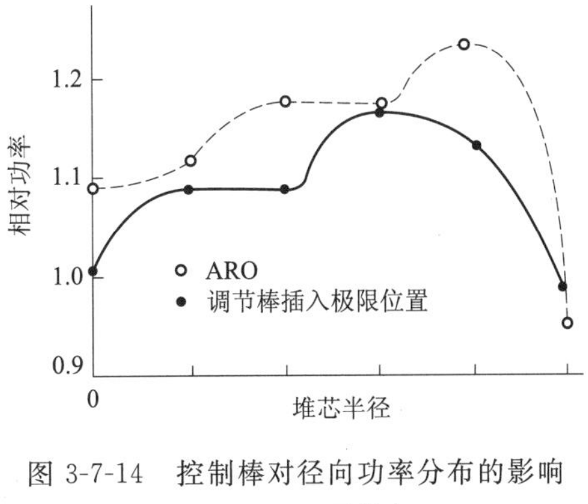

图 3-7-14　控制棒对径向功率分布的影响
(BOL、HFP、平衡氙)

(4) 燃耗对径向功率分布的影响

随着燃耗的加深，可使径向功率分布得到不同程度的展平（见图 3-7-15）。

(5) 象限功率倾斜比

对于功率运行反应堆，径向功率分布通常利用堆芯内中子测量系统测量少量燃料组件内的轴向通量分布，然后以测量数据为输入量，利用计算程序计算出全堆的轴向和径向通量分布。其中，径向中子通量密度分布可用一个叫"象限功率倾斜比"（Quadrant Power Tilt Ratio，QPTR）的重要运行参数 R_{QPT} 来表征，它定义为：上部（或下部）堆外探测器测量的最大值与上部（或下部）所有堆外探测测量的平均值的比值：

$$R_{QPT}=\frac{I_{上,max}}{\bar{I}_{上}} 或 R_{QPT}=\frac{I_{下,max}}{\bar{I}_{下}} \quad (3\text{-}7\text{-}1)$$

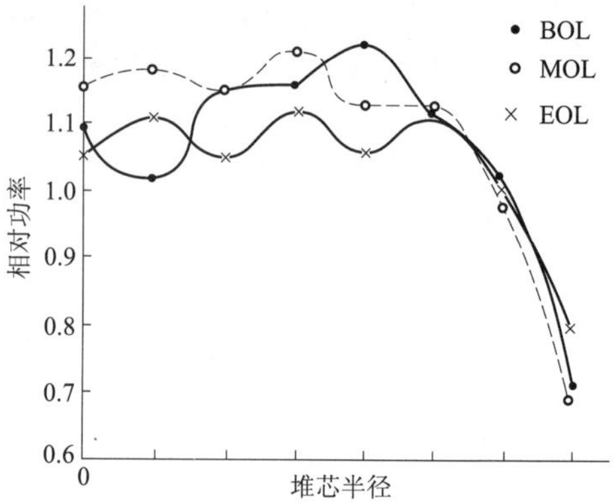

图 3-7-15　典型堆芯径向功率分布（HFP、ARO、平衡氙）

图 3-7-16 所示为某压水堆核电站反应堆根据实测数据计算得到的象限功率倾斜的形象表示。

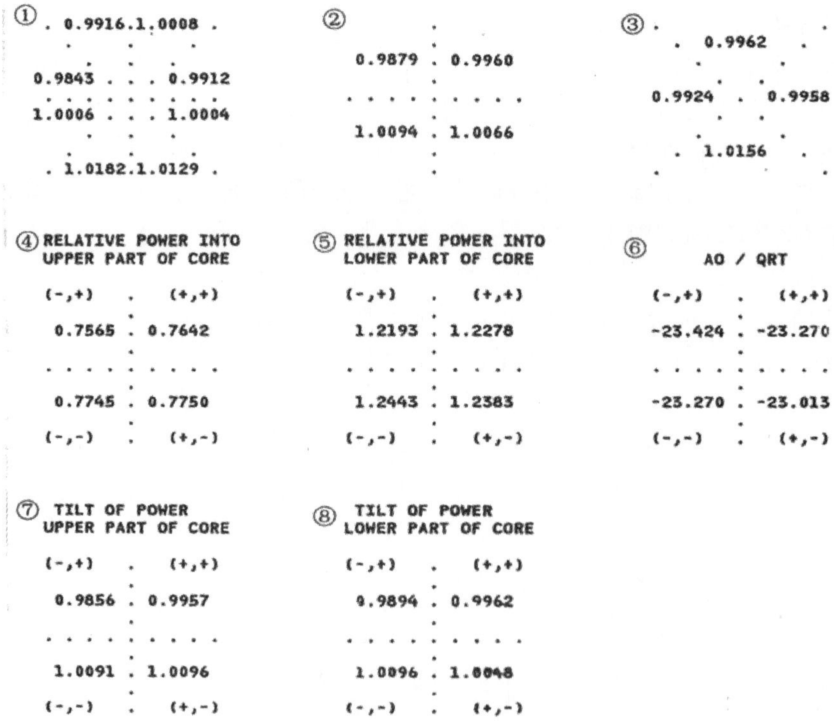

图 3-7-16　象限功率倾斜

① 归一化的全堆芯象限平均功率；② 归一化的全堆芯象限平均功率；③ 归一化的全堆芯象限平均功率；④ 堆芯上部四个象限归一化平均功率；⑤ 堆芯下部四个象限归一化平均功率；⑥ 全堆四个象限的轴向偏移；⑦ 堆芯上部四个象限的功率倾斜；⑧ 堆芯上部四个象限的功率倾斜

3.7.3 影响中子通量密度分布的其他因素

上一节主要从物理上对影响中子通量密度分布均匀性的因素进行了讨论。在反应堆内还存在着许多造成中子场不均匀性的其他影响因素。图 3-7-17 列出了影响压水反应堆堆芯中子通量密度分布不均匀性的其他各种因素，包括：

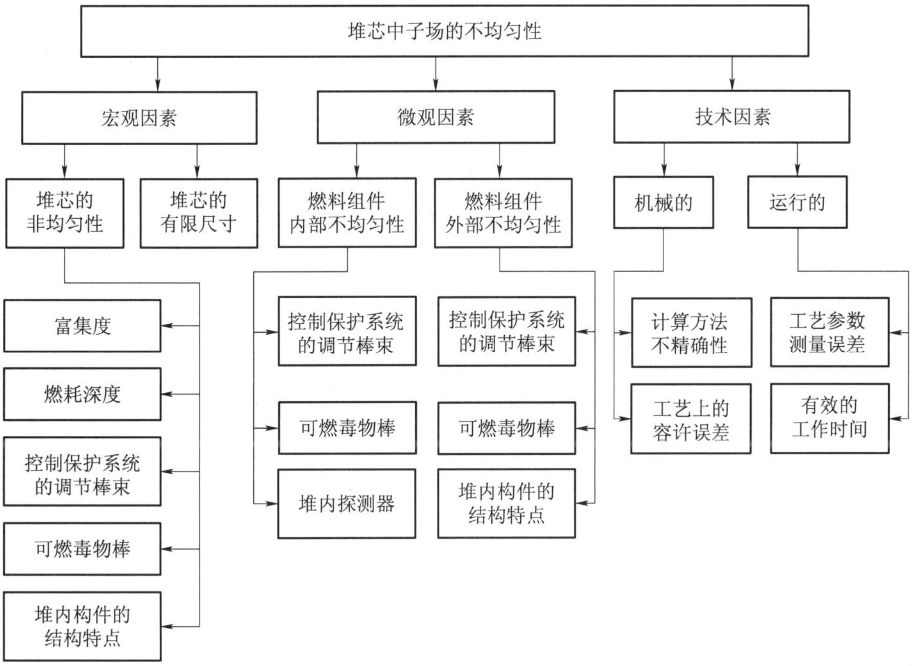

图 3-7-17 影响 WWER-1000 型堆芯中子通量密度分布不均匀性的因素

(1) 堆芯的有限尺寸

穿过堆芯外表面的中子泄漏是引起核反应堆内中子通量密度分布不均匀的主要原因。只是由于反射层的存在，使泄漏有所降低。

(2) 堆芯的非均匀性

堆芯的不均质性是由于不同富集度燃料组件的应用，不同的燃耗深度，以及在一些燃料组件中放置可燃毒物棒等原因所造成的。堆芯的这种构成是与反应堆内中子场的特殊设计或中子场的展平有关。

(3) 燃料组件的不均匀性

在燃料组件的内部，栅格是不均匀的，这使燃料组件各个断面的热中子通量密度分布总是不均匀的。燃料组件内部栅格的不均匀性是由于一些用来放置堆内测量探测器、控制棒束以及可燃毒物棒的导管的存在而引起的。燃料组件之间也是不均匀的，这是由于燃料组件之间存在着水隙而造成的。

在水隙中热中子吸收截面平均比燃料组件范围内小得多，而慢化能力平均比燃料组件范围内高得多，因此在水隙中会出现热中子通量密度分布峰，而在燃料组件内热中子通量密度由组件中心向周边外缘逐步地增大，因此在燃料组件内位于周边的燃料元件的热负荷较大[参见图 3-7-3(c)]。

（4）在制作堆芯部件时工艺上的容许公差

中子通量密度的真实值与计算所得的值肯定是会有差别的，这是由于在制作燃料芯块、燃料元件和燃料组件时工艺上的容许公差，在燃料组件内冷却剂流量分配的工艺上的容许公差，以及计算方法上的不精确性造成的。

（5）工艺参数对额定值的偏离

在运行过程中，反应堆功率在受功率测量和功率维持的精确度所制约的范围内偏离额定功率的情况总是可能的。此外，还有可能对压力额定值、出口处水温和它的流量额定值的偏离。在工艺参数额定值下实际分布将不同于计算的分布。

（6）反应堆工作的有效时间

如前所述，反应堆在额定功率下工作的持续时间（或有效工作时间）对分布特性有重要的影响。在燃耗循环的开始阶段出现的不均匀性最大，这是因为首次装入反应堆的燃料组件之间，中子物理特性有着较大的差异。随着燃料的消耗中子通量密度分布逐渐会有一定的展平。

可以引入各种不均匀系数来估算各自的不均匀性。不均匀系数通常定义为：由于某一因素的影响而造成的中子通量密度的最大值对它的全堆的平均值之比。这里，不对不均匀系数是如何一一确定的进行讨论，但将在3.7.6节进行一般的描述。

3.7.4 中子通量密度分布的展平

降低上述各项不均匀系数，使堆芯内中子场（即中子通量密度分布）得以展平，就可使反应堆允许功率增加。可采用多种方法来降低堆内中子通量密度分布的不均匀性。所有这些方法的本质都在于使堆芯内核裂变次数展平。这是因为热中子反应堆内各处的热流密度是与该处的裂变反应率密度（每秒每立方厘米裂变物质内发生的裂变次数）成正比的缘故。

展平堆内中子通量密度分布最常用的方法有以下两种：

（1）用可燃毒物（$^{10}_{5}B$等）棒展平中子通量密度分布

这是展平中子场的主要方法之一，是靠可燃毒物棒对中子的吸收来实现的。可燃毒物棒对展平的直接影响是由于它们在堆芯内非均匀配置；间接影响是使反应堆初装期的剩余反应性下降，从而使控制棒吸收体的插入深度减小（关于布置可燃毒物的目的，见5.8节）。通常在堆芯中央区域中子通量密度较高，可使吸收物质的含量高一些，以展平径向热中子通量密度分布；虽然，轴向通量密度分布可以通过减小可燃毒物棒高度或在堆芯上下部分建立无吸收体的区域来实现，但实施起来很困难。

（2）通过改变燃料富集度来展平中子通量密度分布

在理想情况下，可以通过连续改变易裂变物质的富集度来达到绝对的展平。然而，在实际上，由于工艺上和结构上的诸多原因，这样的展平是十分困难的。因而通常采用堆芯的燃料按不同的富集度分区布置，以达到展平的目的，即，易裂变物质的富集度从一个分区到另一个分区是以阶跃式改变的，但在每一个分区内保持常量。例如，可将富集度分为两个区：中央区与周边外缘区。由于宏观裂变截面的差别而造成了中子通量密度的阶跃，这对展平有好的作用。但改变燃料富集度展平中子通量密度分布也有缺点，这就是使临界质量提高了。这是由于当把燃料转移到堆芯的周边外缘时燃料的价值下降，也可以解释为在靠近堆芯的边缘的中子通量密度增加时，中子从反应堆泄漏出去的概率也随之增加了，因此，使中子被燃料吸收的概率下降。

除了上述两种常用的展平措施外，在结构上注意堆芯的径向和轴向反射层的设计；在反应堆运行时避免大量控制棒插入堆芯，在调节棒插入堆芯时要符合关于插入极限的规定；采用细控制棒以减小扰动，并将控制棒束对称布置（实际上在压水堆核电站反应堆功率运行时，除调节棒外的所有控制棒都提出堆芯。此时，要避免控制棒部分或过深地偏心插入堆芯）。

另外，在燃耗过程中还会使中子通量密度产生附加展平，此种展平是由于正比于释能的不均匀燃耗，中毒效应以及反应性功率效应表现出来的不均匀性引起的（见 3.7.2.3 节）。

3.7.5　反应堆功率分布的限制

3.7.5.1　峰功率限值

反应堆最经济的运行方式是堆内各点的热流密度和功率水平都十分接近、而又不超过最大允许值，这样，就可以使单位质量的燃料发出最大的功率。

但是，实际上这是不可能的，因为堆内中子通量密度分布（或功率分布）总是不均匀的，即便在物理设计和燃料管理上采取了多种展平的措施，并已获得了较好的效果，然而，不论怎样，靠近堆芯边缘的中子通量密度总是要下降的，这意味着堆芯边缘的燃料组件总在低于容许值的情况下运行。对于热流密度也是如此：如果某一通道中部处热流密度已达到最大容许值，则两端的热流密度肯定都小于最大容许值。

另外，如前所述，诸如燃料芯块密度的差别、制造公差、相邻芯块间的间隙，在燃料组件上安装定位格架等许多因素会对功率分布造成影响，使某些局部点很热，其中最热的点称为“热点”。

大量的实验和计算证明：反应堆在正常运行时，最大的线功率密度如果不超过某一限值，即满足以下限制功率分布的准则，就可以确保堆芯不熔化和燃料元件包壳完整性：

1）防止堆芯融化准则：应考虑到燃料在燃耗过程中熔点的降低、运行瞬态过程距熔点的裕度、所采用的测量方法的误差以及工程上的不确定性所加入的裕量，确定堆芯热点芯块的温度极限定为 2 260 ℃，对应的堆芯线功率密度为 590 W/cm。

2）临界热流密度准则：偏离泡核沸腾（DNB）比（或称烧毁比）为临界热流密度与该点实际热流密度之比。在所有运行条件下（包括在额定功率水平运行时和在功率突变或出现事故的瞬态中），实际的热流密度都应远小于临界热流密度，应遵守 DNBR⩾1.3 的准则（此值的大小与所采用的计算公式有关），因此存在着一个不能逾越的功率极限，从而保证堆芯最热点的线功率密度不超过限值 590 W/cm，以防止燃料芯块熔化。

3）失水事故准则：在发生失水事故的情况下，应避免出现燃料包壳熔化。事故发生后燃料包壳的最高限制温度实用上取 1 060 ℃，对应的线功率密度为 418 W/cm。

在以上三个准则中，以失水事故准则的制约性最强。因此，准则中规定的线功率密度就成了堆芯功率输出的限值，即，在运行中必须确保堆芯中任何局部的线功率密度都不得大于规定的限值（线功率密度限值的具体取值，各电站可能会有所不同，例如：以 WWER-1000 型反应堆为例，为 448 W/cm；对于大亚湾核电站反应堆，取 418 W/cm），这就成了建立安全运行区域的基本设计依据。

3.7.5.2 峰值因子

为了将燃料元件的最大功率限制在其设计限制值之内,可引入“峰值因子”的概念。在堆芯中总存在着某一燃料元件表面热流密度最大的点,通常称为热点,它对于确定堆芯功率的输出量起着决定性的作用。

在早期的堆芯设计中人们就发现,在进行正常的功率运行的反应堆堆芯中,峰功率(即最大功率)与平均功率之间存在着一个相对不变的关系,即它们的比值能较好地保持为常数,表示为:

$$K_1 = \frac{P_{max}}{P_{avg}} \tag{3-7-2}$$

或

$$P_{max} = P_{avg} \times K_1 \tag{3-7-3}$$

式中:K_1——峰值因子(或称热点因子),用于计算热通道局部热通量密度;

P_{avg}——平均线功率密度(或称平均线性发热率),表示堆芯总功率除以所有燃料元件的总活性长度;

P_{max}——峰功率(或最大线功率密度),对于田湾核电站反应堆,取448 W/cm。

在工程实际中,还要考虑多种因素对最大线功率密度的影响,为此,可引进总峰值因子K(与此相类似,在西方国家中往往用符号F_q^T表示)的概念,它为以下三个因子的乘积:

$$K = K_1 \times K_2 \times K_3 \tag{3-7-4}$$

式中:K_2——线性热中子通量密度的工程安全因子,是在考虑了因燃料元件棒的尺寸及它们之间的间距、燃料芯块直径、芯块密度和富集度的不同,包壳表面积的不同,芯块-包壳间隙的偏心度不同,芯块间的间隙等因素而得到的工程不确定因子,因上述因素而使实际的局部峰功率密度比由堆芯内测量系统及其计算得到的值要大。

K_3——确定和维持反应堆热功率的不确定性而得出的系数。

上述三个因子分别给出了线性发热率方面、工程方面以及确定和保持反应堆热功率方面的不确定因素,都是通过大量的试验、统计检验,并与计算结果进行比较而得到的。在式(3-7-3)中的纯物理上的K_1应该用K来代替,有:

$$P_{max} = P_{avg} \times K = 448\ \text{W/cm} \tag{3-7-5}$$

当测量得到的堆芯平均线功率密度小于P_{avg}(亦即峰功率值小于448 W/cm)时,堆芯的运行是安全的。所以,在正常运行期间,燃料棒的线性发热率的限值,或者堆芯功率分布的限值就是448 W/cm(见图3-7-18)。由于考虑到在堆芯的上半部发生偏离泡核沸腾的可能性较大,所以限制也就更为严格。

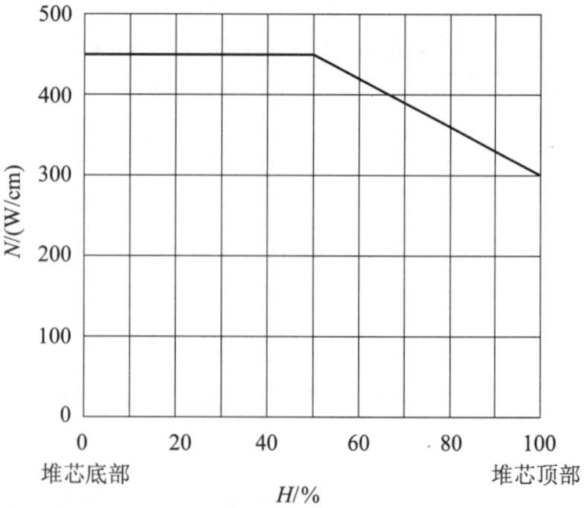

图3-7-18 WWER-1000型反应堆线性发热率限值与堆芯高度的关系

在监督和控制堆芯功率和功率分布时,要使径向和轴向功率分布保持在规定的限值之内，就要保证线功率密度(W/cm)和偏离泡核沸腾比(DNBR)在可接受的限值之内。在正常运行工况及系统和设备无故障的情况下，最大允许功率等于额定功率。在异常工况及系统和设备产生某些故障的情况下，应降低最大允许功率。在某些特殊情况下(例如主冷却剂泵断开)，功率将自动下降到最大允许功率。而在所有其他情况下，均由操纵人员按运行规程执行降功率的操作。

由于堆芯径向功率分布已经通过采用不同富集度燃料的分区布置、可燃毒物棒的适当布置和控制棒的径向对称布置等措施来尽可能将它展平，因而在反应堆功率运行时主要要考虑的是轴向功率分布的控制，这将在讨论了关于反应性变化和反应性控制方面的相关内容后再进行讨论(见 5.10 节)。

例 3-7-2 1) 画出轴向有足够反射层的压水堆新堆在寿期初、热态满功率、控制棒全提出堆芯情况下的反应堆轴向功率分布 $P(z)$ 示意图(P_{max} 已知)。

2) 解释产生这种功率分布的物理原因。

解

1) 见图 3-7-19[1]。

注：1) 本题容易出错之处往往是：曲线的峰值位置画得不对；曲线两端或其中一端画到 0；将功率分布曲线画到反射层内。

2) 解释(参见 5.4 节)：

① 在寿期初，因为堆芯装载的都是新燃料组件，可以不考虑燃料燃耗对堆芯轴向功率分布的影响；

② 在满功率工况下，通过堆芯的冷却剂存在着出入口温差 ΔT。在堆芯入口处，冷却剂的温度较低，沿堆芯轴向不断升温，在堆芯出口处达到最大值；

③ 由于运行工况下的慢化剂温度系数为负(见第五章)，因温度系数的负反馈，温度较高的堆芯上半部分的功率密度较低，而在温度较低的堆芯下半部分的功率密度较高。

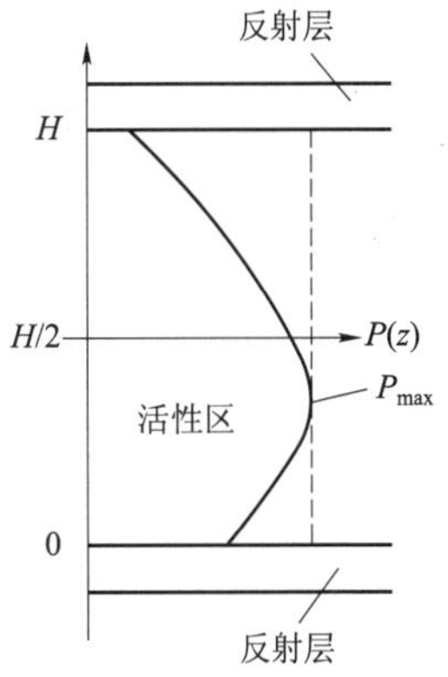

图 3-7-19 反应堆轴向功率分布 $P(z)$ 示意图

例 3-7-3 绘图并说明一新建压水堆下列情况下堆芯归一化的轴向(z)功率分布及 AO 值[1] 范围：

注：1) AO 为“轴向偏移”，详见 5.10 节。

1) 热态零功率、寿期初、无氙、ARO(All Rods Out，棒全提出)；

2) 寿期初、无氙、热态满功率、ARO；

3) 寿期末(换料前)、无氙、热态满功率、ARO。

解

见图 3-7-20。答题顺序与图中字母号一致。

1) 上、下无冷却剂温度差，无燃耗，以中心平面为对称，近似于余弦函数分布，故 $AO\approx 0$。

2) 堆芯下半部冷却温度较低，上半部温较高，由于负的慢化剂温度效应，峰值下移至中心平面以下，故 $AO<0$。

3) 形成两个峰值，呈马鞍形。下部功率峰成因同 b)；上半部功率峰的成因是：堆芯经

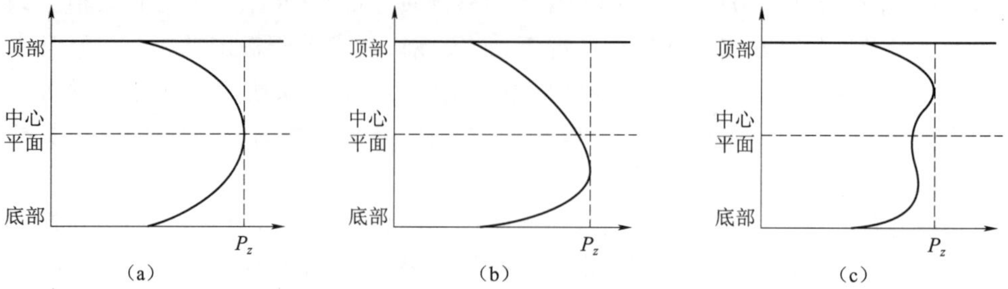

图 3-7-20 新建压水堆堆芯归一化的轴向功率分布曲线

过全寿期燃耗，中心平面以下燃耗较深，上半部燃耗较浅。由于两个功率峰的存在，有可能使 $AO > 0$。

例 3-7-4 试定性地在简明坐标图上绘出反应堆在寿期末满功率和热态零功率工况下轴向归一化热中子通量密度分布曲线，并简单说明形成这种分布的原因。

解

所要求的热中子通量密度分布曲线见图 3-7-21。

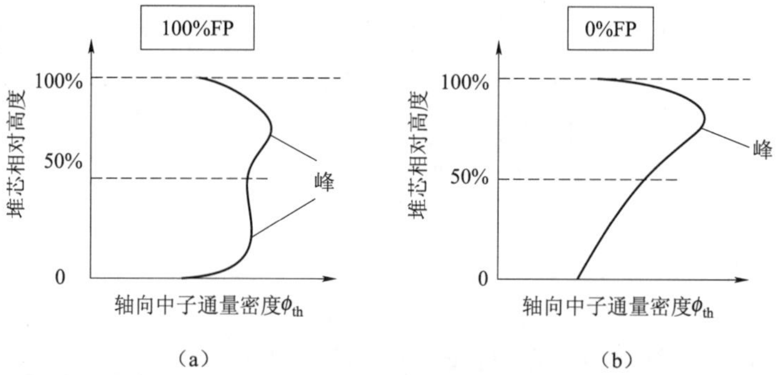

图 3-7-21 100%和 0%FP 轴向归一化热中子通量密度分布曲线

1）在满功率下：下半部燃耗较深，但进口水温低，慢化剂温度系数 α_m 很大，负的反应性效应较大，由于两者的综合效应便形成下半部热中子通量峰；上半部燃耗较低，较低的燃耗将使该处的功率趋向升高，因而形成了上半部的 ϕ_{th} 峰。所以 ϕ_{th} 在轴向形成双峰。

2）在零功率下：因整个轴向慢化剂温度相同，无温度效应影响，因上半部燃耗较低，燃料的浓度高，故只在上半部形成 ϕ_{th} 峰。

例 3-7-5 在图 3-7-22 所示的局部燃料元件栅格中（在远离分区界面的同一组件内），定性地绘出快中子通量密度和热中子通量密度沿径向的分布曲线，并简要说明绘出这种分布的理由。

解

栅格中快中子通量密度 ϕ_f 与热中子通量密度 ϕ_{th} 的局部分布如图 3-7-2 所示。理由如下：

1）燃料棒内只产生快中子，而吸收热中子，因而 ϕ_f 在燃料元件内较高；而在慢化剂内不产生快中子，慢化剂使快中子慢化成热中子，因此 ϕ_f 较低。

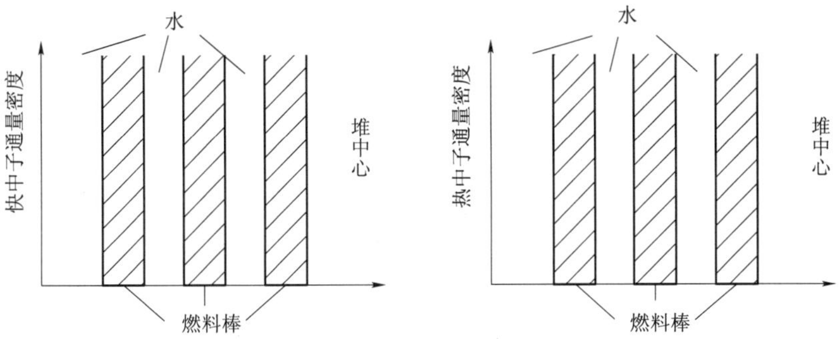

图 3-7-22 局部燃料元件栅格

2）燃料棒吸收热中子，其主要吸收部位在燃料芯块的外层，导致到达芯块中部的热中子很少，因而产生凹坑，这是由自屏效应造成的。

3）在水中快中子慢化产生热中子，水对热中子吸收较少，因此水中 ϕ_f 呈现低谷，而 ϕ_{th} 产生局部峰值，在向着堆中心的方向，ϕ_{th} 和 ϕ_f 总体上都趋向升高。

复习思考题

1. 在增殖介质中，裂变产生的快中子将经历慢化、扩散、再引起裂变的生命循环过程。试简述此物理过程。

2. 什么是反应堆的临界、次临界和超临界状态？

3. 何谓中子的慢化过程？

4. 试述中子在与靶核的弹性碰撞过程中能量变化的规律，由此进一步说明在压水反应堆中快中子慢化到热中子的物理机制。

5. 优质慢化剂在物理上应满足哪些要求？

6. 何谓中子的能谱？中子能谱对反应堆物理计算有何意义？试粗略描述压水反应堆中中子能谱分布。

7. 什么是热中子？为什么在反应堆中热中子能谱与麦克斯韦谱相比较会发生“硬化”现象？当堆芯中添加可溶毒物硼和积累了裂变产物后，热中子能谱将发生怎样的变化？

8. 何谓中子的慢化时间？何谓热中子平均寿命？对于无限水介质，其值各约为多少？中子的平均寿命又是多少？对于有限介质，中子的平均寿命应如何考虑？

9. 试描述斐克定律和推导时所作的假设。

10. 什么是扩散方程及其边界条件？

11. 何谓扩散长度、慢化长度和徙动长度？它们的物理意义是什么？

12. 什么是反应堆的几何曲率？什么是反应堆的材料曲率？在不同的反应堆状态下，两种曲率之间有何关系？

13. 试根据最简单的平板裸堆单群扩散方程的完全解简述反应堆临界、次临界和超临界三种状态,并说明在临界状态下中子通量密度分布的特点。

14. 简述反射层的作用。

15. 简述非均匀堆栅格的非均匀效应。

16. 什么是非均匀堆栅格的均匀化处理?试述进行这种处理的原则。

17. 在功率运行反应堆中,其轴向和径向中子通量密度分布受哪些因素的影响?

18. 什么是线功率密度?限制功率分布的三个准则各有什么物理意义?如何表述?

19. 什么叫反应堆功率分布不均匀系数?它对反应堆功率的输出有什么限制作用?对于田湾核电站反应堆相关的限值是如何取的?

20. 可以采用哪些措施来展平反应堆内的功率分布?

第四章 反应堆动力学

上一章主要分析反应堆处于临界稳态时的物理问题。但是，在功率运行反应堆中，由于易裂变核素的核不断减少，新的易裂变核素的核不断产生，裂变产物不断积累，冷却剂温度的变化和控制棒的移动等原因，会使反应性、燃料的核素成分和中子通量密度等物理量不断地随时间而变化。

反应堆动力学就是研究有关的物理量是如何随时间变化的。所涉及的物理问题有以下两类：第一类是研究易裂变核素和裂变产物核素成分随时间的变化，以及它们对反应性和中子通量密度分布的影响等。这些量的变化是比较缓慢的，一般以小时或日为单位来度量；第二类是研究在反应堆的启动、停闭和功率变化过程中，中子通量密度或功率随时间的变化，这种变化是比较快的，一般以秒来度量。

第一类问题将在第五章中进行研究。本章仅讨论第二类问题。

在反应堆启动、停堆或改变功率时抽、插控制棒，以及反应堆在正常的临界状态运行时，由于一些意外事故（如冷却剂管道的破裂、控制棒从堆芯中弹出等），将使反应堆的有效增殖因数迅速地发生变化，反应堆状态随之变成超临界或次临界，中子通量密度（分布）或反应堆功率（分布）将随时间急剧地变化。在本章中，可以知道，瞬发中子对反应堆工况改变的响应是非常快的。如果反应堆处于单独由瞬发中子引起的超临界状态（即瞬发临界。注意：在任何情况下都应绝对避免此状态），则只有依赖反应堆内在固有的负反馈机理（见第五章），在中子密度增加时，对反应堆状态的变化作出补偿变化的响应，以遏制中子密度（和功率水平）的急剧增加。但是，对于功率水平变化的响应，有一些内在固有的效应可能是正反馈，会使功率偏差变大；而另一些内在固有的效应虽然是负的，但进行补偿的负反应性反馈的时间却延迟得过于长久，与堆内中子密度实际状态不能匹配，从而会导致功率水平的不稳定。

在上一章讨论反应堆的临界条件时，曾讨论过中子通量密度分布的空间-时间变化（见3.6.3节），但当时将所有的裂变中子都默认为是瞬发中子，因为当反应堆处于临界状态时，只需要保持中子的产生率与消失率相等就可以了，而无需区分裂变中子是瞬发的还是缓发的。

然而，在研究中子通量密度或功率的瞬态特性时，则必须研究缓发中子产生的相对于裂变时刻的延迟。尽管缓发中子占总裂变中子的份额很小（对于^{235}U核的裂变只占0.65%），但是幸而有这些与瞬发中子的发射相比较延发时间非常长的缓发中子的存在，对核反应堆的瞬态特性产生了至关重要的影响：使中子密度的增加减慢到缓发中子先驱核的秒级的衰减时间尺度内，即，使堆内中子密度变化的周期变长，从而为采取纠正控制措施留出了时间，使反应堆的控制成为可能。

所以，在反应堆状态发生改变时，操纵人员对于偏离临界状态所引起的中子通量密度或功率的瞬态变化（即时间特性）的理解，对反应堆的控制和安全运行具有极其重要的意义。

在研究反应堆临界问题的一群扩散方程中引入缓发中子效应后，可用于定量地描述核反应堆的时间特性。但是这种模型用于反应堆动态分析往往还嫌过于详细。因为所需的计算量太大，特别当包含温度反馈这类效应时更是如此。

因此，在研究反应堆动态时，可假设中子通量密度分布的空间形状不随时间而变化，从而将单群扩散模型进一步简化，消去扩散模型内的空间变量，得到仅仅包含时间的常微分方程，用以描述动态过程。这种模型称为点堆动力学模型。

虽然在本章的讨论中不计温度反馈，也不涉及反应堆的负荷，并且仅限于均匀裸堆，只采用单群扩散模型，但所得到的结论，同样适用于非均匀的带反射层的反应堆。

本章讨论作为中子动力学基础的一些基本概念，如瞬发中子、缓发中子、反应性、周期等，以及点堆动力学方程、小反应性阶跃变化时点堆动力学特征以及该方程在物理启动中的应用。

4.1 中子动力学基础

4.1.1 瞬发中子

先讨论在没有外加中子源的均匀裸堆内，中子密度对 k_{eff} 小变化的响应。

假定反应堆内由于裂变反应释放的所有裂变中子都是瞬发中子，并且在反应堆内没有外加的中子源。反应堆原先处于临界状态，即 $k=1$（为方便，在以下讨论中常将 k_{eff} 记作 k），当 $t=0$ 时，k 有一个很小的变化，使反应堆变为超临界或次临界状态，之后即保持 k 不变，则中子密度将会有怎样的响应呢？

以上问题可概括为：当 $t<0$ 时，$k=1$；在 $t=0$ 时刻，k 有一个小的阶跃变化，使当 $t\geqslant 0$ 时，$k=$常数。

设在 t 时刻，平均中子密度为 n，由于中子与 ${}^{235}_{92}U$ 核的裂变反应，过了一代后将增加为 nk 个，净增 $n(k-1)$ 个。用系统的瞬发中子平均寿命 l_p 去除以净增的中子数，即为中子的平均增长率，因此，堆内中子密度增长率应满足一阶线性微分方程：

$$\frac{dn}{dt}=\frac{n(k-1)}{l_p} \tag{4-1-1}$$

此式称为不计缓发中子效应时的中子动力学方程。因为 $t\geqslant 0$ 时 k 为常数，其解为：

$$n(t)=n_0 e^{\frac{k-1}{l_p}t} \tag{4-1-2}$$

式中：n_0 为 $t=0$ 时的中子密度。

式(4-1-2)说明，在上述给出的条件下，当 $k\neq 1$ 时堆内中子密度 $n(t)$ 将随时间按指数规律变化，变化曲线如图 4-1-1 所示。若阶跃引入的是正反应性，即 $k>1$，堆处于超临界状态，中子密度 $n(t)$ 按以 e 为底的指数规律增加；若阶跃引入的是负反应性，即 $k<1$，堆处于次临界状态，中子密度按以 e 指数规律减少；当然，若 $k=1$，堆处于临界状态，中子密度 $n(t)$ 不随时间变化，即为常量。

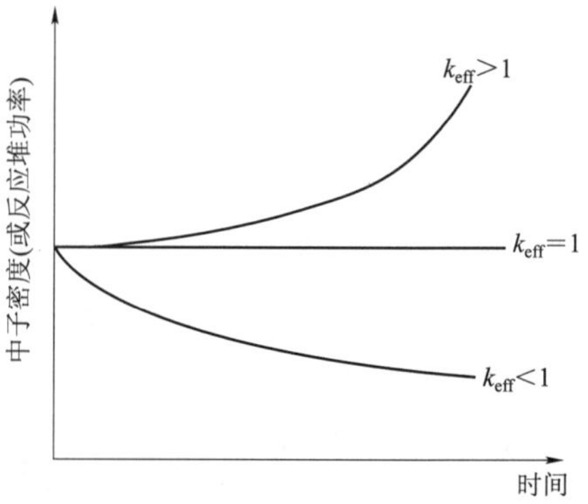

图 4-1-1 中子密度随时间的变化示意图

可定义反应堆内中子密度上涨 e 倍所需要的时间 T 为反应堆周期：

$$T=\frac{l_p}{k-1} \tag{4-1-3}$$

则式(4-1-2)可写成：

$$n(t)=n_0 e^{t/T} \tag{4-1-4}$$

推导式(4-1-2)时，假定了中子密度变化完全由堆内燃料核的裂变链式反应来决定，外中子源强度等于零。实际上，当反应堆在功率运行时，由于堆内中子通量密度远较外加中子源的强度高，故后者的影响可以忽略不计，上述假定是可以成立的。只有在反应堆刚刚启动时，堆内中子密度主要由外加中子源决定时，上述假定就不成立了。另外，推导式(4-1-2)时假定了 $t \geqslant 0$ 时，k 为常数。而实际上，当控制棒运动时，k 不为常数，此时中子密度的变化就比较复杂了。

例 4-1-1　设一 $^{235}_{92}U$ 和水组成的无限大均匀热堆，当 $t<0$ 时，$k=1$；在 $t=0$ 时刻，有效增殖因数突然有一个 $\Delta k=0.001$ 的微小阶跃，使 $t \geqslant 0$ 时，$k=1.001$。已知中子的平均寿命 $l_p=l_\infty=t_d=1.1\times10^{-4}$ s。求：1) 反应堆的周期是多少？2) 在 1 s 末时，中子密度 $n(1)$ 增长多少倍？

解

1) 按式(4-1-3)，反应堆的周期为：

$$T=l_p/(k-1)=1.1\times10^{-4}/(1.001-1)=0.11\ \text{s}$$

2) 由式(4-1-2)得：

$$n(1)/n_0=\exp[(k-1)t/l_p]=\exp[(1.001-1)\times1/1.1\times10^{-4}]\approx8.9\times10^3\ 倍$$

也可按式(4-1-4)进行计算。

在上例中，如设反应堆原来运行功率为 1 MW，则由于引入一个正的小反应性 $0.001\Delta k/k$ 后，在反应堆本身不烧毁的前提下，仅在 1 s 的时间内堆功率将剧增至 8 900 MW。在如此之大的中子增长速率下，对反应堆是无法实现控制的。

以上结论是以所有裂变中子都是瞬发中子这一假设为基础得出的。此假设忽略了在反应堆内实际存在的缓发中子。尽管缓发中子在裂变中子中所占的份额很小，但它们具有较长的缓发时间，其缓发效应会使中子寿命得以延长，从而使反应堆的功率上升能够得到控制。

由以上讨论可知，如果在反应堆内仅仅只有瞬发中子起作用，在图 4-1-1 中，中子密度的变化速率应非常快，即曲线的升或降都应非常陡；但由 4.3.3 节可知，在考虑了缓发中子后，反应堆中子动力学行为就有很大的不同，对于处于超临界(或次临界)状态的反应堆，虽然其中子密度仍然按指数规律增加或减少，但瞬发中子和缓发中子都会在其中显示出各自的效应。

例 4-1-2　某反应堆处于临界状态，其功率为 P_0。在 $t=t_0=0$ s 时刻往堆芯引入一个大于 β_{eff}(有效缓发中子份额)的正的阶跃反应性，试证明经过 t 后，反应堆发出的能量 $E(t)$ 近似等于 $P(t)\cdot T$，式中 T 为反应堆周期。

(提示：积分 $\int_A^B f(x)\mathrm{d}x=F(B)-F(A)$，$\int e^{\alpha x}\mathrm{d}x=e^{\alpha x}/\alpha+C$)

解

由于引入的正反应性大于 β_{eff}，反应堆瞬发超临界[1)]，功率的上升完全由瞬发中子引起。

由式(4-1-4),反应堆功率随时间的变化规律为:

$$P(t)=P_0 e^{t/T}$$

反应堆经过时间 t 所发出的能量:

$$E(t)=\int_0^t P(t)dt=\int_0^t P_0 e^{t/T}dt=P_0(e^{t/T}-1)T=[P(t)-P_0]T$$

因为瞬发超临界,周期极短,在很短的时间内 $e^{t/T}\gg 1$,即 $P(t)\gg P_0$。所以:$E(t)\approx P(t)\cdot T$。

注:1)关于反应性的概念见 4.1.3 节。关于瞬发超临界的概念见 4.3.5 节。

4.1.2 缓发中子效应

裂变中释放的中子可以分成两类,即瞬发中子和缓发中子。占裂变中子总数 99%以上的瞬发中子在裂变后的极短时间内发射出来;另外不到 1%的缓发中子是在裂变后以 0.2 s 至 56 s 的半衰期从缓发中子先驱核中陆续发射出来的。

某些裂变产物经过 β^- 衰变后仍将处于激发态,在其退激的衰变过程中会放出中子,转变为稳定的核。以裂变产物 ^{87}Br 和 ^{137}I 为例,有以下反应式(参见 2.5.2 节):

$$^{87}_{35}\text{Br}\xrightarrow{\beta^-}(^{87}_{36}\text{Kr})^*\xrightarrow{n}{}^{86}_{36}\text{Kr}(\text{稳定})\tag{4-1-5}$$

$$^{137}_{53}\text{I}\xrightarrow{\beta^-}(^{137}_{54}\text{Xe})^*\xrightarrow{n}{}^{136}_{54}\text{Xe}(\text{稳定})\tag{4-1-6}$$

上述两例核过程放出的中子叫做缓发中子,它们的半衰期分别为 54.5 s 和 24.5 s。^{87}Br 和 ^{137}I 称为缓发中子先驱核。

对缓发中子发射的实验研究表明,$^{242}_{90}$Th、$^{233}_{92}$U、$^{235}_{92}$U、$^{238}_{92}$U、$^{239}_{94}$Pu 等核素的核在裂变时,都会发射缓发中子。实验还表明,按缓发中子先驱核平均寿命的大小,可以将缓发中子分成 6 组,每一组以一定的指数衰变率表征,即,每组有一个确定的半衰期。表 4-1-1 给出了 $^{235}_{92}$U 热中子裂变的缓发中子数据。表中的 $T_{1/2,i}$ 为第 i 组先驱核的半衰期,λ_i 为第 i 组先驱核的衰变常数,t_i 为第 i 组先驱核的平均寿命,产额 y_i 是指每次裂变所产生的第 i 组缓发中子数,份额 β_i 是指第 i 组缓发中子数占总裂变中子(瞬发中子与缓发中子)数的百分比。每次裂变平均放出的中子数为 ν,则 $y_i=\nu\beta_i$。

表 4-1-1 $^{235}_{92}$U 热中子裂变的缓发中子数据

组号	半衰期 $T_{1/2,i}$/s	衰变常数 λ_i/s^{-1}	平均寿命 t_i/s	能量/keV	产额 y_i	份额 β_i
1	54～56	0.012 7	78.64	250	0.000 600	0.000 247
2	21～23	0.031 7	31.51	560	0.003 366	0.001 385
3	5～6	0.115 5	8.66	430	0.002 969	0.001 222
4	1.9～2.3	0.310 6	3.22	620	0.006 427	0.002 645
5	0.5～0.6	1.396 6	0.716 6	420	0.002 022	0.000 832
6	0.17～0.27	3.876 0	0.258	430	0.000 411	0.000 169

显然,缓发中子总份额为:

$$\beta=\sum_{i=1}^{6}\beta_i\tag{4-1-7}$$

对于 $^{235}_{92}$U 核的热裂变,缓发中子在全部裂变中子中所占的份额 $\beta=0.006\ 5$。

如前所述，在压水反应堆中，往往同时存在着若干种不同的燃料(包括$^{235}_{92}U$、$^{238}_{92}U$和$^{239}_{94}Pu$等)，每一种燃料有各自的缓发中子份额。表 4-1-2 列出了常见的 3 种核燃料每组缓发中子的相对产额。全堆的缓发中子份额应该是多种燃料的平均缓发中子份额。在堆芯的整个寿期中，各种燃料的核子数是在不断变化着的，它们的裂变率也随之改变，因此，由裂变产生的缓发中子数目在总裂变中子所占的份额也在变化。对于使用低富集铀燃料的轻水反应堆，随着^{235}U的燃耗和从^{238}U变为^{239}Pu，平均缓发中子份额会不断变小。

表 4-1-2　压水堆内几种主要燃料的缓发中子份额

组号	半衰期/s	^{235}U	^{238}U	^{239}Pu
1	55.6	0.000 21	0.000 2	0.000 21
2	22.7	0.001 41	0.002 2	0.001 82
3	6.22	0.001 27	0.002 5	0.001 29
4	2.30	0.002 55	0.006 1	0.001 99
5	0.61	0.000 74	0.003 5	0.000 52
6	0.23	0.000 27	0.001 2	0.000 27
总和	—	0.006 5	0.015 7	0.002 00

由表 4-1-1 可见，缓发中子的初始能量平均值一般比瞬发中子低，约为 0.5 MeV，这将对中子循环进行的方式至少产生以下影响：其一是此能量比引起$^{238}_{92}U$核发生快裂变所需的最小能量还要低，所以引起快裂变的概率要比瞬发中子的低，即快中子增殖因数 ε 较小；其二是缓发中子尽管属于快中子，但由于它们诞生时的能量较低，在介质中穿行的距离比较短，泄漏出堆芯的概率比较小，即快中子不泄漏概率 Λ_s 比瞬发中子的大；其三，由于初始能量低，缓发中子在慢化过程中经过较少的碰撞次数就可到达热能区，因此使它们逃脱$^{238}_{92}U$核共振俘获的概率 p 比瞬发中子的大。这几个因素的综合影响的大小与反应堆的具体性质有关，通常用对 β_i 和 β 乘以一个所谓的“价值因子”I 加以考虑，即 $\beta_{i,\mathrm{eff}}=\beta_i\cdot I$，$\beta_{\mathrm{eff}}=\beta\cdot I$，分别称为第 i 组缓发中子的有效份额及缓发中子总的有效份额。

现在来讨论“中子平均寿命”的概念。

“中子平均寿命”是指从产生中子的易裂变核素的核受激发的时刻开始，到裂变中子(属于快中子)的释放、快中子慢化成为热中子、热中子经扩散直至最后被吸收或泄漏的平均时间间隔。它等于孕育时间、快中子慢化到热中子的时间和热中子经过扩散直到最后“消失”(通过被吸收或泄漏)的时间之和(见图 4-1-2)。对于瞬发中子而言，孕育时间大致为 $10^{-17}\sim10^{-14}$ s。对于第 i 组缓发中子而言，孕育时间就是表 4-1-1 中所列的“平均寿命 t_i”(t_i 与缓发中子先驱核的衰变常数 λ_i 的关系为 $\lambda_i=1/t_i$)，如用 $\bar{t}$ 表示$^{235}_{92}U$的 6 组缓发中子的平均孕育时间，则有：

$$\bar{t}=\sum_i\beta_i t_i\Big/\sum_i\beta_i=12.74\ \mathrm{s} \tag{4-1-8}$$

快中子的慢化时间和变成热中子后的扩散时间，对于瞬发中子和缓发中子都约为 $10^{-5}\sim10^{-4}$ s(见图 4-1-2 和表 4-1-3)。所以，中子平均寿命 $\bar{l}$ 等于用瞬发中子和缓发中子的产生份额作为权重因子去乘以各自的平均寿命然后相加而得到：

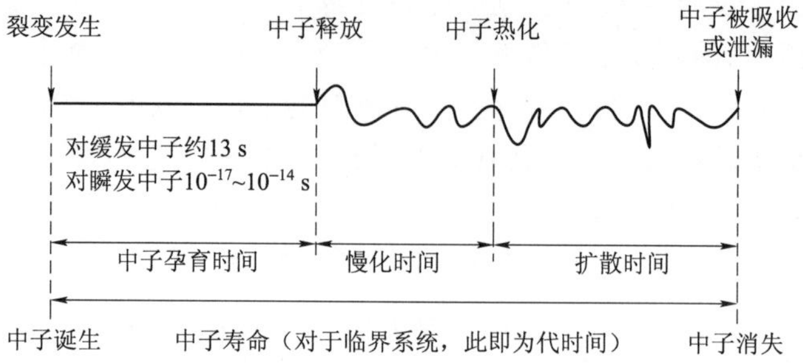

图 4-1-2 中子寿命示意图

表 4-1-3 $^{235}_{92}$U 核裂变中子平均寿命

	孕育时间	慢化+扩散时间	平均寿命[1)]
瞬发中子	$10^{-17}\sim10^{-14}$ s	$10^{-5}\sim10^{-4}$ s	$10^{-5}\sim10^{-4}$ s
缓发中子	12.74 s	$10^{-5}\sim10^{-4}$ s	12.74 s

注：1)对于临界系统，平均寿命即为中子的平均代时间(见 4.2 节)。

$$\bar{l}=(1-\beta)\cdot l_{\mathrm{p}}+\beta\cdot l_{\mathrm{d}} \tag{4-1-9}$$

式中：β——缓发中子份额；

l_{p}——瞬发中子平均寿命；

l_{d}——缓发中子平均寿命。

注意：第 i 组缓发中子的平均寿命应为 t_i+l，此处 l 表示中子慢化时间和扩散时间之和，且 $l=l_{\mathrm{p}}$，则上式右端第二项为：

$$\beta\cdot l_{\mathrm{d}}=\sum_{i=1}^{6}\beta_i(t_i+l) \tag{4-1-10}$$

可得到：

$$\bar{l}=(1-\beta)\cdot l+\sum_{i=1}^{6}\beta_i(t_i+l)=l+\sum_{i=1}^{6}\beta_i t_i \tag{4-1-11}$$

对于有限大系统，则需要按式(3-6-25)对$\bar{l}$(即式中的 l_∞)乘以不泄漏概率加以修正。

仍以例 4-1-1 的$^{235}_{92}$U 与水的无限均匀热堆为例，$l_\infty=l=1.1\times10^{-4}$ s，利用以上各表可计算出：

$$\sum_{i=1}^{6}\beta_i t_i=0.082\,8\ \mathrm{s}$$

故：

$$\bar{l}=l+\sum_{i=1}^{6}\beta_i t_i=0.000\,11+0.082\,8=0.082\,9\ \mathrm{s} \tag{4-1-12}$$

可见，考虑缓发中子后的平均寿命比不考虑缓发中子时的大大增长了，它比例 4-1-1 中给出的瞬发中子平均寿命 0.000 11 s 大了许多，所以，$\bar{l}$值几乎全由缓发中子的缓发效应来决定。这样，如果反应堆的 k 值由 1 跃变为 1.001 后，则反应堆周期应为：

$$T=\frac{\bar{l}}{k-1}=\frac{0.082\,9}{1.001-1}\approx 83\ \mathrm{s} \tag{4-1-13}$$

这时的中子增长速率就不难通过反应堆的控制系统或操纵员手动进行控制了。

例 4-1-3　反应堆堆芯由混合燃料构成，已知瞬发中子寿命 $l_p=1.1\times10^{-4}$ s，试根据表 4-1-1 所示的 6 组缓发中子的衰变常数和份额，计算：

(1) 各组缓发中子的平均寿命及 6 组缓发中子的平均寿命(即平均孕育时间)；

(2) 该反应堆内每代中子的平均寿命(即平均代时间)。

(要求写出计算式，结果保留 3 位有效数字)

解

(1) 由公式 $t_i=1/\lambda_i$ 可计算各组缓发中子的平均寿命。6 组缓发中子的平均寿命可按式(4-1-8)进行计算。

(2) 可按式(4-1-12)计算平均代时间(具体计算此处略)。

例 4-1-4　判断(正确的画√，错误的画×)：

[×] (1)瞬发中子是指其产生时的平均动能低于 0.1 MeV 的中子。

[×] (2)瞬发中子是由裂变产物受激核发出的中子。

[√] (3)瞬发中子的数目占中子总数的 99%以上。

[×] (4)瞬发中子是裂变后平均 13 s 后放出的中子。

[√] (5)同缓发中子相比，瞬发中子更容易泄漏出堆芯。

[√] (6)同瞬发中子相比，缓发中子更容易引起 $^{235}_{92}U$ 原子核的裂变。

[√] (7)在 $^{235}_{92}U$ 核裂变后 0.01 s 产生的中子肯定是一个缓发中子。

[×] (8)在紧急停堆后的几秒钟内，核功率急剧下降的原因是缓发中子起到了关键作用。

[×] (9)不管瞬间引入多大的负反应性，在任何时刻的反应堆核功率下降速度总是受到缓发中子的制约。

[√] (10)缓发中子份额随堆芯燃料燃耗的加深而减小，这主要是因为随燃耗加深，易裂变核素钚不断积累造成的。

4.1.3　反应性的定义和单位

在反应堆的物理计算中，许多问题都是以临界状态为基准的，通常用反应性 ρ 来表示系统偏离临界状态的程度，定义为：

$$\rho=\frac{k-1}{k} \tag{4-1-14}$$

当 $k<1$ 时，反应堆处于次临界状态，ρ 为负值，称为次临界度；$\rho=0$ 与临界状态 $k=1$ 相对应；当 $k>1$ 时，$\rho>0$ 反应堆处于超临界状态。因为在许多情况下，只讨论临界态附近的问题，k 与 1 十分接近，故 ρ 可以近似写成：

$$\rho\approx k-1 \tag{4-1-15}$$

尽管反应性 ρ 是一个无量纲量，但鉴于这个量的重要性，以及为了容易建立定量的概念，在习惯上还是为它标上单位。通常在反应性的数值后标以“$\Delta k/k$”(绝对单位)，实际上这是反应性的一个标记；国际上也有采用“\$”(元)作单位的，如果反应性 $\rho=1\beta$，则称反应性为 1\$，实际上 \$ 的数目是反应性 ρ 与总的缓发中子份额 β 的比值。在田湾核电站，沿用了俄罗斯人的习惯，使用“β”作为反应性的单位，故此称反应性是多少个 β；由于用 β 作为反应性单位在实用上嫌太大，在压水反应堆中，国际上通常使用“pcm”来作为反应性的单位

（国际通用单位），1 pcm＝$10^{-5}\Delta k/k$。

反应性表达式（4-1-14）是系统偏离临界很小时（k 接近 1）所用的定义，如果系统偏离临界较大（k 偏离 1 较大），则可定义为：

$$\Delta\rho=\ln\frac{k_2}{k_1} \tag{4-1-16}$$

例如，若 $k=0.935$，按式（4-1-14）的定义，其反应性为

$$\rho=\frac{k-1}{k}=\frac{0.935-1}{0.935}=-0.069\ 52\Delta k/k$$
$$=-6\ 952\ \text{pcm}$$

如果按式（4-1-16）的定义，则反应性为

$$\Delta\rho=\ln\frac{k_2}{k_1}=\ln\frac{0.935}{1.0}=-0.067\ 21\Delta k/k$$
$$=-6\ 721\ \text{pcm}$$

显然，应用两种不同的表示方式计算所得的结果是不同的。数学上可以证明，当 k 接近 1 时，两种方法所定义的反应性结果很接近。尽管对两种方法所定义的反应性结果都是认可的，但当 k 偏离 1 较大时，式（4-1-16）的结果要准确些。

例 4-1-5 当反应堆处于停堆状态时，其有效增殖因数 $k_1=0.95$。操纵员使反应堆超临界，$k_2=1.001$，问操纵员向反应堆添加了多少反应性？

解

按式（4-1-14）计算，有：

$$\rho_1=(k_1-1)/k_1 \text{和} \rho_2=(k_2-1)/k_2$$

$$\Delta\rho=\rho_2-\rho_1=(k_2-k_1)/(k_1\times k_2)=(1.001-0.95)/(1.001\times0.95)=5\ 363\ \text{pcm}$$

按式（4-1-16）计算，有：

$$\Delta\rho=\ln(k_2/k_1)=\ln(1.001/0.95)=5\ 229\ \text{pcm}$$

4.1.4 反应堆周期

在考虑了缓发中子的存在后，应将 t 时刻反应堆内中子密度（或中子通量密度，或反应堆功率）上涨 e 倍所需的时间（即该时刻的反应堆周期 T）表示为：

$$T=\frac{\bar{l}}{k-1} \tag{4-1-17}$$

式中：$\bar{l}$——中子的平均寿命。

反应堆周期 T 描述了堆内中子数的变化速率。对于一个给定的反应堆，$\bar{l}$ 有确定的数值，则周期由 k 决定：当 $k>1$，即反应堆处于超临界状态，周期 T 为正值，中子数随 t 增长，且 k 越大，T 越小，即中子数增长越快；若 $k<1$，即反应堆处于次临界状态，周期 T 为负值，中子数随 t 的增加而减少；当 $k=1$，则周期 T 趋于无穷大，反应堆处于临界状态。

通常还采用中子密度的相对变化率来直接定义反应堆周期。对式（4-1-4）两边取对数：

$$\ln n(t)-\ln n_0=t/T \tag{4-1-18}$$

再求导，得：

$$\frac{1}{n(t)}\frac{\mathrm{d}n(t)}{\mathrm{d}t}=\frac{1}{T} \tag{4-1-19}$$

或

$$T=n(t)\frac{1}{\frac{\mathrm{d}n(t)}{\mathrm{d}t}} \tag{4-1-20}$$

式(4-1-20)表明，周期 T 等于反应堆内中子密度相对增长率的倒数。实验测定反应堆周期的仪表就是按照此定义设计的。

有时采用叫做倒周期 ω 的量，它定义为：

$$\omega=\frac{1}{T} \tag{4-1-21}$$

在压水堆核电站反应堆的实际运行中，为直观和方便起见，常常使用“倍(增)周期”这个物理量，它定义为功率增大 1 倍所需要的时间，记作 $T_{倍}$。因此，中子密度既可以用式(4-1-4)表示，也可以用下式表示：

$$n(t)=n_0\times 2^{t/T_{倍}} \tag{4-1-22}$$

式(4-1-4)和式(4-1-22)的右端相等，对两边取自然对数，经整理可得到倍周期和 e 倍周期之间的关系式：

$$T_{倍}=0.693\ T \tag{4-1-23}$$

为了降低功率改变时系统的热应力，一般在改变功率时所取的倍周期比较长，约 60～70 s(合 e 倍周期约 100 s)。

对于运行着的反应堆，通过测量周期来确定反应性是最常用的一种方法。测量是在反应堆处于超临界状态下进行的。根据中子密度随时间变化的曲线确定反应堆周期。然后按倒时方程计算出来的“周期-反应性”曲线，即可查得相应于该周期的反应性大小(参见 4.3.2 节)。

由于反应堆周期的符号和大小直接反映了反应堆内中子数增减的变化速率，所以在反应堆启动和提升功率时，一定要密切监测反应堆周期，避免出现周期过短的短周期事故，以确保堆芯的安全。为此，设置了周期保护系统。当反应堆处于临界状态、反应堆功率趋于某一功率水平稳定运行时，$T\to\infty$，反应堆控制保护系统对反应堆的状态进行监视，无响应。当周期小于某一定值时，反应堆的控制保护系统将采取一定的保护措施(见 4.3.1 节)。

以上是关于反应堆周期的概述。在 4.3.3 节中还要进一步讲述周期的概念。

例 4-1-6 某反应堆在核加热点[1]以下运行，核功率变化如图 4-1-3 所示。已知：瞬发中子寿命 $l=10^{-5}$ s，缓发中子有效份额 $\beta_{\mathrm{eff}}=0.005\ 82$，等效单组缓发中子衰变常数 $\lambda=0.1\ \mathrm{s}^{-1}$。假定每次阶跃地引入反应性，并忽略过渡过程(即反应性一旦引入，周期就达到稳定值)。试分别求：

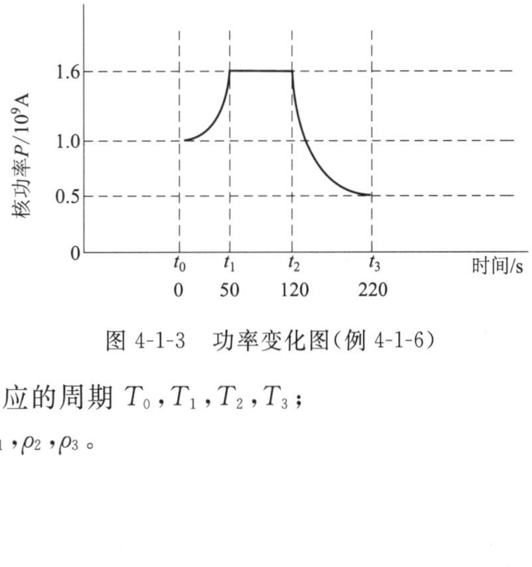

图 4-1-3 功率变化图(例 4-1-6)

1) 时间段 $t_0\to t_1$，$t_1\to t_2$，$t_2\to t_3$，$t_3\to\infty$ 对应的周期 T_0，T_1，T_2，T_3；

2) 在 t_0，t_1，t_2，t_3 时所引入的反应性 ρ_0，ρ_1，ρ_2，ρ_3。

解

功率变化关系式：$P(t)=P(0)\mathrm{e}^{t/T}$

1）从 t_0 到 t_1 的功率为：

$$P(t_1)=P(0)\exp[(t_1-t_0)/T_0]$$

周期：

$$T_0=(t_1-t_0)/\ln[P(t_1)/P(0)]=50/\ln(1.6/1)=106.38\ \text{s}$$

从 t_1 到 t_2，功率停止增长，显然：$T_1\to\infty$。

从 t_2 到 t_3，周期：

$$T_2=(t_3-t_2)/\ln[P(t_3)/P(t_2)]=100/\ln(0.5/1.6)=-85.97\ \text{s}$$

功率从 t_3 停止增长，显然：$T_3\to\infty$。

2）$\rho_0=l/T_0+\beta_{\text{eff}}/(1+\lambda T_0)$[2)]

$=10^{-5}/106.38+0.00582/(1+0.1\times106.38)$

$=50\times10^{-5}=50\ \text{pcm}$

从 t_1 到 t_2，功率停止增长，显然：$\rho_1=-\rho_0=-50\ \text{pcm}$

$\rho_2=l/T_2+\beta_{\text{eff}}/(1+\lambda T_2)$

$=10^{-5}/(-85.97)+0.00582/[1+0.1\times(-85.97)]$

$=(-76.6)\times10^{-5}=-76.6\ \text{pcm}$

功率从 t_3 开始停止增长，显然：$\rho_3=-\rho_2=76.6\ \text{pcm}$

注：1）关于核加热点，见4.3.2节。

2）所用公式为等效单组缓发中子近似下的倒时方程，见式(4-3-23)。在本题的运用中，因接近临界状态，故可作“$k_{\text{eff}}\approx1$”的近似。

4.2 点堆动力学方程

（1）点堆动力学方程

可以从单群中子扩散方程(3-6-1)出发，导出反应堆动力学方程。

在中子动力学问题中，一般习惯于研究中子密度 $n(\boldsymbol{r},t)$，而不直接讨论中子通量密度，这样，式(3-6-1)可改写为下式：

$$\frac{\partial n(\boldsymbol{r},t)}{\partial t}=Dv\nabla^2 n(\boldsymbol{r},t)-\Sigma_a v n(\boldsymbol{r},t)+S(\boldsymbol{r},t)\tag{4-2-1}$$

式中：D——扩散系数；

v——中子速率；

Σ_a——堆芯介质的宏观吸收截面。

如果对动态过程感兴趣的主要是中子密度随时间的变化，而可以不考虑空间效应，则可假设：中子密度的空间分布和缓发中子先驱核浓度的空间分布与时间 t 无关，且形状相似，因此，在数学上认为中子密度 n 可进行时间-空间变量分离，在物理上就是认为不同时刻中子密度 $n(\boldsymbol{r},t)$ 的空间分布形状是相似的，即，反应堆内各点中子密度 $n(\boldsymbol{r},t)$ 随时间 t 的变化涨落是同步的，堆内中子的时间特性与空间无关。所以反应堆在时间特性问题上，就好像一个没有线度的元件一样，故这个模型称为点堆模型。这样，就可以导得以下考虑缓发中子效应后的反应堆动态方程，即点堆模型动态方程组：

$$\begin{cases}\dfrac{\mathrm{d}n(t)}{\mathrm{d}t}=\dfrac{k(1-\beta)-1}{l_{\mathrm{p}}}n(t)+\sum\limits_{i=1}^{6}\lambda_i C_i(t) & (4\text{-}2\text{-}2)\\[2ex] \dfrac{\mathrm{d}C_i(t)}{\mathrm{d}t}=\beta_i\dfrac{k}{l_{\mathrm{p}}}n(t)-\lambda_i C_i(t)(i=1,2,\cdots,6) & (4\text{-}2\text{-}3)\end{cases}$$

令 $\Lambda=l_{\mathrm{p}}/k$ 和 $\rho=1-1/k$，并考虑外加中子源的存在，则方程(4-2-2)和(4-2-3)可改写为：

$$\begin{cases}\dfrac{\mathrm{d}n}{\mathrm{d}t}=\dfrac{\rho-\beta}{\Lambda}n+\sum\limits_{i=1}^{6}\lambda_i C_i+q & (4\text{-}2\text{-}4)\\[2ex] \dfrac{\mathrm{d}C_i}{\mathrm{d}t}=\dfrac{\beta_i}{\Lambda}n-\lambda_i C_i(i=1,2,\cdots,6) & (4\text{-}2\text{-}5)\end{cases}$$

式中：$n=n(t)$，$C_i=C_i(t)$，$q=q(t)$（q 为外加中子源的中子产生率），分别为对中子密度、缓发中子先驱核浓度和外加中子源强进行空间-时间变量分离后得到的仅与时间相关的量。

方程(4-2-4)和(4-2-5)[或(4-2-2)和(4-2-3)]是一个耦合的一阶微分方程组。在实际问题中，反应堆有效增殖因数 k 和反应性 ρ 往往是时间的函数；而且，如考虑到功率和温度对反应性的反馈作用，k 和 ρ 还是中子通量密度或 $n(t)$ 的函数，因此，一般说来点堆模型动态方程是非线性的。

要理解点堆模型动态方程组中各项的物理意义，取方程组(4-2-2)和(4-2-3)讨论比较方便。在方程(4-2-2)中：

- $\mathrm{d}n(t)/\mathrm{d}t$ 表示 t 时刻、单位时间、单位体积中所产生的中子数；
- 关于瞬发中子平均代时间 $\Lambda=l_{\mathrm{p}}/k$：设在 t 时刻，平均中子密度为 n，由于中子与 ${}^{235}_{92}\mathrm{U}$ 的裂变反应，过了一代后将增加到 nk 个。在裂变的瞬间，除发射瞬发中子外，还形成了缓发中子先驱核，其数目为 βnk。所以，如果从 nk 个中减去缓发中子先驱核数，再扣除初始中子数 n，就是净增的瞬发中子数，即：

$$nk-\beta nk-n=[k(1-\beta)-1]n$$

用系统的瞬发中子平均寿命 l_{p} 去除以净增的瞬发中子数目，即为瞬发中子的平均增长率。在 l_{p} 的基础上可引进瞬发中子的平均代时间的概念，即 $\Lambda=l_{\mathrm{p}}/k$。

- $\lambda_i C_i(t)$ 为第 i 组缓发中子先驱核在 t 时刻、单位时间、单位体积中的衰变数，亦即发射的缓发中子数，对 6 组缓发中子求和，即为发射的总缓发中子数；
- 所以，总的中子产生率为

$$[k(1-\beta)-1]n/l_{\mathrm{p}}+\sum_{i=1}^{6}\lambda_i C_i\ ;$$

在方程(4-2-3)中：

- $\mathrm{d}C_i(t)/\mathrm{d}t$ 表示 t 时刻单位时间单位体积中先驱核原子数的变化率；
- β_i 是第 i 组缓发中子的份额，与 β 之间的关系见式(4-1-7)；
- $\beta_i n/l_{\mathrm{p}}$ 为第 i 组缓发中子先驱核的产生率。

对上述关于瞬发中子平均代时间的概念进一步予以扩充，还可以引入中子平均代时间的概念。“中子平均代时间”是指一个中子从核裂变中诞生到另一个新一代中子诞生的平均时间间隔。设反应堆的有效增殖因数为 k，则一个由裂变产生的中子经过一个中子的平均寿期 l，中子数增殖为 k，即，一个裂变中子的消失会得到 k 个新一代中子，那么，平均得到一个新一代的中子所需要的时间即为平均每个中子的代时间，可表示为：

$$\Lambda = l/k, \tag{4-2-6}$$

式中 l 为中子平均寿命，它既考虑了瞬发中子又考虑了缓发中子，并且，l 应该是考虑泄漏后的中子寿命，即在有限大小介质中中子平均寿命，它是由对无限介质中中子的平均寿命 l_∞ 乘以一个不泄漏概率得到的[见式(3-6-25)]。显然，当系统临界时，平均代时间就等于平均寿命。

(2) 点堆模型的应用

点堆模型可用于讨论临界状态附近的问题。一个均匀裸堆开始时处在临界状态，之后由于某种原因而对临界态产生了小的偏离，处理这种问题就可以应用点堆模型。在反应堆的实际问题中，不管是从次临界启动到临界，还是功率运行下的工况变化与停堆，k 值变化一般都很小，基本上都在1附近，故可利用点堆模型来作一些分析。

实际上，前述导出点堆动力学方程时使用的基本假设与反应堆的实际情况是有歧离的。数值计算可以证明，在一个大型反应堆中的某处施加一个反应性扰动，此局部扰动的影响会在一定的时间内传递到别处。在这一过渡过程中，堆内中子通量密度的空间分布会有不均匀的变化。尤其是对于大的扰动，例如，在压水反应堆的弹棒事故或卡棒事故中，这种局部反应性的扰动将对中子通量密度空间分布引起很大的扰动，使其发生显著的畸变，如使用点堆模型，所求得的中子通量密度与实际的不能相符。这是点堆模型的缺陷。但尽管如此，由于点堆模型比较简便，在许多反应堆偏离临界不远以及扰动不大、或者空间效应不太重要的情况下，应用点堆模型还是可以得到比较满意的结果的，所以，它被广泛应用于许多核电站设备(包括反应堆、蒸汽发生器和一回路设备等)的安全事故分析中。

(3) 关于各量的量纲

中子密度 $n(\boldsymbol{r},t)$ 以及 $n(t)$ 和 $C_i(t)$ 都应有相同的量纲。可把 $n(t)$ 看成堆内平均中子密度，单位为"中子/cm^3"，$C_i(t)$ 为堆内第 i 组先驱核的平均浓度，单位为"原子核数/cm^3"。q 的量纲与 $\mathrm{d}n/\mathrm{d}t$ 相同，故当 $n(t)$ 为中子平均密度时，q 即为堆内外加中子源的平均强度，单位为"中子/($\mathrm{cm}^3\cdot\mathrm{s}$)"。

$n(t)$ 也可代表反应堆功率(无燃料处除外)。这时 $C_i(t)$ 可看成是堆内第 i 组缓发中子先驱核所可能贡献出来的潜在功率，而 q 可相应地看作堆内附加的外中子源每秒放出的中子对功率的贡献。

总之，$n(t)$ 可代表堆内平均中子密度、反应堆功率或每秒裂变数。$C_i(t)$ 及 q 的单位须分别与 $n(t)$ 及 $\mathrm{d}n/\mathrm{d}t$ 相同。

4.3 小反应性阶跃变化时点堆动力学特征

4.3.1 有外中子源时的次临界稳定状态

如果堆内没有附加的中子源(即外中子源)，则处于次临界状态的反应堆内，中子密度 $n(t)$ 将衰减至接近零。相反，如果此时堆内有一个外中子源，中子密度的变化将是另一种形式。

下面用点堆模型的基本方程来研究反应堆停闭时的中子密度随时间变化的问题。

已知反应堆处于停堆次临界状态，次临界度为 ρ_0，ρ_0 为常数，显然 $\rho_0<0$。堆内有一个独

立的外中子源，每秒从每立方厘米体积内均匀地放出 q_0 个中子。求反应堆内中子平均密度的变化规律。

可以从点堆动力学方程(4-2-4)和(4-2-5)出发进行讨论。

式(4-2-4)中 β_i、β、λ_i、l 都是已知常数。把式(4-2-5)对 i 求和，并将上式代入式(4-2-4)，当系统达到稳定态时，$n(t)$、$C_i(t)$不随时间 t 变化，就有：

$$n=-\frac{q\Lambda}{\rho} \tag{4-3-1}$$

根据题意 $\rho=\rho_0$，$q=q_0$，所以：

$$n=-\frac{q_0\Lambda}{\rho_0} \tag{4-3-2}$$

令稳态时 $\mathrm{d}C_i/\mathrm{d}t=0$，可由式(4-2-3)求得 C_i。

由式(4-3-2)可知，有外中子源的反应堆处于次临界状态时，存在一个稳定态，其稳定态的中子密度由式(4-3-2)决定。式中，因为 $\rho_0<0$，$q_0>0$，$\Lambda>0$，所以 $n>0$。该式还表明，稳定态的中子密度大小与停堆深度 ρ_0 成反比，停堆深度越浅，$|\rho_0|$ 越小，则稳定态的中子密度越大。反之，稳态中子密度越小。

可以从物理上解释上述结果。因为 $\rho_0=(k-1)/k$、$l_\mathrm{p}=k\Lambda$，式(4-3-2)可以写成：

$$n=\frac{q_0 l_\mathrm{p}}{1-k} \tag{4-3-3}$$

在实际应用中，此式往往写成：

$$n=\frac{S_0}{1-k} \tag{4-3-4}$$

式中：S_0 为源强。此式表示了在有外中子源的情况下，反应堆在次临界状态下中子的增殖规律，称为次临界增殖公式[因在 $k\to1$ 的情况下 $\rho\approx k-1$，故此式可写成 $n=S_0/(-\rho)$]。

再回到式(4-3-3)。因为反应堆处于次临界状态，所以 $k<1$，将它按幂级数展开，式(4-3-3)可以写成：

$$n=q_0 l_\mathrm{p}(1+k+k^2+\cdots) \tag{4-3-5}$$

对式(4-3-5)可以作如下解释：

- 设在第一代寿期末了时，堆内单位体积中有 $q_0 l_\mathrm{p}$ 个中子；
- 在第二代寿期末了时，增加了 $kq_0 l_\mathrm{p}$ 个中子。再加上第一代的中子 $q_0 l_\mathrm{p}$ 个共有 $q_0 l_\mathrm{p}(1+k)$ 个；
- 在第三代寿期末了时，相应的中子数为：

$$q_0 l_\mathrm{p}+(q_0 l_\mathrm{p}+kq_0 l_\mathrm{p})k=q_0 l_\mathrm{p}(1+k+k^2)$$

这是一个等比级数，因比例系数为 $a_{i+1}/a_i=k<1$，其无限项之和即为式(4-3-3)。图 4-3-1 画出了有外中子源时次临界反应堆内中子相对水平的变化。图中纵坐标为中子密度的相对值 $n/q_0 l_\mathrm{p}$，横坐标以平均寿期 l_p 为单位的时间。稳定值由式(4-3-3)算得：$n/q_0 l_\mathrm{p}=(1-k)^{-1}$。不同曲线与不同的 k 值相对应。可以看到，k 较小时稳定值也小，达到稳定值所需时间也短。当 $k\to1$(即 $\rho_0\to0$)时，稳定值趋向无穷大，达到稳定的时间也趋向无穷大。即，有外加中子源的临界堆，其中子密度将永远增加，不可能有稳定态。由式(4-2-4)和式(4-2-5)，当 $\rho=0$、$q\neq0$ 时，得：

$$dn/dt = -d(\sum_{i=1}^{6} C_i)/dt + q \quad (4\text{-}3\text{-}6)$$

另一方面，若要达到稳定，即 $dn/dt = -d(\sum_{i=1}^{6} C_i)/dt = 0$，则 q 必须为零，这与前提相矛盾。

实际上，若忽略缓发中子的影响，取 $d(\sum_{i=1}^{6} C_i)/dt = 0$，则方程(4-3-6)有解：

$$n = qt + n_0 \quad (4\text{-}3\text{-}7)$$

式中：n_0 为开始临界时($t=0$)的中子密度。即有外加中子源的临界反应堆，其中子密度是按线性规律增长的。图 4-3-1 中的曲线也表明了这一点。也就是说，当外加中子源不能忽略时，反应堆就不会有稳定的中子密度，或者说，反应堆不会处在稳定的临界态上；但是，如前所述，当中子密度很高(如反应堆在功率区运行)时，则中子源影响可以忽略不计，稳定态即与临界态对应。

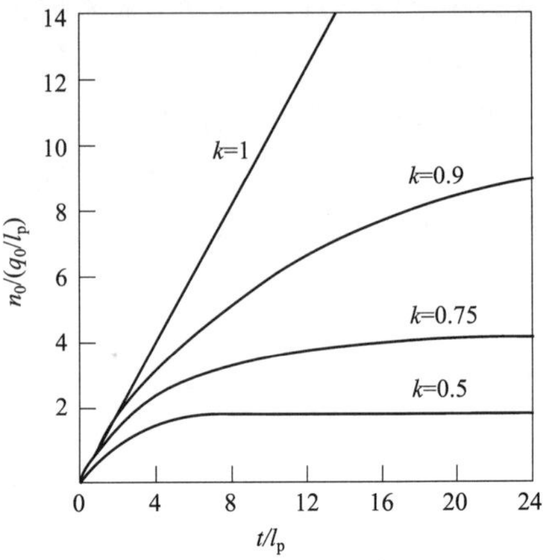

图 4-3-1　有外加中子源时次临界反应堆内中子相对水平的变化

4.3.2　反应堆物理启动

反应堆物理启动按其启动方式，可分为有外中子源的启动和无外中子源的启动两种情况。WWER-1000 核电站反应堆采用后一种启动方式。

能够以某种方式发出初始中子的材料或物体，称之为中子源。因为堆芯是中子的增殖系统，就可以通过对源中子增殖情况的观测(即探测器探测到的计数率的变化情况)，来判断堆芯的状态是处于次临界、临界还是超临界。

在堆芯内的中子源可分为内在中子源和外中子源两大类。内在中子源是堆芯内固有的，但其源强很弱。在这种情况下，为了提高核测量仪表灵敏度，往往在反应堆装料时就预先将人工制造的中子源(即所谓外中子源)安装在堆内。

内在中子源按机理分有两种：一种是自发裂变源，主要由堆内 $^{238}_{92}U$ 核的自发裂变形成，其反应式为：

$$^{238}_{92}U \rightarrow X_1 + X_2 + (2\sim4)n$$

压水反应堆经过较长时间功率运行后，除原有的 $^{238}_{92}U$ 和 $^{235}_{92}U$ 的自发裂变源外，尚有 $^{239}_{94}Pu$ 的自发裂变源。另一种是光激中子源，当 γ 射线的能量大于中子在核内结合能时，可以发生(γ,n)反应，如：

$$^{2}_{1}H + \gamma \rightarrow (^{2}_{1}H)^* \rightarrow ^{1}_{1}H + ^{1}_{0}n$$

在带功率运行的反应堆中，因为很多裂变产物是 γ 发射体，所以高能 γ 的供应非常充裕。而在所有水冷反应堆堆芯的冷却剂中都存在着一定量的氘($^{2}_{1}H$)，因为天然氢中总含有少量的同位素氘(在轻水堆的水中氘的原子百分比约为天然值的 0.015%)。所以，存在着产生光激中子的必要条件。由于光激缓发中子半衰期很长，故在长时间停堆后还有较大贡献，但随着时间的推移，由于 γ 发射体的衰变，γ 射线的供应量不断减少，因此，所产生的光激中子也将随之减少。

俄罗斯压水堆核电站的反应堆堆芯内不设置外中子源，其初始源中子来自$^{235}_{92}U$和$^{238}_{92}U$的自发裂变所产生的中子（主要是后者）。自发裂变的瞬发中子的能量与非自发裂变的一样，而自发裂变的ν值随A和Z的增大而上升。表4-3-1列出了若干种核素自发裂变的特性。

表4-3-1 若干种核素自发裂变的特性

核 素	^{232}Th	^{233}U	^{235}U	^{238}U	^{239}Pu
每次裂变的中子产额ν	—	2.48	2.42	2.9	2.89
1 kg物质每秒裂变数	0.04	0.2	0.3	7	10
自发裂变半衰期/a	1.4×10^{18}	3×10^{17}	1.9×10^{17}	8×10^{15}	5.5×10^{15}

除俄罗斯设计的核电站外，一般压水堆核电站反应堆内都装有外中子源。外中子源可按用途分为初级源和次级源。

常用的初级源如^{226}Ra-Be、^{210}Po-Be源，都是利用α-Be反应制成的，其核反应式为：

$$^{9}_{4}Be+^{4}_{2}He\rightarrow(^{13}_{6}C)*\rightarrow^{12}_{6}C+^{1}_{0}n$$

另外，有一种叫^{252}Cf(锎)的自发裂变源也用作初级源，它能以约2×10^{12}中子/s/g的强度发射中子。

次级源有Sb-Be源，在装入堆芯时并无中子产生，但Sb在堆芯经辐照后成为γ发射体，以Be作为靶核，发生(γ,n)反应。

在反应堆启动时，要求中子探测器的计数率足够大，以便使运行和试验人员能够通过中子探测器计数率的变化来判断反应堆的状态距离临界点有多远，确定堆芯当前的状态。

下面分两种情况对物理启动进行讨论。

4.3.2.1 有外中子源的次临界反应堆的物理启动

次临界增殖公式(4-3-4)[或式(4-3-3)]表示一个次临界反应堆在外中子源存在的情况下，系统的中子数趋于一个稳定值。此稳定值与堆芯的次临界度有关。此式在有外中子源存在的反应堆物理启动时被广泛应用。图4-3-2是用外推法预测临界点的原理图。

在实际测量中，所记录的并不是堆芯中真正的中子密度n，而只是从堆芯中泄漏到堆外的一部分中子被堆外核仪表所记录的中子计数率(单位cps，即counts per second)，但是它与堆内的中子密度是成正比的。

可以证明：在反应堆趋近临界的过程中，次临界增殖公式$n=S_0/(1-k)$成立，有效增殖因数k趋近1，反应性ρ趋近0，而计数率n趋于无穷大。实际上，在物理启动过程中，就是通过多种方式[如：提升控制棒，降低硼浓度，见图4-3-3(a)、(b)、(c)]向堆芯添加正反应性来趋近临界的。在装载核燃料时增加燃料组件数目也是一个趋近临界的过程，但此时并不希望反应堆达到临界；恰恰相反，而是要使反应堆远离临界点，以确保装料安全。

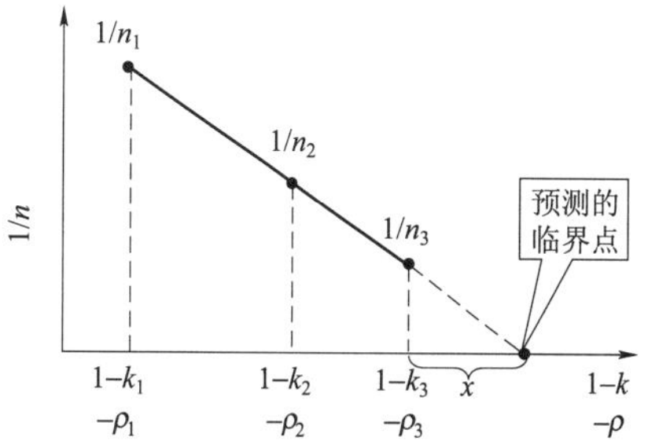

图4-3-2 用外推法预测临界点的原理图

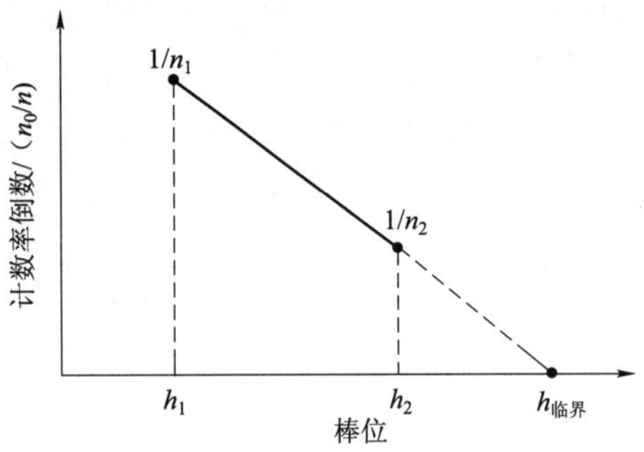

图 4-3-3(a) 计数率倒数与控制棒棒位 h 的关系

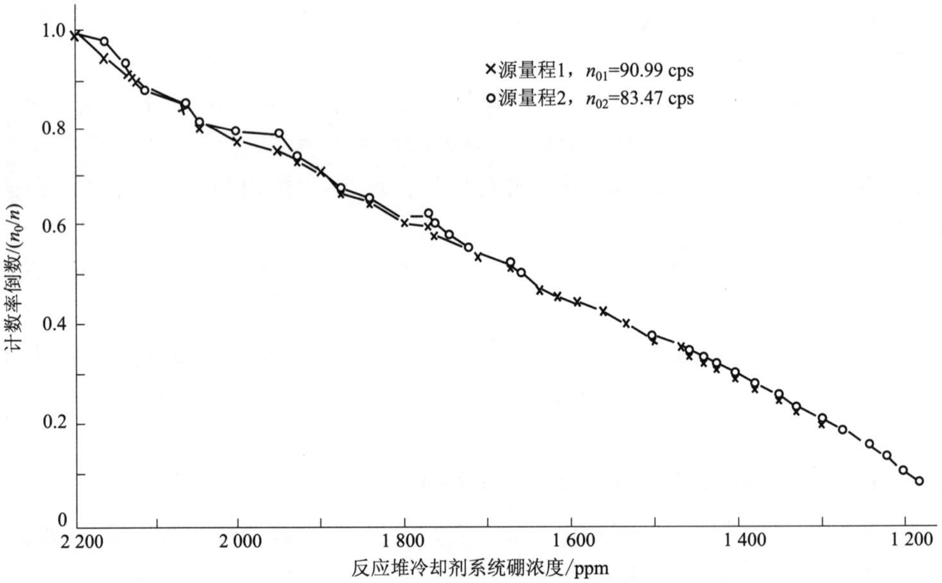

图 4-3-3(b) 计数率倒数-硼浓度外推曲线

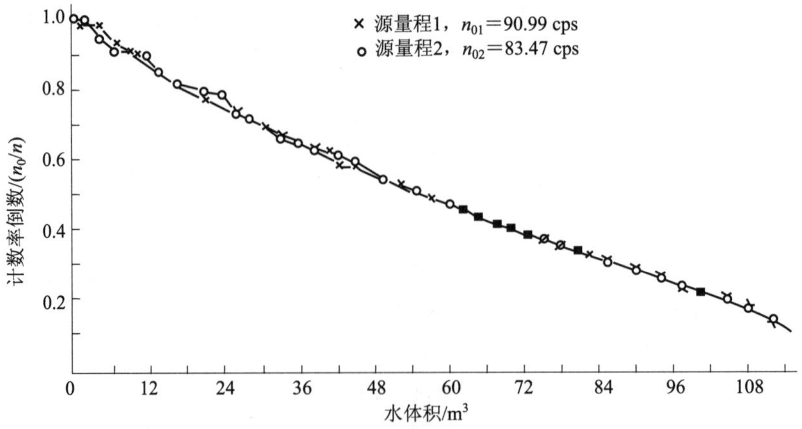

图 4-3-3(c) 计数率倒数-注入水的体积外推曲线

可以用(1－k)为横坐标，以中子计数率的倒数为纵坐标，以多点的连线向横坐标方向作外推，其交点就是估计的临界点。每添加一次正反应性，中子密度会达到一个稳定值，它的大小与所添加的反应性的大小有关。通过多次添加反应性、多次记录计数率、多次外推，可逐步逼近真正的临界点。在图 4-3-2 所示的例子中，所添加的正反应性为 $\Delta\rho_1=(-\rho_2)-(-\rho_1)$、$\Delta\rho_2=(-\rho_3)-(-\rho_2)$，每次添加后测得的稳定计数率为 n_1、n_2，由外推结果可知：如果再添加正反应性 x，反应堆就可以达到临界状态。

应指出，在用控制棒棒位作计数率外推时[见图 4-3-3(a)]，默认了控制棒积分价值与棒位之间存在着线性关系，而实际上只有部分控制棒位置与其积分价值呈线性关系(见 5.6.3 节)。

图 4-3-4 所示为有外源反应堆多次添加反应性(正)使堆到达临界、提升功率、又处于临界、最后处于次临界的过程。由图可见，在次临界状态下，每添加一次反应性，都达到一个相应的稳定状态，反应堆也就有一个相应的 k。从图中还可以知道，在全堆中子水平较低、外中子源的强度不能被忽略的情况下，当反应堆临界时($\rho=0$)，中子水平将线性上涨；只有在全堆中子水平较高、因而外中子源的影响可予以忽略不计的情况下，当反应堆达到临界时，在堆芯中产生的中子数目保持恒定的水平，并且，反应堆可以在较低的中子水平下临界，也可在较高的中子水平下临界，所以，可以得出结论：临界与中子数目无关。然而，反应堆的功率水平却与中子数目直接相关。

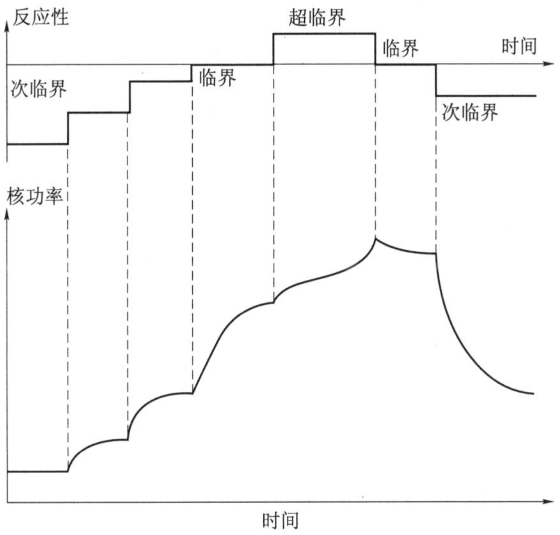

图 4-3-4　反应堆在次临界、超临界和临界状态下反应性及相应的核功率变化示意图

图 4-3-5 是大亚湾核电站反应堆首次物理启动的试验流程图。请注意在启动过程中是怎样添加反应性的，以及是如何进行临界外推的。

4.3.2.2　无外中子源的次临界反应堆的物理启动

如果要对压水反应堆在有、无外中子源的情况下进行物理启动时的异同进行比较，那么，它们的主要相同点是：

1) 原理大致相同，都是在热态(冷却剂平均温度 $T_{avg}\approx 290$ ℃)下进行启动，而不允许在冷态下进行启动，因为在冷态下，含硼(酸)慢化剂的温度系数有可能为正；

2) 在启动过程中，都以极低的、可控的速率向堆芯添加小的正反应性，最后使反应堆达到预期的临界状态；

3) 对于压水反应堆，添加反应性的方式大致相同，即以一定的速率往堆芯内注入清水，从而逐步降低慢化剂的硼浓度；

4) 在启动过程中所采取的安全措施大致相同，如：防止在启动过程中清水的意外注入；按一定的频率监测慢化剂中的硼(酸)浓度；

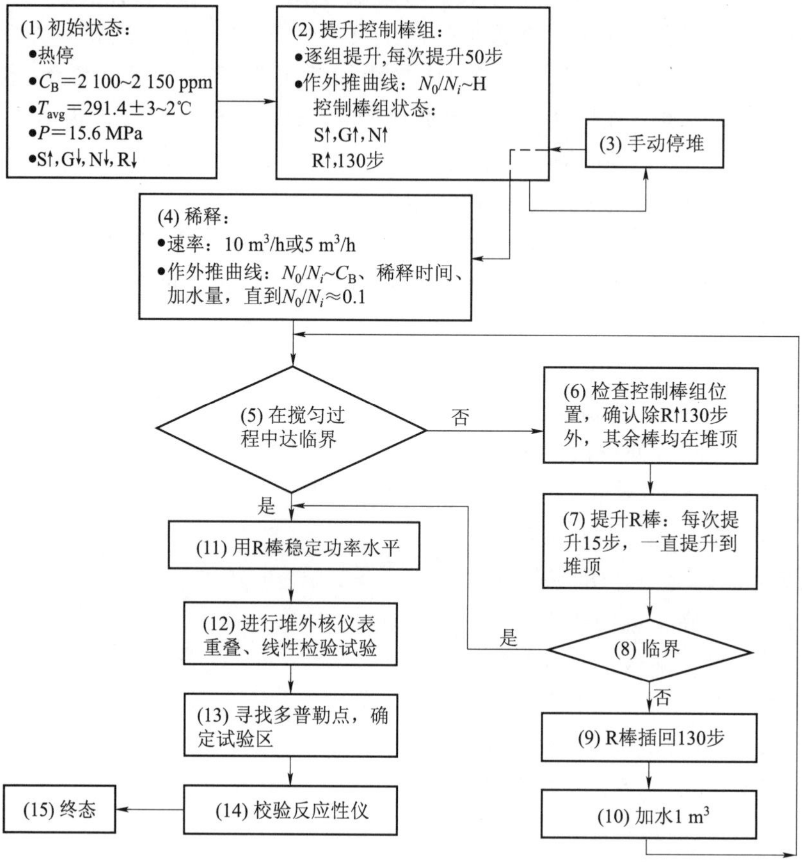

图 4-3-5 有外中子源的反应堆临界试验流程图

控制棒组代号:S—安全棒组;G 和 N—功率调节棒组;R—温度调节棒组

5)功率保护和周期保护必须可靠、有效。

主要不同点是:

1)当堆芯中有外源时,在启动过程中需要寻找确切的初始临界点;而在无外源启动时,则是通过连续引入小的正反应性,使反应堆越过初始界点(而不是寻找确切的初始临界点),以便观察反应堆的超临界后功率的增长过程,并在此增长过程中最后使堆在最低可监测功率水平下达到稳定状态(见图 4-3-6)。

2)在堆内有外中子源时,当反应堆由次临界状态向超临界状态过渡时,中子计数率倒数外推法是主要的监测手段;而在无外中子源的情况下,中子计数率倒数外推法只作为一种辅助的监测手段,反应性仪和反应堆周期测量设备则是主要的监测手段。

3)在有外源启动的情况下,由于有较强的外中子源存在,中子经次临界增殖,中子探测器可以较早地进入到能有效地探测中子的区域,中子探测器的盲区较小。而当堆内无外中子源时,虽然有燃料的自发裂变源存在,但毕竟强度很弱,即使经反应堆的次临界增殖,中子探测器的盲区仍然较大,为此,需要采用灵敏度更高的仪表系统。

表 4-3-2 对有、无外中子源进行启动的异同进行了简要的总结。

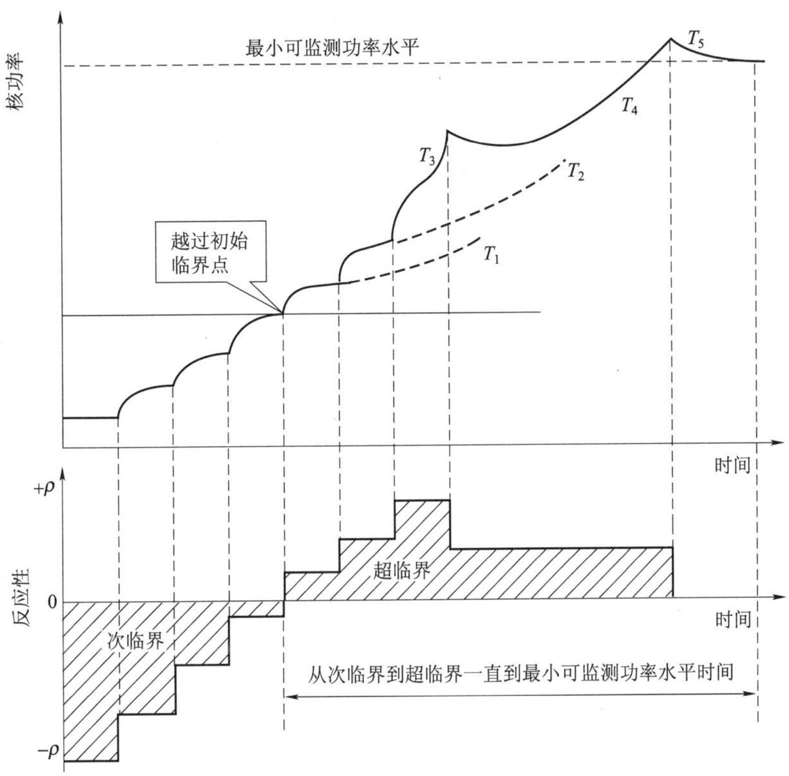

图 4-3-6 无外中子源启动时从次临界到最小可监测功率水平过程

表 4-3-2 压水反应堆在有、无外中子源情况下进行启动的比较

比 较	有外中子源	无外中子源
相同点	• 在热态(T_{avg}≈290 ℃)下进行启动 • 以极低的、可控的速率向堆芯添加小的正反应性 • 通过往堆芯内注入清水降低硼浓度以添加正反应性 • 采取的安全措施大致相同,如: ——防止清水意外注入一回路 ——按一定的频率监测硼(酸)浓度 ——功率保护和周期保护必须可靠、有效	
不同点	• 寻找确切的初始临界点,再在此基础上使堆逐步达到最小可监测功率水平 • 采用中子计数率倒数外推法 • 中子探测器盲区较小	• 不寻找确切的初始临界点,在越过此点后的功率增长过程中使堆达到最小可监测功率水平 • 以反应性仪和周期测量仪表为主要监测手段,而中子计数率倒数外推法是辅助监测手段 • 中子探测器盲区较大

下面列出了 WWER-1000 型反应堆首次物理启动达临界的试验要点和涉及的主要物理参数,以此来说明无外中子源的次临界反应堆物理启动的特点:

1) 试验开始前堆芯次临界度约为$-20\beta_{eff}$,此时硼酸浓度约为 16 gH_3BO_3/kgH_2O。

2）为了在启动过程中使核测仪表有尽量高的计数率，在设计上，对首炉堆芯采用了高泄漏的布置方式，即将富集度高的燃料组件布置在堆芯外围，使堆芯中子的泄漏率增加；同时，采用了灵敏度相对较高的堆外核测仪表。

3）10 号控制棒（调节棒）提升到约 60％堆芯高度，其余控制棒均提升到堆顶。

4）根据经验，设置一个启动区间：如果计算的临界硼酸浓度为 $c_{临界,计算}$，则启动区间的硼酸浓度范围为：$c_{临界,计算}+1\sim c_{临界,计算}$。例如 $c_{临界,计算}$ 为 7.6 gH_3BO_3/kgH_2O，则硼酸浓度范围的相应数据为 8.6～7.6 gH_3BO_3/kgH_2O。

5）在启动时，向堆内以恒定的速率注入纯水来添加正反应性。补纯水的流量率：在硼酸浓度 $c>c_{临界,计算}+1$ 时，可启动两台低容量的容积和硼控制系统泵，以不大于 20 m^3/h 的流量率向反应堆充入清水，以降低冷却剂中的硼酸浓度；在 $(c_{临界,计算}+1)>c>c_{临界,计算}$ 时，要保证流量率不大于 10 m^3/h，这可通过启动容积和硼控制系统的一台小容量泵来实现（图 4-3-7 给出了在启动时对 n 和 $c_{硼酸}$ 的监测）。

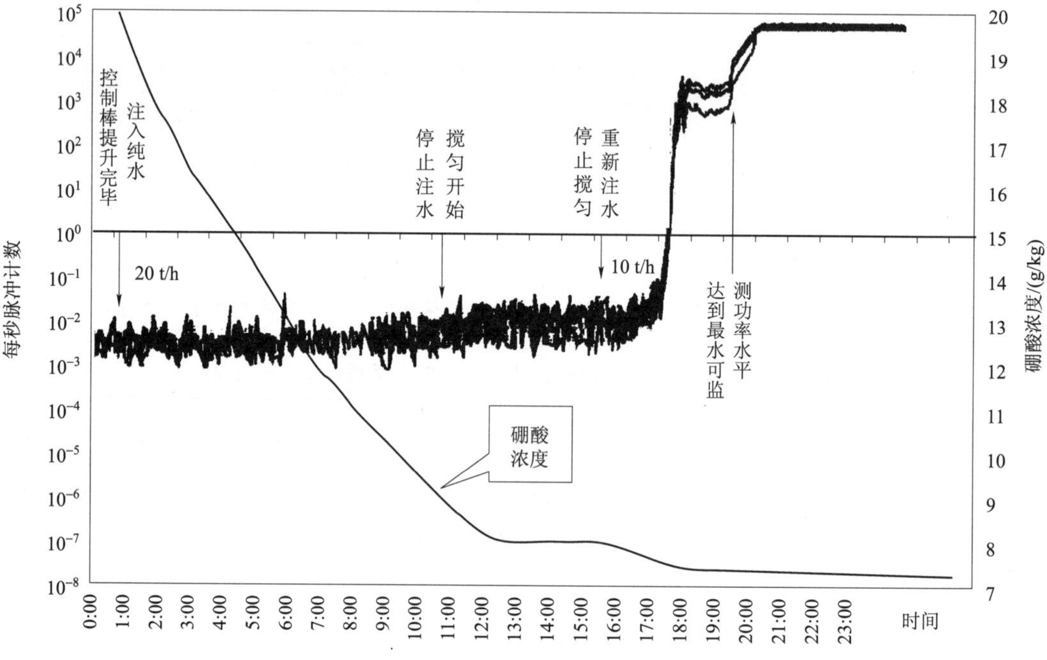

图 4-3-7 在 WWER-1000 型反应堆无外源启动过程中对中子计数率和硼酸浓度的监测

6）补水过程中在规定的监测点除连续用硼表监测硼酸浓度外，还要按规定的时间间隔用人工分析的方法监测硼浓度。

7）据计算，单位硼浓度的反应性效率为：$-2.8\beta_{eff}/gH_3BO_3/kgH_2O$，约相当于 −11.8 pcm/ppm。

8）正反应性的添加速率可为 $0.5\times10^{-4}\beta_{eff}/min\sim2\times10^{-2}\beta_{eff}/min$，现设定为 $1\times10^{-2}\beta_{eff}/min$。超临界的反应性范围：$0\sim+0.2\beta_{eff}$。通过 $+0.2\beta_{eff}$ 需 20 min；通过 $-0.3\beta_{eff}\sim+0.2\beta_{eff}$ 需 50 min。在中子密度变化三个量级，并在硼浓度均匀化后，反应堆功率增长周期约为 60～50 s（e 倍周期与反应性的关系见图 4-3-8）。最后，用插入控制棒的办法使堆处于准确的临界状态，此时的功率水平约为 5×10^{-2} ％FP（称为“最小可监测功率水平”）。

9）在物理启动过程中，为保证反应堆安全，必要的控制保护系统都必须处于正常工作状态。当应急保护信号出现时，控制保护系统应能使反应堆进入次临界状态。在控制保护系统故障的情况下，严禁启动反应堆。此外，所有的安全系统都应按技术规格书的要求处于备用状态。功率保护设定值：10^{-4}%FP～10^{-3}%FP（在启动和试验过程中，随着目标功率的升高，此设定值要作相应的调整）。周期（e倍周期）保护设定值：

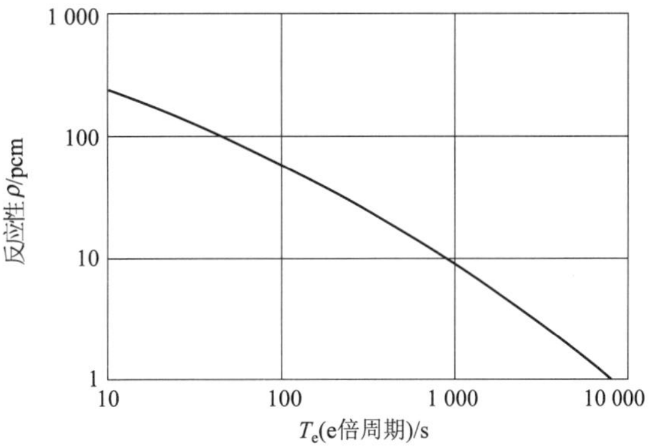

图 4-3-8　反应堆的"反应性-e倍周期"曲线

- 2类预保护设定值：40 s，当 $T_e \leqslant 40$ s时，禁止控制棒提升；
- 1类预保护设定值：20 s，当 $T_e \leqslant 20$ s时，控制棒按插棒顺序（从序号最大的10号棒开始）逐组以正常速度下插；
- 事故保护设定值：10 s，当 $T_e \leqslant 10$ s时，所有控制棒插入堆芯，反应堆停堆。

10）以上使反应堆达到临界的全过程应按试验程序的要求进行。田湾核电站1号机组反应堆首次物理启动试验结果如表4-3-3所示。

表 4-3-3　田湾核电站1号机组反应堆首次物理启动试验结果

试验内容	试验结果	备　注
反应堆功率/%FP	5×10^{-2}	最小可监测功率水平
10号控制棒位置/%堆芯高度	55	其余控制棒均提出堆芯
一回路冷却剂温度/℃	281.2	—
反应堆中硼酸临界浓度/(gH_3BO_3/kgH_2O)	7.54	—

例 4-3-1　选择并解释正确答案的理由：

往一个处于停闭状态的反应堆中添加一定的正反应性，尽管此时的 $k_{eff}<1$，但观察到中子计数率在增长，这种现象的起因是：

A. 缓发中子；

B. 等温温度系数；

C. 中子慢化；

D. 次临界增殖。

解

[D]。次临界状态下，堆芯内的中子密度变化规律为：

$$n = S_0(1 + k_{eff} + k_{eff}^2 + k_{eff}^3 + \cdots + k_{eff}^n + \cdots)$$

因此，在未达到次临界平衡之前，中子密度是增加的。

例 4-3-2　假定全部为新装燃料的反应堆内有一强度为1 000中子/代的外中子源，已测定过 $^{238}_{92}U$ 核的自发裂变中子强度为50中子/代。堆的次临界度为1 pcm。假定中子不会从堆内泄漏出去，堆外无中子射入反应堆。试估算：

1）当堆内中子数趋于稳定时，堆内中子总数约为多少？

2) 若取走堆内中子源，中子数重新趋于稳定时，中子总数约为多少？

3) 若取走外中子源后，堆的 k_{eff} 改变为 0.99，稳定后堆内中子总数约为多少？

解

1) 每代中子源强为：$S_0=S_1+S_2=1\ 000+50=1\ 050$ 中子/代。$\rho=-10^{-5}\Delta k/k$。

根据次临界增殖公式，稳定后堆内中子总数约为：

$$N=S_0/(1-k_{eff})=S_0/(-\rho)=1\ 050/(1\times10^{-5})=1.05\times10^8$$

2) 若取走中子源，则 $S_0=S_2=50$ 中子/代。仍应用前面的公式，算得重新稳定后的中子总数约为：

$$N=50/(1\times10^{-5})=5\times10^6$$

3) 当取走中子源后 k_{eff} 改变为 0.99 时，稳定后堆内中子总数约为：

$$N=50/(1-0.99)=5\ 000$$

例 4-3-3 反应堆在源量程范围达临界后，将一束调节棒下插 10 cm，观察到的稳定的中子计数率为 40 000 $\min^{-1}$。已知这 10 cm 所对应的反应性为 −40 pcm。再将另一束调节棒下插 10 cm，此时观察到的稳定计数率为 20 000 $\min^{-1}$。忽略这两束棒的干涉效应，求第二次下插的棒的反应性是多少 pcm？（最终结果舍入到整数）

解

计算第一次插入控制棒后的有效增殖因数：

由反应性的定义 $\rho_1=(k_{eff1}-1)/k_{eff1}$，可求得：

$$k_{eff1}=1/(1-\rho_1)=1/[1-(-40\times10^{-5})]=0.999\ 6$$

由次临界增殖公式 $n=S_0/(1-k_{eff})$ 得到等式 $n_1(1-k_{eff1})=n_2(1-k_{eff2})$。由此得：

$$k_{eff2}=1-(n_1/n_2)(1-k_{eff1})=1-(40\ 000/20\ 000)(1-0.999\ 6)=0.999\ 2$$

第二次插棒的反应性：

$$\rho_2=\ln(k_{eff2}/k_{eff1})=\ln(0.999\ 2/0.999\ 6)=-40\ \text{pcm}$$

也可以作如下计算：

$$\rho_2=(k_{eff2}-1)/k_{eff2}=(0.999\ 2-1)/0.999\ 2=-80\ \text{pcm}$$

须知此反应性是与原来初始临界状态相比较而言的，所以须从中扣除第一次插棒所引入的反应性，即(−80)−(−40)=−40 pcm。

例 4-3-4 下表给出了启动反应堆时控制棒的位置与核测仪表的读数的记录值，用作图法估计反应堆临界棒位。

控制棒位置/cm	0	2	4	6	8	9
计数率/s^{-1}	910	990	1 180	1 670	2 780	4 160

解

按题给数据应用式(4-3-6)作计数外推图（如图 4-3-9 所示），可以估计临界时控制棒的位置在 11 cm 附近。

例 4-3-5 用提升控制棒外推临界棒位时，若将该棒组提升 12 步，而源量程计数率从 n_1 增加到 n_2 且 $n_2=1.5n_1$。假定控制棒微分价值是常数，请计算到达临界还需提升该棒组多少步？

解

按题意可作出图 4-3-10。

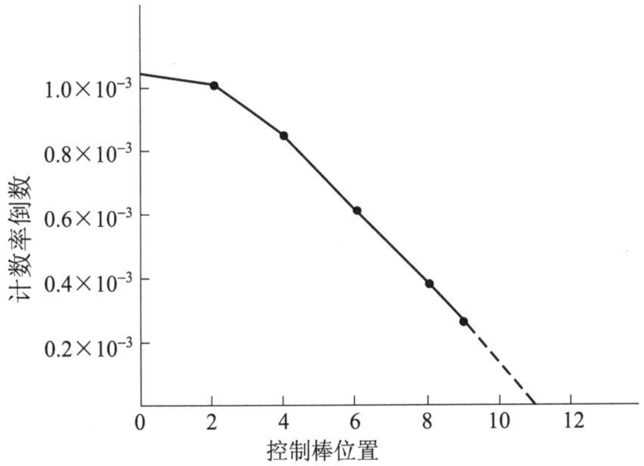

图 4-3-9　计数率倒数与控制棒棒位的外推曲线

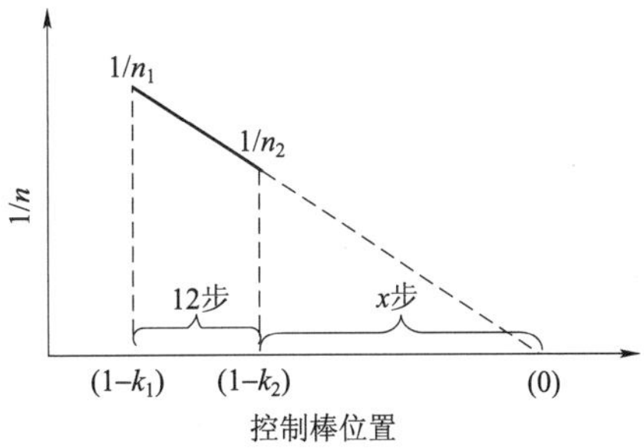

图 4-3-10　计数率倒数与控制棒棒位的外推曲线

由计数率外推形成的两个相似三角形，可得：

$$\frac{1/n_1-0}{1/n_2-0}=\frac{(1-k_1)-0}{(1-k_2)-0}$$

式中：$[(1-k_1)-0]$与边长 $12+x$ 相对应；$[(1-k_2)-0]$与边长 x 相对应。因此有：

$$\frac{(1/n_1)}{(1/n_2)}=\frac{12x}{x}$$

可得：$x/n_1=(12+x)/n_2$，由此解得：$x=24$，即预计尚需提升 24 步就可达到临界。

例 4-3-6　反应堆换料后初始启动时以硼稀释方式作临界外推。试根据下列三组硼浓度与计数率的关系，估算出三个临界硼浓度，并指出用其中哪个硼浓度值为依据来估计稀释用的清水添加量是偏安全的。要求精确到 1 ppm。

1）$c_{B_1}=1\ 180$ ppm 时，$n_1=280\ s^{-1}$；

2）$c_{B_2}=1\ 100$ ppm 时，$n_2=350\ s^{-1}$；

3）$c_{B_3}=980$ ppm 时，$n_3=1\ 047\ s^{-1}$。

解

由次临界增殖公式可得：$n_i/n_j=(1-k_j)/(1-k_i)$。令 c_{B_k} 为所估计的临界浓度，则有：

$$n_i/n_j=(c_{B_j}-c_{B_k})/(c_{B_i}-c_{B_k})。$$

以 1)、3)两组估算，得 $c_{B_{k1}}=907$ ppm。

以 1)、2)两组估算，得 $c_{B_{k2}}=780$ ppm。

以 2)、3)两组估算，得 $c_{B_{k3}}=920$ ppm。

从以上计算可知，以最高的临界硼浓度 920 ppm 为依据来估计稀释用的清水添加量是偏安全的。解答本题可参见图 4-3-3(b)。

例 4-3-7　在反应堆启动期间，当硼浓度 $c_{B_1}=1\ 500$ ppm 时，平均计数率为 n_1，已知此时堆芯的 $k_{eff1}=0.970\ 0$；硼浓度稀释到 $c_{B_2}=1\ 260$ ppm 时，平均计数率为 n_2。假设 $n_2=5n_1$，试估算在此期间因硼稀释引进了多少反应性？（要求以 pcm 为单位，结果保留 4 位有

效数字）

解

对于两个次临界增殖稳定态，分别有：

$$n_1=S_0/(1-k_{\rm eff1})\text{和}\ n_2=S_0/(1-k_{\rm eff2})$$

可得到：

$$n_2/n_1=(1-k_{\rm eff1})/(1-k_{\rm eff2})$$

代入数据：$5=(1-0.970\ 0)/(1-k_{\rm eff2})$，得：

$$k_{\rm eff2}=0.994$$

稀释硼引入的反应性：

$$\Delta\rho=\ln(0.994/0.97)=0.024\ 44\Delta k/k=2\ 444\ \text{pcm}$$

或：

$$\rho_1=1-(1/k_{\rm eff1})=-0.030\ 93,\rho_2=1-(1/k_{\rm eff2})=-0.006\ 036$$

得到：

$$\Delta\rho=\rho_2-\rho_1=0.024\ 89\Delta k/k=2\ 489\ \text{pcm}$$

例 4-3-8 在反应堆启动过程中，已知调节棒的初始棒位为130步。通过提棒作临界外推，记录到该棒的提升量（步数）与计数率的关系如下：

序　号	调节棒提升量/步	计数率/s^{-1}
1	0	180
2	15	240
3	25	360

假定调节棒处于线性段（微分价值不变），请根据上表数据计算出三种临界棒位，并说明在趋近临界时哪种临界棒位偏安全。

解

调节棒的每一棒位与相应的计数率倒数构成一个状态点，共有1、2、3三个状态点。可以通过每两点[(1,2)、(2,3)、(1,3)]作出一条外推曲线求临界棒位，比较所得到的各自的临界棒位，最小者即为偏安全的临界棒位。外推结果如下：

用第1点和第2点的数据可得到 $h_c=190$。

用第2点和第3点的数据可得到 $h_c=175$。

另由计数率加倍的知识（第1点和第3点的数据），可得到 $h_c=180$。

可见，偏安全的临界棒位应为175步。

例 4-3-9 在 $k_{\rm eff}$ 等于0.88和0.92两种情况下，分别引入200 pcm的正反应性，那么，以下哪一项是对这两种情况下的稳定中子计数率净增量大小的比较，并解释选择该项的理由：

A. 相等；

B. 前者大于后者；

C. 后者大于前者；

D. 不确定。

解

[C]。因计数率 $N_0 \propto [1/(1-k_0)]$,所以当引入正反应性 $\Delta\rho=\Delta k=k_1-k_0$ 后,$N_1 \propto [1/(1-k_1)]$。计数率的净增量为:$\Delta N \propto \{\Delta k/[(1-k_0)(1-k_1)]\}=\Delta k/[(1-k_0)(1-k_0-\Delta k)]$,

显然,引入同样的正反应性 Δk,初始有效增殖因数 k_0 越接近于1,则计数率增量 ΔN 越大。对于本题,以第二种情况的计数率增量变化大。

4.3.2.3 核加热点

在反应堆启动达临界后,往往要进行一些试验或定期试验,为此,必须恰当地选定进行试验的反应堆功率水平范围,以进行物理试验。

反应堆要具有一个最低的功率水平,在此功率水平下,中子信号足以使仪表通道的信号-噪声比(即信噪比)足够大,才能够保证测量的精度。

但是,反应堆的功率水平又不能过高。否则,核反应造成的一些效应会由量变到质变而明显地显现出来,例如燃料和慢化剂各自的温度效应(等温温度系数不再适用)、毒物的反应性效应等。这些效应会叠加到试验测量的参数中,而无法将它们区分开来。因此物理试验区的上限不能超过出现所谓核加热点(即多普勒发热点,Point of Adding Heat, POAH)的功率水平。为此,需要寻找此核加热点。通常是在试验过程中,同时记录冷却剂(对于压水反应堆同时也是慢化剂)的平均温度、中子通量密度和反应性的变化。当它们同时出现拐点时(见图 4-3-11 和图 4-3-12),就认为已经找到了核加热点。

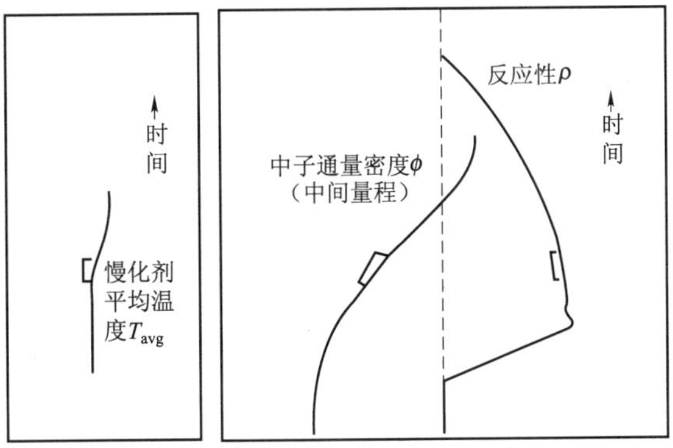

图 4-3-11 寻找多普勒发热点

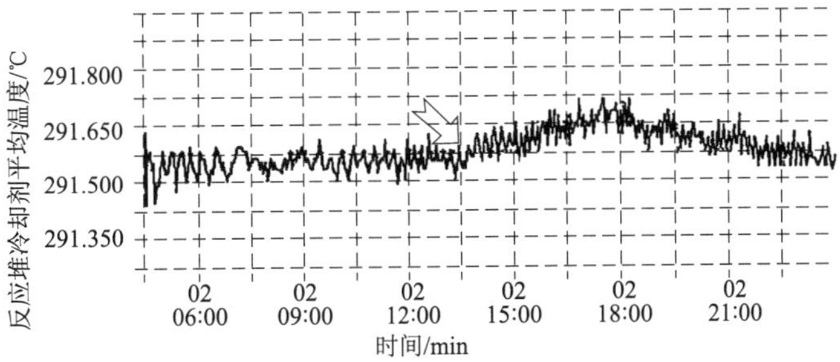

图 4-3-12 核加热引起冷却剂平均温度的变化

对于不同的反应堆以及所采用的不同核仪表，所测到的核加热点的功率水平可能不同。例如：对于大亚湾核电站反应堆，核加热点约在0.1%FP时出现（见图4-3-13），物理试验区上限就选在比核加热点功率约低一个量级的2×10^{-2}%FP，下限为2×10^{-3}%FP。又如：对于田湾核电站WWER-1000型反应堆，根据俄方多次试验的实践经验，规定了“最小可监测功率水平”为5×10^{-2}%FP。在该功率水平下，用常设中子通量监测装置的源量程和中间量程能高度可信地检测，而中子通量监测装置的工作量程（功率量程）范围为5×10^{-3}%FP～5×10^{-2}%FP（即试验区的上、下限），与核加热点相对应的功率水平约为5×10^{-1}%FP。

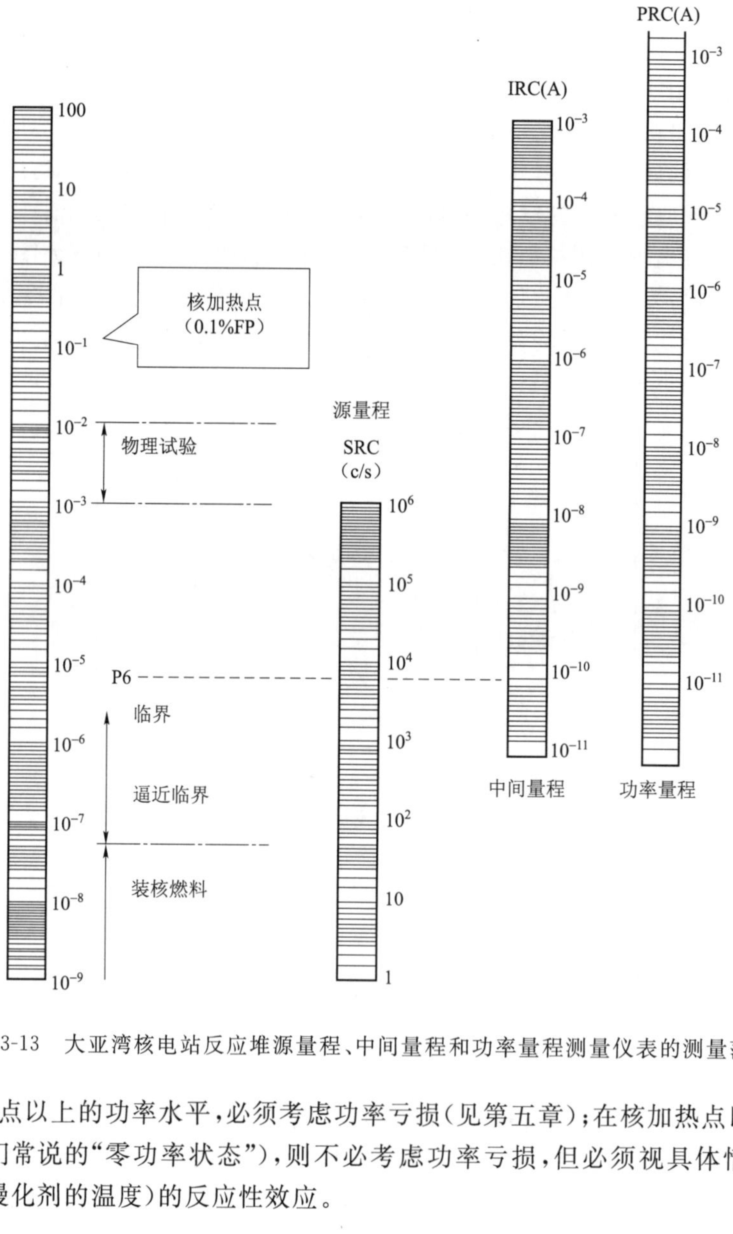

图4-3-13　大亚湾核电站反应堆源量程、中间量程和功率量程测量仪表的测量范围

在核加热点以上的功率水平，必须考虑功率亏损（见第五章）；在核加热点以下的功率水平（也就是我们常说的“零功率状态”），则不必考虑功率亏损，但必须视具体情况考虑温度（包括燃料和慢化剂的温度）的反应性效应。

4.3.3　小反应性阶跃变化时的中子密度响应

4.3.3.1　反应性方程及其解

下面要讨论：在临界状态下的反应堆中，引入一个小的阶跃变化（正的或负的）反应性时，中子密度（或功率水平）将怎样随时间变化的问题。图 4-3-14 所示为引入正的阶跃反应性。

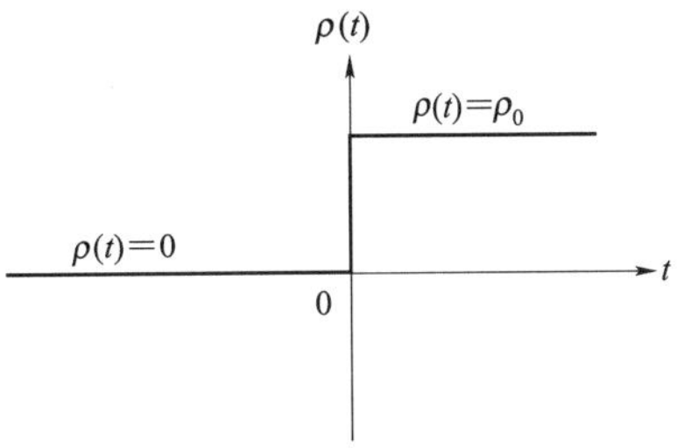

图 4-3-14　在临界反应堆中引入小的阶跃变化反应性

由 4.2 节所讨论的考虑了缓发中子的点堆动力学方程(4-2-4)和(4-2-5)，可写出不考虑外中子源 q 的点堆动力学方程：

$$\frac{\mathrm{d}n(t)}{\mathrm{d}t}=\frac{\rho-\beta}{\Lambda}n(t)+\sum_{i=1}^{6}\lambda_i C_i(t) \tag{4-3-8}$$

$$\frac{\mathrm{d}C_i(t)}{\mathrm{d}t}=\frac{\beta_i}{\Lambda}n(t)-\lambda_i C_i(t),i=1,2,\cdots,6 \tag{4-3-9}$$

这是一阶线性微分方程组，可以用尝试函数法求解。令：

$$n(t)=A\mathrm{e}^{\omega t} \tag{4-3-10}$$

和

$$C_i(t)=C_i\mathrm{e}^{\omega t},i=1,2,\cdots,6 \tag{4-3-11}$$

式中：系数 A、C_i 是待定常数，ω 是参变量。将这两式代入式(4-3-8)和式(4-3-9)，先由式(4-3-9)求解 C_i，再将 C_i 代入式(4-3-8)，消去常数 A，经整理后得到：

$$\rho=\Lambda\omega+\sum_{i=1}^{6}\frac{\omega\beta_i}{\omega+\lambda_i} \tag{4-3-12}$$

若代入 $\Lambda=l/k$、$k=1/(1-\rho)$后，上式可写为：

$$\rho=\frac{l\omega}{1+l\omega}+\frac{\omega}{1+l\omega}\sum_{i=1}^{6}\frac{\beta_i}{\omega+\lambda_i} \tag{4-3-13}$$

方程(4-3-12)或(4-3-13)称为反应性方程，它表征参数 ω 和反应堆特性参数 ρ、l、k、β_i 和 λ_i 之间的关系。这是一个关于 ω 的七次代数方程，当给出了反应堆的特性参数，就可求出七个可能的 ω 值。采用图解法解出 $\omega_j(j=1,2,\cdots,7)$ 比较方便、直观。可以以 ω 为横坐标、以 ρ 为纵坐标，把方程(4-3-13)右端作为 ω 的函数画在图 4-3-15 中。由图可知，当 $\omega=0$ 时，方程式右端等于 0。随着 ω 的正值逐渐增加，方程的右端单调地增大并趋近于 1。而当 $\omega<0$ 且 $\rho\to-\infty$ 时，对应于 6 个 $\omega_j=-\lambda_j(j=1,2,\cdots,7)$ 及 $\omega_7=-1/l$ 处，右端有奇点。

当引入阶跃反应性时，方程(4-3-13)的根由 $\rho=\rho_0$ 的水平线（表示该方程左端）与曲线（表示方程的右端）的交点给出。各 ω 值记为 $\omega_j(j=1,2,\cdots,7)$。如图 4-3-15 所示，当 ρ_0 为正时，有 6 个负根和 1 个正根；当 ρ_0 为负时，7 个都是负根。在反应性阶跃变化的情况下，方程(4-3-8)和(4-3-9)是线性的，所以，所有 ω 的 7 个根所形成的解的线性组合，将给出问题的一般解，即：

$$n(t)=\sum_{j=1}^{7}A_j\mathrm{e}^{\omega_j t} \tag{4-3-14}$$

式中：$\omega_1,\omega_2,\cdots,\omega_7$——反应性方程的 7 个根；

$A_1,A_2,\cdots,A_7$——待定常数，其中含有因子 n_0（为 $t=0$ 时刻的中子密度）。

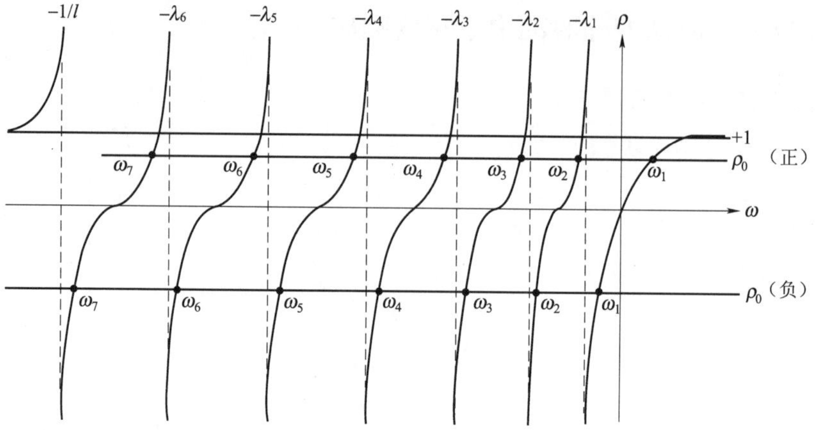

图 4-3-15 反应性方程的图解

同样，第 i 组先驱核的浓度也可写成：

$$C_i(t) = \sum_{j=1}^{7} C_{ij} e^{\omega_j t} \tag{4-3-15}$$

式中：C_{ij} 为待定常数，其中含有因子 C_{i0}（为 $t=0$ 时刻第 i 组先驱核的浓度）。从式(4-3-14)、式(4-3-15)和式(4-3-9)出发，可得 7 个常数 A_j 的值：

$$A_j = \rho_0 \left\{ \omega_j \left[\Lambda + \sum_{i=1}^{6} \frac{\beta_i \lambda_i}{(\omega_j + \lambda_i)^2} \right] \right\}^{-1} \tag{4-3-16}$$

式中：当 $\rho>0$ 时，各常数 A_j 与其相应的 ω_j 同号；当 $\rho<0$ 时，全部 ω_j 为负值，而 A_j 都为正值。

4.3.3.2 关于反应性方程解的讨论

在临界反应堆中引入小的正或负的阶跃反应性扰动后，中子密度在开始时会突然迅速变化，其变化过程比较复杂，但经过一段很短的时间后，将以一个稳定的速度较缓慢地变化。

(1) 在临界堆中引入正扰动时(即 $\rho_0>0$)

式(4-3-14)中只有 ω_1 为正值，也就是说，只有第一项是指数增加项，其余 6 个 ω_j 都是负值，所以在式(4-3-14)中所对应的其余 6 项均为指数衰减项(瞬变项)，它们在开始时对中子密度有短暂的影响，但经过一段很短的时间后，便先后衰减并趋于消失，最后只剩下唯一的第一项，即：

$$n(t) = A_1 \times e^{\omega_1 t} = A_1 \times e^{t/T_1}$$

这时中子密度将按稳定周期

$$T_1 = 1/\omega_1 \tag{4-3-17}$$

增长。以在一个处于临界状态的大型 $^{235}_{92}U$-水均匀热堆为例，$l=0.000\ 1$ s，引入一个小的正阶跃变化的反应性，$\rho_0=0.001\Delta k/k$，则可按上述各式计算得到中子密度的响应为：

$$n(t) = n_0 [1.446e^{0.018\ 2t} - 0.035\ 9e^{-0.013\ 6t} - 0.140e^{-0.598t} - 0.063\ 7e^{-0.183t} - 0.020\ 5e^{-1.005t} - 0.007\ 67e^{-2.875t} - 0.179e^{-55.6t}] \tag{4-3-18}$$

此响应示于图 4-3-16。在式(4-3-18)的例子中，$\omega_1=0.018\ 2$，所以 $T_1=1/0.018\ 2=55$ s。由图可见，当在临界反应堆中引入一个小的正阶跃反应性(它远小于 $1\beta_{eff}$)后，反应堆功率[图中的中子密度 $n(t)$ 与功率成正比]的上升速率(或周期)是随反应性引入后的

时间 t 而改变的。其细部特征如图 4-3-17 所示。由图可见，在过渡周期区期内，在引入正反应性后，紧接着就会有一个小的功率陡增(称为“瞬跳”)，而且，在反应堆的周期达到稳定之前，周期值是在不断地变化着的。发生此现象的原因是瞬发中子数随着反应性的添加而陡然变化，又很快衰减、消失。这种现象的定量描述就体现在式(4-3-18)中子密度的瞬变项上。在瞬变项起作用的过渡周期区内，反应堆的周期称为过渡周期(或称瞬态周期)。

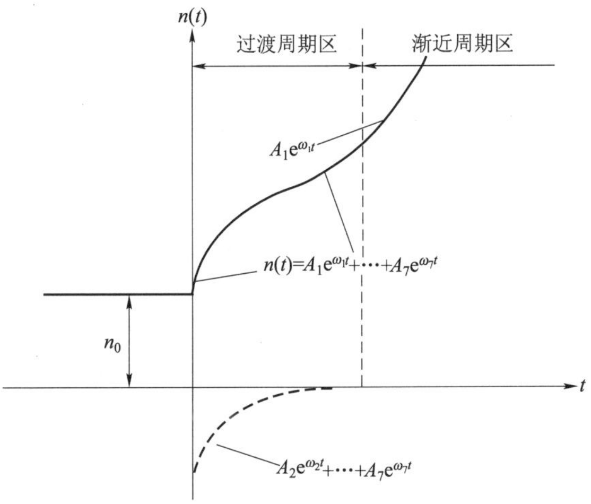

图 4-3-16　正反应性阶跃变化时中子密度的响应

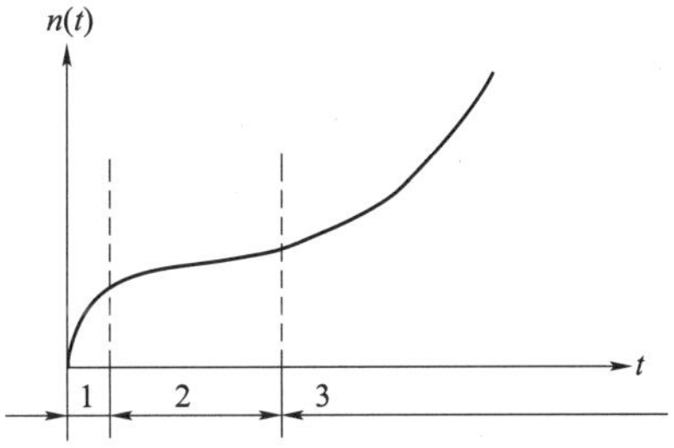

图 4-3-17　阶跃反应性扰动后 $n(t)$ 响应曲线
1—瞬变段；2—过渡段；3—稳定段

反应堆功率的增长速率达到稳定后，中子密度的瞬变项的作用因衰减而消失，在这个区域，反应堆的周期称为渐近周期(或稳定周期)。通常所说的“反应堆周期”就是指这段曲线的功率增长周期，即功率上升 e 倍所需的时间。

(2) 在临界堆中引入负扰动时(即 $\rho_0<0$)

所有 ω_j 均为负值，组成式(4-3-14)的 7 项全部是指数衰减项，并且有 $|\omega_1|<|\omega_2|<\cdots<|\omega_7|$，这说明各项衰减的速度是各不相同的。由图 4-3-18 可见，在往堆芯添加负反应性的情况下，堆芯功率会有一个小的即时减少(称为“瞬跌”)，随后，功率的变化率减慢。这种现象的定量描述就体现在式(4-3-14)中子密度的瞬变项上：经过一段时间后，衰减较快的后 6 项(瞬变项)先后趋于消失，最后只剩下衰减最慢的第一项，这时中子密度将按 $T_1=1/\omega_1$ 的渐近周期指数衰减。

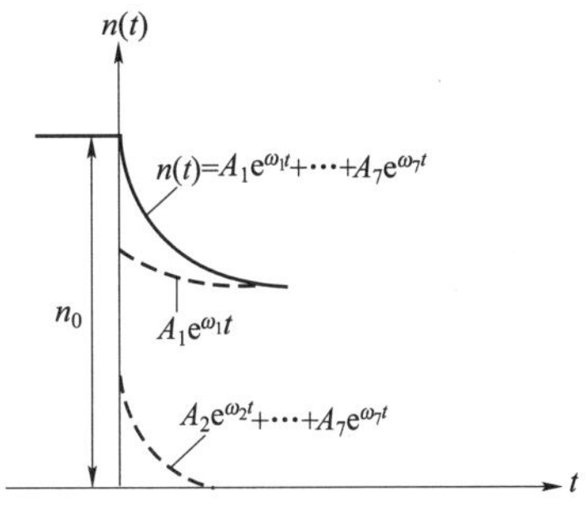

图 4-3-18　负反应性阶跃变化时中子密度的响应

由图 4-3-15 可知，当 $\rho_0\to-\infty$ 时，$\omega_1\to-\lambda_1$。这个极限意味着，无论引入多大的负反应性，都不能使反应堆停堆周期短于最长寿期缓发中子先驱核所决定的周期：

$$T_1=-(1/\lambda_1) \tag{4-3-19}$$

由表 4-1-1 可知，对于以 $^{235}_{92}U$ 为燃料的热中子反应堆，第一组缓发中子的衰变常数 $\lambda_1=$

0.012 7 s^{-1}。所以对于负反应性来说，周期的极限值约为 $T=-\lambda_1{}^{-1}\approx-80$ s。这个结论对反应堆的运行是非常重要的，即，停闭反应堆时无论引入多大的负反应性，堆内中子密度的稳定下降周期总不小于$|-80|$ s。这说明停闭反应堆要有一个时间过程，瞬时停闭是不可能的，所以对堆芯一定要保持充分和足够的冷却条件。

4.3.3.3 等效单组缓发中子近似

为了使解点堆动力学方程的问题简化，并有助于更深入地理解点堆动力学方程组的解的性质，可采用等效单组缓发中子动力学方程组来讨论动力学问题。

假定用一组等效 β 的缓发中子来代替 6 组缓发中子，则缓发中子等效产额为：

$$\beta=\sum_i^6\gamma_i\beta_i$$

等效衰变常数为：

$$\lambda=\sum_i^6\beta_i\lambda_i/\beta$$

所以点堆动力学方程组(4-3-8)和(4-3-9)就变成以下等效单组缓发中子动力学方程组：

$$\frac{\mathrm{d}n}{\mathrm{d}t}=\frac{\rho-\beta}{\Lambda}n+\lambda C \tag{4-3-20}$$

$$\frac{\mathrm{d}C}{\mathrm{d}t}=\frac{\beta}{\Lambda}-\lambda C \tag{4-3-21}$$

可通过对方程组进行拉普拉斯变换(或假定方程组具有指数形式 e^{st} 的解)，并满足初始条件：在 $t=0$ 时，有 $\rho=0$，得到

$$n(t)=n_0\left[\frac{\rho}{\rho-\beta}\exp\left(\frac{\rho-\beta}{\Lambda}t\right)-\frac{\beta}{\rho-\beta}\exp\left(-\frac{\lambda\rho}{\rho-\beta}t\right)\right] \tag{4-3-22}$$

$$C(t)=n_0\left[\frac{\rho\beta}{(\rho-\beta)^2}\exp\left(\frac{\rho-\beta}{\Lambda}t\right)+\frac{\beta}{\Lambda\lambda}\exp\left(-\frac{\lambda\rho}{\rho-\beta}t\right)\right] \tag{4-3-23}$$

式中：n_0是引入反应性之前的中子数。考虑到典型的压水反应堆动力学参数 $\beta=0.007\,5$，$\lambda=0.08\ s^{-1}$，$\Lambda=6\times10^{-5}$ s，当 $t=0$(即在引入反应性之前的时刻)，$C_0=\beta n_0/\Lambda\lambda\approx1\,563n_0$。这就是说，作为潜在的中子源的缓发中子先驱核的数目约为临界反应堆中的 1 563 倍。在正常运行状态下，这个大的潜在的中子源支配着中子的动力学特性。

下面应用式(4-3-22)和式(4-3-23)来讨论核反应堆的中子动力学特性。

(1) 在临界反应堆中引入阶跃正反应性($0<\rho\ll\beta$)后功率的瞬跳

可以通过提升控制棒，往堆内引入正反应性 $\rho=0.001\,5\ll\beta$。将压水堆典型的动力学参数代入式(4-3-22)和式(4-3-23)，就有：

$$n(t)=n_0(-0.25e^{-100t}+1.25e^{0.02t}) \tag{4-3-24}$$

$$C(t)=n_0(0.312\,5e^{-100t}+1\,562.5e^{0.02t}) \tag{4-3-25}$$

图 4-3-19 表示 $n(t)$和 $C(t)$随时间 t 的变化曲线。在瞬发中子代时间的时间尺度内($\Delta t\approx\Lambda$)，中子密度迅速增加，其速率几乎与不考虑缓发中子效应时的情况一样，即从 n_0瞬跳到 $n_0/(1-\rho/\beta)$。在物理上来说，就是在瞬发中子的作用下使反应堆到达超临界状态，然后按式(4-3-22)中第二项的指数规律 $e^{-[\lambda/(1-\beta/\rho)]t}$增加，这取决于缓发中子源中子的增加率。在瞬跳之后，中子密度的增加率相对缓慢，在裂变率变得过于大之前，使操纵员有较充裕的时间采取纠正性的控制行动。

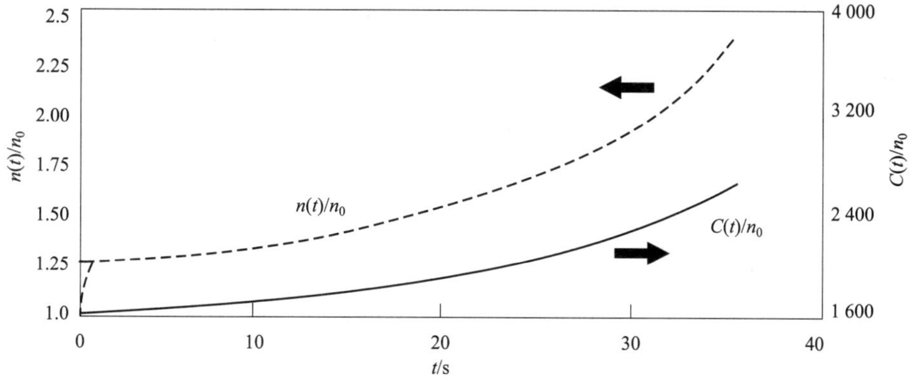

图 4-3-19　在往临界堆中引入阶跃正反应性 $\rho=0.0015\Delta k/k$ 后中子和缓发中子先驱核的增加

(2) 在临界反应堆中引入阶跃负反应性($\rho<0$)后功率的瞬跌

在时刻 $t=0$，通过将停堆控制棒组快速插入临界反应堆堆芯中，而引入一个大的负反应性 $\rho=-0.05\Delta k/k$。将压水堆典型的动力学参数代入式(4-3-22)和式(4-3-23)，就有：

$$n(t)=n_0(0.87e^{-958t}+0.13e^{-0.068t}) \tag{4-3-26}$$

$$C(t)=n_0(-0.113e^{-958t}+1\,250e^{-0.068t}) \tag{4-3-27}$$

图 4-3-20 表示 $n(t)$ 和 $C(t)$ 随时间 t 的变化曲线(示意图)。式(4-3-22)中第一项在 $\Delta t\approx\Lambda$ 的时间尺度内快速下降到接近 0，在物理上，这是在瞬发中子代时间的尺度范围内在瞬发中子的作用下使反应堆处于次临界状态。然后按式(4-3-22)中的第二项则缓慢衰减，这与缓发中子先驱核中子源的缓慢衰变相对应。中子密度从 n_0 快速降到 $-n_0\beta/(\rho-\beta)$(瞬跌)，然后按 $e^{-[\lambda/(1-\beta/\rho)]t}$ 缓慢衰减。因此，停堆控制棒不可能立即将一个核反应堆完全停闭(将中子数或裂变率减少到 0)。缓发中子先驱核将按 $e^{-[\lambda/(1-\beta/\rho)]t}$ 的指数规律衰减。

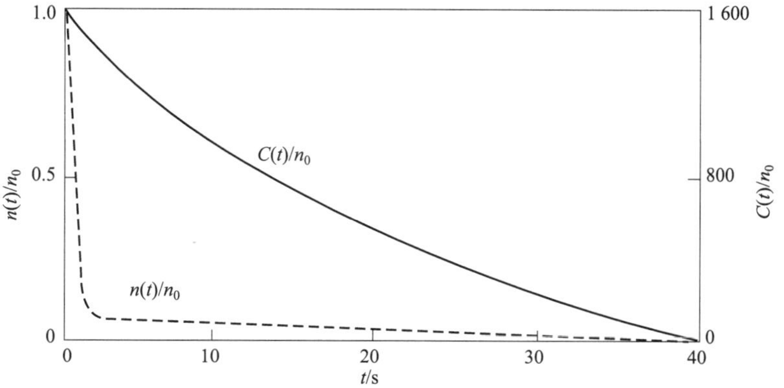

图 4-3-20　在往临界反应堆中引入负反应性 $\rho=-0.066\Delta k/k$ 后中子和缓发中子先驱核的衰减

4.3.3.4　瞬跳近似

由前述可知，当往临界反应堆中引入反应性 $\rho(\rho<\beta)$ 时，在中子代时间的时间尺度

内，中子数会发生一个陡变；然后，在缓发中子的作用下，以其先驱核的衰变常数倒数的时间尺度缓慢变化。如果忽略瞬跳期间瞬发中子动力学方面的特性，而假定：在反应性发生变化后的瞬间立即发生瞬跳；紧接着的是在缓发中子源的作用下中子数在瞬间发生变化的过程。在此假设的基础上，可对方程(4-3-20)进行简化，即设中子密度的时间导数等于零，有

$$0=[\rho(t)-\beta]n(t)+\Lambda\lambda C(t) \tag{4-3-28}$$

实际上，因为缓发中子先驱核对于反应性的变化并不会瞬时响应，所以可以认为，在反应性从 ρ_0 变为 ρ_1（它们都小于 β）之前和之后这两种情况下，缓发中子数是相同的，上式都是成立的。由此可以得出结论：在反应性变化之前和之后，中子密度的比值为：

$$\frac{n_1}{n_0}=\frac{\beta-\rho_0}{\beta-\rho_1} \tag{4-3-29}$$

可以用此式估计反应性变化后中子密度的瞬跳。

例 4-3-10 堆芯在极低的中子功率 N_0 下稳定运行，反应性 $\rho(\rho\ll\beta)$ 从 t_0 时刻起随时间发生如图 4-3-21 所示的变化，试定性地以中子功率 $N(t)$ 作纵坐标画出其随时间的响应曲线（需考虑瞬发中子和缓发中子，曲线画至 t_3 时止）。

解

见图 4-3-21。

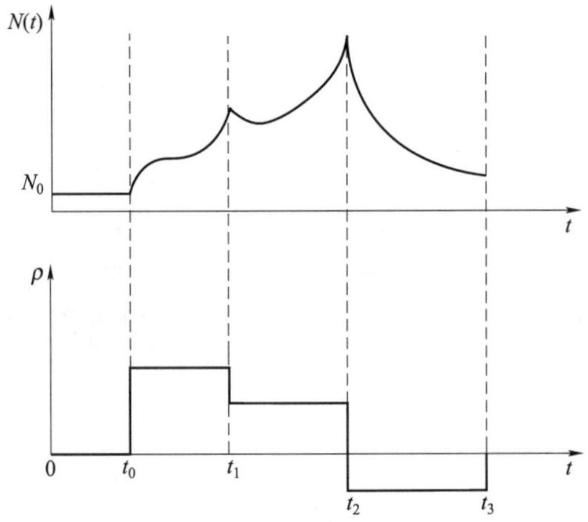

图 4-3-21 反应性变化时核功率的响应

例 4-3-11 画图并解释：

反应堆在核加热点以下处在临界状态，核功率稳定在 P_0。在时间 $t=0$ 阶跃引入 200 pcm 的正反应性，经过 30 s，再阶跃引入等量的负反应性，如图 4-3-22 所示。请定性地画出对应的核功率随时间的变化曲线，并对曲线进行解释。（曲线画到 60 s 即可）

解

在引入正反应性的很短时间内，由于瞬发中子突然增多，而缓发中子来不及变化，核功率上升很快，随着缓发中子的出现，使得中子平均寿命增加，周期变长，功率上升变缓。

在引入负反应性的很短时间内，堆芯内的瞬发中子突然减少，而缓发中子基本维持在原来水平，所以核功率有一个突降，随后由于缓发中子的作用，使核功率下降速度减缓。最后逐渐稳定在高于初始功率的某个水平上。

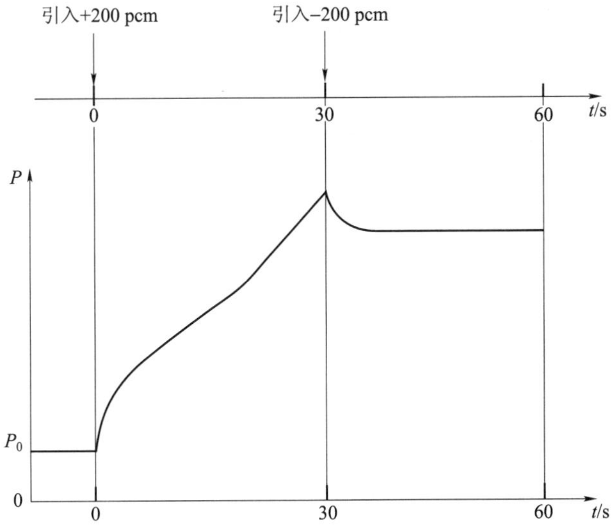

图 4-3-22 反应性变化时核功率的响应

注：可以通过应用等效单组缓发中子动力学方程组，并取典型的压水堆的参数（β=0.007 5，λ=0.08 s^{-1}，Λ=6×10^{-5} s）进行计算来验证。

在添加正反应性的瞬间，会发生瞬跳，可应用瞬跳近似公式（4-3-29）估算瞬跳为：$n_1=1.364n_0$。在瞬跳之后的30 s，可应用式（4-3-22）算得添加正反应性之后 30 s 时的中子密度为：n_1(30 s)=3.264n_0。

在添加−200 pcm 的负反应性后，会有一个瞬跌。可应用式（4-3-29）算得：中子密度在瞬间会跌至 0.73n_1(30 s)。

因为此时反应堆内总反应性为零[$\rho=\rho_1+\rho_2=(+200)+(-200)=0$ pcm]，所以在瞬跌后反应堆应处于临界状态，功率维持在 0.73n_1(30 s)，或 2.383n_0。

例 4-3-12 反应堆在极低的功率下稳定运行，提升一段控制棒后反应堆以倍增周期 $T_{倍}$=30 s 使热中子通量增长到原水平的 20 倍。请问：如果无任何反应性反馈，上升过程大约需要多长时间？（结果保留至小数点后一位）

解

因为无功率反馈，所以有：$P=P_0\exp(t/T_e)$ 和 $P/P_0=\exp(t/T_e)$。而 $T_e=T_{倍}/\ln 2=30/0.693=43.3$ s。将数据代入：$P/P_0=20=\exp(t/43.3)$，算得：

$$t=(\ln 20)\times43.3=2.996\times43.3=129.7\ \text{s}$$

所以，上升过程大约需要 129.7 s。

4.3.4 倒时方程

倒时公式是反应堆稳定周期 T（e 倍周期）与引入反应性 ρ 之间的关系式，是反应堆物理实验中由测量得到的 T 求 ρ 的理论依据。“倒时”是反应堆工程中早期采用的一个名词。一个倒时相当于反应堆功率增长的稳定周期为 1 h 所加入的反应性量。

将周期 $T=1/\omega$ 代入反应性方程（4-3-12），就得到倒时方程：

$$\rho=\frac{\Lambda}{T}+\sum_{i=1}^{6}\frac{\beta_i}{1+\lambda_i T} \tag{4-3-30}$$

或

$$\rho = \frac{l}{kT} + \sum_{i=1}^{6} \frac{\beta_i}{1+\lambda_i T} \tag{4-3-31}$$

在上两式中，右端第一项表示瞬发中子寿命的作用，而第二项则表示缓发中子对反应堆周期的影响。若令所有的 $\beta_i=0$，可由此二式得到：

$$T=\Lambda/\rho=l/(k-1)$$

这就与不考虑缓发中子时的反应堆周期相等了[见式(4-1-3)]。

在实际使用中，用等效单组缓发中子近似倒时方程来估计反应性颇为方便：

$$\rho=\frac{\Lambda}{T}+\frac{\beta_{\text{eff}}}{1+\lambda T} \tag{4-3-32}$$

式中：β_{eff}——缓发中子份额；

λ——等效缓发中子衰变常数；

$\Lambda=l/k$——瞬发中子平均代时间[见式(4-2-6)]；

T——反应堆稳定周期。

考虑到瞬发中子平均代时间是一个很小的值，第一项可忽略，上式可写成：

$$T=\frac{\beta_{\text{eff}}-\rho}{\lambda\rho} \tag{4-3-33}$$

例 4-3-13 反应堆在热态零功率临界状态，调节棒组提升若干步后停止，使堆功率以倍增周期 $T_{倍}=30$ s 上升，随即快速硼化，使反应堆重回临界状态。此时硼浓度较硼化前增加了 15 ppm，请计算此时的硼微分价值(硼微分价值以 pcm/ppm 为单位，取小数点后两位有效数字)。已知：

中子代时间：　$\Lambda=1\times10^{-3}$ s；

缓发中子有效份额：　$\beta_{\text{eff}}=0.0074$；

等效缓发中子衰变常数：　$\lambda=0.077\ \text{s}^{-1}$。

(提示：以单组缓发中子作简化计算；假定整个过程中燃料温度不变)

解

$T_2=30$ s 所对应的反应性大小应与 15 ppm 硼的反应性效应相等。

$$\rho=\Lambda/T+\beta_{\text{eff}}/(1+\lambda T)$$

$$T_e=T_{倍}/\ln 2=30/0.693=43.28\ \text{s}$$

$$\rho=(1\times10^{-3})/43.28+0.0074/(1+0.077\times43.28)=1.7311\times10^{-3}\Delta k/k$$

故硼的微分价值为：

$$\Delta\rho/\Delta c_B=-173.11\ \text{pcm}/15\ \text{ppm}=-11.54\ \text{pcm/ppm}$$

例 4-3-14 已知反应堆的动态参数如下：

平均缓发中子先驱核衰变常数：　$\lambda=0.08\ \text{s}^{-1}$；

缓发中子有效份额：　$\beta_{\text{eff}}=0.006$；

瞬发中子平均代时间：　$l_p=10^{-5}$ s；

中子平均代时间：　$l_0=0.07$ s。

引入一个正反应性后，观察到的反应堆功率倍周期 $T_{倍}=60$ s。忽略任何反应性反馈效应，试计算：

(1) 反应堆的功率从 0.02%FP 增长到 0.03%FP 所需要的时间；

(2) 此时反应堆的有效值增殖因数 k_{eff}。

(计算的周期和时间在小数点后保留两位，ρ 及 k_{eff} 小数点后保留 4 位)

解

(1) 已知 $T_{倍}=60$ s，功率增长的 e 倍周期

$$T_e=T_{倍}/\ln2=60/0.693\,1=86.57\text{ s}$$

由 $P(t)=P(0)e^{t/T}$，可得功率从 0.02%FP 增长到 0.03%FP 所需时间

$$t=T_e\times\ln[P(t)/P(0)]=86.57\times\ln[0.03/0.02]=35.10\text{ s}$$

(2) 所引入的反应性可用等效单组缓发中子近似的倒时方程求得：

$$\rho=l_p/T+\beta_{eff}/(1+\lambda T)$$
$$=10^{-5}/86.57+0.006/(1+0.08\times86.57)=0.000\,8\Delta k/k$$

因为 $\rho=(k_{eff}-1)/k_{eff}$，所以反应堆的有效增殖因数为：

$$k_{eff}=1/(1-\rho)=1/(1-0.000\,8)=1.000\,8$$

例 4-3-15 反应堆在热态零功率下，测得倍周期 $T_{倍}$ 为 28 s，试计算：

(1) 此时的超临界反应性为多少 pcm?

(2) 如无任何功率反馈，以此周期提升功率，经 2 min 后的功率是原功率的多少倍?

已知：瞬发中子代时间：$\Lambda=10^{-3}$ s；缓发中子份额：$\beta=0.006\,5$；单组缓发中子衰减常数：$\lambda=0.077\text{ s}^{-1}$。

解

(1)将倍周期换算成 e 倍周期：

$$T_e=T_{倍}/\ln2=28/0.693=40.4\text{ s}$$

利用等效单组缓发中子近似下的倒时方程进行反应性计算：

$$\rho=\Lambda/T_e+\beta/(1+\lambda T_e)=(1\times10^{-3})/40.4+0.006\,5/(1+0.077\times40.4)=160.6\text{ pcm}$$

(2) 计算功率增长的倍数：

由 $$N_1=N_0e^{t/T}$$

知 $$N_1/N_0=e^{120/40.4}=19.5$$

即 2 min 后功率是原功率的 19.5 倍。

例 4-3-16 一反应堆以稳定功率 P_0 运行，突然阶跃引入 6 600 pcm 的负反应性紧急停堆，假定在停堆后 30 s 以内，堆芯的等效单组缓发中子份额 $\beta_{eff}=0.006$、等效单组缓发中子衰变常数 $\lambda=0.08\text{ s}^{-1}$。若不考虑功率反馈效应，试求：

(1) 阶跃反应性引入后反应堆核功率陡降至停堆前功率的百分比。

(2) 核功率降至 2%FP 大约需要多少时间?

解

可按等效单组缓发中子近似进行解答：

(1) 由式(4-3-22)可知，在引入负的阶跃反应性后，功率的瞬跌可用阶跃因子表示：

$$S=n/n_0=P/P_0=[-n_0\beta/(\rho-\beta)]/n_0=\beta/(\beta-\rho)=0.006/[0.006-(-0.066)]=8.33\%$$

(2) 在功率瞬跌后的反应堆周期为：

$$T=(\beta-\rho)/(\lambda\rho)=[0.006-(-0.066)]/[0.08/(-0.066)]=-13.64\text{ s}$$

因为功率的瞬跌是在 $\Delta t\approx\Lambda$ 的时间尺度内发生的，所以可忽略其所经历的时间，将功率降到 2%FP 所需的时间近似看作从 8.33%FP 降到 2%FP 所需的时间，即：

$$t=-T\ln[P(t)/P_0]=-13.64\times\ln(2/8.33)=19.46\ \mathrm{s}$$

4.3.5 瞬发临界

在3.1.1节已经说明，反应堆的增殖因数与每次裂变的中子产额 ν 成正比。而裂变中子数 ν 包括了 $\beta\nu$ 个缓发中子和 $(1-\beta)\nu$ 个瞬发中子两部分。如果

$$(1-\beta)k=1 \tag{4-3-34}$$

就说明该反应堆仅仅依靠瞬发中子的贡献就能使反应堆维持临界。这时缓发中子在决定周期方面不起作用。于是，这个反应堆就处于瞬发临界状态。这种状态的特征是：反应堆功率的增长周期极短，以致对链式反应无法控制，从而会给反应堆堆芯造成无法挽回的严重损害。所以，绝对不允许发生瞬发超临界现象。

因为反应性的定义是 $\rho=(k-1)/k$，所以 $k=(1-\rho)^{-1}$。将此式代入式(4-3-34)，得到造成瞬发临界的条件为：

$$\rho=\beta \tag{4-3-35}$$

此式表明，如果引入的正反应性 ρ 的大小等于或大于总的缓发中子份额 β，则该反应堆就处于瞬发临界状态。所以，在改变压水反应堆反应性的控制操作中，一次引入的正反应性绝对不得大于(而应远远小于)反应堆的缓发中子总有效份额。

瞬发临界的条件还可从中子动力学方程(4-3-8)中得到。如果只考虑瞬发中子，忽略缓发中子源项；并且，由于反应堆是临界的，所以 $\mathrm{d}n/\mathrm{d}t=0$，则方程可写成：

$$0=\frac{\rho-\beta}{l}n \tag{4-3-36}$$

因而也可得到瞬发临界的条件为 $\rho=\beta$。

例 4-3-17 一热中子反应堆的瞬发中子寿命为 $l=5.7\times10^{-4}$ s，等效单组缓发中子衰变常数 $\lambda=0.0774\ \mathrm{s}^{-1}$，等效单组缓发中子份额 $\beta=0.0065$。对于反应性 $\rho=0.00065\Delta k/k$，

1）求反应堆周期(以 s 表示)；

2）以 \$ 单位表示反应性。

解

1）由于瞬发中子平均代时间 Λ 很小(因为 l 很小)，所以引入一小反应性 ρ 以后，反应堆周期可按式(4-3-33)计算。对于很小的反应性，即对于很长的周期，式中的 ρ 和 β 相比可以忽略，于是反应堆周期的表达式可以写成 $T\approx\beta/(\lambda\rho)$。代入题给的单组缓发中子的数据，得反应堆周期

$$T=0.0065/(0.0774\times0.00065)\approx129\ \mathrm{s}$$

2）根据反应性的定义，有：

$$反应性(\$)=\rho/\beta=0.10\ \$$$

复习思考题

1. 什么是PWR中的中子平均寿命？它主要取决于什么？
2. 代时间是怎样定义的？
3. 请分别解释在升功率和降功率的瞬变过程中，有效缓发中子衰变常数发

生的变化。

4. 与瞬发中子相比较，缓发中子有哪些特点？对$^{235}_{92}U$核由热中子引起裂变时的缓发中子通常分几组？最长一组的平均寿期约为多少秒？缓发中子在全部裂变中子所占的份额是多少？

5. 缓发中子在反应堆的控制中起着什么作用？

6. 简述中子动力学中的点堆模型的物理概念。

7. 什么叫反应性？如何定义反应堆接近临界和与临界偏离较大两种情况下的反应性？

8. 什么叫反应堆的周期和倍增周期？两者有何关系？

9. 反应堆物理启动时，如何由反应堆的周期来确定反应性的大小？

10. 写出对装有外中子源的反应堆进行物理启动时使用计数率倒数曲线来监测临界点的原理公式，并简述此公式的物理意义。

11. 简述反应堆装料过程中进行物理监督的原理。

12. 压水反应堆经过较长时间功率运行，在停堆再启动时，有哪些中子源？

13. WWER-1000 型反应堆内无外加中子源，在首次启动反应堆时自发裂变中子源强度又较弱，这有什么潜在的风险？确保启动试验安全的基本原则是什么？

14. 在核电站的无外源反应堆首次启动时，对添加正反应性过程应采取哪些监测和保护？

15. 试比较在大型压水反应堆内装有外中子源和无外中子源的情况下进行物理启动试验的主要相同点和不同点。

16. 什么是多普勒发热点？如何确定多普勒发热点？确定多普勒发热点在物理上有何意义？

17. 某 PWR 反应堆满功率运行时中子通量密度为 $10^{14}\ cm^{-2}\cdot s^{-1}$。请估算在紧急停堆后需要多长时间中子通量密度降为 $10^{5}\ cm^{-2}\cdot s^{-1}$？（设此堆未装外中子源，并忽略停堆后光激中子源的作用）

18. 什么是瞬发临界？瞬发临界的条件是什么？为什么要绝对避免瞬发临界现象的发生？

第五章　反应性的变化和控制

核反应堆在运行过程中，它的物理参数在不断地变化着，其中许多参数与反应堆的安全密切相关。

最重要的变化首推反应堆堆芯温度的变化。以压水反应堆核电站为例，堆芯燃料的平均温度可达到 1 000 ℃以上，慢化剂（同时又是冷却剂）温度在 300 ℃左右。堆芯功率对额定值的微小偏离，都可能引起温度（包括燃料和慢化剂的平均温度）较大幅度的变化。在反应堆的过渡工况下，这种变化的幅度可能更大，例如，当反应堆从带功率运行到停闭、再从热态零功率降到冷态时，冷却剂的平均温度将降低约 200 ℃以上。

因为中子截面是温度的函数，所以，堆芯燃料温度的变化势必会影响对中子的共振吸收；慢化剂温度的变化又会引起慢化剂慢化比（见 3.2.4 节）的变化；压水反应堆冷却剂中的可溶毒物^{10}B的含量也会随温度的变化而变化，进而影响对中子的吸收；等等。所有这些变化，都将使反应堆内的反应性发生变化，影响堆内的反应性平衡，这往往关系到反应堆的安全。例如，当反应堆温度升高（反应堆功率相应地从 0%FP 上升到 100%FP）时，由于所引起的是负反应性效应（即所谓功率亏损），一般不至于造成堆芯安全上的问题；但是，当出现与此相反的过程时，随着功率下降、堆芯冷却，就容易出现堆芯安全方面的问题，例如：

1）燃料温度降低。此时，因为多普勒效应，燃料核的共振吸收峰将变窄，从而使^{238}U核对中子的共振吸收减少。

2）慢化剂密度增大。这种变化使单位体积内慢化剂的核子数目增加，从而引起慢化剂慢化能力提高。

3）空泡份额的减少。这使中子泄漏减少，同时使慢化剂的慢化能力提高。

上述变化将引入正的反应性效应。当反应堆在停堆时受到过度冷却时，所引进的正反应性有可能使反应堆重返临界和重返功率，这正是需要操纵员加以极端重视和关注的问题。

由于温度变化而使堆芯的有效增殖因数发生变化，进而引进各种反应性效应，这是本章要着重讨论的带功率运行反应堆反应性变化和控制的内容之一。

本章要着重讨论的内容之二是：在功率运行时，反应堆中易裂变核素核的裂变和新的易裂变核素核的产生，以及裂变产物的积累而造成的反应性变化。这些变化同样也会引起许多物理量（如反应性、燃料中核素的成分、中子通量密度等）不断地随时间而变化。

为了补偿和克服反应堆启动之后所产生的温度效应、裂变产物中毒效应和燃料的燃耗效应等所引起的反应性变化，核反应堆在其寿期之初（Beginning of Life，BOL），就必须储备足够的剩余反应性。另外，为了对反应堆在启动、停堆、再启动、提升或降低功率时能够控制自如，必须采用必要的外部控制手段来控制堆芯的反应性。并且，针对不同物理过程所引起的不同大小和速率的反应性效应，要采用不同的控制方式。

上述内容是反应堆动态设计的物理基础，也是反应堆运行的物理基础。

本章讨论反应性温度效应、裂变产物的中毒和燃耗效应；随后讨论反应性的控制（涉及控制棒控制、化学补偿控制和可燃毒物控制）；在讨论了功率运行反应堆的反应性平衡计算原理之后，作为应用的例子，介绍了停堆深度和停堆后再启动达临界时反应性的估算；最后，应用反应性控制的知识，简单地讨论了功率和功率分布的控制。

5.1　反应性的温度效应

5.1.1　反应性温度系数及其对反应堆稳定性的影响

为了定量地描述各种参数对堆芯反应性的影响（例如温度升高，控制棒插入，中子毒物的积累），特引入反应性系数的概念。反应性系数是对于已知参数变化一个单位所造成的反应性的变化量。例如，慢化剂温度的升高将引起堆芯反应性的减小。慢化剂温度每变化一度所引起的反应性的变化量就是慢化剂温度系数。慢化剂温度系数常用的单位是 pcm/℃。反应性系数一般用符号 α_x 表示，其中 x 表示某一个对反应性起着作用的可变的反应堆参数（例如温度）。反应性系数的定义写成差分的形式为：

$$\alpha_x=\frac{\Delta\rho}{\Delta x} \tag{5-1-1}$$

式中：Δx 为某反应堆参数的变化量，则 $\Delta\rho$ 表示由于参数的变化而引起的总的反应性的变化，即反应性效应。如果当参数 x 增加时引入的是正反应性，则 α_x 为正值；如果当参数 x 增加时引入的是负反应性，则 α_x 为负值。

反应性效应 $\Delta\rho$ 可由参数的变化量乘以该参数下的反应性系数平均值来求得。由反应性系数计算反应性效应的公式为：

$$\Delta\rho=\alpha_x\Delta x \tag{5-1-2}$$

对于运行着的反应堆来说，功率的任何变化，都会引起温度的变化。而温度变化对反应堆最大的影响是往堆内引入正的或负的反应性效应。

5.1.1.1　温度效应及反应性温度系数

在压水堆核电站反应堆中，堆芯燃料的温度在 1 000 ℃以上，作为慢化剂（同时又是冷却剂）的水的温度在 300 ℃左右。反应堆功率对额定工况的任何微小的偏离都可能引起温度的绝对值的很大变化。在反应堆的过渡工况下，这种变化可能更大。温度的变化会导致材料体积的缩小或膨胀，使反应堆各部件的质量和体积的比例关系发生变化，进一步造成反应堆堆芯和整个反应堆体积的变化。另外，温度的变化，还会使原子的运动速度发生改变，使重核素（尤其是 $^{238}_{92}U$）核的共振吸收截面变宽或变窄，从而改变截面和能量的依赖关系。所有这些由于温度变化而引起的物理效应，都将使反应堆的有效增殖因数 k_{eff} 发生变化，使堆芯引入一个不等于零的反应性变化。这种效应称为反应性温度效应，简称温度效应。

为了定量描述由于燃料和慢化剂温度变化而引起的反应性变化，需要引入以下物理概念：

1）燃料反应性温度效应：燃料温度变化引起的反应性变化叫燃料反应性温度效应。

2）燃料反应性温度系数 α_f：燃料有效温度（见 5.1.2 节）变化 1 ℃所导致的反应性变化量。

3）慢化剂反应性温度效应：慢化剂温度变化引起的反应性变化叫慢化剂反应性温度

效应。

4）慢化剂反应性温度系数 α_m：慢化剂平均温度变化1 ℃所导致的反应性变化量。

5）功率反应性效应：反应堆功率水平变化所导致的反应性变化量（当功率水平上升时所引进的负反应性变化量称为功率亏损）。

6）功率反应性系数 α_P：反应堆功率水平变化1%FP所导致的反应性变化量。通过以后各节的学习可知，功率反应性效应主要是燃料和慢化剂反应性温度效应的综合效应，但 α_P 并不等于 α_f 和 α_m 之和。

按反应性 ρ 的基本定义（见4.1.3节），并考虑到所研究的问题是属于临界态附近（即 $k\approx1$）的问题，反应性温度系数 α_T 可表示为：

$$\alpha_T\approx\frac{1}{k}\frac{\mathrm{d}k}{\mathrm{d}T} \tag{5-1-3}$$

所以也可按此式对反应性温度系数的定义表述如下：反应性温度系数 α_T 是指反应堆温度变化1 ℃时有效增殖因数 k 的相对变化量。α_T 的单位为pcm/℃、$\Delta k/k$/℃或 β_{eff}/℃。

由式(5-1-3)可知，因为 $k>0$ 总是成立的，所以 α_T 与 $\mathrm{d}k/\mathrm{d}T$ 有相同的代数符号：如果 α_T 为正，则 $\mathrm{d}k/\mathrm{d}T$ 也为正，因而反应堆增殖因数将随温度的升高而增加；反之，如果 α_T 为负，则 $\mathrm{d}k/\mathrm{d}T$ 也是负，增殖因数便随温度的升高而减小。

5.1.1.2 具有正温度系数和负温度系数的反应堆的行为

（1）具有正温度系数的反应堆的行为

当反应堆具有正的温度系数时，反应堆的温度升高将导致 k 的增加，功率随之升高，功率的升高又会导致温度的进一步升高，温度的升高又使 k 增加，如此循环下去，反应堆的功率将不断升高，一直到控制棒插入堆芯使功率的上升得到遏制，或堆芯熔化、造成无可挽回的严重后果为止。与前述过程相反，假如开始时温度下降，则 k 将减小，功率便降低，这将导致温度的进一步下降，因此最后反应堆会自行关闭。显然，温度系数为正的反应堆对于温度的变化具有固有的不稳定性。

（2）具有负温度系数的反应堆的行为

当反应堆具有负温度系数时，情况与上述具有正温度系数的反应堆大不相同。温度的升高将导致 k 的减小，这就会使功率水平降低，并使温度回到它的初始值附近。相反，温度的下降则引起 k 的增加，从而提高了功率并使系统重新回到它的初始温度附近。因此具有负温度系数的反应堆对于温度的变化具有一定的稳定性，这是安全运行必不可少的条件之一。

具有负温度系数的反应堆在一定程度上具有自动调节堆功率以适应负荷变化的能力，即具有一定的自动跟踪负荷的自调性。以压水反应堆为例，如二回路的负荷变大，将从一回路带走更多的热量，使反应堆内的平均水温降低。由于负温度系数，k 将增加，使功率自动上升，以适应负荷变化的要求。当然，这种自调性具有局限性（只在一定范围内），因此虽不能把调节反应堆功率的功能全部由负温度系数带来的自调性来承担，但它具有固有稳定性的优点却是显而易见的。

图5-1-1表示在反应堆中引入一个正阶跃反应性时，在不同温度系数的情况下功率（或增殖因数 k）的变化。对于一个处于功率运行的压水堆，突然引入一个正的阶跃反应性（例如控制棒提升若干步），反应堆功率将作如下响应：由于引入一个正的反应性，功率增加，使

温度也上升。

如果 $\alpha_T>0$,那么这将导致功率的进一步增加,温度进一步上升,除非外界干涉,否则反应堆的功率将无限制地持续增加(见图 5-1-1 曲线 1)。

相反,如果 $\alpha_T<0$,则反应性将随着功率和温度的上升而减小。这又有以下两种情况:

1) 如果 $|\alpha_T|$ 很小,并且热量从反应堆导出得足够快,则功率将平稳地上升到某一水平,温度使反应性减少到零,反应堆将又返回临界,并保持在这个功率水平上(见图 5-1-1 曲线 2)。

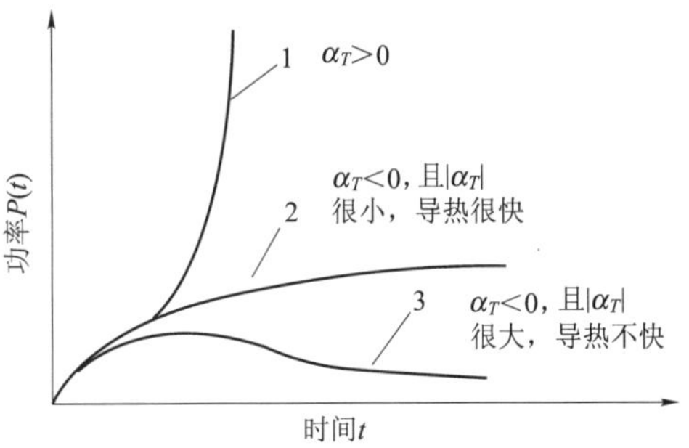

图 5-1-1 不同温度系数情况下反应堆功率随时间的变化

2) 如果 $|\alpha_T|$ 很大,又是负的,而同时热量的导出不够快,或者只是两种情况之一,则在提升功率后,随着功率初始上升而温度升高,可能会造成很大的反应性下降,使系统内产生的热量在导出之前,功率又降到反应性为零的某一功率水平上,甚至降到次临界,出现所谓功率"过调"现象(见图 5-1-1 曲线 3)。

还需要特别提及的是:功率运行反应堆在 $\alpha_T<0$ 且 $|\alpha_T|$ 很大的情况下停堆后,有可能出现重返临界的问题(详见 5.1.5 节)。

原则上,尽管可以使用快速可靠的控制系统来防止具有正温度系数的反应堆的大功率偏移,但是,还是要求反应堆具有负的温度系数,从而具有固有的稳定性能,这样更为安全、可靠。

5.1.2 燃料反应性温度系数的性质及其影响因素

5.1.2.1 产生多普勒效应的原因

(1) 共振俘获截面多普勒展宽

产生燃料反应性温度效应(又称多普勒效应)的原因之一是:由于燃料温度升高,引起 $^{238}_{92}U$ 共振吸收截面峰展宽,增加了对中子的共振吸收,使中子的逃脱共振俘获概率减小。

图 2-4-5 和图 5-1-2 给出了 $^{238}_{92}U$ 在中能中子区的俘获截面共振峰群。图 5-1-2 中的实线表示在 $^{238}_{92}U$ 核静止时与一定能量的中子的作用截面;虚线则表示当温度升高时的共振俘获截面。图 5-1-3 给出了 $^{238}_{92}U$ 核在能量为 E_r 处的一个共振峰的多普勒展宽的图形的示意图。

实际上,$^{238}_{92}U$ 核不是静止的,而以一定的速度运动着(在其晶格结构中振动着),而且,当温度升高时,$^{238}_{92}U$ 核振动加剧,这使得具有共振峰能量的中子进入燃料后击中 $^{238}_{92}U$ 核并发生作用的可能性减小了,因而在该能量处,共振峰就会较 $^{238}_{92}U$ 静止时变矮了。当靶核背离入射中子而运动时,该入射中子的速度和能量必须大于 E_r 才能被共振俘获;相反,如果靶核朝着入射中子运动,则该入射中子即使能量小于 E_r 也可能会被俘获。温度的升高将引起靶核在它们的晶格结构内更加快速地振动,这就有效地展宽了中子可能被燃料核共振俘获的能量范围。因此,具有共振峰左右能量的中子与靶核发生反应的可能性就增加了,这将使共振峰的宽度变宽。这种现象称为多普勒展宽。

(2) 燃料芯块的自屏效应

实验测量证明,在某一中子能量范围内,超热区的总吸收概率(也就是这些能量截面曲

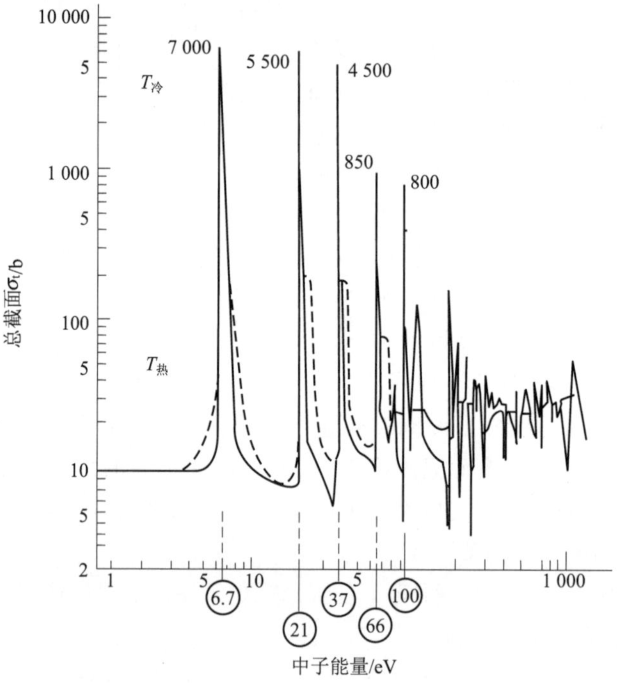

图 5-1-2　冷态和热态下的$^{238}_{92}$U 核共振区

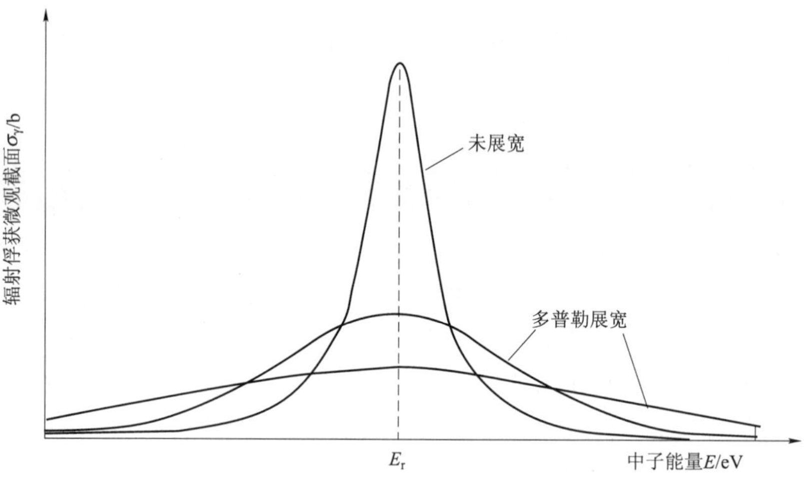

图 5-1-3　$^{238}_{92}$U 核在共振能 E_r 处共振俘获截面的多普勒展宽

线下的面积），并没有因为展宽而发生变化，这个能区的平均截面是不会变的。如果各种能量的中子均匀地分布在燃料里，那么吸收概率和逃脱共振俘获概率就不会改变。

然而，在压水堆核电站反应堆中，燃料在整个堆芯中是以燃料棒的形式作非均匀布置的，而燃料棒是由许多芯块叠装而成的。假定慢化剂中各种能量的中子是均匀分布的，由此可进一步假定在燃料芯块的表面处也是均匀分布的，但这对于接近燃料芯块中央处就不成立了。到达燃料芯块内层的中子必定先经过燃料芯块的外层，能量相当于$^{238}_{92}$U 共振峰区能量的中子进入燃料芯块时有很大的概率在燃料芯块的表面就被吸收，而不会到达燃料芯块的内层；若中子不具有共振峰区的能量，它的截面就低，就有可能不与$^{238}_{92}U$核发生核反应而穿过燃料芯块。因为这种效应是燃料芯块本身对某种能量中子产生的屏蔽作用，所以称为空间自屏效应（见图 5-1-4），这在 3.7.1 节中已作过概要的介绍。

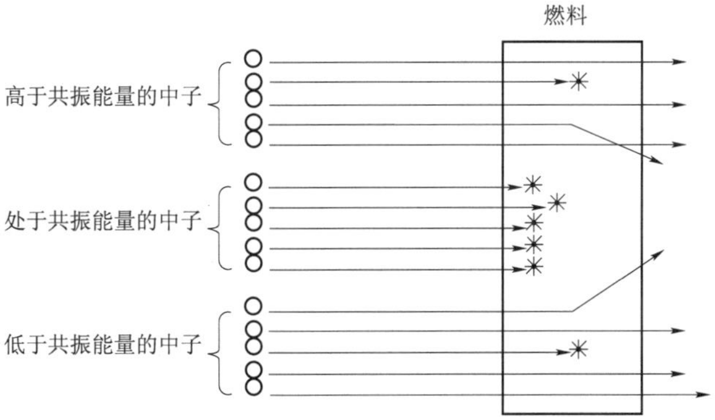

图 5-1-4　多普勒展宽和自屏效应（展宽之前）

根据式（2-4-18），当中子在燃料中穿行距离 x 时，它被吸收的概率可表示为：

$$P(x)=1-e^{-x/\lambda} \tag{5-1-4}$$

式中：λ 为吸收平均自由程。压水堆在 UO_2 燃料富集度为 3% 的情况下，可以取 $\lambda=0.0063$ cm，燃料芯块直径约为 0.82 cm，能量为 6.7 eV 的中子在 $x=5\lambda=0.0315$ cm 内被吸收的概率 $P(x)=99.3\%$，这就是说，此时的中子几乎全部被吸收了，因此很难有 6.7 eV 的中子进入到燃料块的中心。

但在共振峰被展宽后情况就不同了：能量在共振峰左右的中子，现在有较大的可能被燃料中的$^{238}_{92}U$核所吸收。因此，当温度较高时，除了所有共振中子几乎都会被吸收之外，在共振峰左右将有更多的中子被吸收（见图 5-1-5）。这些中子的能量在$^{238}_{92}U$核的裂变阈 1.1 MeV 以下，所以不引起$^{238}_{92}U$核裂变。当温度增加时，裂变链中损失的中子增多，从而引入了负的反应性。

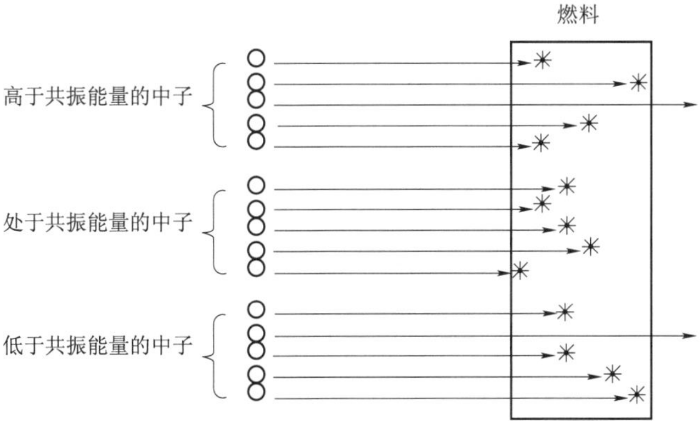

图 5-1-5　多普勒展宽和自屏效应（展宽之后）

以上只说明了在多普勒展宽后，空间自屏效应减弱而导致共振吸收增加。这还不够全面。另外还有一种所谓"能量自屏效应"在同时起着作用：在共振峰处的共振能量附近，中子通量密度急剧下降，因畸变而出现很大的凹陷，使共振吸收减小。当发生多普勒展宽后，这种能量自屏效应随之减弱，也使共振吸收增加(参见2.4.4节和3.2.3节)。

综上所述，多普勒展宽和两种自屏效应(能量自屏和空间自屏)相结合使逃脱共振俘获概率减小，从而使 k_{eff}变小，向堆芯引入负的反应性，这就是多普勒燃料温度效应的成因。

5.1.2.2 燃料反应性温度系数的物理特性

与慢化剂温度系数相比较，燃料反应性温度系数 α_f具有以下物理特性：

1) 瞬时特性。核功率的任何变化，将会迅速地使燃料温度发生变化，从而立即引起堆芯反应性的变化。而慢化剂温度系数则不具备这种特性，因为热量从燃料芯块传递到慢化剂中所需的时间要以秒来计算。

2) 反应性效应大。尽管燃料温度系数的绝对值比慢化剂温度系数的小(前者约 −1.5～−4.0 pcm/℃，后者约−1.0～−50 pcm/℃)，但功率从0%FP～100%FP的过程中，燃料温度约升高450～600 ℃，而慢化剂的平均温度一般只升高15～20 ℃。所以，在整个功率量程中，燃料温度变化引起的反应性效应要比慢化剂的要大。

3) 燃料反应性温度系数总是负值。当燃料温度增加时，${}^{238}_{92}U$ 核的共振吸收截面峰被展宽；但该共振峰能量处的吸收截面减小，该种能量的中子吸收平均自由程增大，自屏效应减小。两者的综合效应导致逃脱共振俘获概率 p 减小，进而使有效增殖因数减小。因此，燃料温度系数总是负值(而慢化剂温度系数则有可能为正值)。

从上述物理特性可以知道：由于 α_f总是负值，当压水堆发生诸如控制棒弹棒、失控提升、主蒸汽管道破裂等快速引入较大的正反应性(但远小于 $1\beta_{eff}$)的瞬态事故时，燃料温度系数将在短时间内对功率的升高起一定的遏制作用，从而对反应堆的稳定和安全起到非常重要的作用。

5.1.2.3 影响燃料温度系数的因素

影响 α_f的因素包括：

1) 燃料的有效平均温度 T_{eff}①。α_f是 T_{eff}的函数。在低温时，T_{eff}对共振峰展宽及自屏的综合效应减小影响较大，因此使 α_f较负；而高温时，T_{eff}对共振峰展宽和自屏的综合效应减小影响减弱，这是因为共振峰并不是随温度升高而可被无止境地展宽，即展宽有一定的限度，这就是所谓"钝化"现象。这种现象使得 α_f与低温时相比较负得较少。

2) 燃耗。随着燃耗的加深，${}^{240}_{94}Pu$ 在堆芯中的不断产生和积累。而核素${}^{240}_{94}Pu$ 在中子能量为1 eV处，具有截面约为 1×10^5 b的强吸收共振峰，这就使 α_f将向更负的方向变化。但在EOL(寿期末，End of Life)，当燃料处于高温时，情况将会发生下述两方面变化：${}^{240}_{94}Pu$ 共振峰的多普勒展宽发生"钝化"，因而并未引起更多中子的吸收；同时，由于核素${}^{238}_{92}U$ 的消耗(主要消耗于快中子增殖和经辐射俘获反应转变为${}^{239}Pu$)，使其对 α_f的贡献也就没有在BOL时那么大了。因此，在EOL就出现 α_f在高温下比BOL时的值负得较少的现象。上述现象见图5-1-6。

① 燃料芯块内部温度的变化是很大的。严格地说，应考虑堆芯内所有燃料芯块内各处的温度，并用逃脱共振俘获概率作权重因子对温度进行平均，从而求得整个堆芯的燃料有效平均温度。

5.1.3　慢化剂反应性温度系数及其影响因素

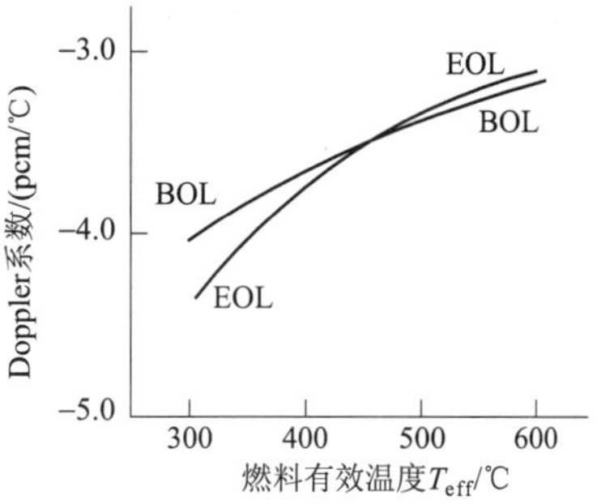

图 5-1-6　多普勒系数与燃料有效温度的关系

慢化剂反应性温度系数的变化主要由以下两个因素造成：一是温度变化时，各种核截面发生变化；二是温度变化时，材料密度发生变化。通常第二个因素是主要的。

为了讨论方便，假定反应堆只由水和燃料组成。当慢化剂温度升高时，部分水分子被移出堆芯，即 N_{H_2O}/N_U下降，其中 N_{H_2O}为单位体积中的水分子数，N_U为铀燃料的核子数(或表示为单位体积的氢原子数 N_H与单位体积${}^{235}_{92}U$ 核子数 N_5之比，即 N_H/N_5；或表示为慢化剂和燃料的体积比 V_{H_2O}/V_U)。下面来讨论慢化剂的密度发生上述变化所引起的效应。

5.1.3.1　从六因子的变化看密度的变化对 α_m的影响

(1) 热中子利用因数 f

当慢化剂温度升高时，使热中子利用因数 f 增加，从而引起正的反应性效应，因为：

$$f=\frac{\Sigma_{a,U}}{\Sigma_{a,U}+\Sigma_{a,H_2O}}=\frac{N_U\sigma_{a,U}}{N_U\sigma_{a,U}+N_{H_2O}\sigma_{a,H_2O}}=\frac{\sigma_{a,U}}{\sigma_{a,U}+\dfrac{N_{H_2O}}{N_U}\sigma_{a,H_2O}} \tag{5-1-5}$$

显然，当 N_{H_2O}/N_U减小时，将会使 f 增加，因此对慢化剂温度系数 α_m的贡献是正的。

(2) 逃脱共振俘获概率 p

当慢化剂温度升高时，中子能谱变硬，低能部分的中子共振吸收增加，即中子在超热区被${}^{238}_{92}U$ 和${}^{240}_{94}Pu$ 核共振吸收的概率增加，所以逃脱共振俘获概率 p 减小，因此对慢化剂温度系数 α_m的贡献是负的。

(3) k_{eff}的其他因子

慢化剂温度升高时，k_{eff}中的其他各因子对 α_m的贡献很小，可以忽略。如：

- 快中子增殖因数 ε 上升，对 α_m虽是正贡献，但很小；
- 引起${}^{235}_{92}U$ 和${}^{239}_{94}Pu$ 的俘获-裂变比有所增加，使 η 减小(见 2.4.4 节)；
- 热中子和快中子的不泄漏概率 Λ_d 和 Λ_s 下降，对 α_m为负贡献，但对于大型反应堆来说，其影响很小。

上述六因子和 k_{eff}的变化如图 5-1-7 所示。其中 f 和 p 的变化在 3.1.2 节中已提到过。

5.1.3.2　“欠慢化”和“过慢化”对 α_m的影响

图 5-1-8 表示 k_{eff}与 N_{H_2O}/N_U的关系曲线。曲线的最高值处称为“最佳值”，这意味着，在给定燃料富集度和慢化剂材料的情况下，存在着使栅格的无限增殖因数达到极大值或临界体积为极小的栅格几何参数。但必须强调指出，这是从反应堆物理方面来看，而且仅仅是从增殖因数为极大的角度来看是最佳的。如图所示，以“最佳值”为界，可分为两个区：“欠慢化”区和“过慢化”区。在“最佳值”左边的“欠慢化”区中，慢化剂的慢化能力比慢化剂的吸收效应更重要。随着慢化剂温度的增加($T_2>T_1$)，逃脱共振俘获概率 p 的减小大于热中子利用因数 f 的增加，因此，使 k_{eff}减小。也就是说，在“欠慢化”区中 α_m是负的。在“最佳值”右

边的“过慢化”区中，以热吸收特性为主。随着温度的增加，N_{H_2O}/N_U减小，由于慢化剂热吸收的减少而引入的正反应性大于共振俘获增加而引入的负反应性，而使 k_{eff}增加。因此，在“过慢化”区中 α_m为正。

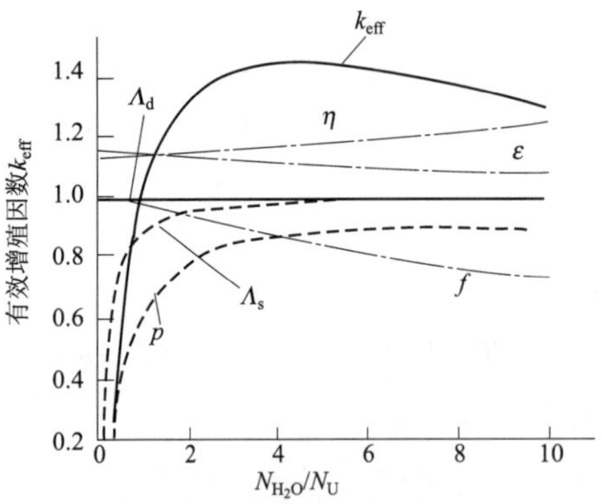

图 5-1-7　k_{eff}的六因子随 N_{H_2O}/N_U的变化示意图

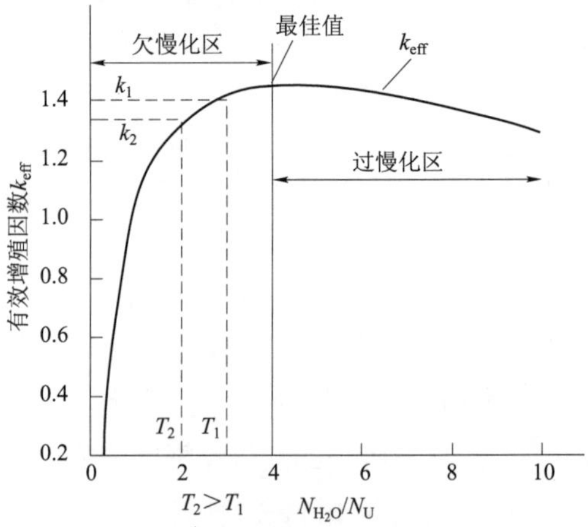

图 5-1-8　k_{eff}与 N_{H_2O}/N_U的关系

5.1.3.3　硼浓度 c_B变化的影响

当慢化剂温度 T_m升高时，由于 H_2O 的比体积变化，体积增加，在 H_2O 被排出反应堆冷却剂系统之外的同时，也使部分硼原子(或硼酸分子)被排出堆芯，从而使热中子利用因数增加，对 α_m的贡献为正。而且，当硼浓度 c_B增大时，对 α_m的正贡献也增大(见图 5-1-9)。

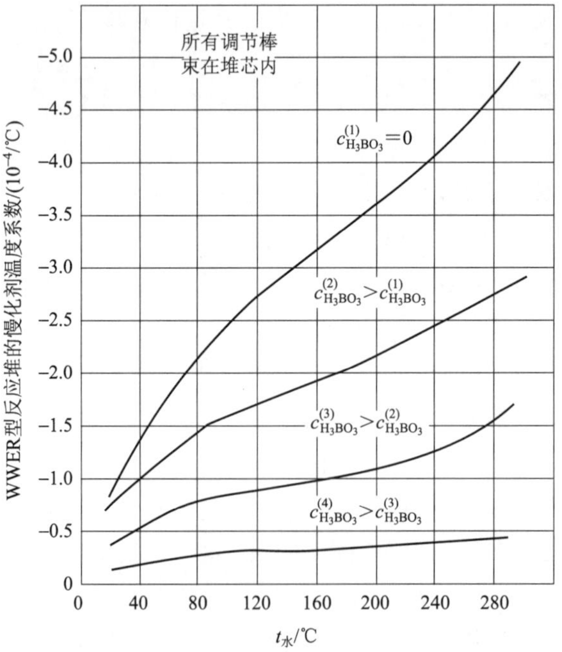

图 5-1-9　WWER-1000 型压水反应堆慢化剂温度系数
随冷却剂温度 t 和硼酸浓度 $c_{H_3BO_3}$ 的变化

如前述，在欠慢化区，冷却剂温度的升高造成冷却剂密度的降低，对 α_m 的贡献是负的。因此，当冷却剂温度升高时，就产生了两种相反的反应性效应变化趋势：一种趋势是硼原子被挤出堆芯而引进了正的反应性效应，即 $\Delta\rho_B>0$；另一种趋势是冷却剂(水)密度的变化引进了负的反应性效应，即 $\Delta\rho_{H_2O}<0$。这两种效应的综合效应

$$\Delta\rho=\Delta\rho_B+\Delta\rho_{H_2O} \tag{5-1-6}$$

取决于温度的变化量和硼浓度的变化幅度。因此，由于冷却剂温度和硼浓度的变化，可以造成三种可能的反应性综合效应结果：或负，或零，或正。因此，α_m 也可以为负为零或为正。

根据上述原理，可以对压水堆在 BOL 和在 EOL 的冷却剂硼浓度和慢化剂温度系数进行比较，并从物理的角度加以解释。

压水反应堆主要利用在冷却剂中添加可溶硼来补偿反应堆的过剩反应性。随着反应堆的功率运行，裂变产物不断积累，燃料不断消耗，而不断引入负反应性，为了维持反应堆临界，需要通过逐步减少冷却剂中的 ^{10}B 来补偿这些负反应性。因此到 EOL 时，冷却剂中的硼浓度将远远低于 BOL 时的硼浓度。

设计时，要求使压水反应堆堆芯处于 N_{H_2O}/N_U 的“欠慢化”区域，即当温度升高时，慢化剂密度下降，堆芯更加“欠慢化”，中子能谱变硬，其效果是引入负反应性。在 BOL 时，由于冷却剂中的硼浓度很高，温度升高导致单位体积中硼含量的减少很多，硼减少引入的正反应性效应很可观，可抵消大部分能谱硬化引起的负反应性，净的结果是慢化剂温度系数负得较少，甚至会出现正值；而在 EOL 时，硼浓度很低，温度升高引起单位体积中的硼含量减少所引入的正反应性远远低于中子能谱硬化的负反应性，因此在 EOL 时的慢化剂温度系数比 BOL 的要负得多。

在设计反应堆时，总把它设计成具有负的慢化剂温度系数。那么，是不是慢化剂温度系数越负越好呢？在 5.1.5 节中将对这一问题进行阐述。

由图 5-1-10 可见：在低温区(14.4 ℃)，T_m 变化造成的密度变化很小，即使 c_B 较高时，α_m 也几乎不变；当 T_m 较高时，对应于一定的 T_m 值，c_B 愈高，α_m 负得愈少；当 c_B 高、而 T_m 低到一定值时，α_m 可能出现正值；当 c_B 固定，T_m 愈高，则 α_m 愈负。

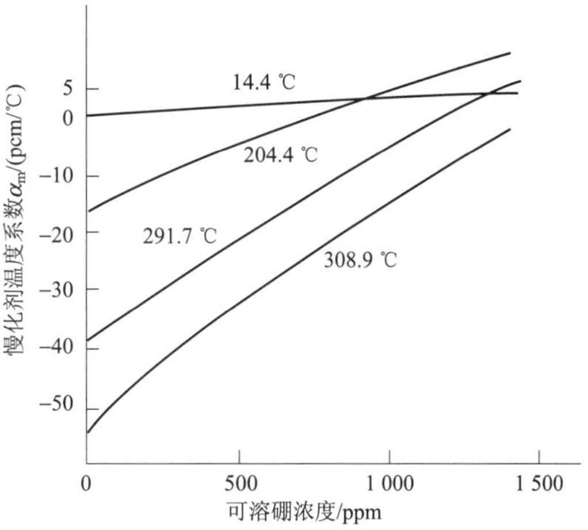

图 5-1-10　α_m 与硼浓度的关系

图 5-1-11 给出 WWER-1000 核电站反应堆首炉堆芯在 BOL 时，不同硼酸浓度、ARO(全部控制棒提出堆芯，All Rods Out)情况下，T_m 和 α_m 的关系。由图可见：在 BOL 时，为了补偿较大的过剩反应性，慢化剂中势必添加较高浓度的可溶毒物硼(酸)。当浓度 c_B 达到或超过一定值，即使 T_m 不变，排出硼的正效应超过慢化能力减弱的负效应时，α_m 会出现正值。

图 5-1-12 给出了 WWER-1000 核电站反应堆首炉堆芯在 EOL 时、不同硼酸浓度、在 ARO 和 ARI(全部控制棒插入堆芯，All Rods In)两种情况下及无氙和平衡氙(见 5.2.2 节)两种情况

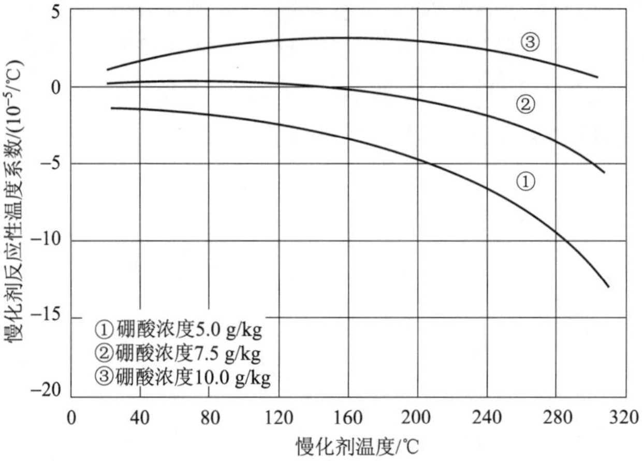

图 5-1-11 α_m与 T_m的关系(WWER-1000 核电站反应堆首炉堆芯,BOL,ARO,无氙和钐中毒)

下,T_m和 α_m的关系。在堆芯寿期内,由于燃耗及裂变碎片的积累,剩余反应性不断减小,c_B随着运行时间的推移而减少,在 EOL 时甚至可能降低到接近零,此时的 α_m可能最负。在 EOL 时,控制棒的插入将会使 α_m更负。由图可见:在 EOL 时,α_m可达−60~−70 pcm/℃。

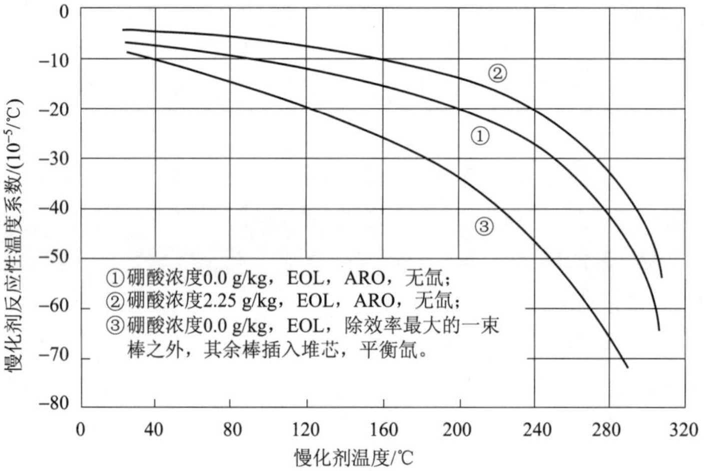

图 5-1-12 α_m与 T_m的关系(WWER-1000 型反应堆首炉堆芯,EOL)

思考题 5-1-1 在反应堆正常运行情况下,下述因素会如何影响慢化剂温度系数(向更负;由负向正;或是没有影响):

(1) 升高慢化剂温度;

(2) 降低硼浓度;

(3) 稳定运行下插棒;

(4) 堆芯燃耗加深。

解

(1) 向更负;(2) 向更负;(3) 向更负;(4) 向更负。

5.1.4　空泡系数

在压水反应堆中，当反应堆功率的升高到某一水平时，由于冷却剂(水)的局部沸腾使汽泡开始形成，其密度远小于水的密度，它们在堆芯中的冷却剂通道中挤占了部分慢化剂的空间，从而使慢化剂-燃料比降低。

设在冷却剂内汽泡所占体积的百分数为 x_V，则冷却剂内空泡份额变化百分之一所引起的反应性变化为：

$$\alpha_V = \frac{\Delta\rho}{\Delta x_V} \tag{5-1-7}$$

这就是空泡系数。

以液体作慢化剂的反应堆中，由于冷却剂的沸腾(包括局部沸腾)产生的汽泡占据了液体慢化剂的空间，这将导致：

1) 慢化剂对中子吸收减少，从而使反应堆的热中子利用因数提高；

2) 中子泄漏增加；

3) 慢化能力变小和中子能谱硬化。

第一项为正效应；第二项为负效应；第三项既可以是正效应，也可以是负效应。总的净效应是正还是负，与反应堆的类型及其核特性有关，并与空泡出现的位置有关。对于欠慢化的压水反应堆堆芯来说是负效应，即空泡的产生将导致负反应性的添加。

5.1.5　功率系数与功率亏损

压水堆核电站的反应堆一般在冷却剂平均温度 T_{avg} 为 290 ℃左右时进行启动。在到达临界后，将功率逐步从 0%FP 提升到 100%FP。如前所述，在此功率的提升过程中，T_{avg} 将升高 20 ℃左右，燃料的温度将约升高 600 ℃，堆芯由此而引入了慢化剂温度效应、燃料温度效应以及空泡效应，所有这些反应性效应都是负效应。为了提升功率，必须不断地向堆芯引入等量的正反应性来补偿由于功率升高而引入的负反应性效应，才能使反应堆在新的功率水平下维持临界状态。这里所说的“负反应性效应”俗称为功率亏损。所以，功率亏损实际上就是上述三种反应性效应的综合效应。为了定量地描述功率亏损，可引入功率系数 α_P 的概念，它实际上是燃料多普勒功率系数、慢化剂功率系数和空泡功率系数的综合系数。

5.1.5.1　燃料功率系数

燃料功率系数 α_P^{f} 表示为：

$$\alpha_P^{\mathrm{f}} = \alpha_{\mathrm{f}} \times \Delta T_{\mathrm{eff}} \tag{5-1-8}$$

式中：ΔT_{eff}——功率变化 1%FP 时，堆芯燃料有效温度变化量的平均值，℃/%FP；

α_{f}——燃料(多普勒)温度系数，pcm/℃；

α_P^{f}——功率每变化 1%FP 时堆芯仅由于燃料有效温度变化而引入的反应性变化，pcm/%FP。

影响燃料功率系数的主要因素有：

1) 燃料有效温度 T_{eff}。由于 T_{eff} 每升高 1 ℃引起的多普勒展宽和自屏效应使 ${}^{238}_{92}U$ 的共振吸收的增加相对较小，因而 α_{f} 负得较少。但功率增幅大时，ΔT_{eff} 也大，燃料功率亏损也大。

2）燃耗。在堆芯的寿期内，随着燃耗的加深，有三个因素影响多普勒效应：

• 燃料与包壳间气隙的热导率。在BOL，新燃料棒内充有3.0 MPa压力的氦气；运行后产生的裂变气体氙和氪混在氦气中，从而降低了气隙的热导率，使得在同一功率水平下燃料温度升高，其结果是多普勒效应（系数）随堆芯寿期增长而越来越负。

• ^{240}Pu的产生并积累。^{240}Pu在中子能量为1 eV处，具有截面约为10^5 b的强吸收中子共振峰。因为随燃耗的加深而造成^{240}Pu的积累，当堆芯寿期从BOL向EOL过渡，多普勒效应（系数）将变得更负。

• 燃料芯块的肿胀和包壳的蠕变导致芯块与包壳之间的间隙减小，以及包壳受外压力的作用而变形，因而包壳与芯块接触得更加紧密，使燃料的导热率增加，导致燃料元件温度下降（例如：当功率变化从0%FP～100%FP，在BOL：燃料温升约555 ℃；而在EOL：燃料温升约444 ℃）。这样一来，随着运行时间的增加，多普勒效应（系数）负得越来越少（绝对值减小）。

上述与燃耗加深相关的效应中，以第三项最强，再加上$^{238}_{92}U$的消耗和$^{240}_{94}Pu$的“钝化”，α_P^f将变得没有BOL时那么负了（见图5-1-13）。

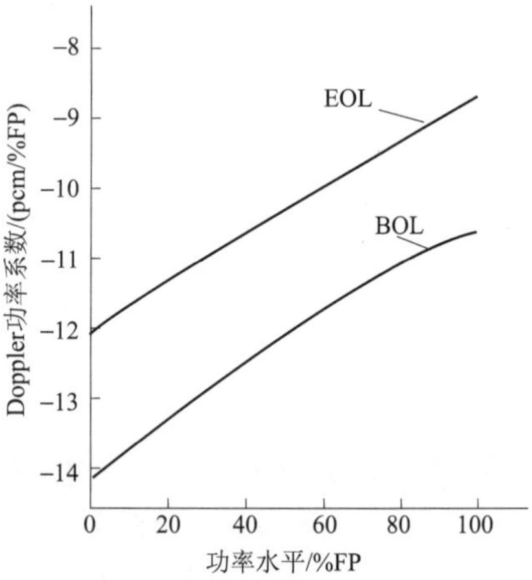

图5-1-13 多普勒功率系数与功率的关系

思考题5-1-2 下述因素会使多普勒功率系数负得更多，还是负得更少？

a. 包壳破裂；b. 燃料芯块的辐照肿胀。

解

a. 负得更少；b. 负得更少。

5.1.5.2 慢化剂功率系数

慢化剂功率系数α_P^m表示为

$$\alpha_P^m = \alpha_m \times \Delta T_m \tag{5-1-9}$$

式中：ΔT_m——堆功率变化1%FP时慢化剂平均温度的变化量，℃/%FP；

α_m——慢化剂温度系数，pcm/℃；

α_P^m——功率每变化1%FP时仅由于慢化剂温度的变化而引入的反应性变化量，pcm/%FP。

在压水堆核电站中，通常以冷却剂（慢化剂）的平均温度T_{avg}作为主调量，而它与堆功率呈线性关系，所以可以认为ΔT_m是常量。故慢化剂功率系数由α_m决定。当控制棒在堆芯外时，α_m与T_{avg}的关系见图5-1-14。

5.1.5.3 空泡功率系数

功率水平每变化1%FP时，空泡率的改变所引起的反应性的变化量称为空泡功率系数。堆芯中形成空泡所产生的效应与水温升高产生的效应相同。空泡系数的绝对值较大，但功率变化1%FP时，空泡率的变化却很小，故空泡功率系数对总的功率系数α_P的贡献很小，所以在进行正常功率变化的反应性分析时往往将空泡功率效应忽略。

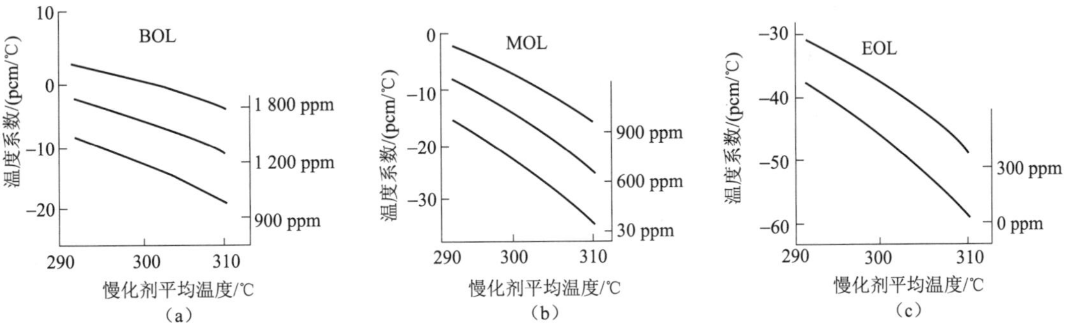

图 5-1-14　在寿期的不同阶段 α_m 与慢化剂平均温度的关系(ARO)

在 BOL 和 EOL 时总功率系数随功率水平的变化见图 5-1-15。

总功率亏损是多普勒、慢化剂和空泡功率亏损(见图 5-1-16 和图 5-1-17)之和。空泡功率亏损较小,在功率从 0～100%FP 的总功率亏损中仅约占 100 pcm。

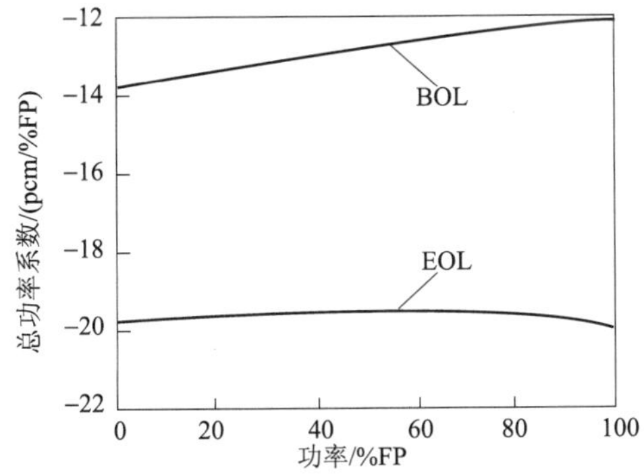

图 5-1-15　BOL 和 EOL 总功率系数随功率水平变化的曲线

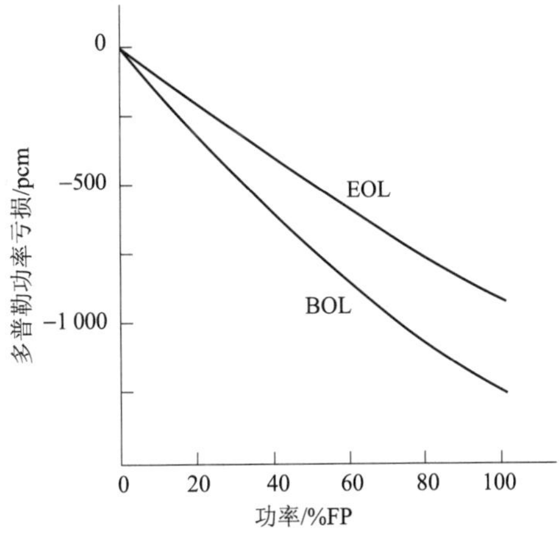

图 5-1-16　多普勒功率亏损

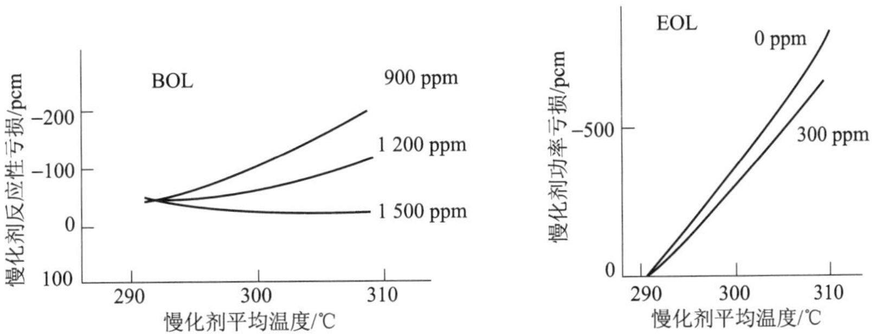

图 5-1-17　ARO 时慢化剂功率亏损与慢化剂平均温度的关系

图 5-1-18 给出在 BOL 和 EOL 堆芯的总功率亏损与功率水平的关系。可从图中得到不同燃耗期内从某一功率水平变到另一功率水平所引入的负反应性或释放出的正反应性。这在反应性平衡计算时是很重要的一项。

图 5-1-19 表示各项功率亏损的相对大小的示意图。在 BOL 和 EOL 时，贡献最大的是多普勒功率亏损。在 BOL 到 EOL 期间，由于慢化剂功率亏损的增加，使总功率亏损增加。

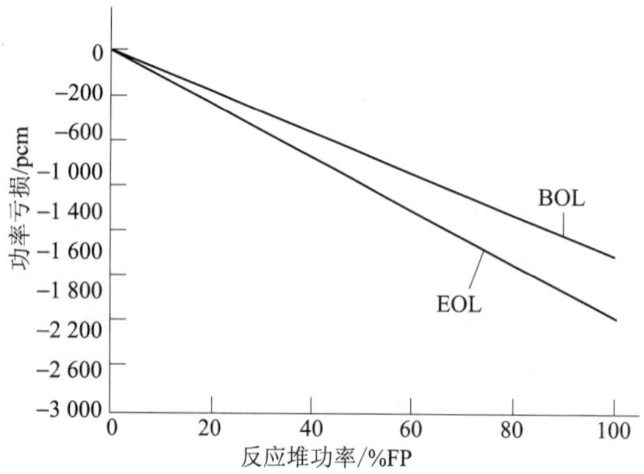

图 5-1-18 总功率亏损与功率的关系

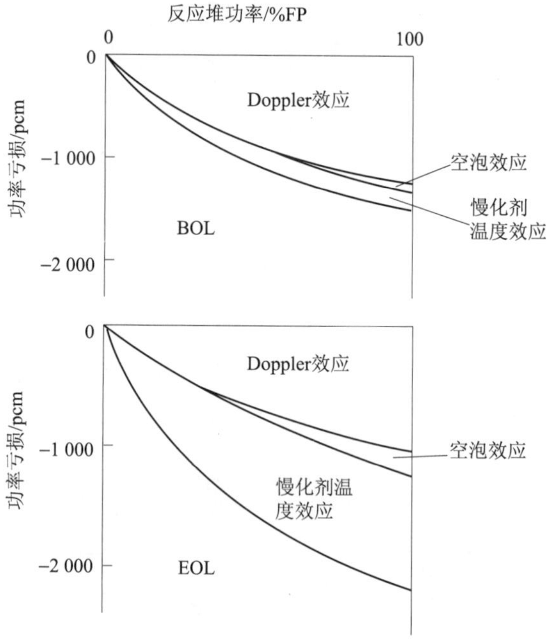

图 5-1-19 总功率亏损组成示意图

如前述，在反应堆的功率提升过程中，会不断地向堆芯引入负的反应性效应。显然，在降功率的过程中，会发生相反的物理过程，即向堆芯引入正的反应性效应，这正是要引起操纵员注意的物理现象。

反应堆总被设计成具有负的慢化剂温度系数。过负的 α_m 固然会强化堆的稳定性，但此时若由于某种原因(例如在 EOL 发生主蒸汽管道断裂事故)导致慢化剂温度 T_{avg} 大大降低，就会释放出较大的正反应性，有可能使堆重返临界和重返功率，这不是所希望的。所以并不是 α_m 越负越好。在 EOL 停堆时，因 $|\alpha_m|$ 很大，当温度降到常温时，由于功率亏损现象而释放的正反应性很大，有可能使堆重返临界。对于田湾核电站来说，根据计算，如果发生主蒸汽管道断裂事故，只要停堆后冷却剂系统温度不低于 120 ℃，降温所引入的正反应性就会低于停堆反应性，还不至于重返临界，这是由于反应堆控制棒总价值很大而使停堆深度很大的缘故；另外，还设计了一个应急注硼系统，在反应堆停堆时的硼浓度没有达到技术规格书规定的值(即最小停堆硼酸浓度)时，它就立即往堆内注入浓硼酸，以确保安全。所以在设计时，不仅要使 α_m 为负，而且要使其具有适当的量值，这就给设计提出了最佳化任务。

思考题 5-1-3 功率亏损是一个与安全有关的概念，这是因为：

A. 功率亏损限制电站在较低负荷下运行，防止偏离泡核沸腾；

B. 功率亏损会引起氙振荡；

C. 当反应堆停堆时，功率亏损向堆芯引入了正反应性，所以控制棒必须向堆芯引入更多的负反应性，以提供足够的停堆深度；

D. 功率亏损缩短了堆芯的寿命。

[答案]:[C]。

思考题 5-1-4 在堆芯寿期末,功率亏损会更负一些,这是因为下列哪一项:

A. 空泡系数负得少些; B. 慢化剂温度系数更负;

C. 慢化剂温度系数负得少些; D. 堆芯寿期末氙的总量较大。

[答案]:[B]。

例 5-1-1 某反应堆换料后启动达到了临界状态,此时提升调节棒,使反应堆有 28 s 的倍增周期。停止提升调节棒。假定无任何保护限制和二回路的约束。试估算反应堆的功率上升到多高水平时将停止上升而到达新的临界状态。(以%FP 为单位,列出计算式,保留两位有效数字)

已知:

瞬发中子代时间: $\Lambda=1\times10^{-3}$ s;

缓发中子有效份额: $\beta_{\mathrm{eff}}=0.0074$;

单组缓发中子衰减常数: $\lambda=0.077\ \mathrm{s}^{-1}$;

反应堆功率系数: $\alpha_P=15$ pcm/1%FP。

解

$T_{倍}=28$ s 所对应的反应性即为功率上升到顶所引入的功率亏损。

$$T_{\mathrm{e}}=T_{倍}/\ln 2=28/0.693=40.4\ \mathrm{s}$$

$$\rho=\Lambda/T_{\mathrm{e}}+\beta_{\mathrm{eff}}/(1+\lambda T_{\mathrm{e}})=1\times10^{-3}/40.4+0.0074/(1+0.077\times40.4)$$
$$=2.48\times10^{-5}+180.01\times10^{-5}=1.606\times10^{-5}\Delta k/k=182.49\ \mathrm{pcm}$$

故从零功率起可升到

$$P=182.49/15=12.17\%\mathrm{FP}$$

例 5-1-2 (1)总功率亏损是由哪些因素的亏损效应组成的?其中哪个所占份额最大,哪个最小?

(2) 将它们在燃耗末期随功率(从 0%FP 到 100%FP)的变化分别在坐标图上定性地绘出。(要求表示出起点和最大值的大约数值以及其余部分的变化趋势)

解

(1) 总功率亏损是功率变化后由于燃料功率效应(多普勒功率效应)、空泡功率效应及慢化剂功率效应综合而产生的负的反应性效应。其中燃料的多普勒功率效应所占份额最大,空泡效应的份额最小。

(2) 燃耗末期它们随功率变化的曲线如图 5-1-20 所示。

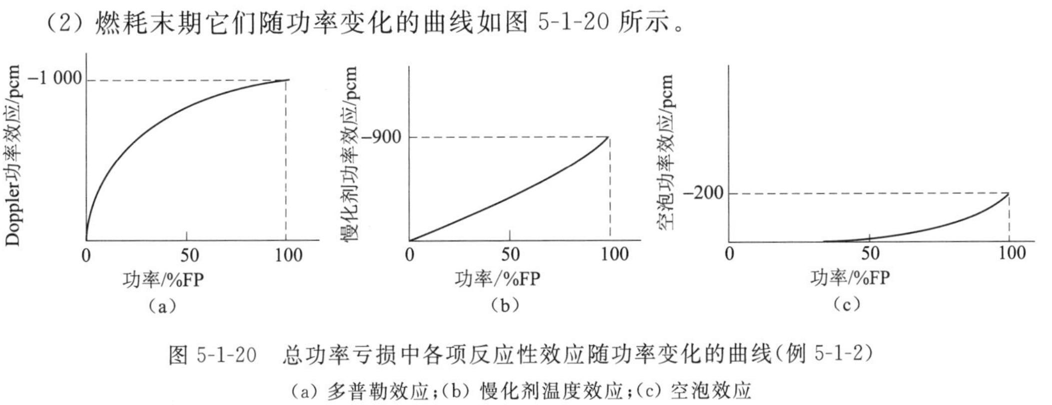

图 5-1-20 总功率亏损中各项反应性效应随功率变化的曲线(例 5-1-2)

(a) 多普勒效应;(b) 慢化剂温度效应;(c) 空泡效应

5.1.6 关于在BOL时α_m为正的问题

如前所述，具有正反应性温度系数的堆芯有着极大的潜在危险：堆功率上升，造成堆温升高，将引入正反应性，这又将使堆功率更加上升，从而使功率和温度无限上升，最后可能造成严重后果。而具有负反应性温度系数的堆芯以其自稳定性使堆增加了安全性，因为偶然的温度升高，将会引入负反应性，使堆功率、温度下降，从而使堆趋向于恢复原来状态。所以在压水堆核电厂堆芯设计的安全准则中规定：在任何运行工况下决不允许α_m出现正值。

应该注意到：所有安全设计准则和技术规范都是针对α_m的。这是因为α_f在任何条件下总都是负值，只要α_m不为正值，就可保证符合堆芯设计的安全准则。因此，负的α_m是保证反应堆安全运行的重要参数。

尽管在技术规范中有严格规定，但无论在国内还是在国外，在BOL，在HZP、ARO条件下，出现正的慢化剂温度系数却不是个别现象（见表5-1-1和表5-1-2）。

表5-1-1 国内核电站出现正的慢化剂温度系数情况

电厂名称	机组号	循环号	临界硼浓度/ppm	慢化剂温度系数测量值/(pcm/℃)
秦山	—	1	1 308	+3.56
		4	1 276	+2.69
大亚湾	1	1	1 193	+1.78(R棒在调节带上限，其余棒全提出)
	2	1	1 191	+1.74(R棒在调节带上限，其余棒全提出)
条件：BOL、HZP、ARO(除注明者外)				

表5-1-2 国外核电站出现正的慢化剂温度系数情况

电厂名/机组号/循环号	临界硼浓度/ppm	慢化剂/等温温度系数/(pcm/℃)	备　注
India Paint/3/6	1 532	$\alpha_m=+2.38$	全提棒
	1 417	$\alpha_m=0.31$	仅D组下插
Korea Nuclear/7、8/1	1 216	$\alpha_{iso}=+7.60$	全提棒
	1 176	$\alpha_{iso}=+7.40$	仅D组下插
Yonggwang/1/4	1 392	$\alpha_m=+6.25$	全提棒
	1 340	$\alpha_m=+5.78$	仅D组下插

BOL出现正慢化剂温度系数的可能原因有：

1）预定的$\alpha_m>0$设计目标。即设计者一开始就把寿期初的慢化剂温度系数定为正值，如大亚湾核电站1、2号机组堆芯的第一循环，在BOL、HZP、ARO条件下，α_m的设计值为+1.30 pcm/℃。

2）设计误差。尽管目前物理计算的准确性和精度都很高，计算误差在可接受的范围内，但由于α_m值本身很小，出现一个小量的正值也可理解。尽管秦山核电站首炉设计目标为：在BOL、HZP、ARO时，α_m不得为正，但实际测量值却为+3.56 pcm/℃。大亚湾核电站1、2号机组的堆芯在BOL、HZP、ARO条件下α_m的设计目标值为+1.30 pcm/℃，而实测值

1 号机组为+1.78 pcm/℃,2 号机组为+1.74 pcm/℃。

使正慢化剂温度系数变负最有效的办法就是:增设调节棒组或者增加可燃毒物,以降低慢化剂中的硼浓度,确保 $\alpha_m \leqslant 0$。当然,也可以采用直接降低硼浓度的办法,但这样做会使堆芯的寿期缩短。

例 5-1-3 表 5-1-3 给出了大亚湾核电站第一循环 BOL 的等温温度系数和相应的临界硼浓度的实测数据。试用作图法确定最高允许的临界硼浓度 c_B^c,并对作图法进行说明。(假定在表 5-1-3 中所列的硼浓度范围内,α_m、α_{iso}、c_B^c 呈线性关系)

表 5-1-3 大亚湾核电站第一循环 BOL 实测数据(例 5-1-3)

控制棒状态	临界硼浓度 c_B^c/ppm	α_{iso}/(pcm/℃)	α_m/(pcm/℃)
ARO	1 193	−2.1	+1.8
G1↓堆内	1 139	−4.9	−1.0
R↓堆内	1 060	−8.1	−4.2
$\alpha_{iso}=\alpha_m+\alpha_f$,$\alpha_f=-3.9$ pcm/℃			

解

可用线性内插计算或作图法求得 $\alpha_m=0$ 时的临界硼浓度。如采用作图法(见图 5-1-21),可由三个测量值求出 $\alpha_m=0$ 的两个临界硼浓度:$c_{B1}=1\ 167$ ppm 和 $c_{B2}=1\ 153$ ppm。按保守原则取两者中的较小者 c_{B2}。为保证 $\alpha_m \leqslant 0$,需考虑硼浓度的测量误差 10 ppm,取限制值(即 c_B^c)为 1 143 ppm。此临界硼浓度与一定的调节棒状态1)相对应。

注:1)棒态为:R=184 步;G1=71 步,G2=206 步,重叠棒位为 471 步。而在实际运用时棒位更低:在 BOL,棒位的上限值位:R=(190±5)步;G1=14 步,G2=144 步,重叠棒位为 414 步,相应的硼浓度亦更低,为(1 100±20)ppm。这样,就确保了堆芯慢化剂温度系数为负值。

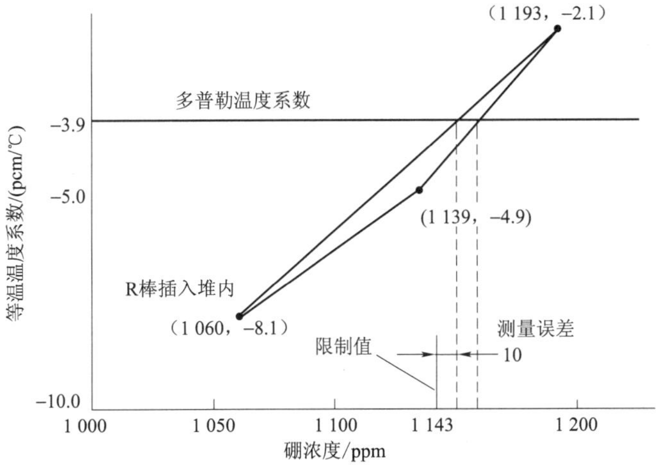

图 5-1-21 用作图法确定 $\alpha_m=0$ 时硼浓度 c_B^c

例 5-1-4 某压水堆核电厂反应堆在 HZP(热态零功率)下有如下测量值和计算值:

1) $c_{B1}=1\ 250$ ppm 时,用主泵和电加热升温,水温每升高 1 ℃,反应性变化−1 pcm。

2）c_{B2}＝1 120 ppm时，用相同方式使水温每升高1 ℃，反应性变化为－9.60 pcm。

3）燃料的温度系数 α_f＝－3.90 pcm/℃。

在考虑 c_B的测量误差为±1%的情况下，请给出一硼浓度限制值，以确保在从临界起的运行中，其慢化剂温度系数 α_m不出现正值。（假定 α_f不随硼浓度而变化；α_m随硼浓度作线性变化）

要求：

1）写出计算关系式、计算步骤、明确的答案说明。

2）计算结果要求保留到整数位。

解

可用作图法解得，见图5-1-22。

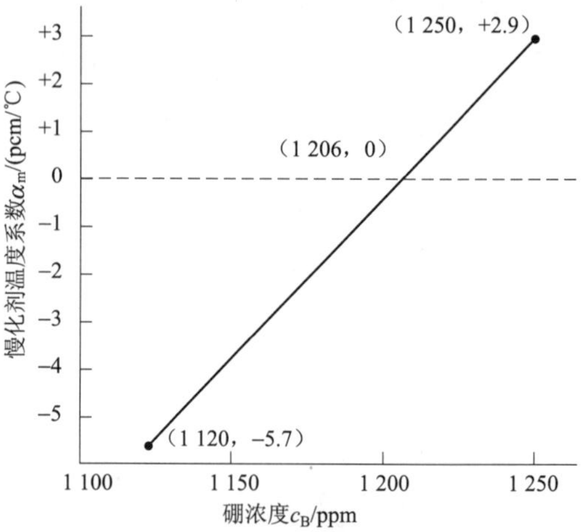

图5-1-22 用作图法求出 α_m＝0时的硼浓度

考虑到±1%的测量误差，限制值取1 194 ppm，即在寿期初，反应堆不得在1 195 ppm以上的硼浓度下达到临界，就可确保运行时 α_m不出现正值。

也可用解析法求得：

因 $\alpha_{iso}=\alpha_m+\alpha_f$

故 c_{B1}＝1 250 ppm时，α_m＝＋2.90 pcm/℃以及 c_{B2}＝1 120 ppm时，α_m＝－5.70 pcm/℃

可用内插法求 α_m＝0时的对应硼浓度：

$$c_B(x)=1\,250-[(1\,250-1\,120)/(2.90+5.70)]\times 2.90=1\,206\ \text{ppm}$$

5.2 裂变产物的中毒

5.2.1 毒物对反应性的影响

带功率运行的热中子反应堆内的易裂变核素的核在热中子的作用下产生大量的裂变产物（包括裂变碎片及其衰变产物）。其中有些裂变产物具有较大的热中子吸收截面，因而会对反应性 ρ 造成明显的影响。

其中特别重要的裂变产物是$^{135}_{54}Xe$和$^{149}_{62}Sm$两种核素，它们不仅具有很大的热中子吸收截面，而且其先驱核还具有较大的产额。

尽管它们都能向反应堆引入负反应性效应，但两者的动态特性却不一样。下面首先对毒物的毒性进行一般的讨论，然后分别讨论两种毒物的动态特性。

具有较大热中子吸收截面的物质，习惯上称中子毒物（简称毒物）。由于毒物对中子的吸收而造成对反应性的影响，称毒物的中毒效应。

已知反应堆的有效增殖因数 $k=\varepsilon p\eta f\Lambda_L$。可以近似地认为裂变产物毒物仅仅通过改变热中子利用因数 f 而影响反应堆的增殖因数，而对公式中的 ε、p 及 η 没有影响。而且，由于毒物的浓度相对较小，对中子的散射性质影响不大，因而对不泄漏概率 Λ_L也没有多大影响。这样一来，在原先临界的反应堆内，可以将毒物的反应性当量写成：

$$\rho=\frac{k'-k}{k'}=\frac{f'-f}{f'} \tag{5-2-1}$$

式中:带撇和不带撇的量分别为有毒物和无毒物反应堆的参数。无毒均匀堆的热中子利用因数 f 可表示为:

$$f=\frac{\Sigma_{aF}^{th}}{\Sigma_{aF}^{th}+\Sigma_{aM}^{th}} \tag{5-2-2}$$

有毒均匀堆的热中子利用因数 f' 可表示为:

$$f'=\frac{\Sigma_{aF}^{th}}{\Sigma_{aF}^{th}+\Sigma_{aM}^{th}+\Sigma_{aP}^{th}} \tag{5-2-3}$$

式中:Σ_{aP}^{th} ——毒物的热群宏观吸收截面;

Σ_{aF}^{th} ——燃料的热群宏观吸收截面;

Σ_{aM}^{th} ——结构材料的热群宏观吸收截面。

将 f、f' 的表达式代入式(5-2-1),得:

$$\rho=-\frac{\Sigma_{aP}^{th}}{\Sigma_{aF}^{th}+\Sigma_{aM}^{th}} \tag{5-2-4}$$

因为毒物生成后 $\Sigma_{aP}^{th}>0$,所以中毒反应性

$$\rho<0 \tag{5-2-5}$$

式(5-2-4)可以写成:

$$\rho=-\frac{q}{1+\dfrac{\Sigma_{aM}^{th}}{\Sigma_{aF}^{th}}} \tag{5-2-6}$$

式中:q 定义为毒物的毒性,其值为:

$$q=\Sigma_{aP}^{th}/\Sigma_{aF}^{th} \tag{5-2-7}$$

在热中子反应堆中,慢化剂及结构材料的吸收截面很小,即 $\Sigma_{aM}^{th}\ll\Sigma_{aF}^{th}$,因此 $\Sigma_{aM}^{th}/\Sigma_{aF}^{th}\ll 1$,式(5-2-6)可以进一步写成:

$$\rho\approx-q \tag{5-2-8}$$

上式说明,如果要使有毒反应堆处于临界状态,则须添加与毒性相反的正反应性。虽然此式是从均匀堆推导而来的,但也可用于描述非均匀反应堆内裂变产物中毒的一般特性。

5.2.2 $^{135}_{54}$Xe 中毒现象

在所有裂变产物中,对于中毒效应来说,$^{135}_{54}$Xe 是其中最重要的一种核素,其先驱核的产额较大,平均寿命短。因为它的热中子吸收截面很大,为 2.7×10^{6} b,中毒效应主要是由 $^{135}_{54}$Xe 造成的。

5.2.2.1 $^{135}_{54}$Xe 的产生链和消失链——解释 $^{135}_{54}$Xe 中毒现象的基础

——$^{135}_{54}$Xe 的产生链:

- $^{235}_{92}\text{U}\xrightarrow{\text{直接裂变}}{}^{135}_{54}\text{Xe}$
- $^{235}_{92}\text{U}\xrightarrow{\text{直接裂变}}{}^{135}_{53}\text{I}\xrightarrow{\beta^-(7.6\ \text{h})}{}^{135}_{54}\text{Xe}$
- $^{135}_{52}\text{Te}\xrightarrow{\beta^-(\text{小于 }0.5\ \text{min})}{}^{135}_{53}\text{I}\xrightarrow{\beta^-(7.6\ \text{h})}{}^{135}_{54}\text{Xe}$

——$^{135}_{54}$Xe 的消失链:

- 辐射俘获：$^{135}_{54}Xe+^{1}_{0}n \longrightarrow ^{136}_{54}Xe+\gamma$
- 衰变：$^{135}_{54}Xe \xrightarrow{\beta^-(小于9.2\ h)} ^{135}_{55}Cs \xrightarrow{\beta^-(2.6\times10^6\ a)} ^{135}_{56}Ba$（稳定）

为了讨论方便，可保留产生链和消失链的主要部分，简化成如下形式：

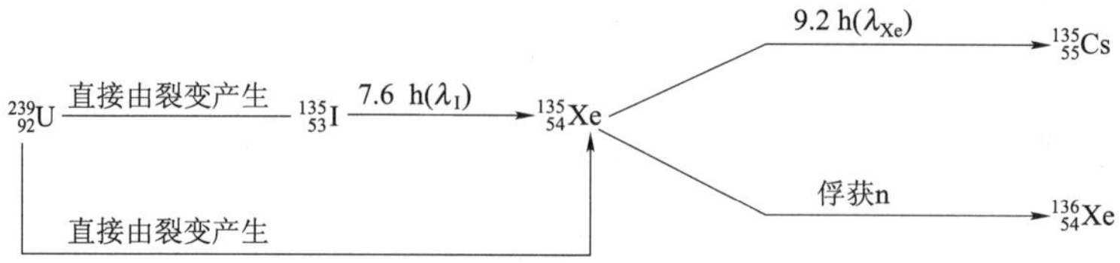

用图5-2-1表示简化后的$^{135}_{54}Xe$的产生链和消失链就更为清楚。表5-2-1列出了热裂变产物毒物的产额（指热裂变产物毒物在总热裂变产物中所占的份额）。

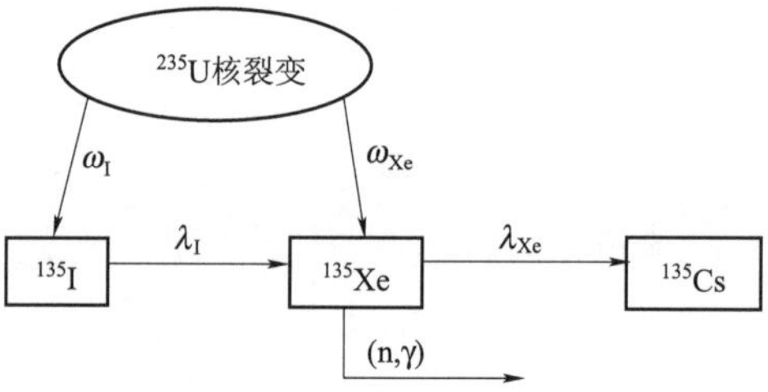

图5-2-1 简化后的$^{135}_{54}Xe$的产生和消失链

表5-2-1 ^{135}I、^{135}Xe和^{149}Pm的裂变产额和衰变常量

裂变产物	裂变产额 γ/%				衰变常量 λ/s^{-1}
	^{233}U	^{235}U	^{239}Pu	^{241}Pu	
^{135}I	4.884	6.386	6.100	7.694	2.87×10^{-5}
^{135}Xe	1.363	0.228	1.087	0.255	2.09×10^{-5}
^{149}Pm	0.66	1.13	1.19	—	3.58×10^{-6}

因为$^{135}_{54}Xe$是由$^{135}_{53}I$衰变而来的，所以要建立$^{135}_{54}Xe$的动力学方程必须先建立$^{135}_{53}I$的动力学方程。由于裂变产物碲（$^{135}_{52}Te$）的半衰期很短，可以认为$^{135}_{53}I$是由$^{235}_{92}U$核裂变直接产生而来的。这样，可写出$^{135}_{53}I$的平衡方程：

$$\frac{dN_I}{dt}=\omega_I\Sigma_f^{th}\phi_{th}-\lambda_I N_I \tag{5-2-9}$$

式中：ω_I是$^{135}_{53}I$的有效产额。因为$^{135}_{53}I$的俘获截面很小，只有6～7 b，因而由俘获中子而消失的项可以忽略。式中$\lambda_I N_I$为衰变成$^{135}_{54}Xe$而消失的项。

$^{135}_{54}Xe$的平衡方程为：

$$\frac{dN_{Xe}}{dt}=\lambda_I N_I+\omega_{Xe}\Sigma_f^{th}\phi_{th}-\lambda_{Xe}N_{Xe}-\sigma_{aXe}^{th}N_{Xe}\phi_{th} \tag{5-2-10}$$

方程右端：

第一项——由$^{135}_{53}I$衰变为$^{135}_{54}Xe$的产生项；

第二项——$^{135}_{54}Xe$直接由$^{235}_{92}U$裂变而来的产生项；

第三项——由于衰变成$^{135}_{55}Cs$而消失的项；

第四项——俘获中子而消失的项。

式(5-2-9)和式(5-2-10)是$^{135}_{53}I$和$^{135}_{54}Xe$的动力学方程组。下面对这些方程作进一步讨论。

5.2.2.2 平衡氙中毒

由于$^{135}_{53}I$和$^{135}_{54}Xe$的半衰期如此之短，而氙的吸收截面又如此之大，以致在所有反应堆内(在很低中子通量密度下运行的堆除外)，只要在运行时中子通量密度和宏观裂变截面不发生显著变化，这些毒物的浓度将很快上升到它们的饱和值(或平衡值)$N_I^{(0)}$、$N_{Xe}^{(0)}$，即它们处于动态平衡，此时毒物浓度不再随时间而改变。令式(5-2-9)和式(5-2-10)等号左端为零，有：

$$\omega_I \Sigma_f^{th} \phi_{th} = \lambda_I N_I^{(0)} \tag{5-2-11}$$

$$\lambda_I N_I^{(0)} + \omega_{Xe} \Sigma_f^{th} \phi_{th} = \lambda_{Xe} N_{Xe}^{(0)} + \sigma_{aXe}^{th} N_{Xe}^{(0)} \phi_{th} \tag{5-2-12}$$

得

$$N_{Xe}^{(0)} = \frac{(\omega_I + \omega_{Xe}) \Sigma_f^{th} \phi_{th}}{\sigma_{aXe}^{th} \phi_{th} + \lambda_{Xe}} \tag{5-2-13}$$

由此式可知，功率(或中子通量密度)水平越高，$^{135}_{54}Xe$的平衡浓度就越高，但是，$^{135}_{54}Xe$的平衡值并不与功率水平成正比(因为在分母中也出现了ϕ_{th})，当ϕ_{th}足够大时，$^{135}_{54}Xe$的平衡浓度将接近一个饱和值。

平衡氙时的毒性为：

$$q_{Xe}^{(0)} = \frac{N_{Xe}^{(0)} \sigma_{aXe}^{th}}{\Sigma_{aF}^{th}} = \frac{(\omega_I + \omega_{Xe}) \Sigma_f^{th}}{\Sigma_{aF}^{th}} \left(1 + \frac{\lambda_{Xe}}{\sigma_{aXe}^{th} \phi_{th}}\right)^{-1} \tag{5-2-14}$$

平衡氙所引起的反应性为：

$$\rho_{Xe}^{(0)} = -q_{Xe}^{(0)} \tag{5-2-15}$$

可知平衡氙引起的反应性(平衡氙毒反应性)与中子通量密度ϕ_{th}、与燃料的热中子宏观吸收截面Σ_{aF}^{th}有关。

将式(5-2-14)中的$N_{Xe}^{(0)}$用N_{Xe}替换，可得氙随时间变化的毒性q_{Xe}，进而可得随时间变化的氙毒反应性ρ_{Xe}。

设一压水堆，$\Sigma_f^{th}/\Sigma_{aF}^{th} = 0.81$，$\phi_{th} = 1 \times 10^{13}\ cm^{-2} \cdot s^{-1}$，$\omega_I = 0.061$，略去$\omega_{Xe}$，$\sigma_{aXe}^{th} = 3.5 \times 10^6\ b$，$\lambda_{Xe} = 2.1 \times 10^{-5}\ s^{-1}$。由式(5-2-15)可得：

$$\rho_{Xe}^{(0)} \approx -\frac{\omega_I \Sigma_f^{th}}{\Sigma_{aF}^{th}} \left(1 + \frac{\lambda_{Xe}}{\sigma_{aXe} \phi_{th}}\right)^{-1}$$

$$= -0.061 \times 0.81 \times \left(1 + \frac{2.1 \times 10^{-5}}{3.5 \times 10^{-18} \times 10^{13}}\right)^{-1} = -0.031 \Delta k/k$$

即由平衡氙中毒引起的负反应性，约为$-3.1\% \Delta k/k$。又当中子通量密度很高时，$\sigma_{aXe}^{th} \cdot \phi_{th} \gg \lambda_{Xe}$，平衡氙引起的反应性为：

$$\rho_{Xe}^{(0)} \approx -\frac{\omega_I \Sigma_f^{th}}{\Sigma_{aF}^{th}} \tag{5-2-16}$$

不同中子通量密度时平衡氙中毒的 $\rho_{Xe}^{(0)}$ 值见表 5-2-2。

表 5-2-2　平衡氙中毒的反应性

$\phi_{th}/(cm^{-2} \cdot s^{-1})$	10^{12}	10^{13}	10^{14}	10^{15}	10^{16}
$\rho_{Xe}^{(0)}/(\Delta k/k)$	−0.008 7	−0.031	−0.046	−0.048	−0.05

5.2.2.3 反应堆启动后即达一定功率水平情况下的氙毒

为使问题简化，假设在 $t=0$ 反应堆启动后就立即达到一定功率水平稳定运行（实际情况是堆在启动后要经历一个时间过程才能到达一定的功率水平），对应的稳态热中子通量密度为 ϕ_{th}。在 $t<0$ 时，堆内无毒，$t=0$ 时，$N_I=N_{Xe}=0$。求开堆后氙毒随时间的变化关系。

由 $^{135}_{53}I$、$^{135}_{54}Xe$ 的动态方程(5-2-9)和(5-2-10)解得氙核密度为：

$$N_{Xe}(t)=N_{Xe}^{(0)}f(\phi_{th},t) \tag{5-2-17}$$

式中：$N_{Xe}^{(0)}$ 由式(5-2-13)给出；$f(\phi_{th},t)$ 是关于热中子通量密度及运行时间 t 的一个函数，它与 $^{135}_{54}Xe$ 及 $^{135}_{53}I$ 的核特性有关，表示为：

$$f(\phi_{th},t)=1+\frac{\lambda_I}{\lambda_{Xe}-\lambda_I+\sigma_{aXe}^{th}\phi_{th}}e^{-(\lambda_{Xe}+\sigma_{aXe}^{th}\phi_{th})t}-\frac{\lambda_{Xe}+\sigma_{aXe}^{th}\phi_{th}}{\lambda_{Xe}-\lambda_I+\sigma_{aXe}^{th}\phi_{th}}e^{-\lambda_I t} \tag{5-2-18}$$

于是，与氙毒性相应的反应性随时间的变化关系为：

$$\rho_{Xe}=-q_{Xe}=-q_{Xe}^{(0)}f(\phi_{th},t) \tag{5-2-19}$$

压水堆在开堆后不同功率下的 ρ_{Xe}-t 典型曲线如图 5-2-2 所示。由图可知，功率越高，ϕ_{th} 越大，氙中毒越大。随着运行时间的增长，ρ_{Xe} 也由小变大，当 t 达到一定的数值后，ρ_{Xe} 不再变化，即达平衡氙中毒。

反应堆在不同的功率水平下运行较长的时间后所达到的平衡氙毒反应性值是不同的（见图 5-2-3）。

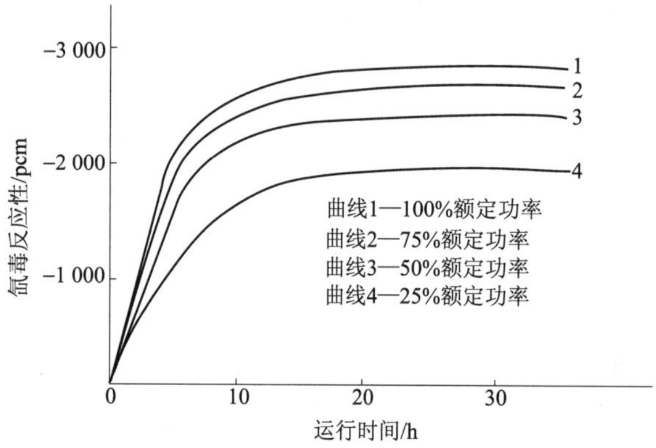

图 5-2-2　开堆后即达到的不同功率下氙中毒的 ρ_{Xe}-t 典型曲线

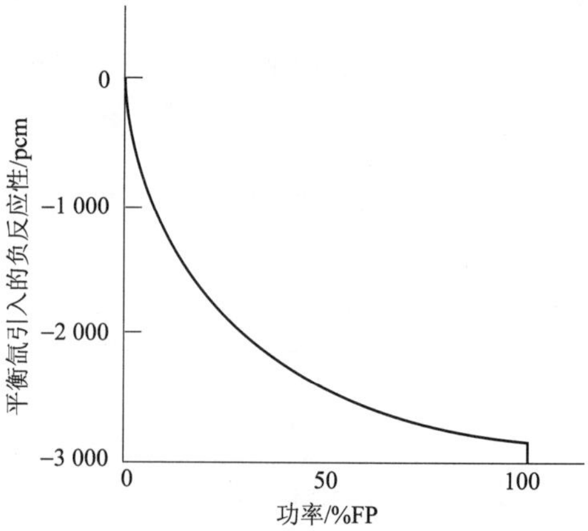

图 5-2-3　与不同功率水平相对应的平衡氙毒反应性

反应堆堆芯在同一循环的不同运行阶段，在相同功率和相同控制棒状态下，反应堆的平衡氙毒反应性是不同的。表 5-2-3 给出了田湾核电站反应堆堆芯首循环中不同燃耗期的平衡氙毒反应性计算值。由表可知，随着运行时间的推移，在同样的功率水平下，平衡氙毒反应性会变得更负。由式(5-2-13)可解释其原因主要是：由于 ^{239}Pu 的不断积累而使 ω_{Xe} 增加。ω_{Xe} 应是对 ^{235}U 和 ^{239}Pu 各自产额作适当的权重平均值，请注意后者的产额约为前者的 5 倍(见表 5-2-1)；另外，在不同燃耗阶段中子通量密度的变化也是一个原因。

表 5-2-3　WWER-1000 核电站堆芯首循环在不同功率水平下的平衡氙毒反应性

时间 / 功率/MW	寿期初	寿期中(140 d)	寿期末
3 000	−2.86%	−2.93%	−3.05%
2 250	−2.67%	−2.72%	−2.83%
1 500	−2.41%	−2.44%	−2.54%
750	−1.92%	−1.91%	−2.02%

5.2.2.4　碘坑

反应堆在中子通量密度 ϕ_{th} 水平上稳定运行，氙毒已达平衡。可以从 $^{135}_{53}$I、$^{135}_{54}$Xe 的动力学方程(5-2-9)和(5-2-10)出发来讨论：如果在 $t=0$ 时突然停堆，氙毒的反应性 ρ 将发生怎样的变化。初始条件为：

$$t=0, N_{Xe}=N_{Xe}^{(0)}, N_{I}=N_{I}^{(0)} \tag{5-2-20}$$

式中：N_{Xe}^{0}、$N_{I}^{(0)}$ 分别为平衡时 $^{135}_{54}$Xe 和 $^{135}_{53}$I 的原子核密度。

$$t\geqslant 0, \phi_{th}=0 \tag{5-2-21}$$

由方程(5-2-9)、(5-2-10)和初始条件(5-2-20)及(5-2-21)解得：

$$N_{Xe}=\frac{\lambda_I}{\lambda_{Xe}-\lambda_I}N_I^{(0)}(e^{-\lambda_I t}-e^{-\lambda_{Xe}t})+N_{Xe}^{(0)}e^{-\lambda_{Xe}t} \tag{5-2-22}$$

式中：

$$N_I^{(0)}=\frac{\omega_I\Sigma_f^{th}\phi_{th}}{\lambda_I} \tag{5-2-23}$$

$$N_{Xe}^{(0)}=\frac{(\omega_I+\omega_{Xe})\Sigma_f^{th}\phi_{th}}{\sigma_{aXe}^{th}\phi_{th}+\lambda_{Xe}} \tag{5-2-24}$$

氙毒的反应性为：

$$\rho_{Xe}=-q_{Xe}=-\frac{\sigma_{aXe}^{th}N_{Xe}}{\Sigma_{aF}^{th}}$$

即

$$\rho_{Xe}=-\frac{\Sigma_f^{th}\phi_{th}\sigma_{aXe}^{th}}{\Sigma_{aF}^{th}}\left[\frac{\omega_I}{\lambda_{Xe}+\sigma_{aXe}^{th}\phi_{th}}e^{-\lambda_{Xe}t}+\frac{\omega_I}{\lambda_I-\lambda_{Xe}}(e^{-\lambda_{Xe}t}-e^{-\lambda_I t})\right] \tag{5-2-25}$$

图 5-2-4 画出了在 $^{235}_{92}$U 作燃料的反应堆在不同的功率水平下长期运行达到平衡氙中毒、在停堆后的氙毒负反应性变化情况。当反应堆停堆后，可近似地认为，中子通量密度突然降为零，由裂变直接产生的 $^{135}_{54}$Xe 也近似等于零。然而，堆内存在的 $^{135}_{53}$I 仍将继续衰变成

${}^{135}_{54}Xe$，而${}^{135}_{54}Xe$却不再靠俘获中子而消失，它们只能通过 β^- 衰变而消失。由于${}^{135}_{54}Xe$的半衰期大于${}^{135}_{53}I$的半衰期，因而在停堆后的一段时间内，${}^{135}_{54}Xe$的浓度反而会增加，此过程称为氙的"积毒过程"。又由于在停堆后没有新的${}^{135}_{53}I$产生，${}^{135}_{53}I$的浓度将由于衰变而逐渐减小，所以，随着停堆时间的延续，${}^{135}_{54}Xe$的浓度不会无止境地增加，当它达到某一极值后，其浓度将逐渐减小，此过程称为"消毒过程"。

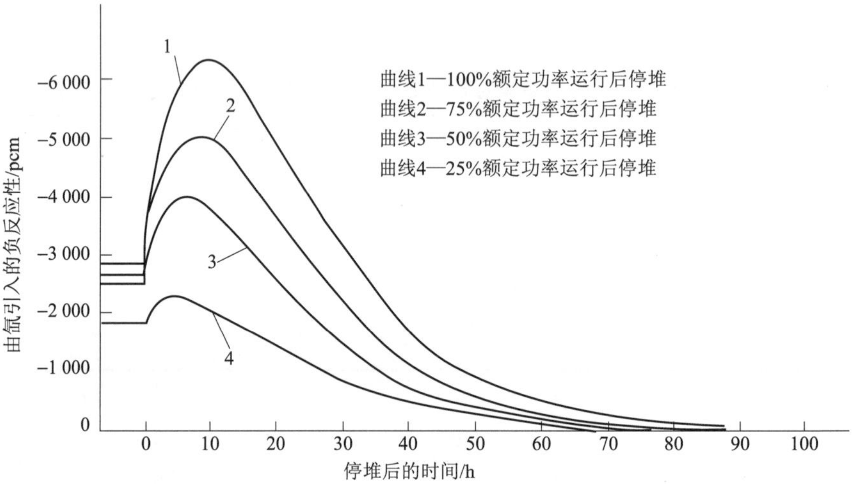

图 5-2-4 反应堆在不同的功率水平下长期运行停堆后的氙毒反应性变化曲线

应注意，停堆前反应堆内的热中子通量密度 ϕ_{th} 越高，停堆时${}^{135}_{53}I$积累的浓度也越大，其反应性增加的也越大。由于反应堆停堆后反应性要出现一个最小(负)值，它又与${}^{135}_{53}I$的衰变密切相关，所以把这种现象称为碘坑。

碘坑现象对于反应堆(特别是对于在高中子通量密度下运行的反应堆)的设计和运行十分重要。如果在停堆后的某个时间内，当释放出所有后备正反应性(即剩余反应性，包括提出所有控制棒)在数值上小于氙毒引起的负反应性时，则只有等氙衰变到一定程度之后，反应堆才有可能重新启动。反应堆的这种不可能达到临界的时间区间，称为反应堆的碘坑死区。停堆后重新启动必须避开死区。

可以通过适当的近似来求出达到碘坑最大值的时间和最大的负反应性值。假设反应堆停闭时，中子通量密度立即下降到零。方程(5-2-22)对时间求导，并令 $\mathrm{d}N_{Xe}/\mathrm{d}t=0$ 可得停堆后达到最大氙浓度所需的时间 t_{max} 为：

$$t_{max}=\frac{1}{\lambda_{Xe}-\lambda_I}\ln\frac{\lambda_{Xe}}{\lambda_I}\left(1-\frac{\lambda_{Xe}-\lambda_I}{\lambda_I}\frac{N_{Xe}^{(0)}}{N_I^{(0)}}\right) \tag{5-2-26}$$

如果将 t_{max} 值代入式(5-2-22)，即可求得任何给定运行中子通量密度停堆后的最大氙中毒和中毒的最大反应性。

由图 5-2-4 和式(5-2-26)可知，反应堆在不同功率下长期运行停堆后达到碘坑最大值的时间是各不相同的，例如：当 100%FP 运行时停堆约需 9～10 h，而在 25%FP 运行时停堆只约需 4～5 h。

停堆后氙中毒变化还与停堆方式有关：如果采用逐渐降低功率的方式停堆，而非突然停堆，则在停堆过程中，部分${}^{135}_{54}Xe$和${}^{135}_{53}I$因吸收中子和衰变而耗损掉，所以这种停堆方式的碘坑深度要比后者的停堆深度要小，甚至小得多(见图 5-2-5)。

5.2.2.5 氙毒反应性对功率变化的响应

不只是停堆时才发生碘坑现象，在功率突然从一较高的水平下降到另一较低的水平时，也会发生碘坑现象(见图 5-2-6)。

由图 5-2-7 给出的反应堆从较低的功率水平提升到较高的功率水平时的氙毒反应性变化曲线可知：在功率升高的初始阶段，要经历一个所谓"氙燃耗"过程，然后，逐渐向新的功率水平下的平衡氙过渡。试根据氙的产生和消失的原理，解释此曲线随时间的变化关系。

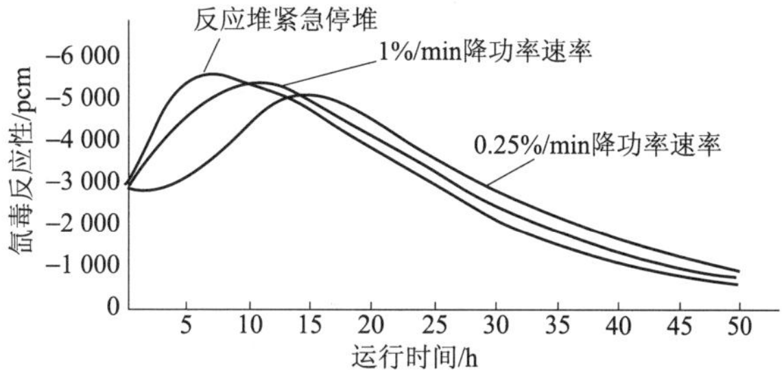

图 5-2-5 不同的降功率速率对氙毒引起的反应性的影响

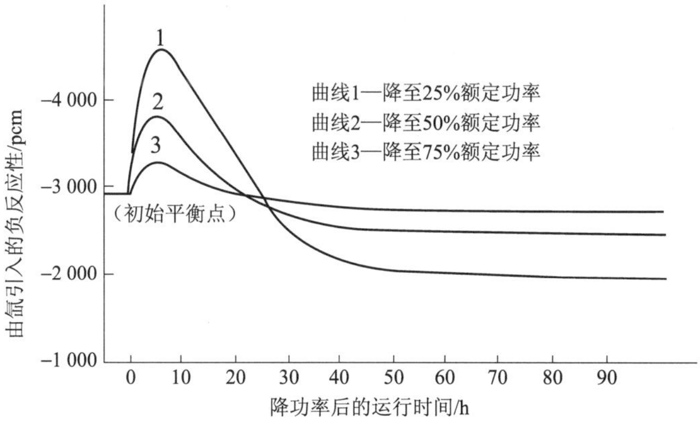

图 5-2-6 从满功率(平衡氙)降到不同功率水平运行后由氙毒引起的反应性变化

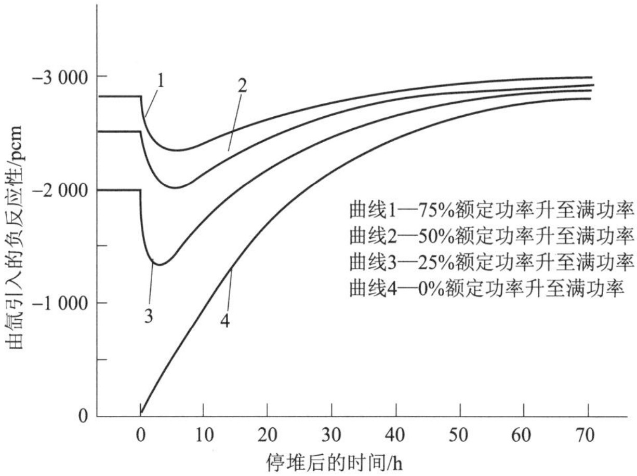

图 5-2-7 从不同功率水平(平衡氙)提升到满功率后由氙引起的反应性变化

图 5-2-8 给出了反应堆带功率稳定运行后，在阶跃降和升功率的情况下，${}^{135}_{53}I$ 和 ${}^{135}_{54}Xe$ 的浓度($N_I(t)$和 $N_{Xe}(t)$)及过剩反应性 $\rho_{ex}(t)$随时间变化的示意图。

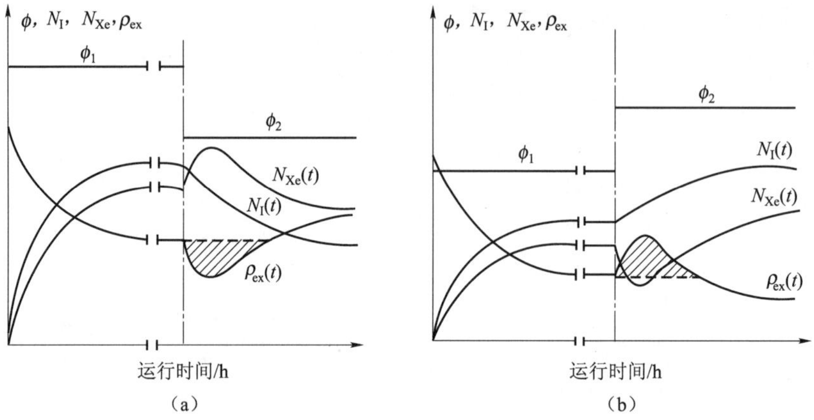

图 5-2-8 功率变化前后${}^{135}I$、${}^{135}Xe$ 浓度和过剩反应性随时间变化示意图

(a) 突然降低功率，中子通量密度由 ϕ_1 降至 ϕ_2；

(b) 突然升高功率，中子通量密度由 ϕ_1 升至 ϕ_2

例 5-2-1 判断并解释：

(1) 判断(正确的画√，错误的画×)

反应堆以 50%FP 运行 2 周后将功率快速提升到 100%FP。在达到满功率后的 2～3 h，为了补偿${}^{135}_{54}Xe$ 的变化，此时：

[ ] A. 由于${}^{135}_{54}Xe$ 的积累而必须添加正反应性。

[ ] B. 由于${}^{135}_{54}Xe$ 的烧损而必须添加负反应性。

[ ] C. 因为${}^{135}_{53}I$ 浓度不变而无需采取任何措施。

[ ] D. 因为${}^{135}_{54}Xe$ 的产生超过${}^{135}_{54}Xe$ 的衰变而必须添加正反应性。

(2) 解释所选正确答案的理由。

解

(1) A、C、D 为 ×，B 为√。

(2) 解释所选正确答案的理由：

反应堆从原先的稳态下迅速提升功率，因为${}^{135}_{54}Xe$ 的烧损而导致${}^{135}_{54}Xe$ 浓度下降而引入正反应性，在达到满功率后的 2～3 h，相对于原先的氙平衡状态，因${}^{135}_{54}Xe$ 的产生还不足以弥补其烧损，所以操纵员必须添加负反应性来补偿${}^{135}_{54}Xe$ 浓度的下降。

例 5-2-2 反应堆在满功率下运行较长时间后，快速降功率至 50%额定功率，运行 3 d 后又快速提升到满功率，再运行 3 d 后突然停堆。请根据功率的变化曲线。定性画出反应堆内${}^{135}_{53}I$ 和${}^{135}_{54}Xe$ 浓度随时间的变化曲线。

解

见图 5-2-9。

例 5-2-3 将正确的选择填入“[ ]”中，并解释选择该答案的理由。

反应堆从满功率平衡氙状态停堆。5 h 后开始启动到满功率，以 2.0%FP/min 的速率升功率。若同 0.5%FP/min 的升功率速率相比，则${}^{135}_{54}$Xe 达到新的平衡所需时间________，且${}^{135}_{54}$Xe 浓度的峰值______。

A. 较短、较大

B. 较短、较小

C. 较长、较大

D. 较长、较小

解

[B]。从满功率平衡氙状态停堆后 5 h，${}^{135}_{54}$Xe 在不断增加。此时以较快的速率提升功率会加速${}^{135}_{54}$Xe 的燃耗，在较短的时间内${}^{135}_{54}$Xe 的产生和消失就达到新的平衡。由于原先积累的${}^{135}_{53}$I 还来不及衰变，故${}^{135}_{54}$Xe 浓度的峰值也较低。

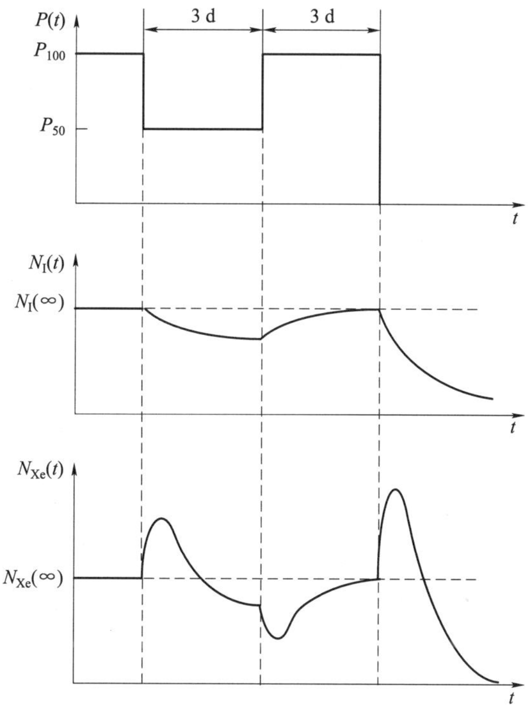

图 5-2-9　${}^{135}_{53}$I 和${}^{135}_{54}$Xe 浓度随时间的变化曲线

例 5-2-4　一座热中子反应堆采用富集度为 2.5%的${}^{235}_{92}$U 作燃料，在热中子通量密度 $\phi_{th}=2\times10^{14}\ cm^{-2}\cdot s^{-1}$下已经运行了一段时间。问停堆后多久氙中毒达到最大值？

解

碘的半衰期为 $T_{1/2}=6.7$ h，$\lambda_I=2.9\times10^{-5}\ s^{-1}$，$\lambda_{Xe}=2.1\times10^{-5}\ s^{-1}$。由式(5-2-23)、(5-2-24)可求得 $N_{Xe}^{(0)}/N_I^{(0)}$，其值在中子通量密度 $2\times10^{14}\ cm^{-2}\cdot s^{-1}$下运行非常小，结果式(5-2-26)可以进一步简化为：

$t_{max}\approx(\lambda_{Xe}-\lambda_I)^{-1}\ln(\lambda_{Xe}/\lambda_I)=(2.9\times10^{-5}-2.1\times10^{-5})^{-1}\times\ln(2.9/2.1)=4\times10^4\ s=$ 11 h。

例 5-2-5　请分别定性地绘出反应堆在 70%FP 稳定运行 72 h 后，在 t_0时刻阶跃地变化至 50%FP 和 90%FP 以后的^{135}Xe 浓度 N_{Xe}及过剩反应性 ρ_{ex}从 t_0 至 t_1（约 100 h）随时间的大致变化曲线。

解

见图 5-2-10。

5.2.2.6　氙振荡

(1) 氙振荡现象

在大型热中子反应堆(热中子通量密度大于 $10^{14}\ cm^{-2}\cdot s^{-1}$，堆芯尺寸超过 30 倍徙动长度)中，局部区域内中子通量密度的变化会引起局部区域${}^{135}_{54}$Xe 浓度和局部区域 k_{eff}的变化。反之，后者的变化也会引起前者的变化。这两者之间的相互作用有可能使堆芯中${}^{135}_{54}$Xe 的浓度和中子通量密度分布产生空间振荡，这就是所谓氙振荡现象。

(2) 研究氙振荡的意义

研究氙振荡是为了遏制氙振荡，这是堆芯功率分布控制中的重要课题。

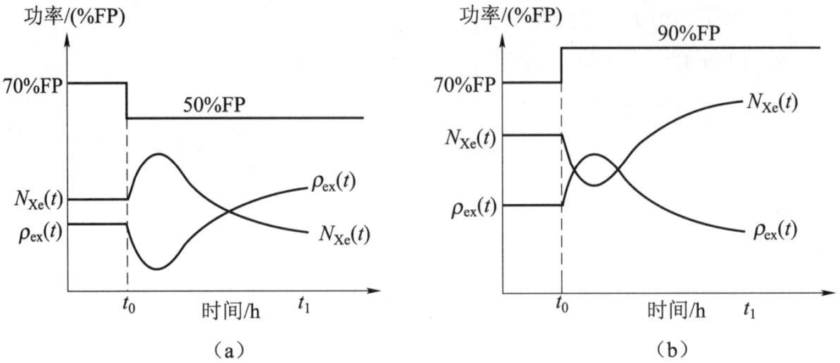

图 5-2-10 功率阶跃变化后^{135}Xe 浓度和过剩反应性的变化(例 5-2-5)

(a)70%FP→50%FP 后;(b)70%FP→90%FP 后

氙振荡会引起堆芯内局部中子通量密度的增大,这意味着该处产生更多的热量,使某些燃料棒过热,引起局部区域的温度升高,如果叠加到反应堆热管位置上或本来就比较热的地方,就有可能使燃料元件局部损坏(如芯块熔化),或者,有可能超过预期值或超过反应堆事故分析的假设值。

氙振荡还使堆芯中的温度场发生交替变化,这将加剧堆芯材料温度应力的变化,缩短材料的寿命。

显然,这种振荡不利于反应堆的安全运行,所以一定要设法予以遏制。

(3) 产生氙振荡的机理

概略地说,氙振荡产生的机理是:由于某种原因造成堆芯不同区域的中子通量密度相差很大,引起这些区域的氙毒变化,因而引起局部的增殖因数的变化,后者的变化反过来会引起前者朝着相反方向变化。两者之间的相互作用就可能使堆芯内的氙和中子通量密度分布产生空间振荡。

某核电厂压水堆长期稳定运行在高功率下,如不考虑再分布效应(见 5.4 节),则其轴向稳定功率分布如图 5-2-11 中实线所示。假定由于某种扰动,使堆芯下半部 A 区的功率密度从 a′变到 a(如图中虚线所示),继而引发轴向氙振荡。可以从物理机理上解释 A 区的功率密度从图(a)中的 a 点向图(b)中的 b 点转变,到 b 点后不再继续增高而向相反的 c 点转变的原因:

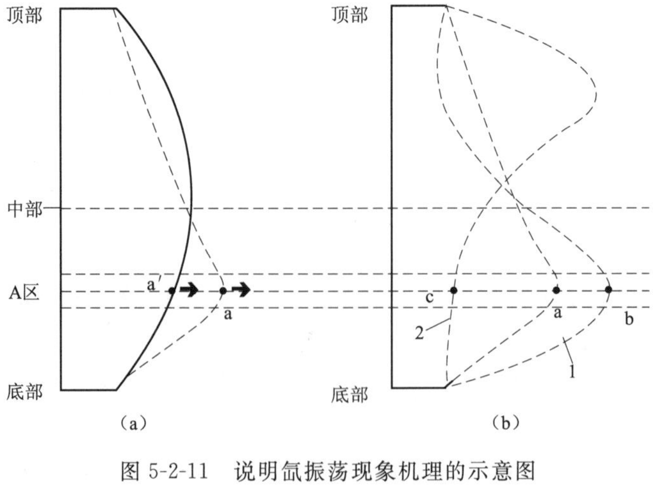

图 5-2-11 说明氙振荡现象机理的示意图

1）由于扰动，a′点的功率密度升至 a，相应的热中子通量密度 ϕ_{th} 立即增加，${}^{135}_{54}Xe$ 因吸收中子，其消耗量也立即增加，${}^{135}_{53}I$ 的衰变对 ${}^{135}_{54}Xe$ 的贡献仍是扰动前的值，从而使 A 区局部的 ${}^{135}_{54}Xe$ 浓度下降，导致该区域反应性增加，进而使 A 区 ϕ_{th} 再增加，这又使 ${}^{135}_{54}Xe$ 浓度降低，局部反应性增加，使得 a 点的功率密度继续升高，逐渐向图(b)中的 b 点转变。

2）但这一过程不会无限制的单向发展下去，其原因有二：

• 中子通量密度进一步倾斜后，形成了中子通量密度梯度，通量密度高的区域向通量密度低的区域有一净中子流，梯度越大，净中子流越强，这使得中子通量密度趋于平坦；

• 功率越增高，裂变率越大，产生的 ${}^{135}_{53}I$ 也越多，经过一段时间后 ${}^{135}_{53}I$ 衰变成 ${}^{135}_{54}Xe$ 也越多，从而减缓了 ${}^{135}_{54}Xe$ 浓度的降低。

当以上两项的作用使 A 区的 ${}^{135}_{54}Xe$ 浓度不再减少，就使 a 点的转变为图(b)中的 b 点。

3）到 b 点后，由于 ${}^{135}_{53}I$ 的大量积累且不断衰变成 ${}^{135}_{54}Xe$，使 ${}^{135}_{54}Xe$ 浓度由不减小变成逐步增加，从而引起局部反应性减少，导致 ϕ_{th} 下降，功率密度下降，使 ${}^{135}_{54}Xe$ 消耗减少，${}^{135}_{53}I$ 衰变成 ${}^{135}_{54}Xe$ 进一步占主导地位，促使功率密度进一步下降，等等，这样图(b)中的 b 点就又逐步向 c 点靠近。

5.2.3　${}^{149}_{62}Sm$ 中毒现象

5.2.3.1　从钐(${}^{149}_{62}Sm$)的产生-消失链建立钐的动力学方程

${}^{149}_{62}Sm$ 是压水反应堆中的一种长寿命的裂变产物毒物，是裂变产物钕(${}^{149}_{60}Nd$)衰变链的稳定产物：

$$\text{裂变}\rightarrow {}^{149}_{60}Nd \xrightarrow{\beta^-,2.0\ h} {}^{149}_{61}Pm \xrightarrow{\beta^-,54\ h} {}^{149}_{62}Sm$$

反应式箭号上面的数字是半衰期。由于 ${}^{149}_{60}Nd$ 的半衰期与钷(${}^{149}_{61}Pm$)的半衰期相比短得多，因而可以认为 ${}^{149}_{61}Pm$ 是由直接裂变而产生的。

${}^{149}_{62}Sm$ 是一种稳定的核素，因此它不会发生衰变，它只能通过辐射俘获反应而消失(其反应截面为 40 000 b)，即：

$${}^{149}_{62}Sm+{}^{1}_{0}n\rightarrow {}^{150}_{62}Sm+\gamma$$

根据 ${}^{149}_{62}Sm$ 的产生-消失链，可分别列出 ${}^{149}_{61}Pm$ 和 ${}^{149}_{62}Sm$ 的动力学方程：

• ${}^{149}_{61}Pm$ 的动力学方程为：

$$\frac{dN_{Pm}}{dt}=\omega_{Pm}\phi_{th}\Sigma_f^{th}-\lambda_{Pm}N_{Pm} \tag{5-2-27}$$

式中左端：${}^{149}_{61}Pm$ 原子数的变化率。式中右端：第一项是由裂变而产生的 ${}^{149}_{61}Pm$，ω_{Pm} 为产额；第二项为 ${}^{149}_{61}Pm$ 因衰变而消失的项；因 ${}^{149}_{61}Pm$ 的热中子吸收截面很小，所以其吸收项可以忽略不计。

• ${}^{149}_{62}Sm$ 的动力学方程为：

$$\frac{dN_{Sm}}{dt}=\lambda_{Pm}N_{Pm}-\sigma_{aSm}^{th}N_{Sm}\phi_{th} \tag{5-2-28}$$

式中左端：${}^{149}_{62}Sm$ 原子数的变化率。式中右端：第一项为 ${}^{149}_{62}Sm$ 的产生项；第二项为因俘获中子而消失的消失项；因 ${}^{149}_{62}Sm$ 是稳定的核素，故无衰变项。

方程(5-2-27)和(5-2-28)构成了 ${}^{149}_{61}Pm$ 和 ${}^{149}_{62}Sm$ 的动力学方程组。

5.2.3.2 平衡钐毒

因为$^{149}_{62}Sm$的吸收截面比$^{135}_{54}Xe$小得多，而且其先驱核$^{149}_{61}Pm$的半衰期比$^{135}_{53}I$和$^{135}_{54}Xe$长得多（或者说衰变常数要小得多），因此钷和钐的浓度达到其平衡值所需的时间要比氙长得多（约需 20 d）。尽管钐所引起的反应性效应比氙小得多，但在核分析时仍应计入$^{149}_{62}Sm$的积累效应。

令方程(5-2-27)和(5-2-28)中的时间导数等于零，则钷和钐的平衡浓度分别为：

$$N_{Pm}^{(0)} = \frac{\omega_{Pm}\Sigma_f^{th}\phi_{th}}{\lambda_{Pm}} \tag{5-2-29}$$

$$N_{Sm}^{(0)} = \frac{\omega_{Pm}\Sigma_f^{th}}{\sigma_{aSm}^{th}} \tag{5-2-30}$$

根据定义，平衡钐毒的反应性为：

$$\rho_{Sm}^{(0)} = -\frac{\sigma_{aSm}^{th}N_{Sm}^{(0)}}{\Sigma_{aF}^{th}} = -\frac{\omega_{Pm}\Sigma_f^{th}}{\Sigma_{aF}^{th}} \tag{5-2-31}$$

由式(5-2-30)和(5-2-31)可知，平衡钐毒与平衡氙毒不同，它与反应堆内的中子通量密度无关，而且中毒反应性也比氙毒小。对于以$^{235}_{92}U$为燃料的反应堆，$\Sigma_f^{th}=\Sigma_{aF}^{th}=0.81$，$\omega_{Pm}=0.011\ 3$（见表 5-2-1）。由式(5-2-31)可算得 $\rho_{Sm}^{(0)}=-0.009$，可见它比最大极限平衡氙毒反应性$-0.05\Delta k/k$要小得多，比低中子通量密度（如 $\phi_{th}=1\times10^{13}\ cm^{-2}\cdot s^{-1}$时的 $\rho_{Xe}^{(0)}=-0.031\Delta k/k$）也要小。

5.2.3.3 反应堆启动后即达一定功率水平情况下的钐毒

为使问题简化，设在 $t=0$ 反应堆启动后就立即达到一定功率水平稳定运行，对应的稳态热中子通量密度为 ϕ_{th}，在 $t<0$ 时，堆内无毒，$t=0$ 时，$N_{Pm}=N_{Sm}=0$。求开堆后钐毒随时间的变化关系。

根据$^{149}_{61}Pm$、$^{149}_{62}Sm$的动态方程(5-2-27)、(5-2-28)，可给出钐浓度随时间的变化：

$$N_{Sm} = N_{Sm}^{(0)} g(\phi_{th}, t) \tag{5-2-32}$$

式中：$N_{Sm}^{(0)}$由式(5-2-30)给出。$g(\phi_{th}, t)$由下式给出：

$$g(\phi_{th}, t) = 1 + \frac{\lambda_{Pm}}{\sigma_{aSm}^{th}\phi_{th} - \lambda_{Pm}} e^{-\sigma_{aSm}^{th}\phi_{th}} - \frac{\sigma_{aSm}^{th}\phi_{th}}{\sigma_{aSm}^{th}\phi_{th} - \lambda_{Pm}} e^{-\lambda_{Pm}t} \tag{5-2-33}$$

此函数与$^{149}_{61}Pm$、$^{149}_{62}Sm$的核特性、反应堆稳态中子通量密度 ϕ_{th} 和时间 t 有关。相应的毒性为：

$$q_{Sm} = q_{Sm}^{(0)} g(\phi_{th}, t) \tag{5-2-34}$$

$$q_{Sm}^{(0)} = \frac{\sigma_{aSm}^{th}N_{Sm}^{(0)}}{\Sigma_{aF}^{th}} = \frac{\omega_{Pm}\Sigma_f^{th}}{\Sigma_{aF}^{th}} \tag{5-2-35}$$

图 5-2-12 给出了启堆后即达到的不同功率情况下的钐毒反应性随时间的变化关系。

5.2.3.4 钐毒反应性对功率变化的响应

反应堆在满功率下长时间稳定运行后下降到不同的功率水平时，由$^{149}_{62}Sm$毒引入的反应性曲线，会形成所谓“钷坑”（见图 5-2-13），$^{149}_{62}Sm$浓度曲线大约在功率变动后 100～150 h 达到最大值（即反应性曲线达到最负处）。形成钷坑的机理与碘坑的有类似之处，请读者自行进行定性地解释。

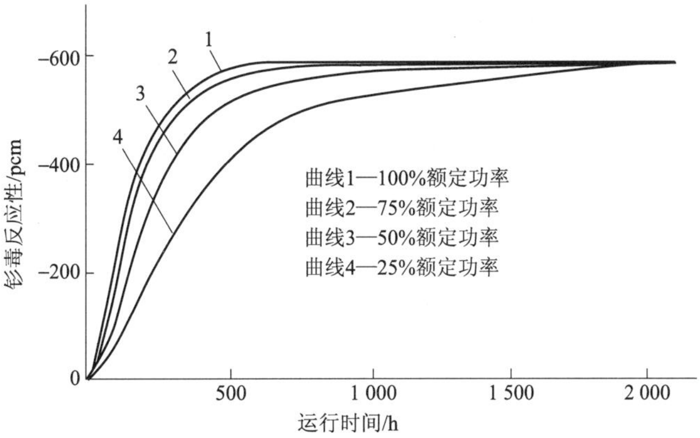

图 5-2-12 启堆后即达到的不同功率下的钐毒反应性随时间的变化

当反应堆在平衡钐状态下稳定运行时，功率突然升高，这将导致 $^{149}_{62}\mathrm{Sm}$ 浓度因热中子吸收增加而下降。但由于裂变的不断发生，$^{149}_{62}\mathrm{Sm}$ 的浓度会增加，最后到达平衡值。此平衡浓度与升功率之前的平衡浓度相同（参见图 5-2-16）。

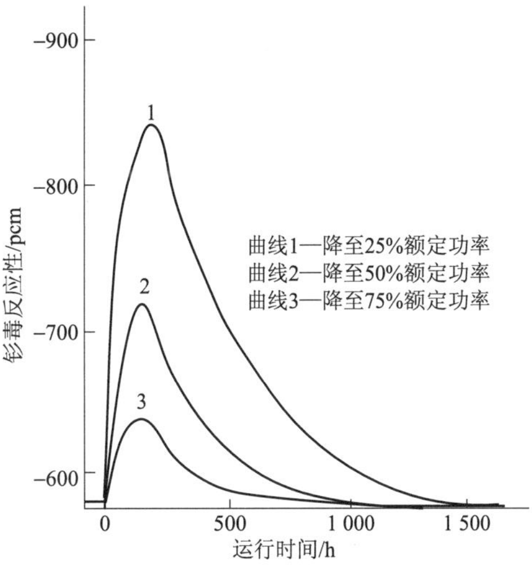

图 5-2-13 从满功率降功率运行后由钐引起的反应性变化

5.2.3.5 停堆后钐毒的积累

设反应堆在 $t<0$ 时稳定运行，其中子通量密度为 ϕ_{th}，钐毒已达平衡。可从 $^{149}_{61}\mathrm{Pm}$、$^{149}_{62}\mathrm{Sm}$ 的动力学方程(5-2-27)和(5-2-28)出发，来讨论如果 $t=0$ 时突然停堆钐毒的变化情况。初始条件为：

$$t=0\ 时,N_{\mathrm{Pm}}=N_{\mathrm{Pm}}^{(0)},N_{\mathrm{Sm}}=N_{\mathrm{Sm}}^{(0)} \tag{5-2-36}$$

式中：$N_{\mathrm{Pm}}^{(0)}$、$N_{\mathrm{Sm}}^{(0)}$ 分别为平衡时 $^{149}_{61}\mathrm{Pm}$、$^{149}_{62}\mathrm{Sm}$ 的核密度，分别由式(5-2-29)和式(5-2-30)给出。又：

$$t\geqslant 0\ 时,\phi_{\mathrm{th}}=0 \tag{5-2-37}$$

由方程(5-2-27)和(5-2-28)及初始条件式(5-2-36)和式(5-2-37)可以解得：

$$N_{\mathrm{Sm}}=N_{\mathrm{Sm}}^{(0)}+N_{\mathrm{Pm}}^{(0)}(1-\mathrm{e}^{-\lambda_{\mathrm{Pm}}t}) \tag{5-2-38}$$

停堆后此钐浓度所对应的反应性为：

$$\rho_{\mathrm{Sm}}=-q_{\mathrm{Sm}}=-\frac{\sigma_{\mathrm{aSm}}^{\mathrm{th}}N_{\mathrm{Sm}}}{\Sigma_{\mathrm{aF}}^{\mathrm{th}}} \tag{5-2-39}$$

即

$$\rho_{\mathrm{Sm}}=-\frac{\sigma_{\mathrm{aSm}}^{\mathrm{th}}}{\Sigma_{\mathrm{aF}}^{\mathrm{th}}}[N_{\mathrm{Sm}}^{(0)}+N_{\mathrm{Pm}}^{(0)}(1-\mathrm{e}^{-\lambda_{\mathrm{Pm}}t})] \tag{5-2-40}$$

图 5-2-14 画出了停堆后 $^{149}_{62}\mathrm{Sm}$ 积累引起的负反应性。$^{149}_{62}\mathrm{Sm}$ 的中毒反应性与停堆后的时间有关，$|\rho_{\mathrm{Sm}}|$ 开始随 t 增大，但 t 足够大以后可达饱和值，其值大小与停堆前的功率水平有

关。堆芯内$^{149}_{62}Sm$浓度接近饱和值的时间约为 20 d。在停堆后，如果反应堆重新投入功率运行，$^{149}_{62}Sm$被燃耗，其浓度将回到平衡值(见图 5-2-15)。

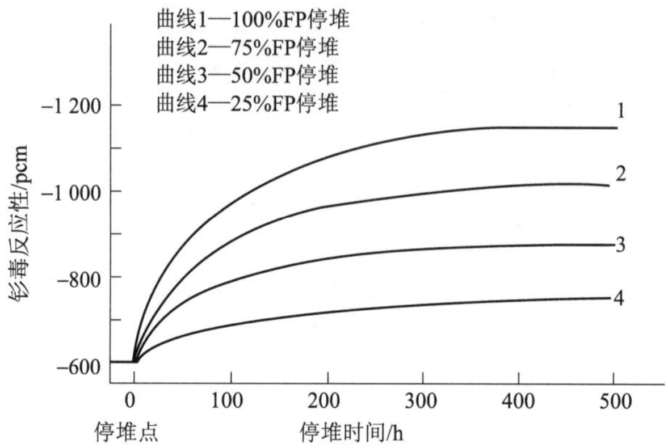

图 5-2-14 在不同功率水平下长期稳定运行后停堆$^{149}_{62}Sm$毒负反应性变化曲线

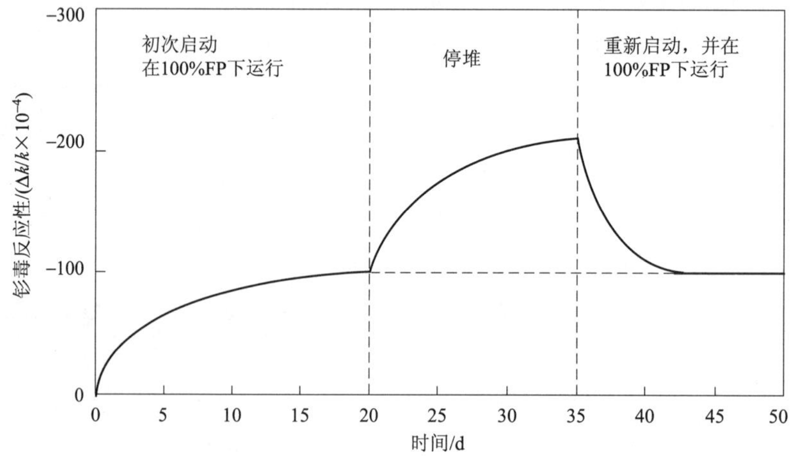

图 5-2-15 停堆后重新投入功率运行钐毒反应性的变化

停堆较长时间(大于 90 h)后再启动达临界时，氙毒反应性效应可予以忽略，而钐毒反应性效却必须考虑；在较短时间停堆后，钐毒反应性效应较小，甚至可以被忽略，而氙毒反应性效应则必须考虑。

例 5-2-6 假定反应堆以 50%FP 运行较长时间，$^{149}_{62}Sm$已经达到平衡状态，然后迅速提升功率至 100%FP，运行 500 h 后停堆。请定性画出$^{149}_{62}Sm$浓度随时间的变化曲线。

解

见图 5-2-16。

例 5-2-7 反应堆在满功率下运行相当长时间后降至 50%FP 下继续运行，请在坐标图上定性地画出$^{149}_{62}Sm$的浓度随时间的变化曲线。要求：画到基本稳定的时间区；标出大概的时间坐标(数值和单位)。

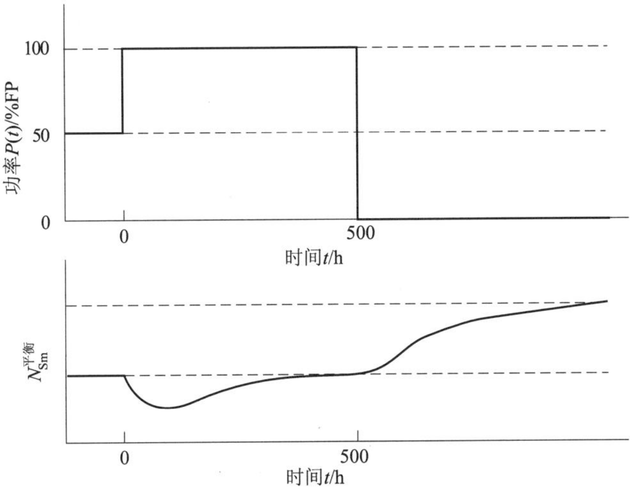

图 5-2-16 $^{149}_{62}$Sm 浓度随时间的变化曲线

解

曲线形状如图 5-2-17 所示。时间标度：钷坑 100～150 h；到达钐平衡浓度 $N_{Sm}^{(0)}$ 的时间＞600 h。

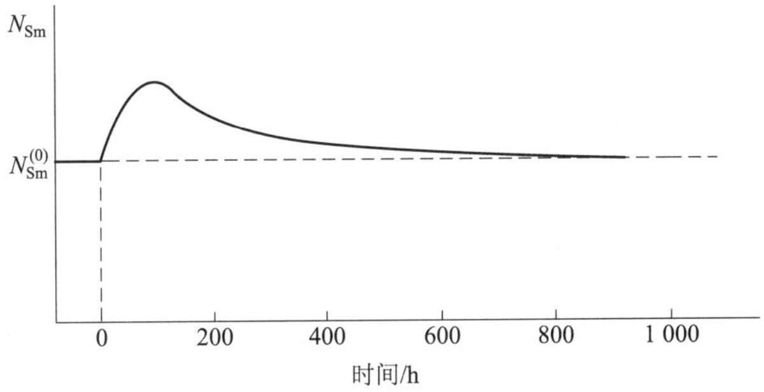

图 5-2-17 钷坑

例 5-2-8 某反应堆经长期满功率稳定运行后停堆，停堆前调节棒在接近调节带的上限，硼浓度为 40 ppm，1 h 后重新启动，请问：

1）当控制棒全部到顶后出现不能达到临界的现象，为什么？

2）大约在何时才能达到临界？为什么？定性地绘图分析在某段时间内不能达到临界的理由，并指出这段时间大约多长。

解

1）停堆后，由于$^{135}_{54}$Xe 的积累，氙毒负反应性逐渐上升，经 8～10 h 形成最大氙毒的峰值，此时引入了最大负反应性值约 5 400 pcm，此后氙毒逐渐下降，形成反应性的凹坑，此即碘坑现象。此时重新启堆，如果所能引入的正反应性即为此时最大的后备反应性（包括全部控制棒提升到顶，硼浓度稀释以及释放的功率效应等）仍不足以补偿此时氙毒所引起的负反应性，则此时反应堆就不能达到临界。这种情况出现在碘坑中一段时间内。发生这种现象的时间段称为“启堆死区”时间（见图 5-2-18）。

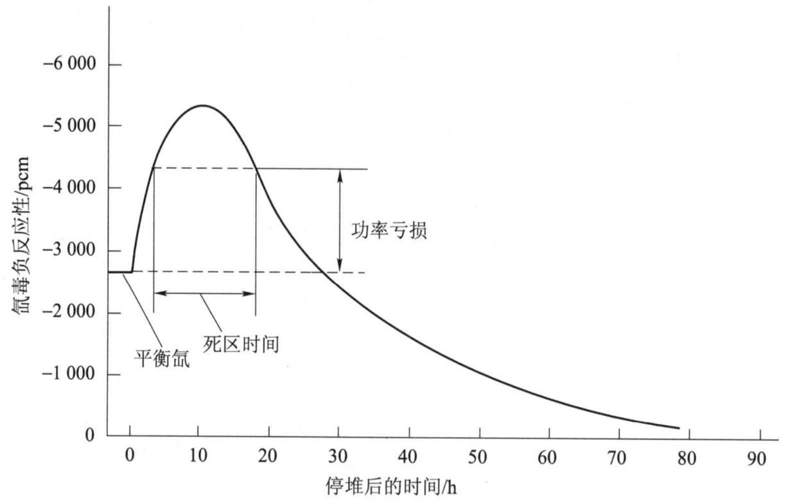

图 5-2-18 死区时间示意图

2）根据题意，反应堆已运行到循环寿期末，调节棒组基本到顶，硼浓度仅 40 ppm，因而稀释困难。即使忽略 ^{149}Sm 积累的负反应性，此时反应堆的后备反应性仅够补偿由零功率至满功率所引入的功率亏损，此值大约为 1 300～1 400 pcm，因而无法克服 1 h 后还在不断上升的氙毒反应性。因此，在这段时间无法使反应堆达到临界。停堆约 20 h 后，总氙毒反应性下降至平衡氙加功率效应值以后，反应堆才能达到临界。

例 5-2-9 将正确的选择填入“[ ]”中，并解释选择该答案的理由：

某 PWR 在 50%FP 运行时，平衡 $^{149}_{62}$Sm 毒反应性为－800 pcm，那么在 100%FP 下的平衡 $^{149}_{62}$Sm 毒反应性为：

A. －400 pcm；

B. －800 pcm；

C. －1 200 pcm；

D. －1 600 pcm。

解

[B]。平衡 ^{149}Sm 毒反应性与功率水平无关。

5.2.4 氙和钐的中毒特点比较

氙和钐的中毒特点比较如表 5-2-4 所示。

表 5-2-4 ^{135}Xe 和 ^{149}Sm 的中毒特点比较

序号	^{135}Xe	^{149}Sm
1	在中子能量为 0.025 eV 时微观吸收截面为 2.7×10^6 b。其先驱核的产额较大。平均寿命短	在中子能量为 0.025 eV 时微观吸收截面为 4.08×10^4 b。其先驱核的产额较小。半衰期大于 10^6 a
2	产生链和消失链比较复杂，因此动态特性比较复杂	产生链和消失链比较简单，因此动态特性也比较简单

续表

序号	^{135}Xe	^{149}Sm
3	平衡氙(图 5-2-2)： • 平衡氙浓度与通量密度有关。通量密度(即功率)愈大，平衡氙浓度愈大，但两者并不成正比 • 浓度达到其平衡值的时间约 40 h • 平衡氙毒反应性要比平衡钐毒大，最负约为－3 000 pcm	平衡钐(图 5-2-12)： • 钐的平衡浓度与热中子通量密度无关。所以当通量密度(或功率)发生变化时，钐的浓度总是回到同一平衡值 • 浓度达到其平衡值的时间要比$^{135}_{54}Xe$长(100%FP 时达平衡约需 20 d) • 平衡钐毒反应性要比平衡氙毒小，最负为－600～－800 pcm
4	停堆时的“碘坑”(见图 5-2-4)： • 停堆后，虽然由于裂变直接产生$^{135}_{54}Xe$停止了，但由于$^{135}_{53}I$的衰变会继续产生$^{135}_{53}Xe$，而且其产生速度快于$^{135}_{54}Xe$本身衰变速度，所以尽管$^{135}_{54}Xe$由于本身的衰变最终将消失，但在停堆后开始阶段还是增加的，这样会形成$^{135}_{54}Xe$浓度的一个峰值。这就是“碘坑”现象 • 碘坑的深度最深可达－5 000 pcm 左右。到达坑底的时间与原来稳定运行的功率水平有关(最长约 10 h) • 爬出碘坑、最终达到零反应性值(无氙状态)的时间最大约 90 h	停堆时： • 停堆后$^{149}_{62}Sm$由于$^{149}_{61}Pm$的衰变而有所增多，然而$^{149}_{62}Sm$不发生衰变，是一种稳定的核素，所以$^{149}_{62}Sm$将在堆内一直保持到反应堆恢复临界后由于吸收中子而减少，故停堆后$^{149}_{62}Sm$浓度将会逐渐趋于某个与停堆前中子通量密度有关的浓度值(见图 5-2-14) • 在停堆后，如果反应堆重新投入功率运行，$^{149}_{62}Sm$被燃耗，其浓度将回到平衡值(见图 5-2-15)
5	降功率时的“碘坑”(见图 5-2-6)： • 反应堆在一定功率下稳定运行相当长时间后，从高功率降到较低功率时也会出现“碘坑”现象 • 碘坑的深度与原来稳定运行的功率水平及降功率的幅度有关。从功率变动的时刻到坑底的时间小于 10 h • 爬出碘坑、最终达到反应性平衡值的时间与功率变动的幅度和最终达到的功率水平有关	降功率时的“钷坑”(见图 5-2-13 和图 5-2-17)： • 反应堆在一定功率下稳定运行相当长时间后，从高功率降到较低功率后，会出现“钷坑”现象 • “钷坑”最深－900 pcm 左右。到坑底的时间约在功率变动后 100～150 h • 爬出钷坑、最终达到零反应性值的时间最大约 1 500 h
6	从平衡氙阶跃升功率时氙浓度的变化： • 堆芯热中子通量密度升高，导致$^{135}_{54}Xe$浓度因热中子吸收增加而下降，虽然由裂变直接生成的$^{135}_{54}Xe$比原先要多，但其比例很小，而$^{135}_{53}I$的半衰期约为 7 h，在功率变化后的若干小时内，$^{135}_{53}I$只有部分衰变为$^{135}_{54}Xe$，因此造成$^{135}_{54}Xe$浓度下降，引入了相当可观的正反应性 但随着时间的推移，由于的$^{135}_{53}I$衰变，使$^{135}_{54}Xe$的浓度增加，最后达到平衡状态(见图 5-2-7)	从平衡钐阶跃升功率时钐浓度的变化： • 堆芯热中子通量密度升高，导致$^{149}_{62}Sm$浓度因热中子吸收增加而下降。但由于裂变的不断发生，$^{149}_{62}Sm$的浓度会增加，最后到达平衡值。此平衡浓度与升功率之前的平衡浓度相同(参见本表第三项“平衡钐”。见图 5-2-16)
7	• 由于氙的存在，会产生氙振荡现象 (见图 5-2-11)	

5.3 燃料的反应性燃耗效应

5.3.1 燃耗的物理过程

反应堆一旦开始运转，其燃料就开始消耗，从而引起剩余反应性的下降，这种效应称为反应性燃耗效应，简称燃耗效应。燃料消耗到一定程度后就需要更换，这直接影响反应堆的工作寿期。这里所讨论的是以低富集铀为燃料的压水堆，燃料中包括两种核素：一种是易裂变核素$^{235}_{92}U$；另一种是可裂变核素$^{238}_{92}U$。

$^{235}_{92}U$核是压水堆中核裂变产生能量的主要来源。它主要是在热中子作用下可能发生裂变，生成裂变碎片和裂变中子；另外，它也能吸收中子而转化成$^{236}_{92}U$。

$^{236}_{92}U$是不可裂变的，其半衰期很长($T_{1/2}=2.4\times10^7$ a)，辐射俘获截面很小，不必考虑其进一步的转换。

压水堆中存在着大量的可裂变核素$^{238}_{92}U$，它与中子的作用可能产生下列反应：能量大于1.1 MeV的中子能引起$^{238}_{92}U$发生裂变反应，称快裂变；低于1.1 MeV能量的中子能被$^{238}_{92}U$吸收而不发生裂变反应，这就是辐射俘获反应，特别是在共振能附近(例如6.6 eV、20 eV以及38 eV)的中子，$^{238}_{92}U$的吸收截面特别大，为共振吸收。$^{238}_{92}U$吸收中子后形成不稳定的$^{239}_{92}U$，再经过两次β^-衰变会形成$^{239}_{94}Pu$[见式(2.1.4)]。

$^{239}_{94}Pu$是另一种重要的易裂变核素，能在热中子的作用下发生裂变反应，并发出能量，$^{239}_{94}Pu$也是快中子反应堆的重要的燃料。

$^{239}_{94}Pu$能吸收中子形成$^{240}_{94}Pu$。如5.1.5节所述，$^{240}_{94}Pu$在中子能量为1 eV处具有高达约10^5 b的强吸收共振峰截面，当堆芯寿期从BOL向EOL过渡时，随着燃耗的加深，它在堆中的积累会使多普勒系数变得更负。

$^{240}_{94}Pu$可以吸收中子生成$^{241}_{94}Pu$。$^{241}_{94}Pu$也是一种易裂变核素，有较高的裂变反应概率。它的半衰期约为13.2 a。

$^{241}_{94}Pu$能吸收中子生成$^{242}_{94}Pu$。由于$^{242}_{94}Pu$的吸收截面很小，只有40 b左右，所以$^{242}_{94}Pu$以上的重核素不必考虑。

上述的物理过程表明，反应堆运转后，由于易裂变核素$^{235}_{92}U$的不断消耗，使得反应堆的剩余反应性不断下降。同时$^{238}_{92}U$生成的$^{239}_{92}Pu$参与裂变，使得反应性的下降得到某些减缓。

思考题5-3-1 当反应堆运行时，$^{238}_{92}U$逐渐形成了$^{239}_{94}Pu$，试写出其反应方程式，并说明$^{239}_{94}Pu$对应堆控制有什么影响。

解

(1) $^{238}_{92}U+^{1}_{0}n\rightarrow[^{239}_{92}U]^*\xrightarrow{\beta^-}[^{239}_{93}Np]\xrightarrow{\beta^-}{}^{239}_{94}Pu$

(2) $^{239}_{94}Pu$的形成对反应性有正的贡献，它是一种易裂变物质；但从反应堆控制的角度讲，这将使反应堆对反应性扰动的响应变得更快，这是因为$^{239}_{94}Pu$的β是0.002 0，比$^{235}_{92}U$的β(0.006 5)小。所以，随燃耗加深，$^{239}_{94}Pu$不断积累，使总的有效缓发中子份额β_{eff}下降，从而使反应堆在EOL更具敏感性。

5.3.2　燃耗深度

燃料的燃耗深度是以单位质量的燃料所发出的能量作为度量单位的。燃耗深度是燃料消耗程度的一种度量，它表示反应堆积分能量的输出。燃耗深度单位常用兆瓦小时/千克铀(MW·h/kgU)或兆瓦日/吨铀(MW·d/tU)来表示。工程中经常用有效满功率小时(EFPH)或有效满功率天(EFPD)为单位来表示燃耗的深度，也就是将燃料的燃耗用到这一燃耗深度所需运行满功率天数来表示。一个有效满功率天(EFPD)等于在100%满功率下运行1 d，若在50%满功率下运行，则一个有效满功率天(EFPD)等于运行2 d。EFPD定义为：

$$\text{EFPD}=\int_0^T \frac{P(t)}{P_0}\mathrm{d}t = C\cdot T$$

式中：P_0——核电厂的名义功率；

$P(t)$——电厂实际运行的功率；

T——实际运行的天数；

C——该燃料循环的容量因子。

某核电站铀的装载量为72.4 tU，热功率为2 895 MW。所以，满功率运行一天的平均燃耗为：

$$\alpha=\frac{2\,895\times 1}{72.4}\approx 40\ \text{MW}\cdot\text{d/tU}$$

如果一年按300个满功率天设计，每年更换三分之一燃料组件，则每年平均燃耗深度为12 000 MW·d/tU，三年平均燃耗为36 000 MW·d/tU。该核电站燃耗深度的设计值为：平均燃耗33 000 MW·d/tU，最大燃耗深度为39 000 MW·d/tU。

燃耗深度的另一种表示是用消耗掉的易裂变核素核子数与初装量中该核素的核子数之比，单位为百分之几。

例5-3-1　一座反应堆的额定功率为300 MW，希望达到的燃耗深度为30 000 MW·d/t(燃料)，问堆运行300 d后，共消耗掉多少燃料？

解

共消耗掉的燃料为：300×300/30 000=3 t

例5-3-2　某核电厂电功率为1 200 MW，热效率为30%，其压水反应堆每年平均更换1/3的燃料，在平衡状态下平均燃耗为15 000 MW·d/tU，年平均负荷因子为0.8。试估算该反应堆的铀装载量。(1年以365天计)

解

设铀的总装载量为x (t)。因为在平衡状态下年发热量等于换装燃料的发热量，故有：

$$1\,200\times(1/0.30)\times 365\times 0.8=(1/3)\times x\times 15\,000$$

得：

$$x=4\,000\times 365\times 0.8\times 3/15\,000=233.6\ \text{t}$$

5.3.3　反应性随燃耗深度的变化

(1) 反应堆中主要易裂变核素的核密度随时间的变化

在反应堆的动态分析中，要研究核燃料中各种重核素的成分(核密度)随时间的变化及它们对中子通量密度和反应性的影响。

在压水反应堆运行过程中，如 5.3.1 节所述，一方面，核燃料中的易裂变核素 $^{235}_{92}U$ 不断地燃耗；另一方面，可转换核素 $^{238}_{92}U$ 俘获中子后又会转换成 $^{239}_{94}Pu$ 等易裂变核素。

在反应堆中实际发生的燃耗过程，比 5.3.1 节所描述的要复杂得多。而裂变产物的情况更为复杂，因为在易裂变核素裂变的同时，将产生 300 多种裂变产物，要计算它们浓度的变化及其对反应性的影响，要比列出和计算燃耗方程复杂得多。为此需要进行许多简化。在本教材中只对氙毒和钐毒进行了简单的讨论(5.2 节)，对其余重裂变核素不进行讨论。

根据反应堆中发生的物理过程，可建立压水反应堆中的主要易裂变核素 $^{235}_{92}U$ 和 $^{239}_{94}Pu$ 的核密度随时间 t 变化的方程(对于其他易裂变核素也可列出类似方程，此处从略)。为表示方便，用下标"5"、"8"和"9"分别表示 $^{235}_{92}U$、$^{238}_{92}U$ 和 $^{239}_{94}Pu$。

$^{235}_{92}U$ 的半衰期为 7.1×10^{8} a，其衰变可予以忽略，并且将 $^{236}_{92}U$ 的生成忽略不计，故 $^{235}_{92}U$ 核密度 N_5 的燃耗满足：

$$\frac{dN_5}{dt}=-N_5\sigma_{a5}^{th}\phi_{th} \tag{5-3-1}$$

式中：σ_{a5}^{th}——$^{235}_{92}U$ 的热中子微观吸收截面；

ϕ_{th}——热中子通量。

由式(5-3-1)可求得 $^{235}_{92}U$ 的核子数随时间的变化为：

$$N_5(t)=N_{50}e^{-\sigma_{a5}^{th}\phi_{th}t} \tag{5-3-2}$$

式中：N_{50} 为新燃料时 $^{235}_{92}U$ 的核密度。

$^{239}_{94}Pu$ 核子数随时间的变化率为：

$$\frac{dN_9}{dt}=N_8\sigma_{a8}^{th}\phi_{th}-N_9\sigma_{a9}^{th}\phi_{th} \tag{5-3-3}$$

由式(5-3-3)可求得 $^{239}_{94}Pu$ 的核子数随时间的变化为：

$$N_9(t)=\frac{N_8\sigma_{a8}^{th}}{\sigma_{a9}^{th}}(1-e^{-\sigma_{a9}^{th}\phi_{th}t}) \tag{5-3-4}$$

图 5-3-1 给出了低富集铀反应堆的燃料中除了 $^{238}_{92}U$ 之外的各主要重核素的核密度随燃耗深度的变化。由图可见，在 $^{235}_{92}U$ 核密度随燃耗不断减少的同时，新的易裂变核素 $^{239}_{94}Pu$ 随运行的时间，在初始阶段较快地积累，然而，由于 $^{239}_{94}Pu$ 的热中子吸收截面很大，使它的核密度趋近于一个常数而达到饱和。钚的其他同位素经由 $^{239}_{94}Pu$ 逐级俘获中子而生成，故它们的产生率要慢得多。由 $^{238}_{92}U$ 生成易裂变核素 $^{239}_{94}Pu$ 的这一转换过程提高了对核燃料的利用率。随着燃耗的加深，裂变产物在不断地积累着，从而使反应堆的后备反应性逐渐下降，限制了堆芯的寿期。

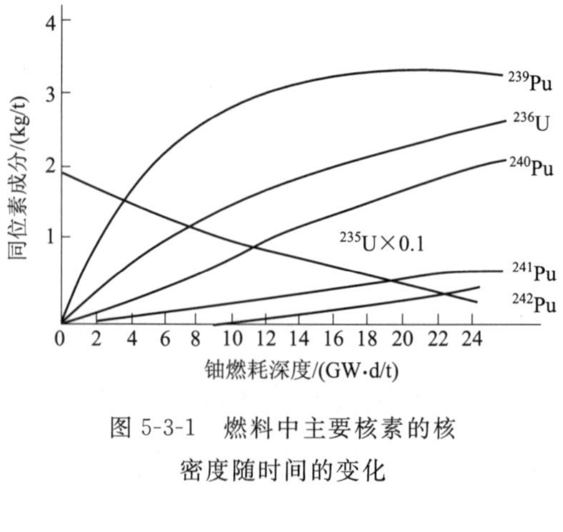

图 5-3-1 燃料中主要核素的核密度随时间的变化

(2) 燃耗计算

一个新的堆芯或换料后的堆芯的燃料

装载量要比临界时的装载量多，初始有效增殖因数为 k_{eff}（或剩余反应性为 ρ_{ex}），所以，必须使用控制毒物来补偿 ρ_{ex}。随着运行时间的增加，堆内易裂变核素的不断消耗及裂变产物的不断积累，使 k_{eff} 逐渐减小。一个新装料的反应堆堆芯从开始运行到 k_{eff} 降到 1 所经历的满功率运行时间叫做堆芯寿期。

为了确定堆芯的寿期，需进行在无控制毒物情况下计算 k_{eff} 随时间的变化，这包括前述核燃料中重核素成分变化及中毒和裂变产物随运行时间的积累等计算（即所谓燃耗计算），可得到图 5-3-2 所示的结果，这是对于一压水堆考虑平衡氙和最大氙中毒后得到的 k_{eff} 随燃耗深度变化的曲线。图中运行时间的单位是 EFPD。由于在寿期末反应堆运行时需要一定的反应性，所以此时的 k_{eff} 应稍大于 1，取 $k_{eff}=1.005$，据此可确定堆芯的寿期。在图中给出了两个堆芯寿期：一个是在最大氙情况下的堆芯寿期 T_{L_1}，另一个是在平衡氙情况下的寿期 T_{L_2}。两者相比较，$T_{L_1}<T_{L_2}$。当 $t\leqslant T_{L_1}$ 时，反应堆在停堆后随时都可以启动；但是，在 $T_{L_1}\leqslant t\leqslant T_{L_2}$ 期间，反应堆在停堆后的某一段时间（强迫停堆时间）内不能启动。

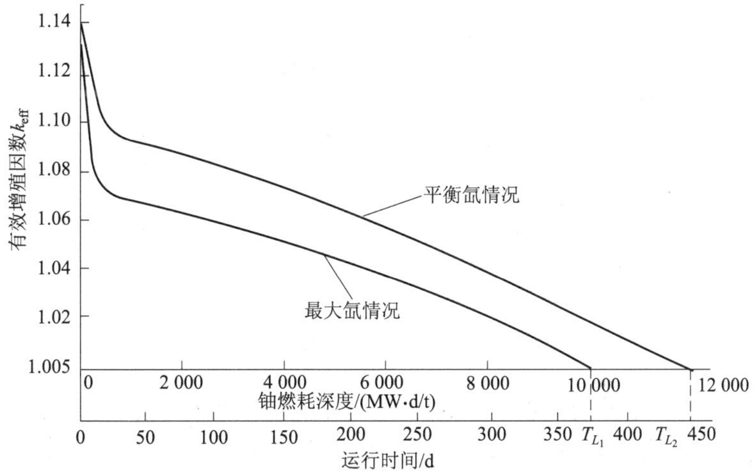

图 5-3-2　k_{eff} 随燃耗深度变化曲线

5.4　再分布效应

在前面各章，为简化，总是假设堆芯内轴向中子通量密度分布对于堆芯的中心平面是对称的。但在实际上，轴向中子通量密度分布 $\phi(z)$ 或相应的功率分布 $P(z)$ 却是不对称和不均匀的，这是慢化剂温度、燃耗、氙毒等因素造成的，对此，在 3.7.2.3 节已简要提及；本节要讨论与之密切相关的反应性效应对 $\phi(z)$ 或 $P(z)$ 所造成的影响，即再分布效应。

（1）慢化剂温度变化的再分布效应

为了便于说明由于慢化剂温度变化的再分布效应对堆芯功率分布的影响，假定堆芯处于首次燃料循环，堆芯状态为：寿期初（BOL），热态零功率（HZP），全部控制棒提出堆芯（ARO）。

由于处于首次燃料循环的 BOL，所以使用的是新燃料，沿堆芯的轴向高度尚无燃耗；由于处于 HZP，堆芯处于无氙状态；由于 ARO，也就无控制棒对轴向功率分布的影响问题。这样一来，就排除了燃耗和氙毒的影响，在功率的提升过程中，只剩下慢化剂温度变化对轴向功率分布的影响了（见图 5-4-1）。

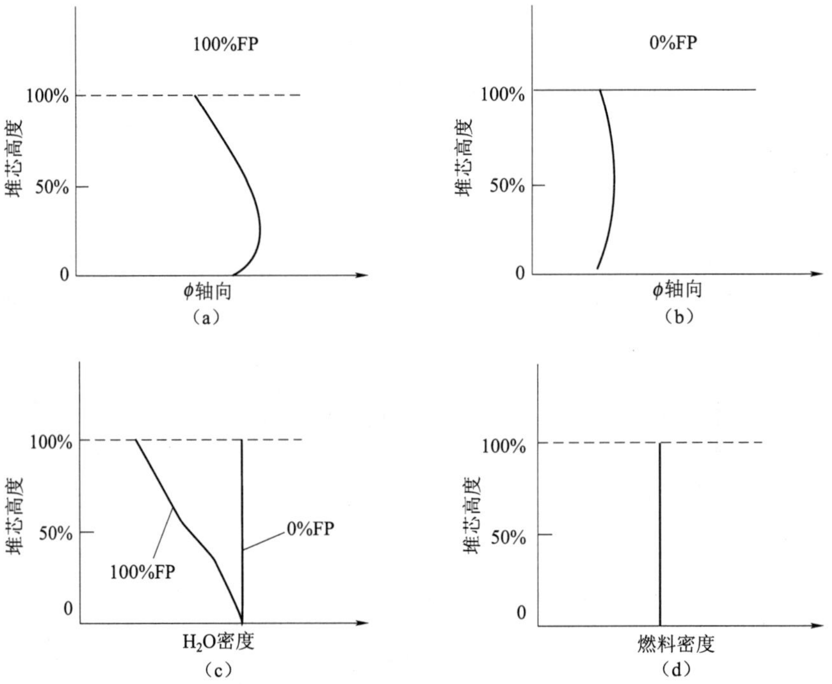

图 5-4-1　BOL 的再分布效应示意图

在 HZP 状态，沿堆芯轴向高度的慢化剂（水）温度是处处相等的，当然，其密度也处处相等，此时的轴向功率分布呈余弦形状，功率分布的峰在堆芯的半高度处[见图 5-4-1(b)]。

功率从 0%FP 提升到 100%FP 时，慢化剂的平均温度（因而其密度也）随功率线性变化[见图 5-4-1(c)]。从入口到出口，随着水温由 $T_{入口}$ 变到 $T_{出口}$（后者较前者高了不少），水的体积逐渐膨胀（或水的密度逐渐下降），使 N_{H_2O}/N_U 下降。这引起 k_{eff} 值沿轴向下降。堆芯上部沿轴向逐渐增加的局部负反应性降低了这个区域的中子通量密度，这使轴向中子通量密度分布峰向堆芯底部偏移[见图 5-4-1(a)]，轴向偏移 *AO*（见 5.10.2 节）也就变成了负值。

总之，慢化剂温度沿堆芯轴向的变化通过上述反应性负反馈对堆芯轴向功率分布的形状造成影响：当功率升高时，将使 *AO* 向负的方向变化；反之，在功率下降时，将使 *AO* 向正的方向变化（*AO* 为轴向偏移，详见 5.10 节）。

估算表明，在 BOL 时，在最坏的情况下，再分布效应约为 500 pcm。图 5-4-2 为反应堆在 BOL 时的慢化剂功率亏损和再分布效应的示意图。

在 EOL 的再分布效应并不十分明显。此时反应堆堆芯慢化剂硼浓度已经很低，α_m 随温度变化明显，且其绝对值较 BOL 时的要大若干倍（甚至一个量级）。对慢化剂温度分布造成的功率亏损的估算表明，α_m 对再分布的影响不大（见图 5-4-3）。

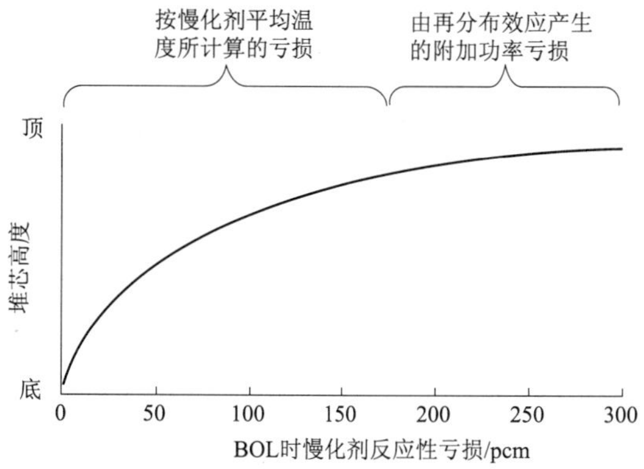

图 5-4-2　BOL 的慢化剂亏损和再分布

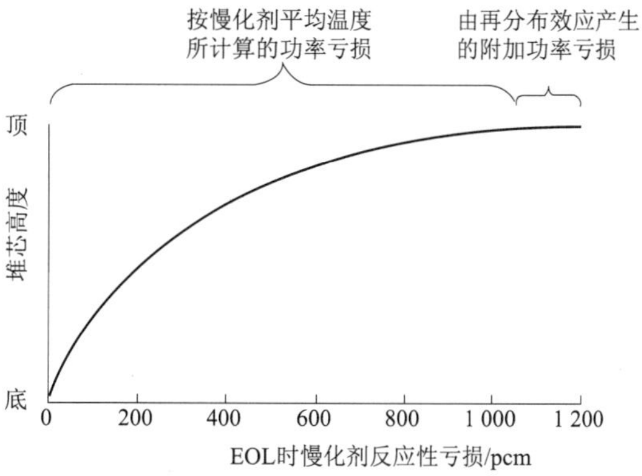

图 5-4-3　EOL 的慢化剂亏损和再分布

(2) 稳态时平衡氙毒对轴向功率分布的影响

反应堆在稳态平衡氙毒下运行时，在功率密度高的地方，氙的浓度也高；反之，氙浓度也低。所以，平衡氙毒对轴向功率分布的形状有一定的展平作用。如前述，在 BOL 时，由于慢化剂温度的缘故，会使中子通量密度峰位于堆芯的下半部，则在该区域会产生较高的氙浓度，这又会使功率分布峰向堆芯上部移动。

当反应堆从满功率降功率运行时，这种高的氙浓度也迫使轴向中子通量密度分布峰朝堆芯顶部移动。

(3) 寿期末轴向燃耗对再分布的影响

BOL 时轴向多普勒效应对再分布的贡献是非常小的，因为燃料密度是均匀的，中子通量密度分布(或功率分布)还谈不上受燃耗的影响。

随着燃耗的加深，不论是轴向燃耗分布还是径向燃耗分布，当某处的功率高时，燃耗加深的幅度也大，较大的燃耗将使该处的功率趋向降低；反之，当某处的功率较低时，燃耗加深的幅度也小，较小的燃耗将使该处的功率趋向升高。燃耗的这种“自抑制”功能将展平堆芯功率分布，从而也会展平燃耗分布。

在 EOL 时，功率亏损中的再分布部分主要是燃耗效应造成的。图 5-4-1(a)和(b)及图 5-4-4(a)和(b)分别给出了 BOL 和 EOL 时热态满功率和热态零功率下的轴向中子通量密度分布。图 5-4-4(a)曲线所示的堆芯上部的峰是由于燃耗，下部的峰是由于负的慢化剂温度效应，这样就形成了双峰，轴向功率分布在一定程度上被展平。

当堆功率从满功率降到零功率(或从较高的功率降到较低的功率)时，中子通量密度分布峰朝堆芯顶部偏移较大[见图 5-4-4(b)]。

堆芯底部在燃耗增加的同时，裂变产物的浓度也随之增加，这也是使反应堆在零功率状态下中子通量密度峰朝堆芯上部偏移的因素。这种偏移是堆芯燃耗不均匀造成的结果，而燃耗不均匀又是由功率运行时插棒和堆芯底部水较冷造成的。

中子通量密度峰从堆芯底部的低密度燃料区向堆芯顶部的高密度燃料区的这种偏移，向堆芯引入了正反应性；燃料的反应性价值正比于相对中子通量密度的平方，密度高的燃料内相对中子通量密度升高，又将引入额外的正反应性。对 EOL，再分布的主要贡献是由轴向中子通量密度峰偏移引起的这两个正反应性效应的叠加。

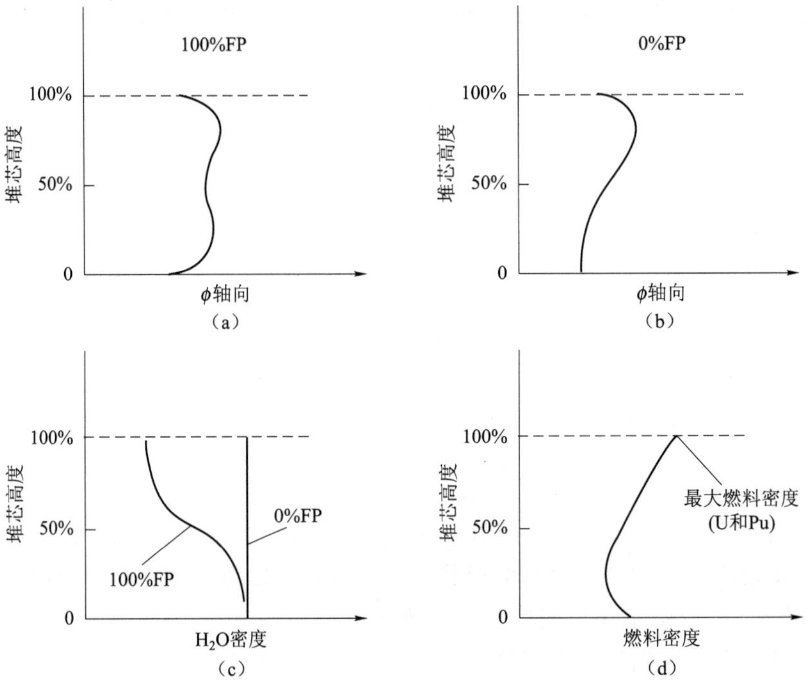

图 5-4-4 EOL 的再分布效应

总之，总功率亏损曲线包括了典型的再分布效应。再分布反应性主要由慢化剂温度沿着堆芯轴向逐渐升高引起的；影响再分布的主要因素：在 BOL 时是慢化剂反应性效应；在 EOL 时，则是不均匀燃耗；操纵员必须清醒地意识到，在停堆时，再分布会引入正反应性；在计算停堆情况下对控制棒的要求时，必须将最大再分布效应加到功率亏损上；应利用在最不利的棒位、氙分布和燃耗情况下所得到的最大中子通量密度峰偏移，来计算再分布的价值。

5.5 反应性控制

通过本章以上各节的讨论，可知热中子反应堆运行后，主要会发生以下反应性变化：

1）反应堆临界后，在从冷态到热态、到满功率的过程中，由功率变化所造成的反应性变化，这主要是由慢化剂、燃料的温度和空泡反应性效应造成的综合的负反应性效应。在相反的过程中，则引进正反应性效应；

2）反应堆在功率运行后，裂变产物（主要是 $^{135}_{54}Xe$、$^{149}_{62}Sm$）的产生和积累，将引入中毒反应性效应，这是一种负的反应性效应；

3）反应堆运行后，由于燃料的不断消耗，必将引起燃耗反应性损失。尽管压水堆中有新的易裂变同位素产生，但总的趋势是反应性不断减小；

4）控制棒位置的变化所造成的反应性变化；

5）慢化剂中硼浓度变化所造成的反应性变化。

在以下的讨论中，还要涉及可燃毒物的反应性效应。

5.5.1　反应性控制的任务

要保证反应堆有一定的工作寿期，并满足启动、停堆和功率变化的要求，就必须使反应堆的初装量大于临界装量，使堆芯有一个适当的初始剩余反应性。同时，必须提供控制和调节这个剩余反应性的有效手段，以使反应堆的反应性保持在所需的各种数值上。

反应性控制的任务包括：

(1) 紧急控制

当反应堆需要紧急停堆时，反应堆的控制系统能迅速地引入一个大的负反应性，以便快速停堆，并达到一定的停堆深度。

(2) 功率和功率分布的控制

堆芯功率和功率分布的运行控制是反应堆运行中所进行的最重要的任务之一。这方面内容已在 3.7 节中作了一些讨论。

由 5.10 节可知，当氙瞬态（氙振荡）或二回路的状态发生变化时，都会使堆芯功率和功率分布发生相应的变化。这时，可借助于控制行动（包括采用自动或手动的方式，移动控制棒、使用硼控系统对冷却剂中的硼酸溶液进行硼化或稀释），来抑制氙振荡，将堆功率保持在一定的水平，并使堆芯具有最佳的功率分布。

(3) 补偿控制

反应堆在运行初期具有较大的后备（剩余）反应性，随着反应堆的运行，初始剩余反应性不断地减少，为了保持反应堆临界，必须逐渐地从堆芯中移出控制毒物。

5.5.2　反应性控制要求

在压水反应堆核电站中，为了对反应性进行控制，设置了控制棒系统和硼控系统。这两个系统是互相独立的，具有不同的作用机理，各自能独立地使反应堆处于次临界状态。

控制棒的总反应性价值要按反应堆物理的设计基准确定。反应堆在额定功率水平下紧急停堆时将使反应堆处于热态（约 290 ℃）次临界。紧急停堆所引入的反应性对以下反应性进行补偿：

1) 在紧急停堆时，随着功率的下降，燃料温度也下降。而燃料温度的下降，会引进正的多普勒反应性效应。此效应与大的燃料温度变化相关联，是最值得注意的。

2) 功率的下降，也使冷却剂温度的下降，从而引入正反应性。在 EOL 当硼酸浓度接近零时，此反应性效应将达到最大值，此时的冷却剂温度系数变为最负。在反应堆从 HFP 到 HZP 的瞬态过程中，由于冷却剂平均温度的下降所引入的正反应性效应，在功率下降所引入的正反应性效应中占有很大的份额。

3) 功率的下降改变了堆芯内中子通量密度的分布，也会引入反应性。在计算总的功率反应性效应（主要是多普勒功率效应和慢化剂功率效应）时，应考虑中子通量密度的再分布效应和最不利的氙分布。

4) 反应堆在额定功率下运行时，由于泡核沸腾，在堆芯中会产生少量的空泡。在功率下降时，这些空泡破裂。当功率从额定功率降为零时，由空泡效应引入的反应性不大。

在反应堆功率运行时，为了能使反应堆在不同功率下运行，要将部分控制棒（调节棒）吸收体插入堆芯，因此，使得控制棒的总效率减少了。这种吸收体插入堆芯所引入的反应性称为运行控制裕度。

在压水反应堆控制设计和运行中，应保证反应堆具有足够大的停堆深度。有关这方面内容将在5.9.3节中讨论。

假定将所有吸收体(剂)完全从堆芯中取出时，堆芯释放的反应性称为剩余反应性(又称后备反应性)，以ρ_{ex}来表示，定义为$\rho_{ex}=k_{eff}-1$。吸收体是指反应堆中作为控制用的所有物质，如控制棒、可燃毒物和化学补偿毒物等。

必须注意区分“反应性”和“剩余反应性”这两个概念。反应性是反应堆偏离临界状态的程度，因为k_{eff}与1接近，所以有$\rho\approx\delta k_{eff}$；而对于剩余反应性，一般$k_{eff}$明显大于1(除非已到使用末期)，因此$\rho_{ex}\neq\delta k_{eff}$。剩余反应性之所以必要，是为了补偿反应堆在其使用期内某些使k_{eff}降低的效应。

BOL的总反应性裕度(剩余反应性)既用于补偿燃耗，也用于补偿平衡氙和钐。表5-5-1给出了WWER-1000核电站反应堆在首次循环和平衡循环中堆芯总反应性裕度、可燃毒物吸收体所补偿的裕度、燃耗反应性裕度及氙和钐毒反应性效应的值。

表5-5-1 反应性效应和反应性裕度 单位：$\%\Delta k/k$

反应性效应和反应性裕度		第一循环	平衡循环
总反应性裕度	BOL	18.4	18.5
	EOL	9.1	10.2
可燃毒物吸收体补偿的反应性裕度		2.6	1.0
燃耗反应性裕度		10.6	9.1
氙中毒效应		2.9	2.8
钐中毒效应		0.6	0.8

燃耗反应性是通过对冷却剂中的硼浓度稀释而释放出来的，是用硼控系统进行控制的。反应堆在功率变化时，堆芯中的氙和钐的浓度的变化速率是相当小的(甚至在堆功率水平变化相当大时也如此)。可利用硼控系统改变硼浓度，来控制适当的反应性变化。

表5-5-2给出了与WWER-1000核电站反应堆首次循环与平衡循环反应堆紧急停堆有关的各项反应性效应计算值。

表5-5-2 与紧急停堆有关的各项反应性效应计算值 单位：$\%\Delta k/k$

反应性效应		第一循环 BOL	第一循环 EOL	平衡循环
总功率反应性效应和控制运行裕度	1.1 总功率反应性效应	2.6	3.3	3.1
	燃料温度变化	1.1	1.1	1.2
	冷却剂温度变化	1.3	2.0	1.7
	空泡效应	0.2	0.2	0.2
	1.2 运行控制裕度	0.5	0.5	0.5
	1.3 总效应	3.1	3.8	3.6

续表

反应性效应		第一循环		平衡循环
		BOL	EOL	
控制棒吸收体效率	2.1　所有控制棒插入堆芯	9.2	10.2	13.0
	2.2　除效率最大的一束外其余棒全部插入堆芯	7.5	8.9	11.8
	2.3　考虑有10%的误差	6.7	8.0	10.6
反应堆停堆次临界度	热态(280 ℃)	3.6	4.2	7.0
	冷态(20 ℃)	1.6	0	1.8
安全分析应急保护价值(2.3−1.2)		6.7−0.5=6.2	8.0−0.5=7.5	10.6−0.5=10.1

注：停堆后的反应性变化由硼控系统进行补偿。

5.5.3　反应性控制原理

热中子反应堆的有效增殖因数表示为 $k_{eff}=\varepsilon p f \eta \Lambda_L$。原则上对表达式中每因子的控制都能达到对 k_{eff} 的控制。但对于实际的反应堆，燃料的富集度、燃料与慢化剂的相对组分都已确定，此时，快中子增殖因数 ε、每次吸收的中子产额 η 基本不变，控制逃脱共振俘获概率 p 也不太有效。所以反应性控制主要是通过对热中子利用因数 f 和不泄漏概率 Λ_L 来实现。

压水堆主要是通过插入控制棒来改变堆的 f 和 Λ_L 使堆运行在一定的功率水平上。对于大型压水堆，在采用控制棒的同时，还采用了化学控制和加可燃毒物。

控制棒插入反应堆内，从两方面改变了反应堆的有效增殖因数：

1）首先是控制棒的插入吸收了堆内的中子，使得反应堆的热中子利用因数 f 降低了。

2）其次，控制棒使中子通量密度分布发生畸变，从而增加了系统内中子的泄漏，即，使反应堆的不泄漏概率减小了，从而降低了反应堆的有效增殖因数。图 5-5-1 中表示一根棒插入圆柱形裸堆前后的中子通量密度分布变化的情况：当有控制棒在堆内时，中子通量密度分布曲线的弯曲度或曲率比较大，因此，堆表面处的通量梯度也比较大，从而也就使泄漏的中子流比较大。

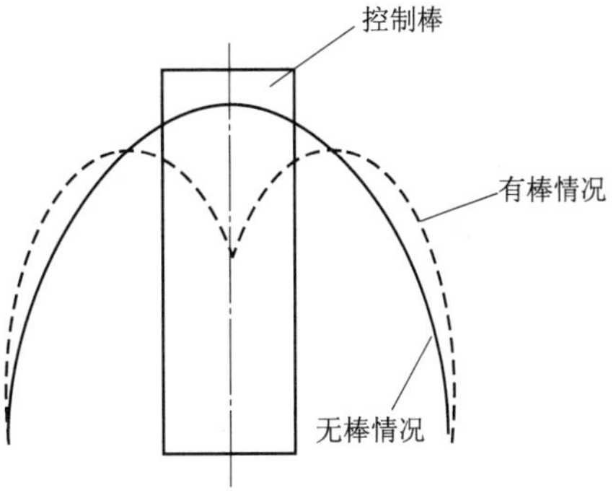

图 5-5-1　裸堆内有控制棒和没有控制棒情况下的中子通量密度分布

5.6　控制棒控制

5.6.1　控制棒控制特点

压水反应堆核电站在运行过程中的反应性控制是由硼控制系统、控制棒系统及可燃毒物棒的联合使用来实现的。

用控制棒来控制反应堆的安全运行是当今反应堆运行的主要手段。控制棒控制的特点是控制速度快、可靠、有效。它主要用于：

1）在反应堆功率运行时，补偿与反应堆功率变化过程有关的多普勒效应、慢化剂温度效应以及空泡效应，将反应堆维持在临界状态。

2）在氙中毒过程中控制反应堆功率的变化，在氙瞬态过程中控制功率分布。

3）当效率最大的一束棒被卡在堆顶而不能下插时（发生卡棒现象），仍能够满足反应堆保护系统的要求，实施安全停堆。

根据控制棒的功能不同，一般将控制棒分成：

1）安全棒：反应性价值大，专门用于停堆的控制棒。它具有的反应性要大于剩余反应性。

2）补偿棒：用于功率粗调，补偿剩余反应性。如大亚湾核电站反应堆设置的GG棒和田湾核电站反应堆的第8、9和10组控制棒，可用于在机组进行负荷跟踪时的功率补偿。

3）调节棒：用于功率细调，反应性价值小的控制棒。

田湾核电站反应堆第8、9、10号控制棒统称为“调节棒”，但实际上在正常的功率运行时，只有第10号棒在操作带中工作，起前述意义上的调节作用；在需要做较大幅度的功率变化（功率降低）、而单是第10号棒又无法完成时，可动用第8、9号棒，它们与第10号棒一起起到功率补偿棒的作用。

用控制棒来控制反应堆的缺点是控制棒吸收体材料的吸收截面大，因而反应性价值高，由此带来的问题是对反应堆的功率分布、中子通量密度分布扰动大，从而影响反应堆的运行品质。为了减少控制棒的这种扰动影响，一般采用多数量、小尺寸的设计原则。

在反应堆功率运行时，对控制棒组插入堆芯的深度作了限制规定。由图5-6-1(a)、(b)可见，随着反应堆功率的升高，调节棒插入堆内的深度必须提高。当功率大于50%FP时，调节棒的高度应为堆芯高度的70%～90%。

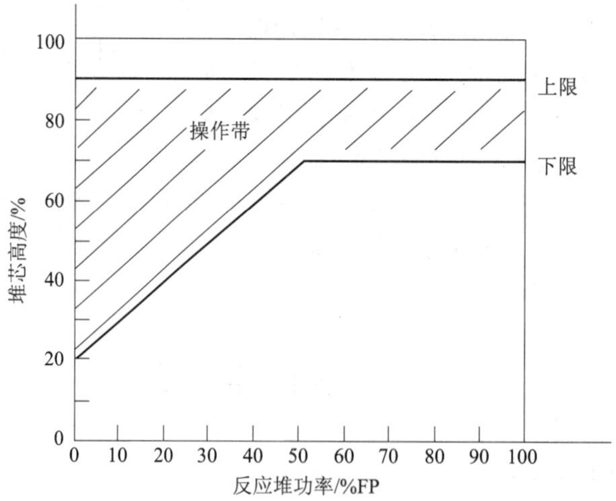

图5-6-1(a) 田湾核电站反应堆调节棒组插入限值

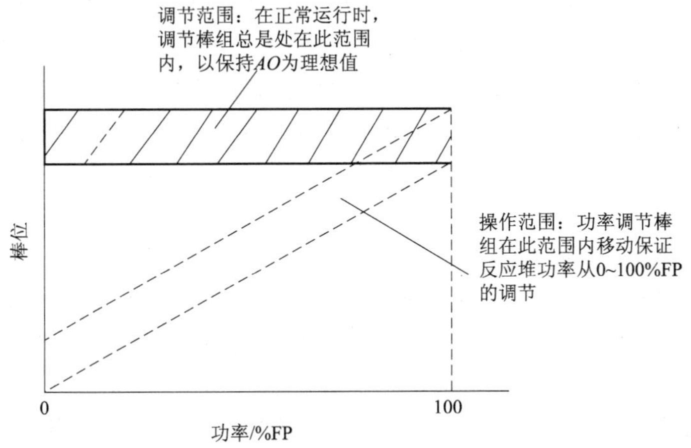

图 5-6-1(b) 压水反应堆主调节棒组的操作范围

控制棒位置不能太低，其原因是：

1）防止因控制棒的影响而造成燃耗不均匀。若长时间低位运行，当控制棒移到高位时，将导致较大的局部功率峰值。

2）防止发生较大的轴向功率偏移（AO）。

3）防止在发生弹棒的情况下，引入较大的正反应性。

控制棒位置也不能太高，其原因是：

1）防止在控制棒下插时卡棒。

2）当控制棒在最上端时，由于棒的微分价值很小，就失去了应有的调节特性，不能机动灵活的补偿反应性的变化，而且，一旦需要控制棒向上运动时，控制棒将因限位开关而无法动作。

思考题 5-6-1 核电站压水堆为什么多采用束棒控制？为什么调节棒组提升或下降的过程中要有重叠？

解

核电站压水堆多采用束棒控制是因为：

1）分散布置以展平中子通量密度；

2）控制棒提升后，棒下不会形成有影响的大水隙；

3）控制棒效率较高；

4）控制棒间干涉效应较小。

重叠提升或下降调节棒组可以减少负荷变化时功率轴向分布的扰动，保证有足够的和线性的反应性增量。

5.6.2 控制棒材料

控制棒的吸收体材料应具有良好的中子吸收特性，即热中子微观吸收截面 σ_a^{th} 要大；并且具有较长的寿期，因此材料的燃耗要小，以便在反应堆内停留足够长的周期。但两者往往是矛盾的。此外，还应满足与堆芯材料相容性、抗腐蚀性能、抗辐照性能、机械强度等方面的要求。

控制棒材料往往使用所谓“黑体”或“灰体”。前者能基本上吸收所有的入射中子，而后者则只能吸收部分入射中子。使用何种材料制造控制棒因反应堆的设计不同而各不相同。在控制棒的制造过程中可以对它吸收中子的能力进行调节。尽管对于一给定的反应性效应，所需要的灰棒的数量要比黑棒多，但使用灰棒往往比使用黑棒更好，因为灰棒造成的在棒的附近的中子通量密度和功率分布的凹陷要比黑棒的小，从而使堆芯具有较为平坦的径向中子通量密度分布和功率分布。

如果使用灰棒，则要限制装入棒中的具有高吸收截面的材料。不希望在控制棒中使用吸收截面很高的材料，这是由于高吸收截面会造成它的快速燃耗。在制造控制棒时使用吸收截面稍低的材料(但加大装载量)，既能够得到相同的反应性价值，并且还可以使它减慢燃耗的速度。

还可以采用共振吸收材料作为控制棒材料。共振中子吸收体吸收超热中子区的中子。由于超热中子在反应堆中的穿行路径的长度比热中子的大，所以共振吸收体与热中子吸收体相比较，平均来说，前者吸收最后一次碰撞发生在离控制棒更远的中子，这使得共振吸收体对其周围的影响范围比热中子吸收体对其周围的影响范围要大，这有利于使堆芯保持较为平坦的径向中子通量密度分布。

对于大型压水堆核电站来说，在正常功率运行时，除留下调节棒在堆芯的操作带中工作之外，其余控制棒都停留在堆芯顶部，所以采用较黑的控制材料，对径向中子通量密度分布和功率分布影响不大。

反应堆中常用的控制棒吸收体材料有铪(Hf)、银-铟-镉(Ag-In-Cd)合金和含^{10}B的材料。就中子学、机械和物理性能而言，铪是适用于压水堆的一种极理想的控制材料，缺点是价格过于昂贵。它的热中子吸收截面虽然不太高，大约只有 113 b，但它在超热区有比较强烈的共振峰，因而，在较宽的能量范围内，其中子吸收截面都比较大。在大亚湾核电站反应堆中，控制棒材料采用银-铟-镉合金，它对于 10 eV 以下能区的中子有较大的吸收，而且本身燃耗较小。

田湾核电站反应堆采用碳化硼(B_4C)作为控制材料。起控制作用的是核素$^{10}_{5}$B，其丰度约为 18.8%(视产地而定)。$^{10}_{5}$B 的热中子吸收截面较高(达 3 838 b)，因而燃耗较大，但价格较低廉。硼吸收中子是通过(n,α)反应实现的，其机理见式(2-4-8)。

5.6.3 控制棒价值

5.6.3.1 中子价值

一个中子由于它处在堆芯不同的位置，对链式反应和对反应堆功率的贡献是不同的。也就是说，处于堆芯中不同位置的中子具有不同的价值。中子的价值意味着它引起裂变的概率，它是描述堆内中子由于其所处位置的不同，从而对链式反应或对反应堆功率的贡献也不同的物理量。显然，在芯部边界附近的中子，由于泄漏的概率比较大，其中子的价值要比芯部中心处的小。通常用一个函数 $\phi^*(\boldsymbol{r})$ 来表示中子价值。$\phi^*(\boldsymbol{r})$ 正比于在 $\boldsymbol{r}$ 点每秒消除或引入一个中子所引起的反应堆反应性的减少或增益。因而，控制棒的价值不仅正比于被吸收的中子数，而且还与被吸收中子的价值 $\phi^*(\boldsymbol{r})$ 有关。

可以证明，对于单群模型，中子价值 $\phi^*(\boldsymbol{r})$ 和中子通量密度分布函数 $\phi(\boldsymbol{r})$ 是相同的，即

$\phi^*(\boldsymbol{r})=\phi(\boldsymbol{r})$。所以控制棒的价值与控制棒插入处的中子通量密度的平方 $\phi^2(\boldsymbol{r})$成正比。注意：$\phi(\boldsymbol{r})$是对全堆平均中子通量密度归一化了的值。

例 5-6-1 一控制棒在反应堆中处于某高度。反应堆中中子通量密度参数如下：

堆芯平均热中子通量密度 $\phi_{avg}=1\times10^{12}\ cm^{-2}\cdot s^{-1}$

控制棒端部中子通量密度 $\phi_1=5\times10^{12}\ cm^{-2}\cdot s^{-1}$

如果将控制棒稍作提升，使其端部位于 $1\times10^{13}\ cm^{-2}\cdot s^{-1}$ 的通量场中，则控制棒的微分价值将增加到原来的__________倍。（假定堆芯平均热中子通量密度不变）

A. 2；B. 4；C. 10；D. 100。

解

控制棒微分价值之比应等于控制棒端部处中子通量密度（归一化值）平方之比：

$$w_{R2}/w_{R1}=[(\phi_2/\phi_{avg})/(\phi_1/\phi_{avg})]^2=(1\times10^{13})^2/(5\times10^{12})^2=4$$

即控制棒的微分价值将增加到原来的 4 倍，选 C。

5.6.3.2 控制棒价值

某控制棒（或组、束）的价值可定义为：

$$\rho_w=\rho_2-\rho_1=\frac{k_2-k_1}{k_1k_2} \tag{5-6-1}$$

式中：k_1 和 k_2 分别为插棒前后反应堆的有效增殖因数，相应的反应性分别为 ρ_1 和 ρ_2。若控制棒的价值较大，k_1、k_2 偏离 1 较大，则可将控制棒的价值定义为：

$$\rho_w=\ln\frac{k_2}{k_1} \tag{5-6-2}$$

控制棒的价值不仅与控制棒插入处的中子通量密度的平方 $\phi^2(\boldsymbol{r})$成正比，还取决于它自身的燃耗和毒物效应，还与其他控制棒在堆中的状态（棒态）有关。

例 5-6-2 一压水反应堆内无其他控制棒，一组控制棒全插入时，已知反应堆 $k_{eff}=0.98$。当该组控制棒全提出时，已知反应堆的 $k_{eff}=1.08$。试计算该组控制棒的反应性价值（要求：列出算式，以 pcm 为单位，保留 4 位有效数字）。

解

$$\rho_{总}=\ln(k_{eff2}/k_{eff1})=\ln(1.08/0.98)=0.097\,16\Delta k/k=9\,716\ pcm$$

或

$$\rho_1=1-(1/k_{eff1})=1-(1/0.98)=-0.020\,41\Delta k/k=-2\,041\ pcm$$

$$\rho_2=1-(1/k_{eff2})=1-(1/1.08)=0.074\,07\Delta k/k=7\,407\ pcm$$

$$\rho_{总}=\rho_2-\rho_1=7\,047-(-2\,041)=9\,448\ pcm$$

5.6.3.3 控制棒的积分价值

在反应堆运行时，大部分控制棒（包括安全棒），全部提出堆外，只有少量承担调节功能的控制棒部分地插入堆芯（见图 5-6-1 及相关说明），这主要是为了减少控制棒对功率分布的影响。在停堆时所有控制棒都插入堆内。在反应堆启动达到临界后，插入堆芯的调节棒要根据反应性补偿的要求，逐渐提出反应堆。

反应堆设计人员和反应堆运行人员都需要了解控制棒插入深度与控制棒的反应性价值的关系。控制棒价值计算比较复杂，在工程设计中，多采用数值方法进行计算。也可以通过试验测量得到。控制棒在堆芯中的位置与其反应性价值的关系呈“S”形曲线，如图 5-6-2 所示。该曲线两端较平坦，价值较低，中间有一段是线性段。

在实际应用中，积分价值是指：当控制棒从一参考位置 H_A 移动到另一高度 H_B 后，所引入的反应性，称为这个高度区间$[H_A, H_B]$上的积分价值，可表示为：

$$\Delta\rho(H_A, H_B) = \int_{H_A}^{H_B} \frac{\mathrm{d}\rho}{\mathrm{d}h}\mathrm{d}h \tag{5-6-3}$$

其中的被积函数为控制棒的微分价值。在实际测量和计算中，往往采用差分形式表示积分价值：

$$\Delta\rho = \sum_{i=A}^{B}\left(\frac{\Delta\rho}{\Delta H}\right)_i \times \Delta H_i \tag{5-6-4}$$

控制棒积分价值曲线分为两种：一种表示控制棒积分价值与控制棒提升位置的关系[如图 5-6-2(a)所示]；另一种表示控制棒积分价值与控制棒插入位置的关系[如图 5-6-2(b)所示]。

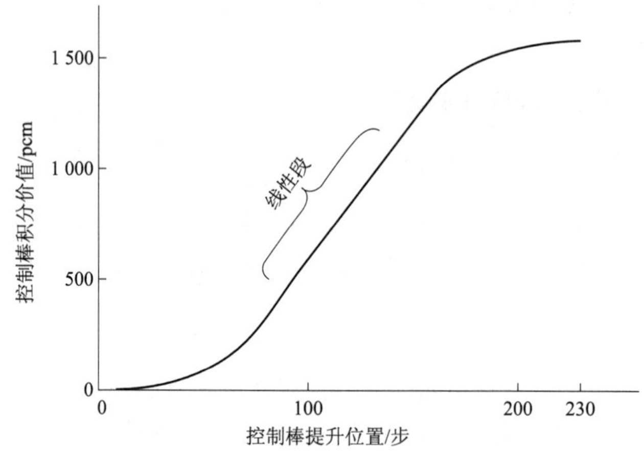

图 5-6-2(a) 控制棒积分价值曲线

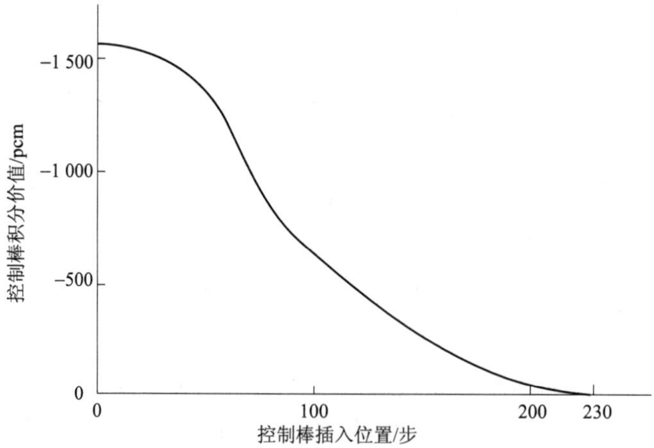

图 5-6-2(b) 控制棒积分价值曲线

5.6.3.4 控制棒的微分价值

控制棒微分价值是指控制棒每移动单位距离(如：步、cm)所引入的反应性变化。其定义式为：

$$w_{DR}=d\rho/dh \tag{5-6-5}$$

控制棒微分价值的单位常用 pcm/步。在实用上，通常假定：在某一高度$\overline{H}$附近的一个小的区间 ΔH 内，控制棒的微分价值不随高度而变，因此可用控制棒移动的步数除以移动后所引入的反应性量来计算，即

$$w_{DR}\approx[\Delta\rho/\Delta H]_{\overline{H}} \tag{5-6-6}$$

式中：$\overline{H}=(H_1+H_2)/2$；

w_{DR}——控制棒微分价值。

控制棒的微分价值曲线如图 5-6-3 所示。由图可见，当控制棒刚开始插入（提升出）和几乎已全部插入（提升出）堆芯时，棒每插入（提升）一小段距离，价值的相对增加率是很小的。而当棒端插到堆芯半高度附近时，其值最大，并且为一常数，该处就是线性区。

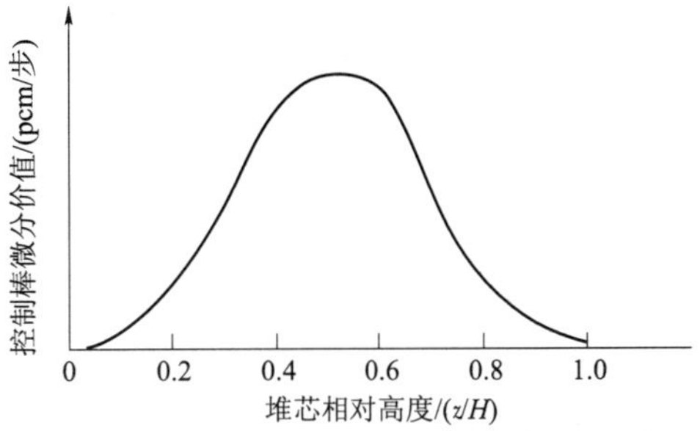

图 5-6-3　控制棒微分价值曲线

实际反应堆在功率运行时，因为存在着再分布效应，中子通量密度的轴向分布峰偏堆芯的下部（在 BOL 时），与余弦分布有一定的差别，在中心平面偏下处最大，两端最小。当控制棒端部在反应堆的底部或顶部移动时，全棒的吸收中子数目变化量相对较少。相反，当控制棒端部在堆芯半高度偏下处移动一段距离时，全棒吸收中子数目的变化量相对最大，因为这里的中子通量密度最大，因而，微分价值也最大。

5.6.3.5　控制棒的微分价值和积分价值的关系

图 5-6-4 和图 5-6-5 分别给出了一压水反应堆的一组控制棒的积分价值曲线和微分价值曲线示意图。可把这两图放在一起进行研究，由此可知怎样由积分曲线来计算控制棒某一高度处的微分价值，以及怎样从微分曲线来求得控制棒两个高度之间的积分价值。

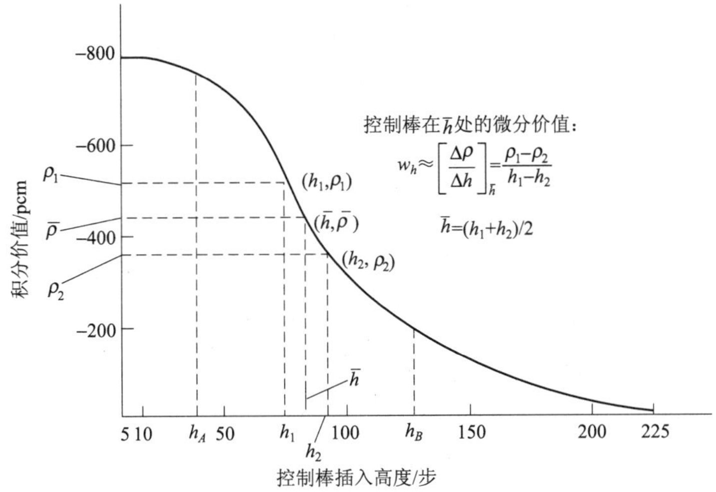

图 5-6-4　某反应堆控制棒积分价值曲线示意图

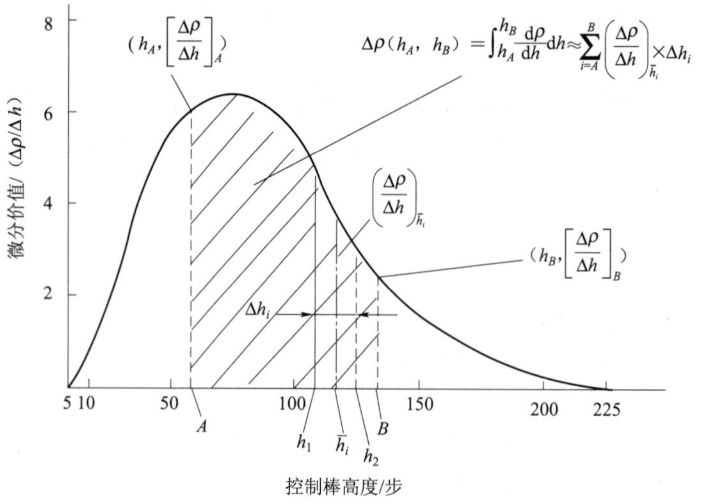

图 5-6-5 控制棒微分价值曲线示意图

思考题 5-6-2 图 5-6-2(a)和图 5-6-2(b)所表示的都是控制棒的积分价值曲线。为什么“S”形曲线的形状刚好相反?

解

图 5-6-2(a)表示控制棒的提升高度和释放的正反应性的关系;而图 5-6-2(b)表示控制棒的插入高度和引入的负反应性的关系,所以它们的“S”形曲线的形状刚好相反。

例 5-6-3 已知一控制棒的积分价值曲线(即控制棒的插入高度与引入堆内的反应性的关系曲线,见图 5-6-6)。请从图 5-6-6 中查得:

1) 从 110 步下插到 90 步(该段为线性段)所引进的反应性价值;

并根据所得结果计算:

2) 在 100 步处的微分价值。

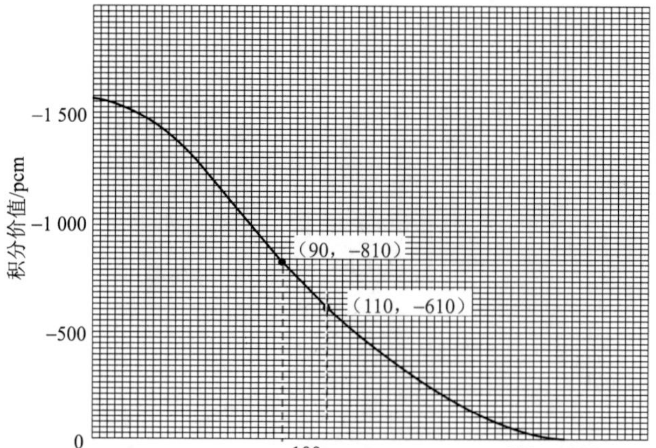

图 5-6-6 控制棒插入积分价值曲线(例 5-6-3)

解

1) 由图 5-6-6 查得:

90 步： $\rho_{90}=-810$ pcm

110 步： $\rho_{110}=-610$ pcm

从 110 步下插到 90 步引入的反应性：

$$\Delta\rho=\rho_{90}-\rho_{110}=(-810)-(-610)=-200\ \text{pcm}$$

2) 题目给出的两个控制棒位置是 90 步和 110 步，它们的平均高度正好为 100 步：

$$H_{平均}=(110+90)/2=100\ 步$$

所以，在 100 步处的微分价值为：

$$[\Delta\rho/\Delta H]_{100步}=[(-810)-(-610)]/(90-110)=10\ \text{pcm}/步$$

注：(1) 本书的符号系统规定：涉及前、后两个状态的参数之差计算中，都是后一个状态的参数减去前一个状态的参数，而不是相反。

(2) 按上述规则计算控制棒的微分价值时，不论在控制棒提升时或下插时，微分价值总是正的，读者可自行试算。

例 5-6-4 某反应堆在热态零功率临界情况下，采用硼稀释法，对其中的一组调节棒组的反应性价值进行了测量，即一边对冷却剂中的硼进行稀释，一边将该调节棒组逐段插入堆芯，但仍维持反应堆临界，同时测量反应性。基本的测量数据见表 5-6-1；图 5-6-7 给出了测量时得到的棒位、反应性和时间的部分实测曲线。要求：

1) 根据该调节棒的每一插入段的反应性价值 $\Delta\rho$ 计算该段的微分价值 $\Delta\rho/\Delta h$，并填入表中；

2) 根据微分价值计算相应的积分价值并填入表中。积分价值为：

$$\sum_i(\Delta\rho/\Delta h)_i$$

3) 在坐标平面上画出该调节棒组的积分和微分价值曲线。

解

表 5-6-1 控制棒反应性价值测量(例 5-6-4)

序号	调节棒位置/步			插入高度 Δh/步	反应性价值		
	插棒初位	插棒终位	平均位置		$\Delta\rho$/pcm	$\Delta\rho/\Delta h$ (pcm/步)	$\sum_i(\Delta\rho/\Delta h)_i$
1	225	185	205	40	50.4		
2	185	171	178	14	40.5		
3	171	160	165.5	11	40.5		
4	160	150	155	10	42.6		
5	150	143	146.5	7	39.6		
6	143	135	139	8	45.6		
7	135	128	131.5	7	42.3		
8	128	123	125.5	5	39.6		
9	123	117	120	6	43.5		
10	117	112	114.5	5	45.9		
11	112	107	109.5	5	45.3		
12	107	101	104	6	51.6		

续表

序号	调节棒位置/步			插入高度 Δh/步	反应性价值		
	插棒初位	插棒终位	平均位置		$\Delta\rho$/pcm	$\dfrac{\Delta\rho/\Delta h}{(\text{pcm/步})}$	$\sum_i(\Delta\rho/\Delta h)_i$
13	101	97	99	4	46.2		
14	97	92	94.5	5	49.8		
15	92	88	90	4	52.8		
16	88	83	85.5	5	53.4		
17	83	79	81	4	54.3		
18	79	74	76.5	5	63.9		
19	74	70	72	4	42.3		
20	70	66	68	4	50.7		
21	66	62	64	4	49.2		
22	62	58	60	4	49.2		
23	58	54	56	4	45		
24	54	49	51.5	5	51		
25	49	43	46	6	47.7		
26	43	37	40	6	39.6		
27	37	26	31.5	11	42		
28	26	5	15.5	21	26.1		

例 5-6-5 热态零功率状态下，某控制棒组从 90 步开始提升，当停止提棒后测得稳定倍增周期为 28 s，求此时该控制棒组的棒位(精确到 1 步)。假定：

- 控制棒的微分价值为 $w_{DR}=10.1$ pcm/步；
- 可按单组缓发中子近似计算；
- 中子代时间：$\Lambda=1\times10^{-3}$ s；
- 缓发中子份额：$\beta=0.0065$；
- 等效缓发中子衰减常数：$\lambda=0.077\ \text{s}^{-1}$。

解

$T_{倍}=28$ s 所对应的反应性就是控制棒组提升的步数所引入的反应性。

$T_e=T_{倍}/\ln2=28/0.693=40.4$ s

$$
\begin{aligned}
\rho&=\Lambda/T_e+\beta/(1+\lambda T_e)\\
&=(1\times10^{-3})/40.4+0.0065/(1+0.077\times40.4)\\
&=2.48\times10^{-5}+1.5812\times10^{-3}\\
&=1.606\times10^{-3}\ \Delta k/k
\end{aligned}
$$

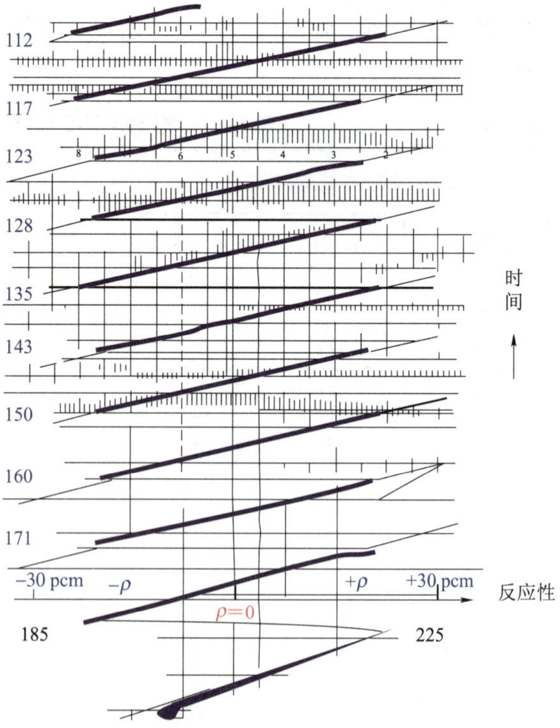

图 5-6-7 用硼稀释法测量控制棒组反应性价值(部分实测曲线)

棒组提升步为：

$$\Delta S=\rho/w_{DR}$$
$$=(1.606\times10^{-3})/(10.1\times10^{-5})\approx16\ 步$$

此时控制棒的棒位：

$$S=90+16=106\ 步$$

例 5-6-6　某压水反应堆稳定运行在 90% FP，此时手动功率调节棒组缓慢提升 20 步后停止不动，按 HZP 下刻度计算输入约 +100 pcm 的反应性。试在坐标图上分别画出堆芯反应性和功率随时间的变化曲线。（注意两曲线的趋势、两曲线的配合）

解

见图 5-6-8。

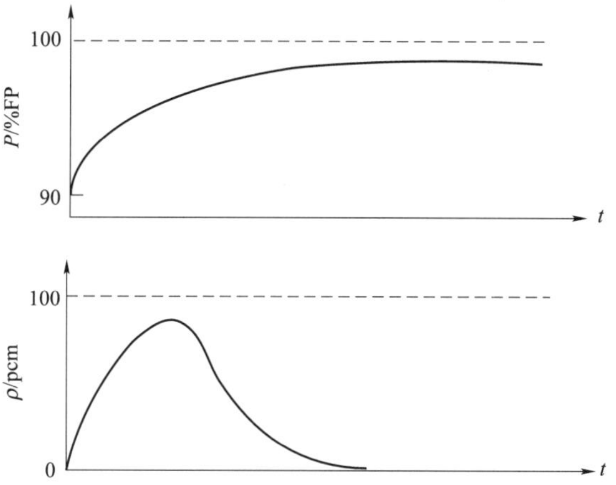

图 5-6-8　功率和反应性随时间的变化曲线

例 5-6-7　已知 WWER-1000 核电站反应堆寿期初的动态参数如下：

瞬发中子平均寿命：$l_p=10^{-5}$ s；

缓发中子平均寿命：$l_d=13$ s；

缓发中子有效份额：$\beta_{eff}=0.00741$

当反应堆通过硼酸稀释逼近临界时，假定一束调节棒的初始棒位 $H_0=150$ cm（即插入堆芯 150 cm）。当硼浓度稀释到一定数值时，观察到稳定的反应堆周期 $T_1=200$ s，此时将该调节棒下插 10 cm，反应堆稳定周期变为 $T_2=400$ s。假定调节棒处在线性段（即反应性价值随插入深度线性变化），求该调节棒在线性段的微分价值 w_R（pcm/cm）。（最终结果小数点后保留两位）

解

• 列出方程：反应堆的两个状态的变化是由调节棒的下插引起的，因此两个反应堆稳定周期所对应的反应性的变化，应与调节棒下插所引进的反应性变化相等，即：

$$\rho_2-\rho_1=\Delta\rho_{棒2}-\rho_{棒1}$$

式中：ρ_2 与 ρ_1 分别与反应堆稳定周期 T_2 和 T_1 相对应。

在表示反应堆功率增长的关系式 $N(t)=N_0e^{t/T}$ 中，反应堆稳定周期 T 可表示为

$$T=l_{平均}/(k_{eff}-1),T\approx l_{平均}/\rho,\rho=l_{平均}/T$$

式中：$l_{avg}=l_p(1-\beta_{eff})+l_d\beta_{eff}=10^{-5}\times(1-0.00741)+13\times0.00741=0.09634$ s

$$\rho_1=l_{avg}/T_1=0.09634/200=48.17\ \text{pcm}$$

$$\rho_2=l_{avg}/T_2=0.09634/400=24.085\ \text{pcm}$$

∴ $$\Delta\rho_{棒}=\rho_2-\rho_1=24.085-48.17=-24.085\ \text{pcm}$$

设当前调节棒的位置为 H_1，则位置的变化为：

$$\Delta H=H_1-H_0=(H_0+\Delta H)-H_0=(H_0-10)-H_0=-10\ \text{cm},$$

所以调节棒的微分价值：

$$w_R=\Delta\rho_{棒}/\Delta H=(-24.085)/(-10)=2.41\ \text{pcm/cm}$$

• 也可用单组缓发中子近似倒时方程的 ρ-T 关系来求 ρ_1 和 ρ_2，但此法不够简捷。

$$\rho=\Lambda/T+\beta_{eff}/(1+\lambda T),$$

式中：$\lambda=1/l_d$，$\Lambda=l_p$。

$$\rho_1=10^{-5}/200+0.00741/[1+(1/13)\times200]=0.0004522=45.22\ \text{pcm}$$

$$\rho_2=10^{-5}/400+0.00741/[1+(1/13)\times400]=0.0002332=23.32\ \text{pcm}$$

$$\Delta\rho_{棒}=\rho_2-\rho_1=23.32-45.22=-21.90\ \text{pcm}$$

调节棒的微分价值：

$$w_R=\Delta\rho_{棒}/\Delta H=(-21.90)/(-10)=2.19\ \text{pcm/cm}$$

例 5-6-8 若某控制棒组的微分价值与棒位的关系如图 5-6-9 中曲线所示(全程 200 步)。

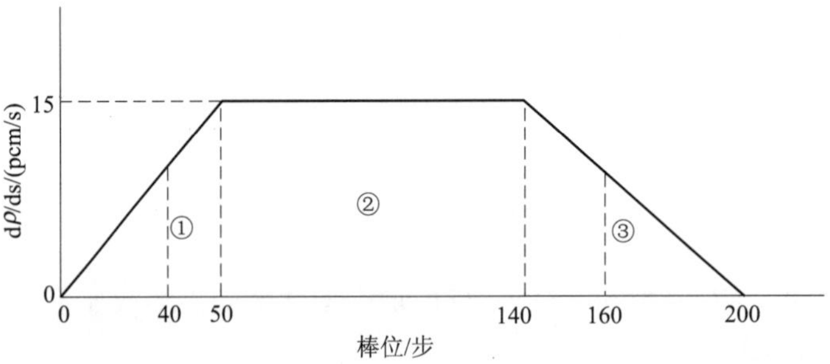

图 5-6-9 某控制棒组的微分价值与棒位的关系曲线

要求：

(1) 试计算从 40 步提升到 160 步的反应性当量(以 pcm 为单位)；

(2) 较定量地画出控制棒提升的积分价值曲线(50、140、200 步需定量)。

解

(1) 总价值 $=\int_{40}^{160}(\mathrm{d}\rho/\mathrm{d}s)\mathrm{d}s$

1) 40～50 步平均微分价值为 45 步处的值。利用相似三角形原理可得：

(15/50)×45=13.5 pcm/步；积分价值为 13.5 pcm/步×10=135 pcm

2) 50～140 步积分值为：

$$15\times(140-50)=1\ 350\ \text{pcm}$$

3) 140～160 平均微分价值为 150 步处的值，同理得：

(15/60)×50=12.5 pcm/步；积分价值为 12.5×20=250 pcm

故 40～160 步的积分价值为：135+1 350+250=1 735 pcm

(2) 提升的积分价值$=\int_0^{50}(\mathrm{d}\rho/\mathrm{d}s)_1\mathrm{d}s+\int_{50}^{140}(\mathrm{d}\rho/\mathrm{d}s)_2\mathrm{d}s+\int_{140}^{200}(\mathrm{d}\rho/\mathrm{d}s)_3\mathrm{d}s$

微分价值曲线的三段曲线的方程分别为：

$$(\mathrm{d}\rho/\mathrm{d}s)_1=(15/50)s=0.3s;(\mathrm{d}\rho/\mathrm{d}s)_2=15;(\mathrm{d}\rho/\mathrm{d}s)_3=(-s/4)+50。$$

相应的积分分别为：

① $\int_0^{50}(\mathrm{d}\rho/\mathrm{d}s)_1\mathrm{d}s=(0.3/2)s^2\Big|_0^{50}=0.15\times(50^2-0)=375\ \mathrm{pcm}$

② $\int_{50}^{140}(\mathrm{d}\rho/\mathrm{d}s)_2\mathrm{d}s=15s\Big|_{50}^{140}=15\times(140-50)=1\ 350\ \mathrm{pcm}$

③ $\int_{140}^{200}(\mathrm{d}\rho/\mathrm{d}s)_3\mathrm{d}s=\left[-(1/8)s^2+50s\right]\Big|_{140}^{200}=-(1/8)(200^2-140^2)+50\times(200-140)=450\ \mathrm{pcm}$

可得到以下积分价值曲线的坐标点：

$$(0,0);(50,375);(140,1\ 725);(200,2\ 175)。$$

据此，可画出控制棒提升时的积分价值曲线(见图 5-6-10)。

5.6.3.6 控制棒的干涉效应

在反应堆中设置了很多控制棒组件。设有两根控制棒 i 和 j，则两根棒同时插入堆芯的总价值 ρ_{ij} 与两根棒分别插入堆芯时的价值 ρ_i 和 ρ_j 存在下列关系：

$$\rho_{ij}=\rho_i+\rho_j+\Delta\rho_{ij} \tag{5-6-7}$$

式中：$\Delta\rho_{ij}$ 称棒的干涉效应，其值可以为正、负或零。也就是说，N 根控制棒插下去的总价值不必然等于每根棒单独插下去的价值之和。这说明一根棒的反应性价值要受到其他棒的影响。

所以，控制棒的价值取决于三个因素：控制棒本身的特性；控制棒所处位置的中子通量密度水平——通量密度水平越高，同样性质的控制棒的价值就越大；该控制棒附近的其他控制状态。

图 5-6-11 表示控制棒 1 插入前后堆内中子通量密度的分布。虽然由于控制棒 1 的插入

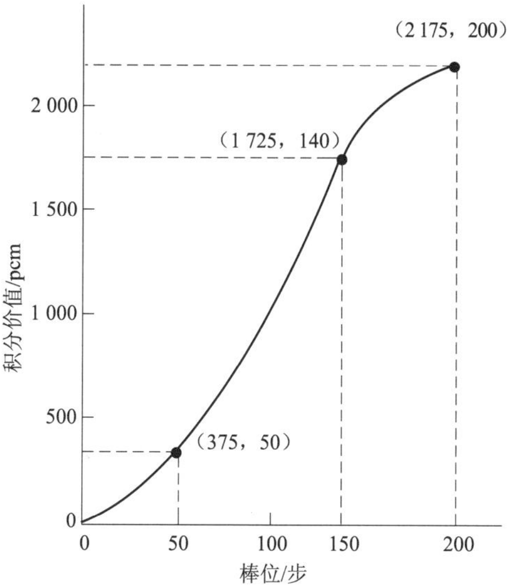

图 5-6-10　控制棒提升时的积分价值曲线

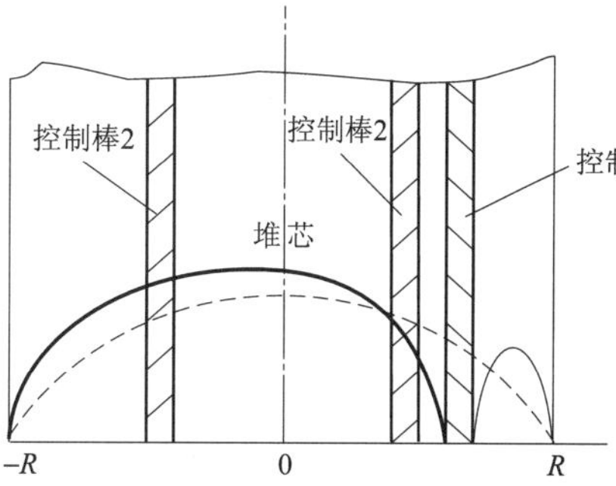

图 5-6-11　控制棒插入堆芯后对径向中子通量密度分布的影响

虚线—无控制棒时的通量密度分布；

实线—控制棒插入后通量密度分布

导致棒表面处中子通量密度下降，但离开棒表面一定距离处，插棒以后的通量密度反而比无棒时高。如果在此位置插入一根控制棒 2，其反应性价值显然比无控制棒 1 时单插控制棒 2 时要高。

因此可以得出下述结论：两棒距离在某一数值时，它们的总价值可达到最大。如果是 N 根棒，情况也是这样，不过此时任一控制棒的价值要受到其他($N-1$)根棒的影响。

例 5-6-9　某压水反应堆的堆芯由同一富集度燃料组成，在维持功率不变的条件下，对控制棒束 T 在三种情况下作棒价值测量(见图 5-6-12)：

1) 单独在位置 A 将棒束 T 下插到底，测得其反应性价值为 ρ_{A1}；

2) 在位置 B 插入一束控制棒(其特性与 T 棒相同)。再在位置 A 插入棒束 T(到底)，测得其反应性价值为 ρ_{A2}；

3) 在位置 B 插入一束控制棒(其特性与 T 棒相同)。再在位置 C 插入棒束 T(到底)测得其反应性价值为 ρ_C。

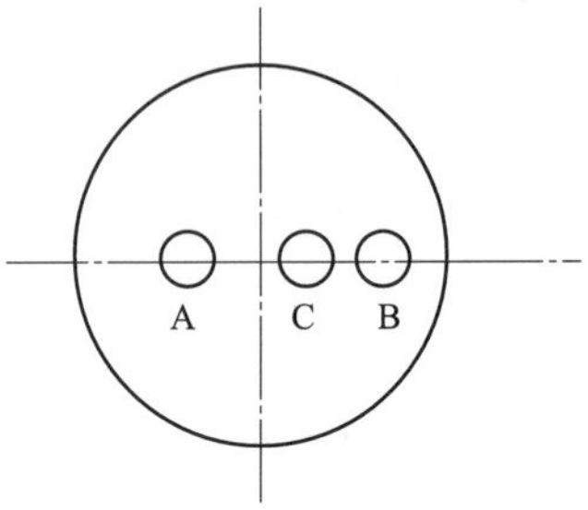

图 5-6-12　控制棒的插入位置

请问 ρ_{A1}，ρ_{A2}，ρ_C 是否相等？如相等，请说明相等的原因；如认为不相等，请将棒价值按绝对值大小依次排列，并分别说明产生棒价值不等的原因。

解

ρ_{A1}，ρ_{A2}，ρ_C不会相等。在给定条件下，棒价值依次排列为：$|\rho_{A2}|>|\rho_{A1}|>|\rho_C|$。

由于 B 位置插入控制棒束，所以 B 位置附近热中子通量密度 ϕ_{th} 比无棒时低得多，附近形成热中子通量密度分布的凹陷区，因棒价值正比于 $\phi_{th}{}^2$，所以$|\rho_C|<|\rho_{A1}|$。

在 B 处插入一束控制棒(其特性同 T 棒)时，使 A 位置的 ϕ_{th} 抬高(与 B 处插入棒之前比较)，故再在 A 处插入 T 棒时，有$|\rho_{A2}|>|\rho_{A1}|$。

例 5-6-10　某压水堆在换料前夕处于热态零功率状态，用调硼的方式使所有控制棒束提至堆顶，在最后提升到中心控制棒束时，测量了它的微分价值曲线。要求：

1) 以最大微分价值归一，在坐标图上定性地画出其微分价值曲线。

2) 简要说明此曲线形状的理由。

解

由于是零功率，上下无冷却剂温度差，而堆芯经过全寿期燃耗，中心平面附近燃耗及下半部燃耗深，上部燃耗浅，故上半部呈现热中子通量密度峰。

又因控制棒价值与中子价值(即中子通量密度)的平方成正比，故棒的微分价值与中子密度平方曲线相似，如图 5-6-13 所示。

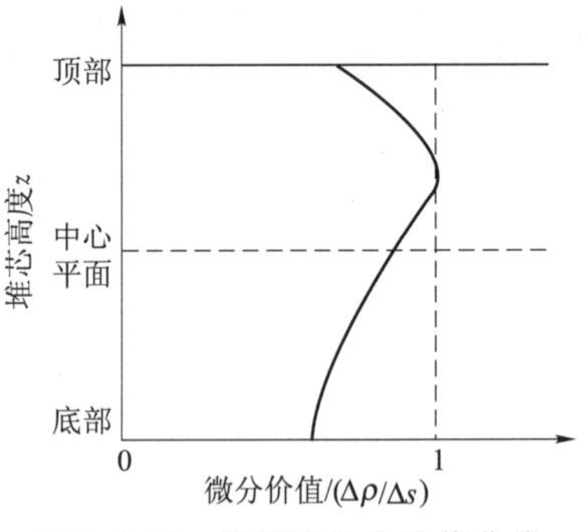

图 5-6-13　控制棒微分价值曲线

5.7　化学补偿控制

5.7.1　化学补偿控制特点

压水反应堆中的化学控制是指在反应堆冷却剂(同时又是慢化剂)中加入可溶性硼(酸)

以控制反应性(实际上,在硼中真正起反应性控制作用的是其中的${}^{10}_{5}B$)。在水中加硼,通过对其浓度的调节,可以实现对大部分的剩余反应性的补偿控制。由于硼在慢化剂中的分布是均匀的,因而当硼浓度改变时堆内中子通量密度变化也比较均匀,不像控制棒那样对中子通量密度分布有那么大的局部扰动。由于要想改变慢化剂中${}^{10}_{5}B$浓度需要较长的时间,因而化学控制速度不及控制棒那样快速,而且水中含硼量要受到慢化剂温度系数α_m不得为正的限制(见5.1.3节),所以在现代大型压水堆中,常将化学控制与控制棒配合使用。

化学控制主要用于补偿以下时间过程较慢的反应性变化,包括:

1) 易裂变核素的燃耗和长寿命裂变产物积累的反应性效应;

2) 反应堆从冷态到热态(零功率)的慢化剂温度效应;

3) 平衡${}^{135}_{54}Xe$和平衡${}^{149}_{62}Sm$的中毒效应。

随着反应堆运行时间的增长,燃耗不断加深,堆芯剩余反应性逐渐地减少,所以必须不断地降低硼浓度,使堆芯保持在临界状态(该硼浓度称为临界硼浓度)。图5-7-1表示了临界硼浓度随燃耗深度的变化曲线,它们综合反映了裂变产物(主要是氙和钐)、燃耗、化学毒物硼、可燃毒物棒等的影响。请注意两曲线:初期达平衡氙时的速降和转折;临界硼浓度开始相差700～1 000 ppm,中间部分两曲线逐渐靠拢;燃耗差值在1 000～2 000 MW·d/tU之间。

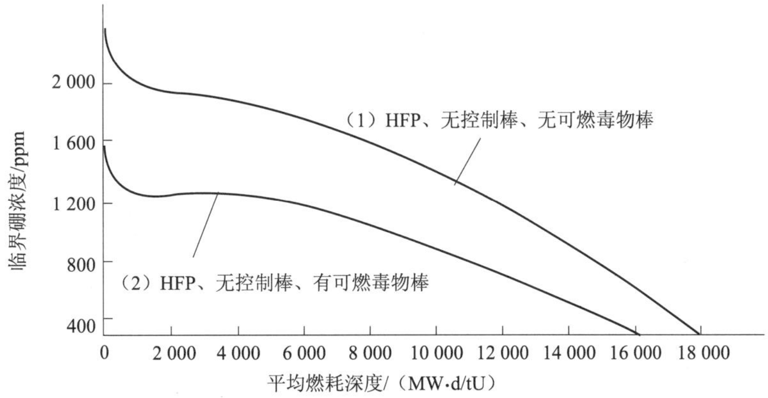

图5-7-1　临界硼浓度随燃耗深度变化曲线

5.7.2　硼(酸)浓度

硼酸对热中子反应堆的反应性影响,主要也是通过改变反应堆的热中子利用因数f实现的。与讨论裂变产物毒物的中毒反应性相类似,化学控制剂硼的反应性价值ρ_B可表示为:

$$\rho_B=\frac{k-k_0}{k}=\frac{f-f_0}{f} \tag{5-7-1}$$

式中:f_0——堆中无硼时反应堆的热中子利用因数;

f——堆中有硼时反应堆的热中子利用因数。

对于均匀堆,有:

$$f_0=\frac{\Sigma_{aF}^{th}}{\Sigma_{aF}^{th}+\Sigma_{aM}^{th}} \tag{5-7-2}$$

和

$$f=\frac{\Sigma_{aF}^{th}}{\Sigma_{aF}^{th}+\Sigma_{aM}^{th}+\Sigma_{aB}^{th}} \tag{5-7-3}$$

式中：Σ_{aF}^{th}——燃料的热中子宏观吸收截面；

Σ_{aM}^{th}——慢化剂的热中子宏观吸收截面；

Σ_{aB}^{th}——硼的热中子宏观吸收截面。

将式(5-7-2)、式(5-7-3)代入式(5-7-1)则有：

$$\rho_B=-\frac{\Sigma_{aB}^{th}/\Sigma_{aM}^{th}}{(\Sigma_{aF}^{th}/\Sigma_{aM}^{th})+1} \tag{5-7-4}$$

由式(5-7-2)，有：

$$\frac{\Sigma_{aF}^{th}}{\Sigma_{aM}^{th}}=\frac{f_0}{1-f_0}$$

代入式(5-7-4)后有：

$$\rho_B=-(1-f_0)\frac{\Sigma_{aB}^{th}}{\Sigma_{aM}^{th}} \tag{5-7-5}$$

图 5-7-2(a)为压水反应堆典型的硼的微分价值和硼浓度的关系曲线。由图可见，当冷却剂平均温度 T_{avg} 增加时，硼的微分价值(单位硼浓度的反应性当量)的量值就减小。这是因为：当 T_{avg} 增加时，在使水从堆芯排出的同时，也会使水中的硼排出(即 N_B 减小)。在硼浓度保持恒定的情况下，温度升高导致了堆芯总含硼量减少，这就使得堆芯内由硼核吸收热中子而引入的总反应性减少；另外，由于硼是标准的 $1/v$ 吸收体，温度的升高也使 ${}^{10}_{5}B$ 的热中子吸收截面 σ_{aB}^{th} 有所下降。由式(5-7-5)可知，硼的反应性价值 ρ_B 的量值就随慢化剂的平均温度增加而减小，也就使硼的微分价值的绝对值 $|\Delta\rho_B/\Delta c_B|$ 变小。

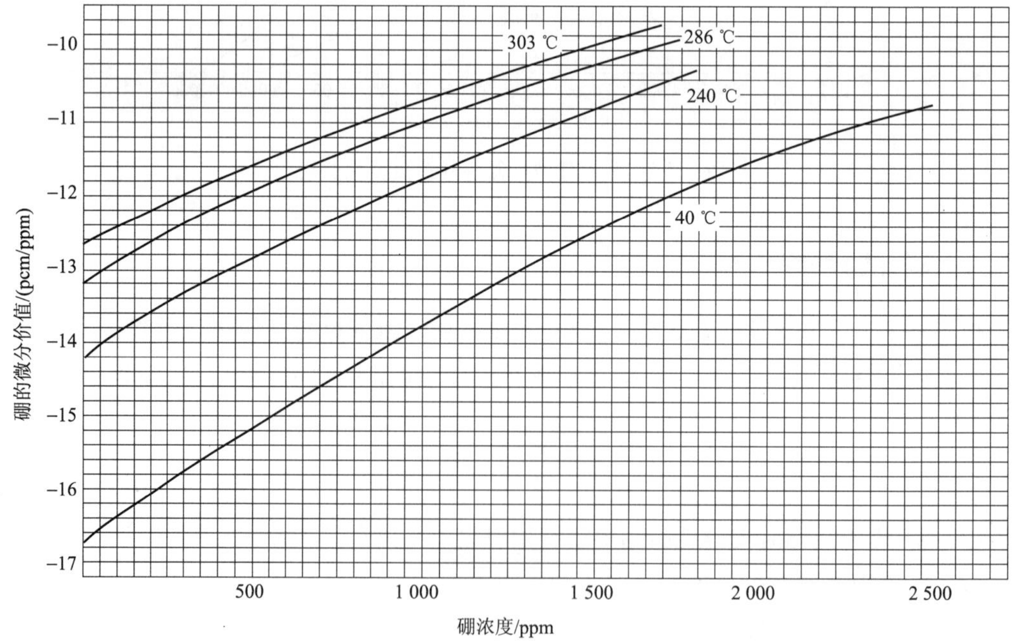

图 5-7-2(a)　硼的微分价值和硼浓度的关系曲线

那么，硼价值 ρ_B 为什么会随硼浓度变化而变化呢？硼浓度升高时，一方面，热中子吸收增强导致中子按能量的分布向高能方向偏移（即中子能谱变硬），使硼对热中子的吸收减少，因而单位硼浓度的反应性价值降低（变得负得较少）；另一方面，在单位体积中硼原子的数目增加了，使得由硼引起的对热中子的总的吸收增加，硼的反应性价值也就增加。这两种因素相比较，以前者为主。所以，当温度不变时，在硼浓度增加时，硼的微分价值减小（变得负得较少）。

在压水反应堆中，在 BOL 时的硼浓度很高，冷却剂中的硼原子核很多，虽然造成了热中子利用因数的减小，但它们彼此之间对热中子的吸收竞争很强烈，每个硼原子吸收热中子的机会相对减少；而在 EOL 时的硼浓度较低，慢化剂中的硼原子核少，对于吸收热中子，它们彼此之间的竞争少，每个硼原子吸收热中子的机会增多，对反应性效应的贡献大，因此使硼的微分价值（绝对值）变大；在 EOL 时，因为单位体积中的硼原子数量减少，又会导致对热中子的总的吸收能力降低，而使硼的微分价值减少；另外，还要考虑到在 EOL 时堆芯中积累起来的大量裂变产物，它们之中很多是 $1/v$ 吸收体，这也能使堆芯内的中子能谱硬化，从而影响 EOL 时的硼的微分价值。

综合以上各方面效应，在 EOL 时的硼微分价值的绝对值 $|\Delta\rho_B/\Delta C_B|$ 将比 BOL 时的小［见图 5-7-2(b)］。注意：如果要对在同一寿期中 EOL 和 BOL 的硼的微分价值进行比较，则只有对曲线段 A_{EOL} 与 A_{BOL}、B_{EOL} 与 B_{BOL} 两两进行比较才有意义。以上解释亦可从式(5-7-5)得到印证。

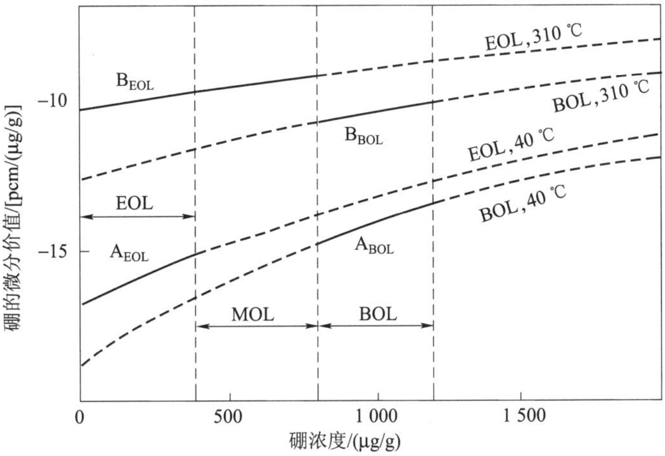

图 5-7-2(b) 硼的微分价值和硼浓度的关系曲线

在压水反应堆的运行和试验中，经常要用到硼浓度的概念。硼浓度的单位有以下两种习惯表示法：

- ppm。在 1 kg 水中含有 1 mg 天然硼（mgB/kgH_2O），称含硼量为 1 ppm。
- gH_3BO_3/kgH_2O（或简写成 g/kg）。田湾核电站一般用这种单位表示法。

它们之间的相互关系如下：

- 1 ppm$=5.72\times10^{-3}$ gH_3BO_3/kgH_2O（或 g/kg）
- 1 gH_3BO_3/kg$H_2O$$=174.83$ ppm

通过水的交换可使冷却剂中的硼酸浓度减小或增加：往一回路中注入清水进行稀释，或

者将浓硼酸溶液注入进行硼化。设 c_B为硼酸储存系统中硼酸的浓度(在稀释或硼化过程中 c_B是不变的)。如果在反应堆冷却剂系统中加入质量为 dm、浓度为 c_B的硼酸溶液,则同时也排出 dm 的浓度为 c 的硼酸溶液,而且系统的硼酸浓度都增加了 dc。因而可列出系统的含硼量的平衡方程:

$$M(c+dc)=Mc+c_B\times dm-c\times dm \tag{5-7-6}$$

化简后得到:

$$dm=\frac{M\times dc}{c_B-c} \tag{5-7-7}$$

如果从原来的硼酸浓度 $c_{初始}$增加到最终浓度 $c_{最终}$,则需要注入浓度为 c_B的硼酸溶液的质量为 m_B;又,在硼化过程中系统中冷却剂的质量 m 保持不变(在非稳定工况下,指整个一回路中的总冷却剂质量,约为 240 t;而在短时间的非稳态过程中,当硼浓度在整个一回路体积中尚未均匀时,一回路冷却剂质量约为 200 t),则对上式积分可得:

$$\int_0^{m_B} dm=\int_{c_{初始}}^{c_{最终}} \frac{m}{c_B-c}\times dc \tag{5-7-8}$$

积分后得到以下结果:

$$m_B=m\times\ln\frac{c_B-c_{初始}}{c_B-c_{最终}} \tag{5-7-9}$$

在稀释的情况下,可令上式中 $c_B=0$,需要注入一回路的不含硼酸的除盐水的总量 m_{H_2O} 可按下式计算:

$$m_{H_2O}=m\times\ln\frac{c_{初始}}{c_{最终}} \tag{5-7-10}$$

5.8 可燃毒物控制

5.8.1 堆芯中设置可燃毒物的目的

在大型压水反应堆中,除采用控制棒和化学补偿控制反应性外,还同时采用可燃毒物加以控制。

在压水反应堆中采用化学补偿控制反应性的方法有很大的优点,它弥补了单纯采用控制棒控制使中子通量密度分布发生畸变的缺点。但化学补偿控制并不能完全解决控制问题,因为在首次装料时燃料元件都是新的,使反应堆具有很大的剩余反应性。如果单靠增加硼浓度来满足控制方面的要求,则很可能使硼浓度超过某一限制值(如 1 400 ppm),此时,慢化剂温度系数将可能出现正值,这是在反应堆设计和运行中都不希望出现的现象。如果既想使硼浓度维持在较高的值,又想满足慢化剂温度系数不为正的控制要求,则只有增加控制棒数目这一个办法了。这样一来,将要增加控制棒驱动机构的数量,且不说这将增加建造费用,重要的是不得不在反应堆压力容器顶盖上开设更多的孔洞,而这是结构强度所不允许的。此外,驱动机构越多,出现问题的可能性越大,越不安全;而且,一般来说,只有首次装料的堆芯需要对大的剩余反应性进行补偿控制,而在该堆芯第一次换料后,控制大的剩余反应性的问题将有所弱化,因为此时堆芯中所装载的大部分都是已经燃耗过的燃料,所以,对于换料后的堆芯,在 BOL 时,其剩余反应性已大大减小了。

采用可燃毒物，不失为既安全又经济地妥善解决上述问题的一个好办法，即，在使用新燃料的首炉堆芯中，设置可燃毒物吸收体来参与补偿剩余反应性，在该燃料循环的运行过程中，可燃毒物棒中的吸收物质将逐步燃耗，而使正反应性得以逐渐释放出来。在可燃毒物承担起补偿剩余反应性的部分功能后，就可使化学补偿控制的负担减轻，使得在首次装料的堆芯在 BOL 时硼酸浓度达到一个合适的值，从而保证慢化剂温度系数为负值。此外，只要恰当地选择可燃毒物棒的数量和布置方式，还可以收到展平堆芯径向功率分布的功效。

5.8.2　可燃毒物的布置及对反应性的影响

5.8.2.1　均匀布置下的 k_{eff}

为了了解可燃毒物在堆芯中的分布对反应性的影响，先来讨论可燃毒物与燃料-慢化剂均匀混合的情况。为简化起见，假设堆芯中没有中子泄漏，而且慢化剂、冷却剂及结构材料等的中子吸收可以忽略，则可列出燃料、可燃毒物和裂变产物的核密度随时间变化的方程，并建立与这些核密度相关的有效增殖因数的近似表达式，便可求出在不同可燃毒物吸收截面下 k_{eff} 随时间的变化规律（见图 5-8-1）。由图 5-8-1 可见：

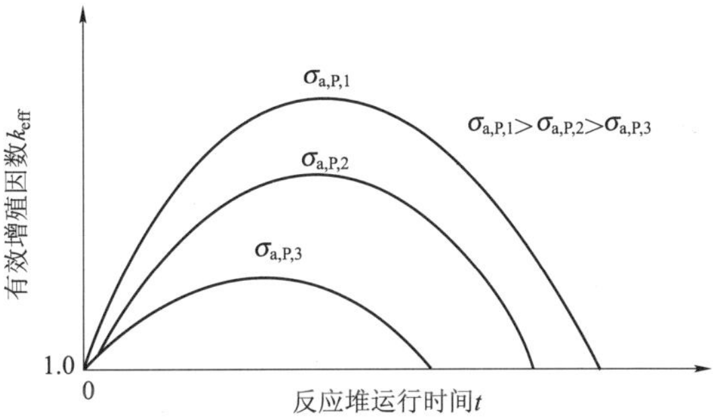

图 5-8-1　不同的可燃毒物吸收截面 $\sigma_{a,P}$ 下 k_{eff} 与运行时间的关系

1）反应堆在开始运行的一段时间里，k_{eff} 增长较快。这是因为可燃毒物消耗所引起的反应性的释放率比燃料燃耗所引起的反应性的下降率要快得多。

2）k_{eff} 增大到某一最大值后又开始下降。这是因为当可燃毒物大量消耗后，每单位体积中所含有的可燃毒物核子数减少，此时，可燃毒物消耗所引起的反应性的释放率小于燃料燃耗所引起的反应性的下降率。

3）可燃毒物的吸收截面 $\sigma_{a,P}$ 越大，k_{eff} 对初始值的偏离也越大。这种偏离的大小说明了可燃毒物的消耗与堆芯中剩余反应性的减小不匹配的程度。

在较好的情况下，在堆芯的整个寿期里应使 k_{eff} 的变化尽可能小，这有利于反应堆的控制。因此，希望采用吸收截面 $\sigma_{a,P}$ 比较小的可燃毒物。但 $\sigma_{a,P}$ 值小，可燃毒物就消耗得慢，会导致在 EOL 堆内仍残留较多的毒物，它们对中子的有害吸收会缩短堆芯的寿期（称为反应性残留惩罚）。

比较理想的情况是：在 BOL，应使 $\sigma_{a,P}$ 不要太大，以减小 k_{eff} 偏离初始值的程度；但随着可燃毒物的逐渐消耗，要求 $\sigma_{a,P}$ 逐渐增大，以减少在 EOL 时可燃毒物的残留量。研究表明，在压水堆核电厂里，采用非均匀布置的可燃毒物棒可以基本上满足这种要求。

5.8.2.2　可燃毒物的非均匀布置

把可燃毒物制成棒状、管状或板状元件，插入堆芯的不同部位中，就形成了可燃毒物的非均匀布置。这种布置的主要特点是：在可燃毒物中存在着较强的自屏效应，使可燃毒物在堆芯的 BOL 具有较小的有效吸收截面 $\sigma_{a,\mathrm{eff}}^{P}$，而随着运行时间的推移，$\sigma_{a,\mathrm{eff}}^{P}$ 又能不断地增大。可以将可燃毒物的有效吸收截面表示为：

$$\sigma_{a,eff}^{P}=S_s\sigma_{a,P} \tag{5-8-1}$$

式中：S_s为可燃毒物的自屏因子，定义为：

$$S_s=\frac{\text{可燃毒物中的平均中子通量密度}}{\text{燃料慢化剂中的平均中子通量密度}}$$

示意图 5-8-2 表示几个不同运行时刻，在慢化剂和可燃毒物棒中的中子通量密度的分布；示意图 5-8-3 表示可燃毒物的宏观有效吸收截面、微观有效吸收截面和可燃毒物核密度随反应堆运行时间的变化规律。由图 5-8-2 可见，在堆芯的 BOL，可燃毒物棒中的中子通量密度远低于燃料-慢化剂中的中子通量密度。这是因为此时的可燃毒物的自屏效应很强，自屏因子 S_s很小，$\sigma_{a,eff}^{P}$也很小，因此，k_{eff}偏离初始值的程度也很小。但是，随着燃耗的加深，可燃毒物的核逐渐消耗（N_P减小），自屏效应逐渐减弱，可燃毒物棒内中子通量密度的分布变得越来越平坦，亦即，可燃毒物的自屏因子 S_s值逐渐增大而趋近于 1，可燃毒物的 $\sigma_{a,eff}^{P}$也渐渐变大，可燃毒物的燃耗也就更快，这样一来，就使反应堆在 EOL 时可燃毒物核的残留量很小，故对堆芯的寿期就不会发生明显的影响。

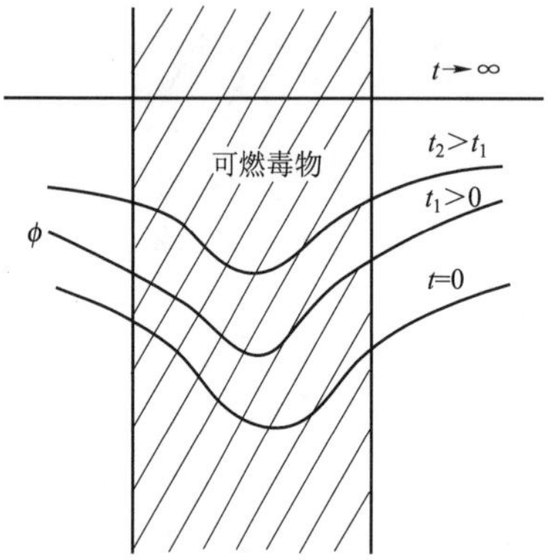

图 5-8-2 可燃毒物棒内的自屏效应

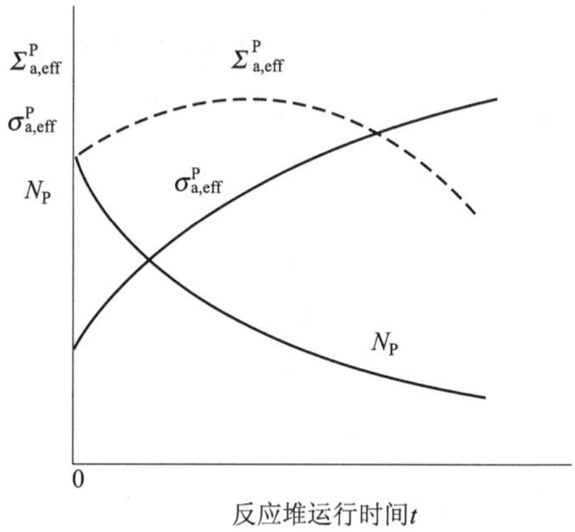

图 5-8-3 可燃毒物有效吸收截面、核密度随时间的变化

图 5-8-4 表示了堆芯内无可燃毒物、可燃毒物均匀布置和可燃毒物非均匀布置这三种情况下 k_{eff}随运行时间的变化。由图可见：在堆芯的相同寿期，有可燃毒物时 k_{eff}的初始值比无可燃毒物时 k_{eff}的初始值要小，因此，需要控制棒来控制的反应性的量值也就较小；当可燃毒物作非均匀布置时，可以做到在整个堆芯寿期内 k_{eff}的最大值小于初始值；而当可燃毒物作均匀布置时，k_{eff}的最大值将远大于它的初始值。

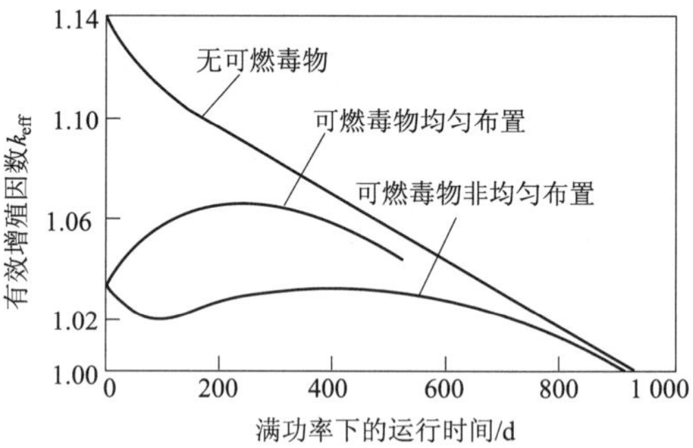

图 5-8-4 可燃毒物对 k_{eff}的影响

5.8.3 可燃毒物材料

首先要求可燃毒物材料具有比较大的吸收截面；其次由于可燃毒物的燃耗释放出来的反应性与燃料的燃耗所减少的剩余反应性应基本上匹配；此外还要求有良好的机械性能（详见 6.2.2 节）。

根据这些基本要求，目前作为可燃毒物的材料主要有硼和钆。它们可以和燃料混合在一起，也可以做成管状、棒状或板状插入到燃料组件中。通过控制含可燃毒物的新燃料组件的数量、所含可燃毒物的燃料元件的数目及可燃毒物组件在堆芯内的布置，可以控制堆芯的功率分布。

在压水反应堆中，广泛采用了硼玻璃作为可燃毒物，它的性能优于早期曾采用过的硼不锈钢，前者在堆芯的EOL硼已耗尽时，剩下来的玻璃其吸收截面较小，故对堆芯寿期影响不大；而后者，在硼耗尽后留下的不锈钢是中子的“灰色”吸收体，会影响堆芯的寿期。

如前所述，在压水反应堆中，一般只将可燃毒物用于第一个堆芯寿期中，由于从第二个堆芯寿期起，堆芯中大部分燃料是已经燃耗过的燃料，与第一个堆芯相比较，其初始剩余反应性已大大减小，已无再使用可燃毒物的必要了。但在20世纪80年代后，堆芯装载核燃料普遍采用了低泄漏方案，新燃料组件被放置在堆芯的内区，因而使堆芯的功率峰增大，这样一来，在每个堆芯寿期中都必须采用相当数量的可燃毒物棒来遏制功率峰。

例 5-8-1　填空题：

在首次装料时，堆芯内一般装有较多的可燃毒物。从堆物理角度上对这种材料的要求是：

1）具有较大的吸收截面；

2）其消耗的可燃毒物所释放的反应性应基本上等于堆芯中燃耗所减少的反应性；

3）可燃毒物吸收中子后的产物吸收截面应尽可能地小。

装可燃毒物的目的是：

1）补偿后备反应性；

2）降低初期运行时的硼酸浓度，确保运行初期不出现正的慢化剂温度系数；

3）展平径向功率分布，保证反应堆在安全限值内满功率运行；

4）减少控制棒的数量，减少压力容器顶盖的开孔数量。

5.9　关于反应性平衡

5.9.1　反应堆在额定功率下运行过程中反应性的平衡

在正常运行的反应堆中，各种反应性的总和为零，或者说，正的和负的反应性大小是相等的。这就是反应性平衡。

在反应堆的一个燃料循环内，如以额定功率运行，那么，反应堆的反应性平衡如下所述：

（1）正反应性来源

堆芯内装入的核燃料提供了堆芯达到临界所需要的临界质量，另外，还要有足够多的质量余量提供给反应堆在运行时克服各种因素引入的负反应性（包括燃耗引入的负反应性）所需要的正反应性储备。由于正反应性是完全由核燃料提供的，所以称为燃料反应性。

（2）负反应性来源

在运行着的反应堆中，负反应性来源主要包括：

- 插入堆芯的负的控制棒积分反应性；
- 毒物（主要是氙和钐）负反应性；

- 燃料温度效应；
- 慢化剂温度效应；
- 空泡效应；
- 溶于慢化剂中的硼(酸)产生的负反应性；
- 在堆芯中^{235}U 的燃耗、由^{238}U 生成的^{239}Pu 的燃耗以及固体可燃毒物的燃耗所造成的负反应性。

(3) 反应性平衡

示意图 5-9-1 给出的例子表示了某反应堆在额定功率下运行过程中各项反应性平衡变化情况：

- 燃料提供的正反应性因燃耗而下降；
- 为了补偿正反应性的降低，要降低硼酸浓度，使硼酸的负反应性效应(绝对值)随时间而减小。如堆中还装有可燃毒物，情况相同，但自动进行；
- 慢化剂温度效应随时间而增大；
- 其他效应几乎不变；
- 当硼浓度降到零时，开始换料。

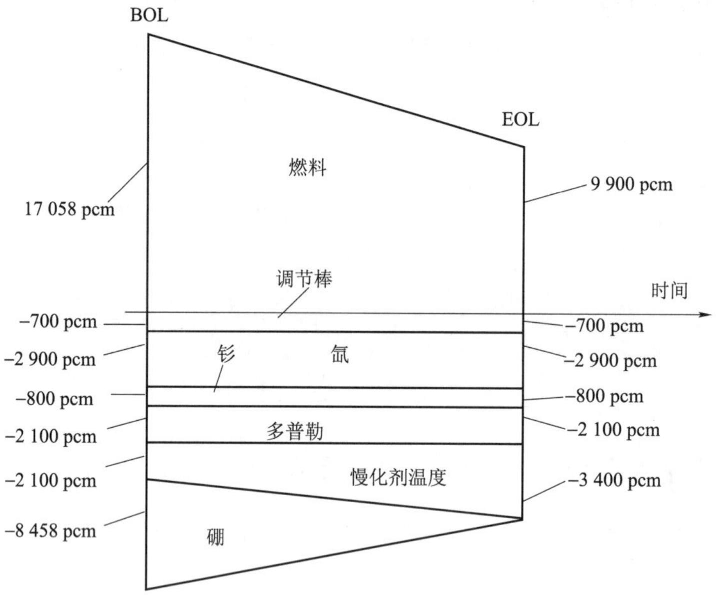

图 5-9-1(a) 某压水反应堆在运行过程中反应性平衡的变化情况(例子之一)

图 5-9-1(b)为 WWER-1000 型反应堆堆芯平衡燃料循环初期反应性平衡的例子(参见表 5-5-1 和表 5-5-2)。从冷态零功率到热态零功率时，堆芯从某一冷却剂平均温度升高到约 290 ℃，由于慢化剂水的温度效应，所引入的反应性约为－1.7％$\Delta k/k$(这部分剩余反应性的补偿由可溶毒物硼酸承担)；当反应堆从热态零功率升至热态满功率所引入的功率亏损约为－3.1％$\Delta k/k$(这部分剩余反应性通过控制棒组件的移动来控制)；当反应堆由热态满功率“清洁”堆芯向平衡氙毒状态过渡时所引入的反应性约为－3.6％$\Delta k/k$

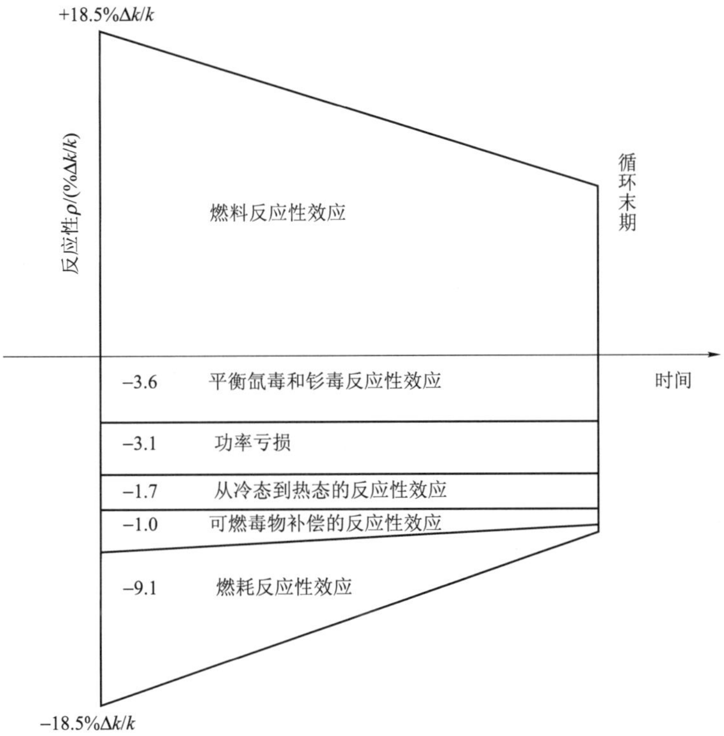

图 5-9-1(b)　WWER-1000 核电站堆芯平衡循环反应性平衡的情况(例子之二)

(这部分剩余反应性的补偿由可溶毒物硼酸承担);堆芯在热态满功率平衡氙毒下正常运行时,燃耗反应性裕度将从$-9.1\%\Delta k/k$逐渐下降,这部分剩余反应性的慢变化也由可溶毒物加以补偿。在此例中,可溶毒物所控制的反应性总共约$14.4\%\Delta k/k$。另外,固体可燃毒物所引入的反应性效应约$-1.0\%\Delta k/k$。在反应堆热停堆时,由控制棒下插所引入的反应性为$-7.0\%\Delta k/k$(已考虑了"卡棒"和10%的误差)。停堆后的反应性变化将按要求由硼控系统进行补偿。

5.9.2　反应性平衡计算

反应堆在任何时刻、不管处在何种状态(次临界、临界或超临界),其反应性总是处于一种平衡状态之中(见图 5-9-1),即:

$$\rho_{反应堆}=\rho_{功率}+\rho_{控制棒}+\rho_{氙}+\rho_{钐}+\rho_{硼}+\rho_{燃耗等} \tag{5-9-1}$$

式中:$\rho_{反应堆}$——与反应堆的状态相对应的反应性,也称为反应堆状态反应性:在次临界状态,小于0。在临界状态,等于0。在超临界状态,大于0;

$\rho_{功率}$——功率的反应性效应;

$\rho_{控制棒}$——控制棒插入堆芯所引进的反应性效应;

$\rho_{氙}$——裂变产物毒物^{135}Xe所引进的反应性效应;

$\rho_{钐}$——裂变产物毒物^{149}Sm所引进的反应性效应;

$\rho_{硼}$——慢化剂中的^{10}B所引进的反应性效应；

$\rho_{燃耗等}$——在堆芯中^{235}U及其燃耗、^{239}Pu的积累及其燃耗以及固体可燃毒物及其燃耗等所造成的反应性效应。

在次临界状态下，显然，$\rho_{功率}=0$。在反应堆达到热态临界的零功率状态之后的升功率的过程中，在达到多普勒发热点（即核发热点）之前，只需考虑堆介质的温度所造成的反应性温度效应。在达到多普勒发热点之后，需要考虑反应性功率效应 $\rho_{功率}$。

在实际的反应性估算中，往往涉及反应堆的初始和终了两个状态。因此，可由式(5-9-1)得到以下关于两个状态下的反应性平衡方程：

$$\Delta\rho_{反应堆}=\Delta\rho_{功率}+\Delta\rho_{控制棒}+\Delta\rho_{氙}+\Delta\rho_{钐}+\Delta\rho_{硼}+\Delta\rho_{燃耗等} \tag{5-9-2}$$

式中：各项反应性的变化都是指后一个状态（终态）下的反应性与前一个状态（初态）下的反应性之差：

$\Delta\rho_{反应堆}$——反应堆状态变化所引起的反应性变化，$\Delta\rho_{反应堆}=\rho_{反应堆终}-\rho_{反应堆初}$。显然，如果反应堆的初态和终态都是临界状态，则 $\Delta\rho_{反应堆}=0$；

$\Delta\rho_{功率}$——反应堆功率变化所造成的反应性变化，$\Delta\rho_{功率}=\rho_{功率终}-\rho_{功率初}$；

$\Delta\rho_{控制棒}$——控制棒位置变化所引起的反应性变化，$\Delta\rho_{控制棒}=\rho_{控制棒终}-\rho_{控制棒初}$；

$\Delta\rho_{氙}$——氙毒反应性变化，$\Delta\rho_{氙}=\rho_{氙终}-\rho_{氙初}$；

$\Delta\rho_{钐}$——钐毒反应性变化，$\Delta\rho_{钐}=\rho_{钐终}-\rho_{钐初}$；

$\Delta\rho_{硼}$——慢化剂中硼浓度变化所引起的反应性变化，$\Delta\rho_{硼}=\rho_{硼终}-\rho_{硼初}$；

$\Delta\rho_{燃耗等}$——在堆芯中存在的燃料和可燃毒物的燃耗现象（包括：易裂变核素$^{235}_{92}$U通过热裂变和辐射俘获所造成的燃耗，可裂变核素$^{238}_{92}$U通过快裂变所造成的燃耗及通过辐射俘获使$^{239}_{94}$Pu不断积累，$^{239}_{94}$Pu及其同位素通过热裂变所造成的燃耗，以及固体可燃毒物的燃耗）所造成的反应性效应的变化，$\Delta\rho_{燃耗等}=\rho_{燃耗等终}-\rho_{燃耗等初}$。如果初态和终态之间的时间很短，或者在终态时前述现象并未发生，则前述各项均无变化，就无需考虑此项。

例 5-9-1 将正确的选择填入“[ ]”中，并解释选择该答案的理由。

已知反应堆物理参数如下：

总功率亏损：$\rho_P=-1\ 500$ pcm

慢化剂温度系数：$\alpha_T=-9$ pcm/℃

微分硼价值：$\gamma_B=-10$ pcm/ppm

反应堆以80%FP运行，假定在随后的2 h内，通过稀释30 ppm的硼，将堆功率提升至100%FP，再通过自动控制系统将功率稳定在100%FP。已知反应堆功率刚到达100%FP时，T_{avg}升高了5 ℃，^{135}Xe毒反应性变化为300 pcm。那么，反应堆功率刚稳定在100%FP时，反应性的净变化为__________：

A. 0 pcm；　　B. +300 pcm；　　C. +255 pcm；　　D. −300 pcm。

解

[A]。从一个临界状态变化到另一个临界状态，反应性的净变化为零。

例 5-9-2　已知反应堆参数如下表所示：

堆功率/%FP	慢化剂平均温度 T/℃	冷却剂硼浓度/(gH_3BO_3/kgH_2O)	总功率系数 α_P/(pcm/%FP)	慢化剂温度系数 α_m/(pcm/℃)	硼微分价值 α_B/[pcm/(g/kg)]
80	304	3.546 4	−15	−36	−1 748.25
100	306	3.660 8			

反应堆功率从 100%FP 降至 80%FP 过程中，不考虑裂变产物毒性的变化，需要控制棒补偿的反应性 $\Delta\rho_{棒}$ 应为多少 pcm？（计算结果舍入到整数）

解

列出反应性平衡关系式：

$$\Delta\rho_{棒}+\Delta\rho_{功率}+\Delta\rho_{硼}=0$$

$$\begin{aligned}\Delta\rho_{棒}&=-(\Delta\rho_{功率}+\Delta\rho_{硼})\\&=-(\alpha_P\Delta P+\alpha_B\Delta c_{硼})\\&=-[(-15)\times(80-100)+(-1\ 748.25)\times(3.546\ 3-3.660\ 8)]\\&=-500\ \text{pcm}\end{aligned}$$

注：解此题时容易犯的错误主要有：

1) 在考虑功率亏损效应的同时，又考虑慢化剂温度效应 $\Delta\rho_{慢化剂}=\alpha_m\times\Delta T$，即在反应性平衡方程中多出了此项。这属于概念性错误。

2) 未列出完整的反应性平衡方程：$\Delta\rho_{棒}+\Delta\rho_{功率}+\Delta\rho_{硼}=0$，$\Delta\rho_{棒}=-(\Delta\rho_{功率}+\Delta\rho_{硼})$。单项计算，容易造成符号混乱和错误；或者，在计算 $\Delta\rho$ 时没有正确定义终态和初态，造成符号混乱：

$$\Delta\rho_{功率}=\Delta P\times\alpha_P=(-100\%+80\%)\times(-15)=300\ \text{pcm}\quad（终态-初态）$$

$$\Delta\rho_{硼}=\Delta c_{硼}\times\alpha_B=(3.660\ 8-3.546\ 4)\times(-1\ 748.25)=-200\ \text{pcm}\quad（初态-终态）$$

例 5-9-3　已知硼微分价值为 1 748.25 pcm/(gH_3BO_3/kgH_2O)，堆芯平均中子寿命 $l=0.08$ s。当反应堆的次临界深度为 1.0%$\Delta k/k$ 时，操纵员将反应堆冷却剂的硼酸稀释了 0.572 gH_3BO_3/kgH_2O，再将调节棒移动了 10 cm，观察到稳定的反应堆周期 $T=160$ s。假定无其他的反应性反馈，试通过计算说明：

(1) 控制棒所移动的 10 cm 是提升还是下插；

(2) 求调节棒的微分价值(pcm/cm)。（将结果舍入到整数）

解

(1) 因缓发中子有效份额 β_{eff}、瞬发中子寿命 l_p 和缓发中子寿命 l_d 未知，所以不能应用倒时方程。可应用功率增长公式和式(4-1-17)：

$$P(t)=P(0)e^{t/T}\ 和\ P(t)=P(0)(k_{eff})^{t/l}$$

式中：k_{eff} 的指数应为中子增殖所经历的代数，故本应为 t/Λ，Λ 为中子的平均每代时间。这里可以认为 $l\approx\Lambda$。得到与周期 T 相对应的反应性为：

$$\rho=\ln k_{eff}=l/T=0.08/160=50\ \text{pcm}=\rho_{反应堆终}$$

反应性平衡方程如下：

$$\Delta\rho_{反应堆}=\Delta\rho_{硼}+\Delta\rho_{棒}，或\ \Delta\rho_{棒}=\Delta\rho_{反应堆}-\Delta\rho_{硼}$$

其中：

$$\begin{aligned}\Delta\rho_{反应堆}&=\rho_{反应堆终}-\rho_{反应堆初}=\rho_{超临界}-\rho_{次临界}\\&=(+50)-(-1\ 000)=+1\ 050\ \text{pcm}；\end{aligned}$$

$$\Delta\rho_{硼}=\rho_{硼终}-\rho_{硼初}$$

$$=[(c_0+\Delta c)-c_0]\times(\Delta\rho/\Delta c)=(-0.572)\times(-1\ 748.25)=1\ 000\ \text{pcm};$$

由反应性平衡方程中的两项 $\Delta\rho_{反应堆}$ 和 $\Delta\rho_{硼}$ 的值可以判定：$\Delta\rho_{棒}$ 必定为正值，即须满足 $\Delta\rho_{棒}>0$ 方程才能成立，而一般情况下，不论控制棒提升还是下插，其微分价值 $\Delta\rho/\Delta h$ 总是正值，所以($h_{终}-h_{初}$)须为正值(因而控制棒是提升而不是下插)。

(2) 将上述结论用于计算 $\Delta\rho_{棒}$：

$$\Delta\rho_{棒}=(h_{终}-h_{初})\times(\Delta\rho/\Delta h)=(+10)\times(\Delta\rho/\Delta h)$$

将以上各项数据代入反应性平衡方程，有：

$$1\ 050=1\ 000+10\times(\Delta\rho/\Delta h)$$
$$(+10)\times(\Delta\rho/\Delta h)=1\ 050-1\ 000=+50\ \text{pcm}$$

解得：

$$\Delta\rho/\Delta h=50/10=5\ \text{pcm/cm}$$

注：

(1) 解此题的关键是：

- 利用题目给出的条件，正确写出 ρ-T 关系式；
- 正确判定反应性的符号，写出平衡方程。

(2) 解此题时容易犯的错误：

- 使用倒时方程来确定 ρ-T 关系，然而题中并未给出相关的参数，只好自己想当然地杜撰；
- 未能列出完整的反应性平衡方程，对反应堆的状态考虑不全(如未考虑反应堆的初始状态，即次临界状态)，或考虑错误。
- 对反应性的单位没有搞清楚。

(3) 另一种解法：可直接利用增殖因数的定义求得 k_{eff}：

$$k_{eff}=反应堆内这一代中子数/反应堆内上一代中子数$$
$$=[n_0\mathrm{e}^{(t+l)/T}]/[n_0\mathrm{e}^{(t/T)}]$$

(4) 再次提醒：在本书的符号系统中，不论控制棒提升还是下插，其微分价值 $\Delta\rho/\Delta h$ 总是正值(参见例 5-6-3)。

(5) 为了不弄错变化量(如硼浓度的变化、控制棒位的变化、功率的变化等)的符号，不妨多写一步，如$[(c_0+\Delta c)-c_0]$、$[(h_0+\Delta h)-h_0]$等(参见例 5-6-6)。

5.9.3 停堆深度

停堆深度又称停堆裕度(shutdown margin)。对于压水反应堆，规定：假定在反应性价值最大的一束控制棒被卡在堆外的情况下，其余所有控制棒(包括安全棒和调节棒)全部插入堆芯，以及其他所有毒物存在于堆芯中或投入堆芯，而使反应堆处于次临界状态，此时反应堆所达到的负反应性(或次临界度)称为停堆深度。一般规定：在上述的卡棒情况下，冷态无中毒时的停堆深度必须大于 $2\sim3\beta_{eff}$。田湾核电站反应堆的停堆深度见表 5-5-2。

显然，停堆深度等于投入堆芯的全部控制毒物的反应性价值(负)与反应堆的剩余反应性(正)的代数和(总和应为负)，它与反应堆的运行时间和运行工况有关。

对于 WWER-1000 反应堆还规定：一回路平均温度小于 270 ℃的最小停堆硼酸浓度为 16 g/kg；反应堆处于热停堆状态的最小停堆硼酸浓度要确保堆芯次临界度不小于 $1\%\Delta k/k$(不考虑控制棒)。

由于功率运行反应堆在停堆后，随着反应堆逐渐冷却和 $^{135}_{34}\mathrm{Xe}$ 逐渐衰变而不断向堆内引入正反应性，使停堆深度变浅。如果反应堆没有足够大的停堆深度，就可能在停堆后堆芯有重返临界和重返功率的危险。

要求功率运行反应堆具有足够大的停堆深度，是为了使反应堆在各种运行工况下都能达到次临界状态，使可能引起事故的反应性瞬变控制在允许的限制范围内，还可以防止已处于停堆状态下的反应堆意外地重返临界和重返功率。

因为在某一功率水平 P 下稳定运行的反应堆内，各种反应性[包括由控制棒棒位、反应堆功率、硼(酸)浓度、^{135}Xe 浓度和^{149}Sm 浓度、燃耗等所引入的反应性]处于某种平衡状态，同时 $k_{eff}=1$。当反应堆在此种状态下停堆时，可将这个状态作为初态来计算停堆深度。反应堆的终态是：除反应性价值最大的一束控制棒之外，其余控制棒全部插入堆芯。

可应用式(5-9-2)计算停堆深度。其中：$\Delta\rho_{燃耗等}$为零，$\Delta\rho_{钐}$因其量值小，可予忽略，所以就有：

$$\Delta\rho_{停堆深度}=\Delta\rho_{反应堆}=\Delta\rho_{功率}+\Delta\rho_{控制棒}+\Delta\rho_{氙}+\Delta\rho_{钐}+\Delta\rho_{硼} \tag{5-9-3}$$

停堆深度是一个随时间变化的量，这是因为^{135}Xe 和^{149}Sm 的中毒反应性是随时间而变化的。另外，在停堆后，硼(酸)的浓度有可能发生变化。

当反应堆功率从 P 降到 0 的过程中，功率变化所引入的反应性包括了与燃料功率亏损、慢化剂功率亏损和空泡功率亏损的相反的反应性效应。如果冷却剂的温度降低到与热态零功率相对应的温度以下，则在反应性平衡方程中须将热态温度与当前温度之间的温度效应考虑在内。

例 5-9-4　某反应堆处在 50%FP 功率下长时间稳定运行(平衡氙)，调节棒组位于 150 步，临界硼浓度 $c_B^c=750$ ppm，停堆后硼浓度即变为 1 200 ppm。反应堆停堆后，维持在热停堆状态。

已知：控制棒全部插入时引入的反应性为－9 200 pcm。反应性价值最大的一束控制棒的总反应性积分价值为 1 700 pcm。忽略钐毒反应性。

试计算：

(1) 在停堆后 7 h 的停堆深度；

(2) 在停堆后 80 h 的停堆深度。

解

(1) 计算在停堆后 7 h 的停堆深度：

1) 功率变化所引入的反应性 $\Delta\rho_{功率}$：

• 初态：反应堆功率 $P_{初}=50\%$FP。在临界硼浓度为 $c_B^c=750$ ppm 时，由功率亏损与功率水平的关系曲线(见图 5-9-4)查得：功率效应为 $\rho_{功率初}=-815$ pcm；

• 终态：反应堆功率 $P_{终}=0\%$FP。由同一图中查得：功率效应为 $\rho_{功率终}=0$ pcm；

• $\Delta\rho_{功率}=\rho_{功率终}-\rho_{功率初}=0-(-815)=+815$ pcm。

2) 控制棒引入的反应性：

• 初态：在停堆前时刻，调节棒位于 150 步处，由控制棒积分价值曲线(见图 5-9-5)查得它所引入的反应性为 $\rho_{棒初}=-300$ pcm。

• 终态：控制棒全部插入堆芯时所引入的反应性为：－9 200 pcm，但按停堆深度的定义，反应性价值最大的一束控制棒被卡在堆外，所以在实际上插入堆芯的控制棒价值中应扣除该控制棒束的反应性价值，即 $\rho_{棒终}=-9\ 200+1\ 700=-7\ 500$ pcm。

• $\Delta\rho_{棒}=\rho_{棒终}-\rho_{棒初}=(-7\ 500)-(-300)=-7\ 200$ pcm。

3）硼浓度变化所引入的反应性：

由硼的微分价值与硼浓度的关系曲线（见图 5-9-8）：在 50%FP 时，由 303 ℃曲线，$c_B=750$ ppm，查得 $\Delta\rho/\Delta c_B\approx-11.15$ pcm/ppm；在热停堆时，由 286 ℃曲线，查得：$\Delta\rho/\Delta c_B\approx-10.73$ pcm/ppm。

- 初态：初态下的硼的反应性为 $\rho_{硼初}=750\times(-11.15)=-8\ 362.5$ pcm
- 终态：停堆时，硼的反应性价值变为 $\rho_{硼终}=1\ 200\times(-10.73)=-12\ 876$ pcm
- $\Delta\rho_{硼}=\rho_{硼终}-\rho_{硼初}=(-12\ 876)-(-8\ 362.5)=-4\ 513.5$ pcm

4）氙毒反应性变化：

- 初态：在 50%FP 停堆前时刻反应堆处于氙平衡状态，由反应堆停堆后的氙毒反应性曲线（见图 5-9-6）查得氙毒反应性为 $\rho_{氙初}=-2\ 300$ pcm。
- 终态：在停堆后 7 h，^{135}Xe 所引入的氙毒反应性为 $\rho_{氙终}=-3\ 160$ pcm
- $\Delta\rho_{氙}=\rho_{氙终}-\rho_{氙初}=(-3\ 160)-(-2\ 300)=-860$ pcm

将在停堆时所引入的上述各项反应性变化代入式（5-9-3），得：

$$\begin{aligned}\Delta\rho_{停堆深度}&=\Delta\rho_{功率}+\Delta\rho_{控制棒}+\Delta\rho_{氙}+\Delta\rho_{硼}\\&=+815-7\ 200-860-4\ 513.5=-11\ 758.5\ \text{pcm}\end{aligned}$$

（2）计算停堆后 80 h 的停堆深度：

除氙毒反应性外，其余各项反应性变化与第（1）项的计算结果相同。由图 5-9-6 查得：在停堆后 80 h，可将^{135}Xe 所引入的反应性视为 0 pcm，则：

$$\Delta\rho_{氙}=\rho_{氙终}-\rho_{氙初}=0-(-2\ 300)=+2\ 300\ \text{pcm}$$

将在停堆时所引入的上述各项反应性变化代入式（5-9-3），得：

$$\begin{aligned}\Delta\rho_{停堆深度}&=\Delta\rho_{功率}+\Delta\rho_{控制棒}+\Delta\rho_{氙}+\Delta\rho_{硼}\\&=+815-7\ 200+2\ 300-4\ 513.5=-8\ 598.5\ \text{pcm}\end{aligned}$$

例 5-9-5 简要说明 $t=0$ 后的停堆深度值可用哪些参数估算出来。（只要求说明方法并用示意图表示，不要求具体计算值）

解

反应堆在一定功率下运行时停堆、功率下降到热态零功率时，停堆深度可表示为：

$$\begin{aligned}停堆深度(\Delta\rho)=&控制棒总价值(\Delta\rho_R)+氙毒(\Delta\rho_{Xe})+钐毒(\Delta\rho_{Sm})+\\&总功率亏损(\Delta\rho_P)+可溶毒物(硼)反应性(\Delta\rho_B)\end{aligned}$$

当反应堆温度降到零功率所对应的温度以下时，还必须在上式的右端加上温度下降所引进的温度效应。停堆深度随时间变化的示意图见图 5-9-2。

5.9.4 恢复临界试验和反应性平衡

5.9.4.1 概述

在反应堆停堆后再启动的过程中，有多种反应性效应在起着作用。为避免再启动（通常叫恢复临界试验）过程中在反应性操作方面犯方向性的错误（如在^{135}Xe 的积毒过程中启动时，应添加负反应性，却加入了正反应性），确保堆芯的安全，在恢复临界试验之前，对将要达到的反应堆的零功率临界状态进行估算是非常重要的。有鉴于此，本节把关于恢复临界试验的反应性平衡计算作为反应性平衡方程（5-9-2）的又一种具体运用详

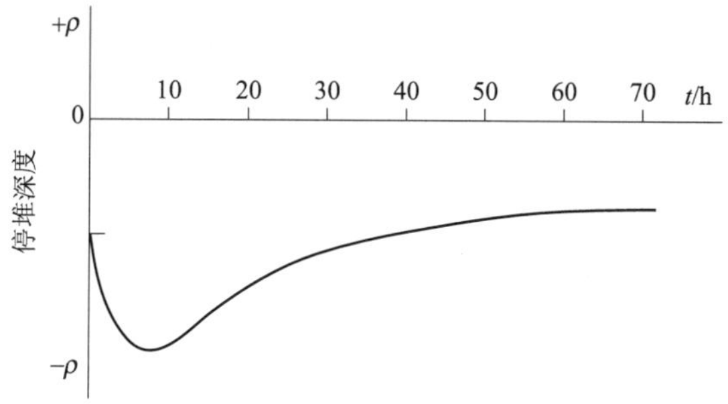

图 5-9-2　停堆深度随时间的变化示意图

加讨论。

5.9.4.2　临界状态的估算

反应性的变化造成反应堆状态的变化。在所讨论的恢复临界试验中，反应性之间的关系满足式(5-9-2)。

因为在恢复临界试验中，反应堆的初态和终态都是临界状态，所以：

$$\Delta\rho_{反应堆}=0$$

而且，在讨论的两个反应堆状态之间^{235}U无燃耗，固体可燃毒物也无燃耗，^{239}Pu无积累和燃耗，所以：

$$\Delta\rho_{燃耗等}=0$$

这样，方程(5-9-2)变为：

$$\Delta\rho_{功率}+\Delta\rho_{控制棒}+\Delta\rho_{氙}+\Delta\rho_{钐}+\Delta\rho_{硼}=0 \tag{5-9-4}$$

根据此反应性平衡方程来计算的未知量可以是：

1）已知初态的临界棒位，确定终态临界时的硼浓度；

2）已知初态临界时的硼浓度，确定终态的临界棒位。

此外，还可以利用反应性平衡方程进行与反应性变化有关的量的变化趋势的分析，如：

1）分析堆芯功率分布或者冷却剂平均温度的变化趋势；

2）分析实际的棒位与估计的临界棒位的差别。

方程(5-9-4)中的各项可由以下方式得到：

- $\Delta\rho_{功率}$：从不同硼浓度下的"功率-功率亏损曲线"查得(此曲线可由理论计算得到)；
- $\Delta\rho_{控制棒}$：从控制棒的积分价值曲线查得(此曲线应是试验曲线)；
- $\Delta\rho_{氙}$：从在不同功率下停堆后的氙毒反应性曲线查得(此曲线可由理论计算得到)；
- $\Delta\rho_{钐}$：从在不同功率下停堆后的钐毒反应性曲线查得(此曲线可由理论计算得到)；
- $\Delta\rho_{硼}$：为了求得两种状态下硼浓度的变化值 Δc_B，必须知道硼浓度的微分价值 $\Delta\rho_{硼}/\Delta c_B$($\Delta\rho_{硼}/\Delta c_B$与硼浓度 c_B的关系曲线可通过试验或计算得到)。由此可得：

$$\begin{aligned}\Delta c_B&=c_{B终}-c_{B初}\\&=(\Delta\rho_{功率}+\Delta\rho_{控制棒}+\Delta\rho_{氙}+\Delta\rho_{钐}+\Delta\rho_{硼})/(\Delta\rho_{硼}/\Delta c_B)\end{aligned} \tag{5-9-5}$$

可设计类似表 5-9-1 的数据表用于上述计算。

表 5-9-1 反应性平衡计算

堆状态 / 反应性	初态		终态		反应性变化 = $\rho_{终态}-\rho_{初态}$
$\rho_{功率}$	%FP	pcm	%FP	pcm	$\Delta\rho_{功率}$ =
$\rho_{控制棒}$	步	pcm	步	pcm	$\Delta\rho_{控制棒}$ =
$\rho_{氙}$	%FP(等效)	pcm	%FP(等效)	14:00 pcm 15:00 pcm 16:00 pcm 17:00 pcm 18:00 pcm	$\Delta\rho_{氙}$ = { pcm pcm pcm pcm pcm
$\rho_{钐}$	%FP(等效)	pcm	%FP(等效)	14:00 pcm 15:00 pcm 16:00 pcm 17:00 pcm 18:00 pcm	$\Delta\rho_{钐}$ = { pcm pcm pcm pcm pcm
$\rho_{硼}$	ppm		14:00 ppm 15:00 ppm 16:00 ppm 17:00 ppm 18:00 ppm		$\Delta\rho_{硼}$ = { pcm pcm pcm pcm pcm

5.9.4.3 讨论

1）在燃料循环末期，反应堆停堆后，可能会有一段时间，由于其后备反应性不足以抵偿"碘坑"内的氙毒反应性，而无法在"碘坑"内达到临界状态，因而必须继续停堆，等待它走出"碘坑"后再使它达临界。这段时间就是所谓氙死时间。可以通过反应性平衡计算来发现此现象。由图 5-3-2 可见，当 $t<T_{L_1}$ 时，反应堆在停闭后随时都可以启动。但在 $T_{L_1}\leqslant t\leqslant T_{L_2}$ 中停堆后的一段时间是氙死时间。

2）为了确保反应堆具有负温度系数，硼浓度必须低于某一限制值。同时，应使用近期测得的控制棒价值曲线。为此，在作计算时要对硼浓度和控制棒棒位两者之间作一定的权衡。

3）在计算 $\Delta\rho_{氙}$ 时，对于初态所取的功率不应是实际功率，而应是等效功率。这是因为要考虑在初态之前的一段时间内各时刻反应堆状态对初态的影响。为此，可对各时刻反应堆功率乘以适当的加权因子（由理论计算得到），求得初态的等效功率；再以此等效功率从氙毒反应性曲线查得相应的氙毒反应性。对于钐毒反应性，也需作同样的处理（见例 5-9-7）。

4）在较长时间(大于 80 h)停堆后到达终态时，氙毒反应性效应可以忽略，而钐毒反应性效应必须考虑；在较短时间停堆后，钐毒反应性效应较小，甚至可以忽略，而氙毒反应性效应必须考虑。

5）使用理论和实验曲线时要注意适用条件。因为同时使用理论和试验数据和曲线，并且很难保证它们与所考虑的堆芯寿期的时间段情况完全符合，另外，在反应堆功率变化比较频繁时，估算结果与实际情况往往有较大的歧离，因此在实施试验时要采取保守的措施。

上述计算只是一种估算，所得到的结果可以作参考，在实际进行恢复临界试验时，一定要以本电站相关运行规程为准绳，使用适用的数据和曲线，并要根据实际情况，谨慎操作，以确保反应堆的安全。

以下例题只是为使学员掌握反应性平衡计算的原理而设计的，其中还作了一些简化，因此，这不是真实的反应性平衡计算。各例题所需的数据可查图 5-9-4～图 5-9-8。

例 5-9-6　反应堆因故停堆，停堆时反应堆运行在 75%FP 下，而从运行历史计算的等效功率为 65%FP，要求停堆后 10 小时达热态临界。已知：

- 总功率系数 α_P 为 15 pcm/%FP；
- 其他数据(以绝对值形式给出)见下表：

功率/%FP	平衡氙时反应性/pcm	停堆 10 小时时的氙毒反应性/pcm
75	2 740	5 120
65	2 636	4 608

分别估算在启动时功率和氙毒引起反应性变化的大小和正负(以 pcm 为单位)。

解

1）总功率系数 α_P 应为负值，所以功率引起的反应性变化

$$\Delta\rho_P=(0-75)\times(-15)=+1\ 125\ \text{pcm};$$

2）考虑到停堆前反应堆带功率运行的历史，应采用等效功率下的氙毒反应性来计算氙毒反应性变化：$\Delta\rho_{氙}=-4\ 608-(-2\ 636)=-1\ 972$ pcm，为负值。

例 5-9-7　已知功率运行反应堆在停堆前的运行史(见图 5-9-3)。试按表 5-9-2 和表 5-9-3 分别计算氙毒和钐毒反应性变化的初态等效功率。

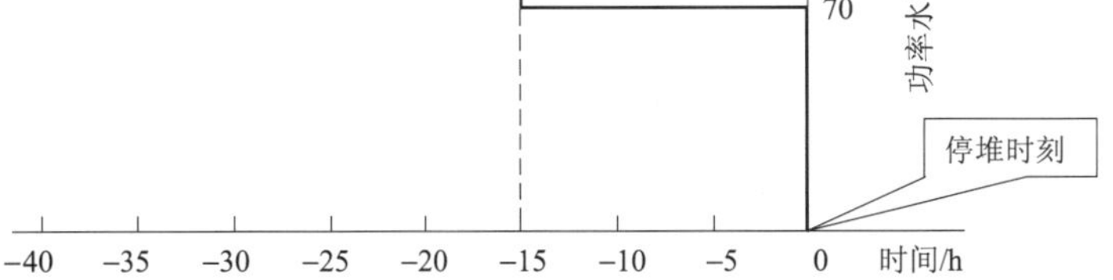

图 5-9-3　反应堆在停堆前的功率运行史

解

1）按表 5-9-2 计算考虑氙毒反应性变化 $\Delta\rho_{氙}$ 时初态的等效功率。

表 5-9-2　关于氙毒反应性变化初态的等效功率计算(例 5-9-7)

停堆前时间/h	平均功率/%FP	权重因子	乘　积
0～1	70	6	420
1～2	70	5	350
2～3	70	5	350
3～4	70	5	350
4～5	70	4	280
5～6	70	4	280
6～7	70	4	280
7～8	70	4	280
8～9	70	4	280
9～10	70	3	210
10～11	70	3	210
11～12	70	3	210
12～13	70	3	210
13～14	70	3	210
14～15	70	3	210
15～16	100	3	300
16～17	100	2	200
17～18	100	2	200
18～19	100	2	200
19～20	100	2	200
20～21	100	2	200
21～22	100	2	200
22～23	100	2	200
23～24	100	2	200
24～25	100	2	200
25～26	100	1	100
26～27	100	1	100
27～28	100	1	100
28～29	100	1	100

续表

停堆前时间/h	平均功率/%FP	权重因子	乘 积
29～30	100	1	100
30～31	100	1	100
31～32	100	1	100
32～33	100	1	100
33～34	100	1	100
34～35	100	1	100
35～36	100	1	100
总 和		91	7 330

初态等效功率＝乘积总和/权重因子总和＝7 330/91＝80.55%FP

2）按表 5-9-3 计算考虑钐毒反应性变化 $\Delta\rho_{钐}$ 时初态的等效功率。

表 5-9-3 关于钐毒反应性变化初态的等效功率计算(例 5-9-7)

停堆以前的天数/d	平均功率/%FP	权重因子	乘 积
当天	(9×100＋15×70)/24＝81.25	15.6	1 267.5
1	100	24.7	2 470
2	100	18.1	1 810
3	100	13.2	1 320
4	100	9.6	960
5	100	7.0	700
6	100	5.2	520
7	100	3.8	380
8	100	2.8	280
总 和		100	9 707.5

初态等效功率＝乘积总和/权重因子总和＝9 707.5/100＝97.08%FP

注：表 5-9-2 和表 5-9-3 为大亚湾核电站的数据，其中的权重因子均由理论计算给出。

例 5-9-8 已知初态：反应堆长时间在 $P=25\%$ FP 下稳定运行；控制棒位置＝40 步；临界硼浓度 $c_{B初态}^{c}=1\ 000$ ppm；

终态：$P=100\%$ FP；控制棒位置＝186 步。

求改变功率后 0 h，6 h，10 h，40 h 的临界硼浓度 $c_{B终态}^{c}$。

解

由图 5-9-4，图 5-9-5 和图 5-9-7 曲线查得表 5-9-4 数据。

反应性平衡方程为：

$$\Delta\rho_{反应堆}=\Delta\rho_{功率}+\Delta\rho_{控制棒}+\Delta\rho_{氙}+\Delta\rho_{钐}+\Delta\rho_{硼}+\Delta\rho_{燃耗等}$$

由于反应堆的终态和初态都为临界状态，故有：$\Delta\rho_{反应堆}=0$

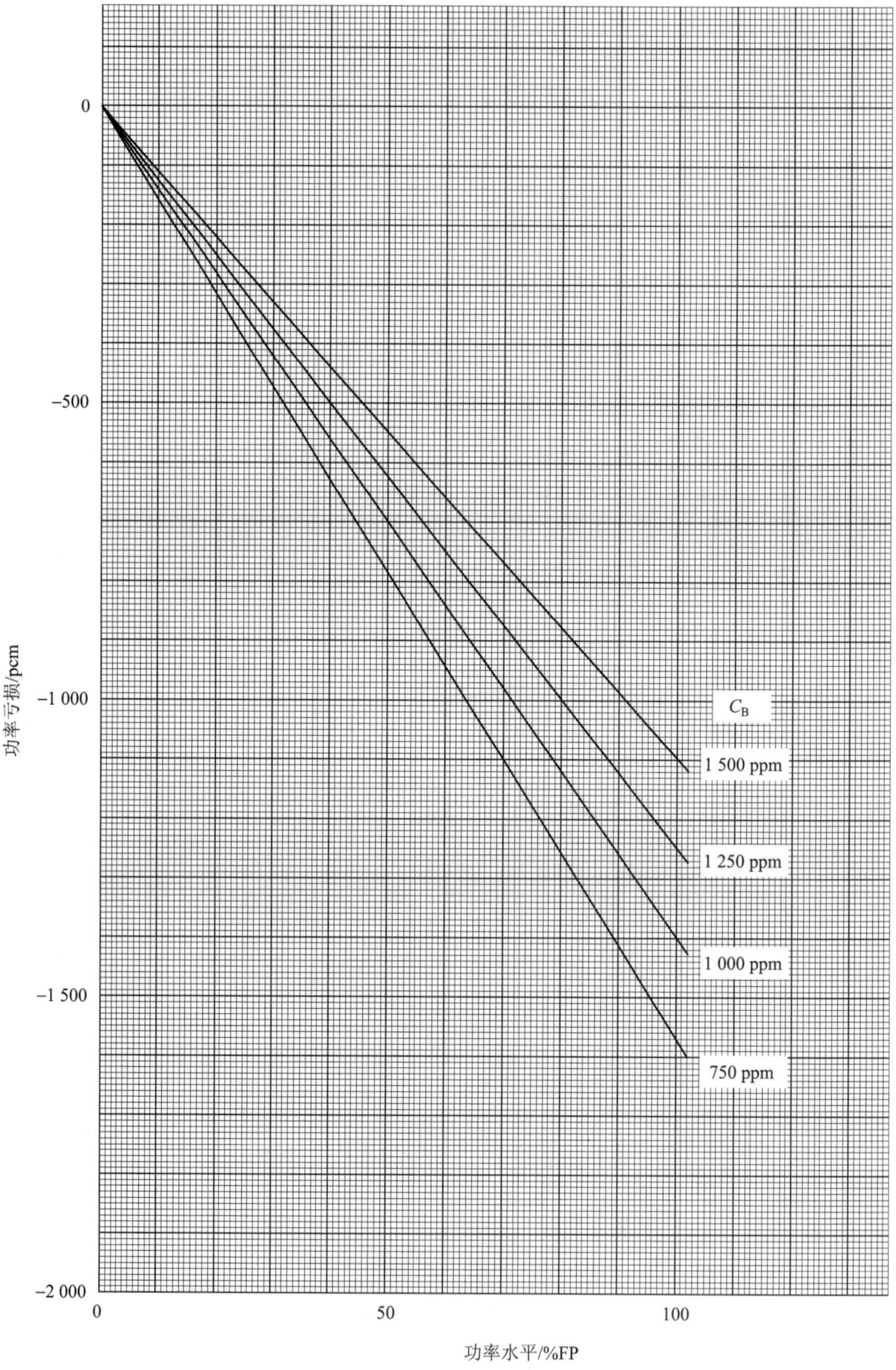

图 5-9-4　由于功率提升而造成的功率亏损

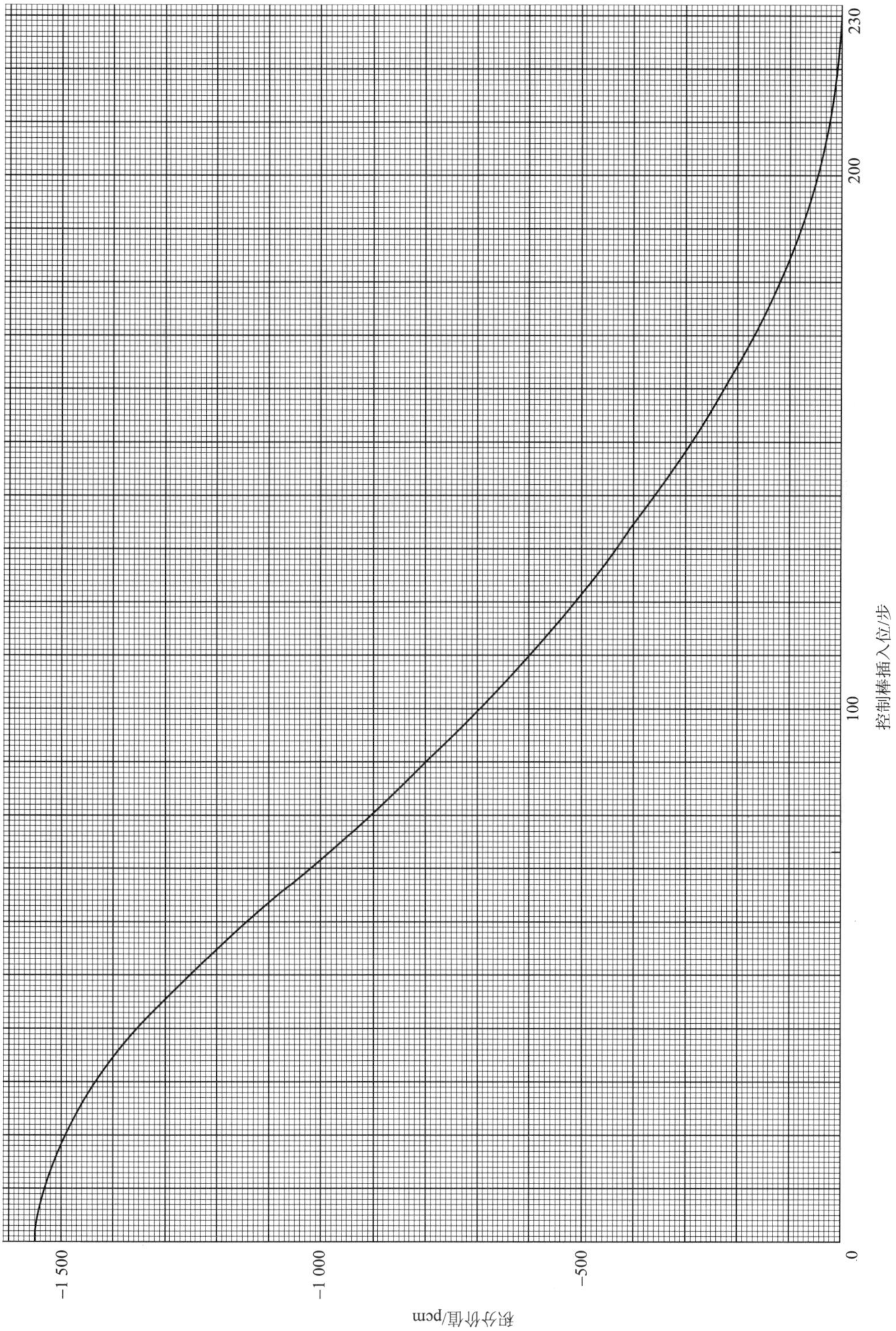

图 5-9-5　控制棒积分价值曲线

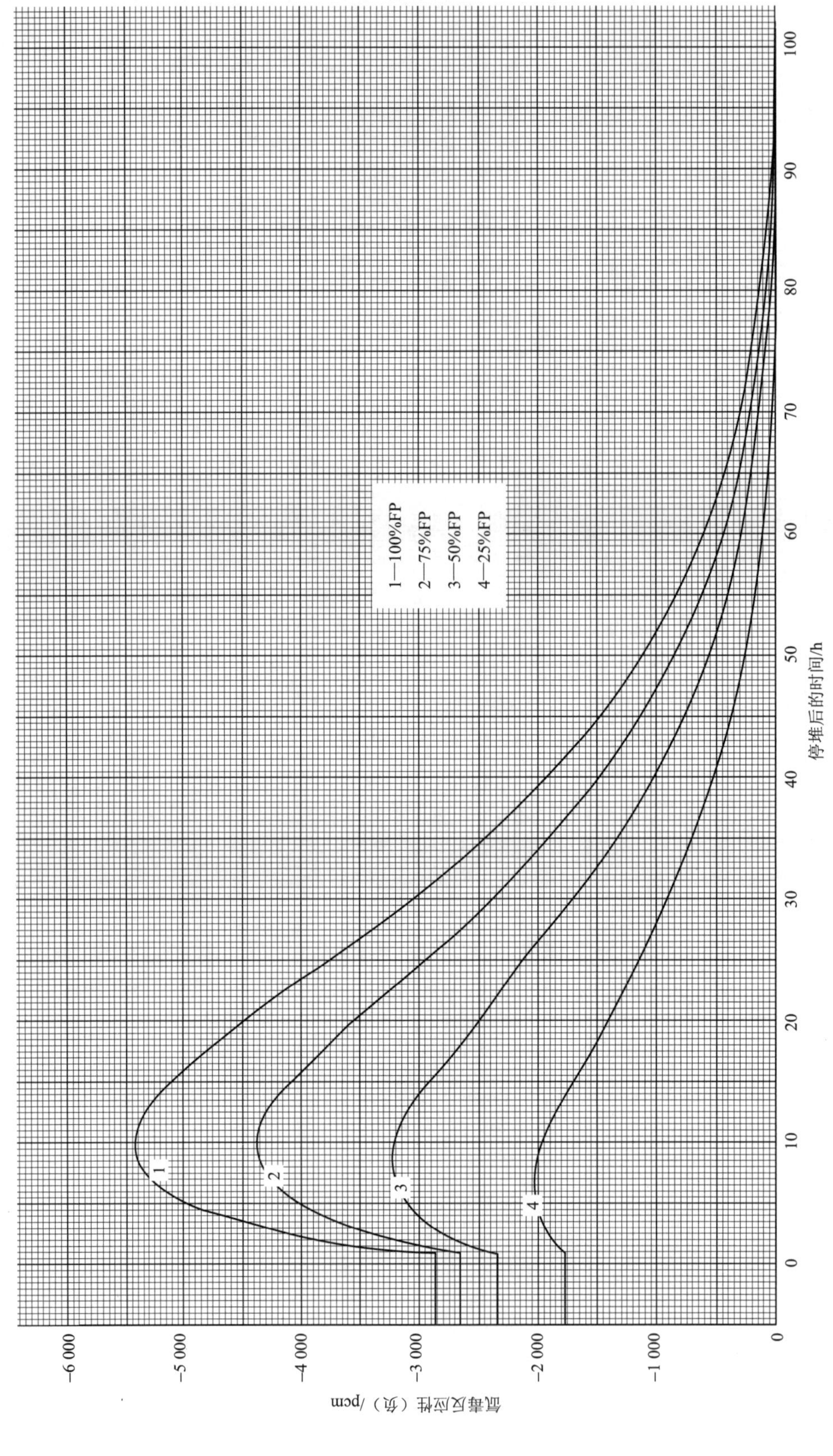

图 5-9-6 在不同功率水平下运行的反应堆停堆后的氙毒反应性曲线

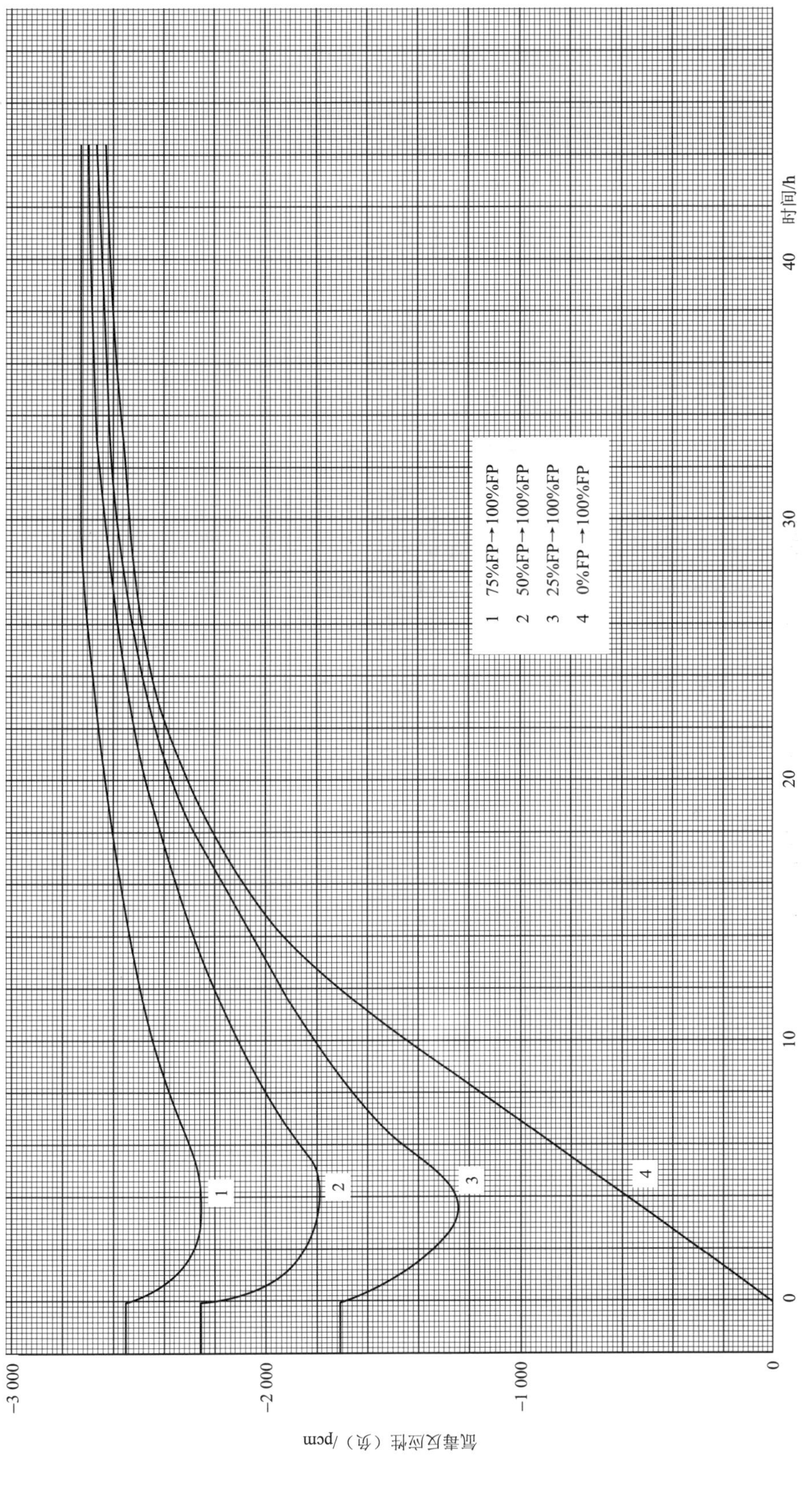

图 5-9-7　从某一功率水平上升至100%FP时的氙毒反应性曲线

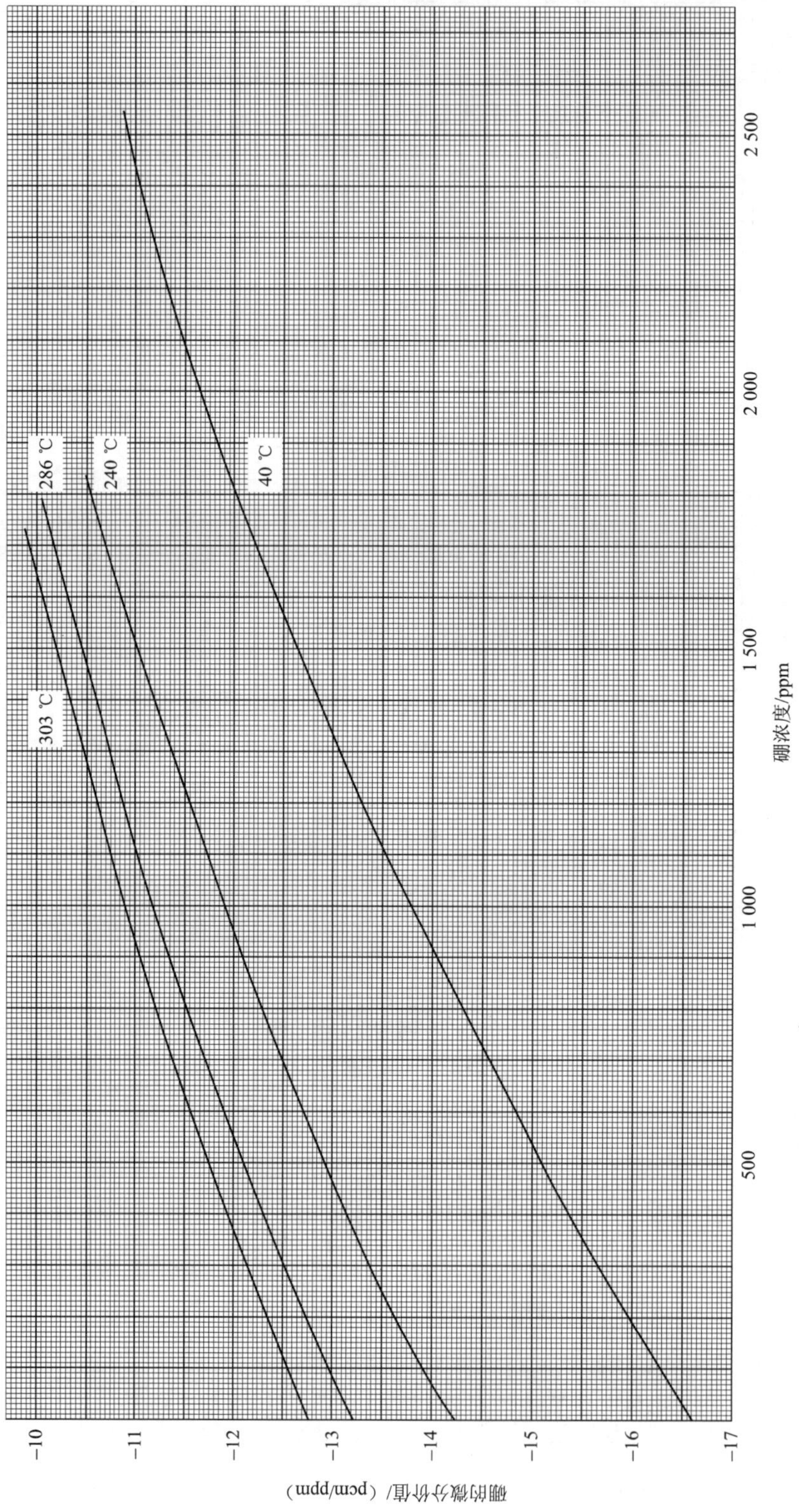

图 5-9-8 硼的微分价值与硼浓度的关系

表 5-9-4　计算表(例 5-9-8)

反应性 \ 堆状态		终　态	初　态	反应性变化：$\Delta\rho=(\rho_{终态}-\rho_{初态})$/pcm
$\rho_{功率}$/pcm		−1 435	−365	−1 070
$\rho_{控制棒}$/pcm		−100	−1 370	+1 270
$\rho_{氙}$/pcm	0 h	−1 740	−1 740	0
	6 h	−1 470	−1 740	+270
	10 h	−1 830	−1 740	−90
	40 h	−2 700	−1 740	−960
临界硼浓度 c_B^c		?	1 000	

初态和终态之间燃料无燃耗，所以：$\Delta\rho_{燃耗等}=0$

为了简化，这里不考虑 $\Delta\rho_{钐}$，因此可得到：

$$\Delta\rho_{硼}=-(\Delta\rho_{功率}+\Delta\rho_{控制棒}+\Delta\rho_{氙})$$

$$=-\left[(-1\ 070)+1\ 270+\begin{cases}0\\270\\(-90)\\(-960)\end{cases}\right]=\begin{cases}-200\\-470\\+110\\+760\end{cases}\ \text{pcm}$$

取 $D=\Delta\rho_{硼}/\Delta c_B=-10.75$ pcm/ppm，

$$\Delta c_B=\Delta\rho_{硼}/D=\begin{cases}(-200)/(-10.75)=+18.6\\(-470)/(-10.75)=+43.72\\(+110)/(-10.75)=-10.23\\(+760)/(-10.75)=-70.70\end{cases}\ \text{ppm}$$

最后得到：

$$c_{B终态}^c=c_{B初态}^c+\Delta c_B=1\ 000+\begin{cases}18.60\\43.72\\(-10.23)\\(-70.70)\end{cases}=\begin{cases}1\ 018.60\\1\ 043.72\\989.77\\929.30\end{cases}\ \text{ppm}\quad\begin{matrix}(0\text{ h})\\(6\text{ h})\\(10\text{ h})\\(40\text{ h})\end{matrix}$$

注：(1) 在利用图 5-9-4 查相应状态的功率亏损以及用图 5-9-8 查硼的微分价值时，要用到终态的硼浓度 $c_{B终态}$，但此值正是待求量。可先用初态的 $c_{B初态}$ 和初态的冷却剂平均温度查得的数据作为初始值，算得初步结果后再作若干次迭代运算，就可以得到较好的结果。

(2) 未考虑初态之前反应堆的功率运行对终态的影响。可以采用“等效功率”的概念，使问题解决得更好。

(3) 为简化，未考虑钐毒反应性。

例 5-9-9　已知初态：反应堆长时间在 $P=75\%$FP 下稳定运行；控制棒位置＝180 步；临界硼浓度 $c_{B初态}^c=750$ ppm；

终态：$P=0\%$FP；控制棒位置＝50 步。

求改变功率后 0 h，6 h，100 h 的临界硼浓度 c_B^c。

解

由图 5-9-4～图 5-9-6 曲线查得表 5-9-5 数据。

表 5-9-5　计算表(例 5-9-9)

反应性＼堆状态		终　态	初　态	反应性变化：$\Delta\rho=(\rho_{终态}-\rho_{初态})$/pcm
$\rho_{功率}$/pcm		0	−1 217	+1 217
$\rho_{控制棒}$/pcm		−1 280	−130	−1 150
$\rho_{氙}$/pcm	0 h	−2 600	−2 600	0
	6 h	−4 200	−2 600	−1 600
	100 h	0	−2 600	+2 600
c_B^c/ppm		?	750	

反应性平衡方程为：

$$\Delta\rho_{反应堆}=\Delta\rho_{功率}+\Delta\rho_{控制棒}+\Delta\rho_{氙}+\Delta\rho_{钐}+\Delta\rho_{硼}+\Delta\rho_{燃耗等}$$

因为 $\Delta\rho_{反应堆}$ 和 $\Delta\rho_{燃耗等}$ 为零，$\Delta\rho_{钐}$ 不予考虑，因此可得到：

$$\Delta\rho_{硼}=-(\Delta\rho_{功率}+\Delta\rho_{控制棒}+\Delta\rho_{氙})$$

$$=-[(+1\ 217)+(-1\ 150)]+\begin{cases}0\\(-1\ 600)\\(+2\ 600)\end{cases}=\begin{cases}-67\\+1\ 533\\-2\ 667\end{cases}\ \text{pcm}$$

取 $\Delta\rho_{硼}/\Delta c_B=-11.5$ pcm/ppm，有：

$$c_{B终态}^c=c_{B初态}^c+\Delta c_B=c_{B初态}^c+\Delta\rho_{硼}/(\Delta\rho_{硼}/\Delta c_B)=750+\begin{cases}(-67)/(-11.5)\\(+1\ 553)/(-11.5)\\(-2\ 667)/(-11.5)\end{cases}$$

$$=\begin{cases}755.8 & (0\ \text{h})\\616.7\ \text{ppm} & (6\ \text{h})\\981.9 & (100\ \text{h})\end{cases}$$

例 5-9-10　已知初态：反应堆长时间在 $P=100\%$ FP 下稳定运行；控制棒位置＝230 步；$c_{B初态}^c=750$ ppm；终态：$P=0\%$ FP；$c_{B终态}^c=750$ ppm。

求当 $t=0$ h，1 h，2 h，3 h，6 h 时，控制棒的临界棒位。

解

反应性平衡方程为：

$$\Delta\rho_{反应堆}=\Delta\rho_{功率}+\Delta\rho_{控制棒}+\Delta\rho_{氙}+\Delta\rho_{钐}+\Delta\rho_{硼}+\Delta\rho_{燃耗等}$$

因为 $\Delta\rho_{反应堆}$ 和 $\Delta\rho_{燃耗等}$ 为零，$\Delta\rho_{钐}$ 不予考虑，因此可得到：

$$\Delta\rho_{控制棒}=-(\Delta\rho_{功率}+\Delta\rho_{硼}+\Delta\rho_{氙})$$

由图 5-9-4～图 5-9-6 曲线查得表 5-9-6 数据。所以，有：

表 5-9-6　计算表(例 5-9-10)

反应性＼堆状态	终　态	初　态	反应性差：$\Delta\rho=(\rho_{终态}-\rho_{初态})$/pcm
$\rho_{功率}$/pcm	0	−1 620	+1 620

续表

反应性 \ 堆状态		终 态	初 态	反应性差：$\Delta\rho=(\rho_{终态}-\rho_{初态})/\text{pcm}$
$\rho_{氙}/\text{pcm}$	0 h	−2 800	−2 800	0
	1 h	−3 825	−2 800	−1 025
	2 h	−4 300	−2 800	−1 500
	3 h	−4 675	−2 800	−1 875
	6 h	−5 250	−2 800	−2 450
$\rho_{硼}/\text{pcm}$		$\rho_{硼终态}$	$\rho_{硼初态}$	0

$$\Delta\rho_{控制棒}=-(\Delta\rho_{功率}+\Delta\rho_{硼}+\Delta\rho_{氙})=-1\ 620+0+\begin{cases}0\\(-1\ 025)\\(-1\ 500)\\(-1\ 875)\\(-2\ 450)\end{cases}=\begin{cases}-1\ 620 & & (0\text{ h})\\-595 & & (1\text{ h})\\-120 & \text{pcm} & (2\text{ h})\\+255 & & (3\text{ h})\\+830 & & (6\text{ h})\end{cases}$$

当控制棒全部插入堆芯时，$\rho_{控制棒}=-1\ 570$ pcm。所以在本题中，当控制棒全部插入堆芯时，剩余反应性为：

$$(-1\ 620)-(-1\ 570)=-50\text{ pcm}$$

查曲线可得：对于 $t=1$ h 和 2 h，当临界硼浓度仍为 750 ppm 时，控制棒的临界棒位分别为 112 步和 182 步。

对于 $t=0$ h，3 h，6 h，需要调节硼浓度：

$$\Delta\rho_{硼}=\Delta\rho_{控制棒}=\begin{cases}-50 & & (0\text{ h})\\+255 & \text{pcm} & (3\text{ h})\\+830 & & (6\text{ h})\end{cases}$$

取 $D=\Delta\rho_{硼}/\Delta c_B=-11.5$ pcm/ppm，就有：

故
$$\Delta c_B=\Delta\rho_{硼}/D=\begin{cases}(-50)/(-11.5)\\(+255)/(-11.5)\\(+830)/(-11.5)\end{cases}=\begin{cases}+4.4\\-22.2\\-72.2\end{cases}\text{ ppm}$$

$$c^c_{B终态}=c^c_{B初态}+\Delta c_B=750+\begin{cases}(+4.4)\\(-22.2)\\(-72.2)\end{cases}=\begin{cases}754.4\\727.8\\677.8\end{cases}\text{ ppm}$$

现将最后结果汇总于表 5-9-7。

表 5-9-7 计算结果汇总(例 5-9-10)

时 间/h	控制棒位置/步	临界硼浓度 $c^c_{B终态}$/ppm
0	0	754.4
1	112	750
2	182	750
3	230	727.8
6	230	677.8

例 5-9-11 已知初态：反应堆长时间在 $P=100\%$ FP 下稳定运行；控制棒位置＝230 步；$c^{c}_{B初态}=750$ ppm；终态：$P=0\%$ FP；$c^{c}_{B终态}=755$ ppm。

求当反应堆功率为 0%FP、临界时，在 $t=0$ h，1 h，2 h，3 h，6 h 时刻，控制棒的位置。

解

反应性平衡方程为：

$$\Delta\rho_{反应堆}=\Delta\rho_{功率}+\Delta\rho_{控制棒}+\Delta\rho_{氙}+\Delta\rho_{钐}+\Delta\rho_{硼}+\Delta\rho_{燃耗等}$$

因为 $\Delta\rho_{反应堆}$ 和 $\Delta\rho_{燃耗等}$ 为零，$\Delta\rho_{钐}$ 不予考虑，因此可得到：

$$\Delta\rho_{控制棒}=-(\Delta\rho_{功率}+\Delta\rho_{氙}+\Delta\rho_{硼})$$

现将计算数据列在表 5-9-7 中。计算中取 $\Delta\rho_{硼}/\Delta c_{硼}=-10$ pcm/ppm。又

$$\Delta\rho_{控制棒,终态}=\rho_{控制棒,初态}+\Delta\rho_{控制棒}$$

当控制棒提出堆芯时，需调节浓度，将其插回堆芯（至少应使其在堆顶）。

表 5-9-8 有关数据可从图 5-9-4～图 5-9-6 曲线查得。

表 5-9-8 计算表（例 5-9-11）

		1	2	3	4	5	6
		100%FP	0%FP，0 h	0%FP，1 h	0%FP，2 h	0%FP，3 h	0%FP，6 h
A	$\rho_{功率}$/pcm	−1 620	0	0	0	0	0
B	$\Delta\rho_{功率}$/pcm	—	0−(−1 620) =+1 620	0−(−1 620) =+1 620	0−(−1 620) =+1 620	0−(−1 620) =+1 620	0−(−1 620) =+1 620
C	$\rho_{氙}$/pcm	−2 800	−2 800	−3 825	−4 300	−4 675	−5 250
D	$\Delta\rho_{氙}$/pcm	—	(−2 800)− (−2 800)=0	(−3 825)− (−2 800) =−1 025	(−4 300)− (−2 800) =−1 500	(−4 675)− (−2 800)= −1 875	(−5 250)− (−2 800) =−2 450
E	ρ_B/pcm	−7 500	−7 550	−7 550	−7 550	−7 550[1)]	−7 550[2)]
F	$\Delta\rho_B$/pcm	—	(−7 550)− (−7 500) =−50	(−7 550)− (−7 500) =−50	(−7 550)− (−7 500) =−50	(−7 550)− (−7 500) =−50	(−7 550)− (−7 500) =−50
G	$\Delta\rho_{控制棒}$/pcm	—	−[+1 620+0+ (−50)] =−1 570	−[+1 620+ (−1 050)+ (−50)]=−520	−[+1 620+ (−1 500)+ (−50)]=−70	−[+1 620+ (−1 875)+ (−50)]=+305	−[+1 620+ (−2 450)+ (−50)]=+880
H	$\rho_{控制棒}$/pcm	0	0+(−1 570) =−1 570	0+(−520) =−520	0+(−70) =−70	0+305 =305	0+880 =880
J	控制棒位置/步	230	0	120	192	230	230

注：1) H5 栏：+305 pcm 为控制棒提出堆芯后的剩余反应性。应将硼浓度作适当的调整：令硼浓度的改变引起的反应性改变量为 $\Delta\rho_{硼}=305$ pcm，则可求得硼浓度的改变量：$\Delta c_B=305/(-10)=-30.5$ ppm，终态时的硼浓度为：755+(−30.5)=724.5 ppm。因此，E5 栏：$\rho_B=724.5\times(-10)=-7\ 245$ pcm；F5 栏：(−7 245)−(−7 500)=+255 pcm；G5 栏：−[+1 620+(−1 875)+255]=0 pcm。

根据 G5 栏的数据查图可得：控制棒的位置＝230 步。

2) H6 栏：+880 pcm。

作与上述相同的处理：$\Delta\rho_B$=880 pcm，Δc_B=880/(−10)=−88 ppm，终态时的硼浓度为：755+(−88)=667 ppm。因此，E5 栏：ρ_B=667×(−10)=−6 670 pcm；F5 栏：(−6 670)−(−7 500)=+830 pcm；G5 栏：−[+1 620+(−2 450)+830]=0 pcm。

根据 G5 栏的数据查图可得：控制棒的位置=230 步。

例 5-9-12　一 MOL 反应堆开始时在 100%FP 平衡功率下运行。现在，操纵员在 30 min 内往反应堆冷却剂系统中添加硼酸，以降低发电机的负荷。在这段时间的末尾，反应堆功率为 70%FP，反应堆冷却剂平均温度为 302 ℃。所有控制棒处于全提位置，并且用手动方式控制。

已知：操纵员添加的总反应性=$-3.3\times10^{-3}\Delta k/k$，总功率系数=$-1.1\times10^{-4}\Delta k/k/\%$FP。假定没有再进行别的硼化操作，并且操纵员也没有采取另外的行动，则在 60 min 后，反应堆冷却剂平均温度将怎样变化？

A. 302 ℃，并稳定；　　B. 小于 302 ℃并降低；

C. 小于 302 ℃并升高；　　D. 小于 302 ℃并稳定。

请用反应性平衡原理分析并图示，解释你选择为正确答案的理由。

解　选[B]。理由如下：

1) 功率从 100%FP 降到 70%FP 时，所引起反应性变化的因素有两项：一是氙浓度的变化；二是功率的变化。

2) 氙浓度变化所造成的反应性变化如示意图图 5-9-9 所示。功率变化引起的反应性变化的因素主要包括燃料温度、慢化剂温度和空泡。在功率为 70%FP 不变时，可假设空泡无变化，总体来说燃料温度无变化，则只有慢化剂温度效应($\Delta\rho_m$)在起着作用。

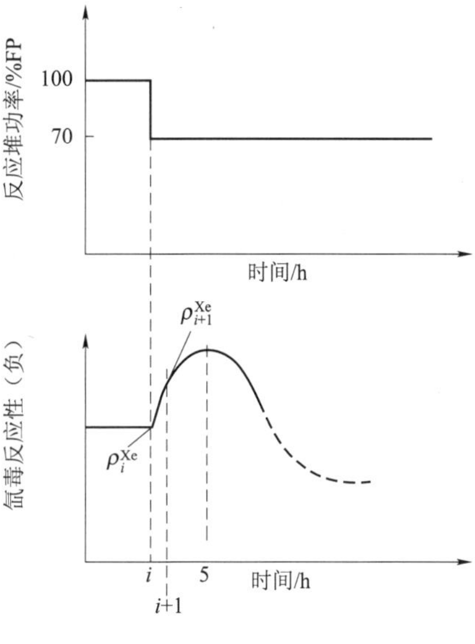

图 5-9-9　功率和氙毒反应性随时间变化示意图

3) 故从时刻 i 到 $i+1$，反应性平衡方程如下：

$$\Delta\rho_m+\Delta\rho_{Xe}=0$$

即：

$$(T_{i+1}-T_i)\alpha_m+(\rho_{i+1}^{Xe}-\rho_i^{Xe})=0$$

考虑到处于 MOL 的反应堆慢化剂温度系数 α_m 必定为负值，就有：

$$T_{i+1}-T_i=|\alpha_m|^{-1}(\rho_{i+1}^{Xe}-\rho_i^{Xe})$$

或

$$T_{i+1}=|\alpha_m|^{-1}(\rho_{i+1}^{Xe}-\rho_i^{Xe})+T_i$$

在题目规定的 1 h 内($\rho_{i+1}^{Xe}-\rho_i^{Xe}$)为负值，所以 $T_{i+1}<T_i$，即小于 302 ℃。在达到碘坑峰值(约 5 h)之前，随着时间的推移，负值变得更负，即 T_{i+1} 继续降低。

例 5-9-13　一接近 EOL 的反应堆在 100%FP、^{135}Xe 平衡状态下运行时发生紧急停堆。利用以下假设对恢复临界时的估计临界棒位(ECP)进行了计算：

在紧急停堆后 27 h 达到临界；

反应堆冷却剂温度为 287.8 ℃；

反应堆冷却剂硼浓度为 400 ppm。

1）以下哪一种情况将使临界棒位比计算得到的 ECP 高？

A. 由于蒸汽排放（汽轮机旁路）控制器调整错误，反应堆冷却剂温度被保持在 289.4 ℃；

B. 一种故障导致控制棒的速度比正常速度要快 20％；

C. 将反应堆临界的时间改为紧急停堆后的 30 h；

D. 将冷却剂硼浓度降低到 350 ppm。

2）试定性解释你所选择的正确答案和不正确答案各项选择的理由。

解

1）选[A]项。

2）解释理由：

A. 在反应性平衡的因素中包括氙毒反应性效应、控制棒高度变化所引入的反应性变化和功率效应。在停堆 27 h 时，由图 5-9-6 可知，氙毒反应性效应近似等于零。功率效应由多普勒功率效应、慢化剂温度功率效应和空泡功率效应组成，其中第三项可忽略，第一项是一个固定值，第二项会随慢化剂温度的变化而改变。考虑到对于一 EOL 反应堆，慢化剂温度系数肯定为负(且绝对值较大)，以及多普勒功率效应、慢化剂温度功率效应与控制棒高度变化所引入的反应性变化的平衡，当冷却剂温度升高时，会引入负反应性，则必须将控制棒提升更高反应堆才能临界，即棒位较 ECP 高。

B. 引入的反应性的大小与控制棒速无关。

C. 将反应堆临界的时间延迟，引入的氙毒反应性效应变为正值，因此，必须将控制棒插入，也使临界棒位比计算得到的 ECP 低了，与题意不合。

D. 降低了硼浓度，意味着引入了正反应性，为维持临界，须将控制棒插入，这样，使临界棒位比计算得到的 ECP 低了，与题意不合。

例 5-9-14 一反应堆在换料大修后已在满功率下运行了一个月，堆芯中子通量密度的轴向分布的通量密度峰在堆芯的下半部。此时，发生了意外的紧急停堆。随即反应堆重新启动，在停堆后的 6 h 达到临界，在临界以后的 4 h 内将功率提升到 60％FP，并稳定运行。在功率达到 60％FP 后紧接着的 1 h 内，堆芯中子通量密度轴向分布将受到以下影响：与停堆前的中子通量密度峰的位置相比较，现在的中子通量密度轴向分布的峰位于堆芯中__________的位置，并且将__________移动。

A. 较低，向上；　B. 较高，向上；　C. 较低，向下；　D. 较高，向下。

解　[D]。理由如下：

1）将 100％FP 与 60％FP 的情况进行比较：前者堆芯上部的冷却剂温度较后者的高，所引起的负的温度效应也较大，使这个区域的中子通量密度降低的幅度也较大，使它的分布峰向堆芯底部移动的距离也较大，或者说，现在的中子通量密度轴向分布的峰位于堆芯中较高的位置。

2）下面分析在功率达到 60％FP 后紧接着的 1 h 内中子通量密度轴向分布的峰移动的趋势(见图 5-9-10)：

假如不考虑钐毒反应性的变化，也不考虑启堆后新的氙毒反应性的变化，从时刻 i 到 $i+1$，反应性平衡方程如下：$\Delta\rho_D+\Delta\rho_m+\Delta\rho_{Xe}=0$。其中 $\Delta\rho_D$ 为多普勒反应性功率效应，因为在这一小时内功率不变，故此项可以略去；$\Delta\rho_m$为慢化剂温度变化引进的反应性效应；$\Delta\rho_{Xe}$为氙毒反应性效应。方程中略去了空泡效应。上式可表示为：

$$(T_{i+1}-T_i)\alpha_m+(\rho_{i+1}^{Xe}-\rho_i^{Xe})=0$$

考虑到慢化剂温度系数一定为负值，并且 ρ_i^{Xe} 比 ρ_{i+1}^{Xe} 更负，于是：

$$T_{i+1}-T_i=(\rho_{i+1}^{Xe}-\rho_i^{Xe})/|\alpha_m|>0$$

就有：$T_{i+1}>T_i$。

在题目所要求的一小时前后，冷却剂的温度在升高，根据冷却剂温度在堆芯中沿高度的分布规律，在堆芯顶部引进较大的负反应性，而降低了这个区域的中子通量密度，使中子通量密度轴向分布的峰将向堆芯下部移动。

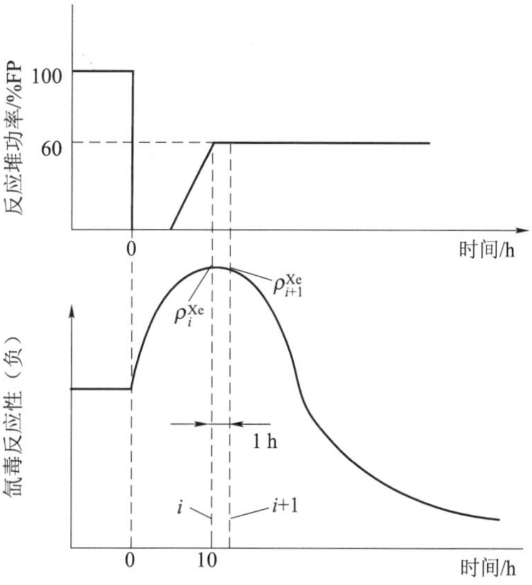

图 5-9-10　功率和氙毒反应性随时间变化示意图

5.10　功率和功率分布控制

5.10.1　概述

堆芯功率和功率分布的运行控制是在压水反应堆核电厂机组运行时执行的最重要的任务之一，应作为专题用专文进行研究和讨论，在本教材中只能进行概略的描述。

对堆芯功率和功率分布的控制是通过对反应性的控制进行的。反应性的变化和控制与功率和功率分布的控制密切相关。所以，在前面的章、节中所讨论的影响功率和功率分布的因素（3.7 节）、氙振荡现象（5.2.2 节）、功率再分布的反应性效应（5.4 节）以及反应性控制（5.5 节）的基础上，可以进一步就如何预防和遏制氙振荡、从而实现对功率和功率分布的控制进行简要的讨论。

反应堆运行控制的基本目的在于维持反应堆稳态。在稳态工况下，功率和功率分布的控制在较大程度上属于调节性质，以确保使反应堆保持在一个恒定的功率水平上，并使功率分布为最佳。此时机组的运行模式为基荷模式。但是，在电网需求发生变化、核电站辅助系统设备运行不正常或运行试验提出某种要求的情况下，往往要求机组在非稳态工况下运行，即要求功率运行机组的负荷发生变化，此时，会产生与之相应的瞬态。通常在此过程中，为了对功率和功率分布进行有效的控制，必须在考虑到反应堆状态的设计限值的前提下采取大幅度的控制动作。这就是所谓功率机动（Power Manoeuvres）模式。

反应堆功率和功率分布控制过程的原理如图 5-10-1 所示。对堆芯功率和功率分布直接进行的控制行动，或者对二回路进行的控制行动经过二回路的反馈，都会对堆芯的增殖能力产生扰动，进而造成堆芯功率和功率分布的变化。这种变化将使堆内发生相对缓慢的氙瞬态过程（见 5.2.2 节）。

反应堆在稳态功率运行时，在堆芯中碘和氙的浓度和中子通量密度之间处于动态平衡状态(详见5.2.2节),而中子通量密度的任何变化,都会对这种平衡构成扰动,引起氙瞬态,甚至氙振荡(其典型时间周期约为30 h),这是压水堆突出的特点。在此过程中,堆芯中某一部分与其他部分的$^{135}_{54}Xe$浓度交替发生变化,而这又会进一步引起中子通量密度的变化。因此,氙瞬态具有一种破坏反应堆运行稳定性的正反馈效应,它会使堆芯功率和功率分布发生改变。所以,从功率和功率分布的运行控制的观点来看,预防和遏制氙振荡是极为重要的。

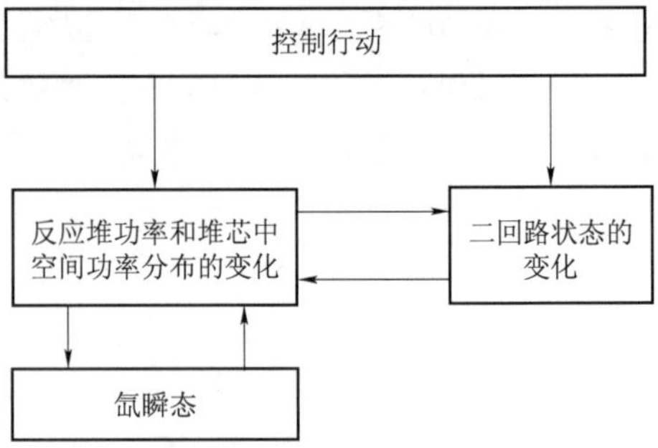

图5-10-1 反应堆功率和功率分布控制过程的原理图

5.10.2 功率和功率分布监测的特征量

在田湾核电站反应堆堆芯中,在54个特定的燃料组件内按7个标高装设了自给能中子探测器(Self-Powered Neutron Detector,SPND),检测、控制和诊断系统(Monitoring,Control and Diagnostics System,MCDS)用专门的软件IR(Reactor's Imitator,该软件具有对堆芯状态进行在线监测和离线预测分析功能),对SPND所给出的信息进行在线分析,可给出关于这些组件及其附近燃料组件的局部线功率(MW/cm)的信息,以便向操纵员提供关于堆芯功率和功率分布控制方面的支持,并预测反应堆的行为。MCDS给出的信息包括:

1) 主要反应堆参数(包括稀释时的加水量、硼化时的浓硼酸添加量、调节棒位置、轴向偏移、功率水平等)随时间变化的曲线;

2) 功率分布图;

3) 一些功率和功率分布监测的特征量,包括:体积峰值因子、最大线功率密度、径向功率分布峰值因子、轴向偏移等;

4) 即时信息、建议和警告。

在对功率和功率分布进行监测的过程中,体积峰值因子K_V和轴向偏移AO是常用的特征量。

(1) 体积峰值因子K_V

为了确定整个堆芯内的功率分布,把整个堆芯沿轴向划分成许多基本栅元,每一个栅元表示一个燃料组件的一定的部分,其高度为H/NZ。H:堆芯高度(354 cm),NZ:预设的标高数(MCDS设定$NZ=16$)。(i,j):栅元编号。i:标高序号(从堆芯底部开始)。j:燃料组件编号。栅元(i,j)中的局部功率用相对功率$K_V(i,j)$来表征,它是在整个燃料组件的高度上所监测部分的平均线性发热率与堆芯平均线性发热率的比值。全堆芯体积功率产生的总的非均匀性特征用功率分布的体积峰因子K_V来表示:

$$K_V=\max K_V(i,j) \tag{5-10-1}$$

K_V是用于在运行过程中进行监测的参数,其最大允许值与线性发热率的限值有关,并取决于反应堆的功率水平及运行主泵的数目。对此值要定期进行修正。当操纵员观察到实际的K_V与允许值之间的裕量偏小时,就可通过调节硼酸浓度或者移动调节棒组,将轴向功率偏移的偏差限制在对于给定的燃耗时刻的稳定值附近5%误差范围之内。特别是在功率超过 80%FP 时，要注意采取上述措施以对功率分布进行控制，从而遏制氙振荡。

(2) 轴向偏移 AO

为了适应反应堆轴向功率分布非均匀性监控的需要，避免出现热点，对总峰值因子(或热点因子，见 3.7.6 节)可通过一个可以方便、有效测量的中间量轴向偏移 AO 来进行监测。AO 定义为：

$$AO=[(P_{上}-P_{下})/P]\times 100\% \qquad (5\text{-}10\text{-}2)$$

式中：$P_{上}$、$P_{下}$分别为堆芯上半部、下半部的功率；P 为全堆的功率，$P=(P_{上}+P_{下})$。

对于给定的功率水平，由 AO 表征的轴向功率分布对堆芯的线功率密度峰值有直接的影响，随着 AO 的变化，可以监视特征量热点因子。可通过对大量的实际的运行状态(正常运行、瞬态、氙振荡等)的模拟实验研究和计算，得到许多状态点(即所谓"斑点")，进而可确定这些状态点的包络线(见图 5-10-2)。

对于Ⅰ类和Ⅱ类工况①下热点因子的极限值，超出它，堆芯性能就要恶化，据此以及根据限制功率分布的相关准则(包括防止堆芯熔化准则、临界热流密度准则和失水事故准则)转换和演绎成所谓 P-ΔI 运行图(见图 5-10-3)。ΔI 为轴向功率偏差，定义为：

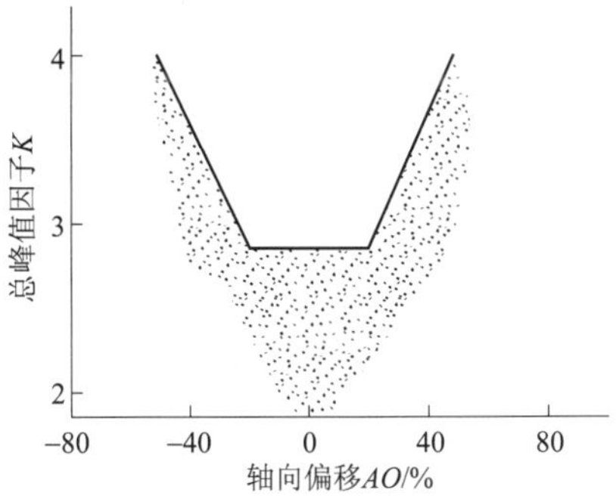

图 5-10-2 总峰值因子 K 和轴向偏移 AO 关系斑点图

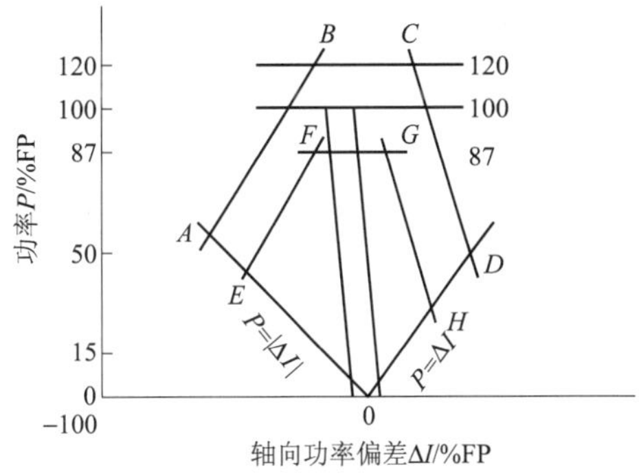

图 5-10-3 保护梯形和运行梯形图

$ABCD$—燃料芯块不熔化保护梯形；$EFGH$—运行梯形

$$\Delta I=P_{上}-P_{下}=AO\times P \qquad (5\text{-}10\text{-}3)$$

轴向功率偏差 ΔI 反映了在给定功率水平下轴向功率分布不对称情况。当状态点处于运行图中的规定区域时，可防止氙振荡，确保燃料芯块不熔化、燃料包壳不熔化，既顾及安全性，又考虑到运行的经济性。这就是欧、美国家以及其我国引进的同类电站所采用的所谓"常轴向(功率)偏移"下的运行反应性控制方法，其目的就是将轴向中子通量密度(功率)偏差保持在其允许范围内，以确保反应堆安全运行(见图 5-10-3)。

WWER-1000 反应堆也设计了类似于 P-ΔI 运行图的"轴向偏移-功率"状态图(见图 5-10-4)来对功率分布进行监督和控制。在图中，给出了最佳状态点的轨迹以及当前状态点位置的推荐区域。在反应堆功率变动时，用使状态点保持在推荐区域内、并沿着最佳轨迹移动的办法，可将最大线功率密度值的变化保持在一定的限值之内。

AO-AO^* 图(见图 5-10-5)是另一种用于功率变化过程监测的状态图。在当前的反应堆

① 核电厂的工况按其发生的概率可分成四类——工况Ⅰ：正常运行和运行瞬态；工况Ⅱ：中等频度事件(即预计运行事件)；工况Ⅲ：设计基准事故；工况Ⅳ：严重事故。

参数下，即时轴向偏移 AO 与堆芯中当前的氙浓度分布相对应；而平衡轴向偏移 AO^* 与平衡氙分布相对应；反应堆稳定状态是用落在 AO-AO^* 图的对角线上的点($AO=AO^*$)来表示的。当前状态点(即时)相对于对角线的位置与状态点轨迹的形式，为操纵员提供了确定堆芯功率产生不稳定性的程度、氙振荡的状态和幅度，以及选择最佳控制行动的时机。

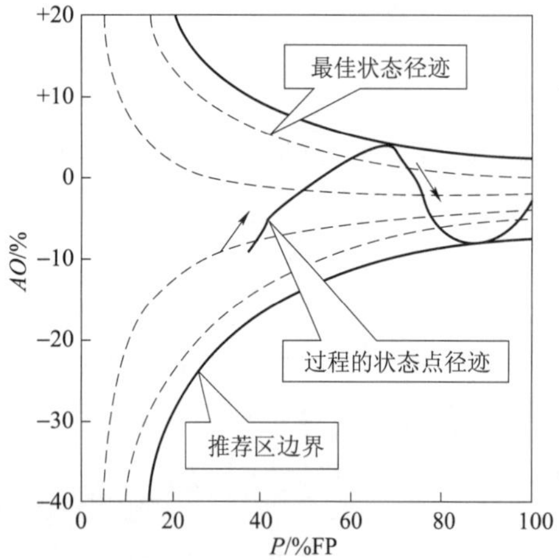

图 5-10-4　轴向偏移 AO-功率状态图

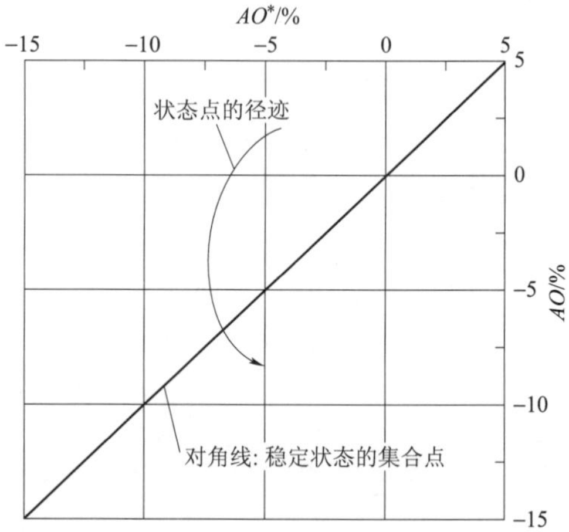

图 5-10-5　AO-AO^* 状态图

图 5-10-6 是主控室操纵员据以对功率分布进行控制的在线监测图。可以从 MCDS 所给出的信息中获知当前的 K_V 与其限制值之间的裕度，并根据此图比较当前的 AO 与 AO^*(平衡值)的偏差，采取必要的反应性控制措施，使两者一致。

5.10.3　控制行动

在控制堆芯功率和功率分布时可以采取的控制行动如下：

1) 单束控制棒和控制棒组的移动可手动或由功率自动控制器(Automatic Power Controller，APC)进行；

2) 硼控制：冷却剂中硼浓度的变化；

3) 温度控制：冷却剂温度变化。

控制棒的抽、插将往堆芯引入正或负的反应性，并造成径向和轴向空间功率分布扰动。当控制棒的下端部向堆芯的中心平面移动时，AO 有一个负的增量。可选择适当的控制棒组，使径向功率分布畸变最小，并且能对轴向功率分布进行有效的控制。

控制棒的插入会使轴向功率分布峰往堆芯下部发展。单组控制棒向堆芯中心平面方向移动时，AO 降低。控制棒棒位在 20%、30%和 70%、80%时，移动控制棒对改变 AO 最有效。

在硼控制过程中，改变冷却剂中的硼酸浓度主要是一种控制反应堆功率或者是使控制棒组移动的手段，可通过反应性平衡方程对氙瞬态下反应堆状态的慢速变化过程中硼酸浓度的变化进行估算。冷却剂中硼酸浓度在功率分布略有畸变的情况下影响反应性值(在功率运行时，由于在堆芯下部冷却剂密度较高，硼酸浓度的增加或减少，相应地引起 AO 的略微增加或减少)。

温度控制就是反应性控制。温度控制意味着冷却剂的温度和密度发生变化，影响中子的慢化过程，从而造成反应性的变化。温度控制的特征是用与水温有关的慢化剂温度反应

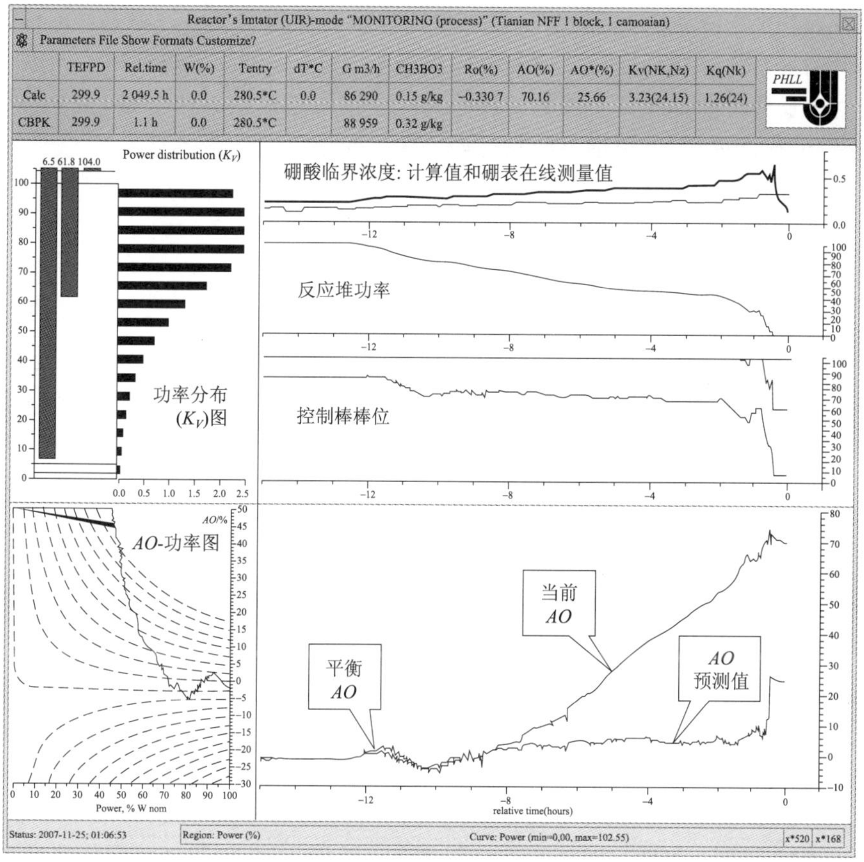

图 5-10-6　功率分布在线监测图

性系数来表征的。对于功率运行反应堆，规定它必须为负值。因此，冷却剂温度的升高就引入了负反应性和使功率降低；而温度的降低会引入正反应性，并引起功率的升高。温度控制对功率分布没有大的影响(反应堆水温上升，使 *AO* 略有增加)。

反应性温度系数的绝对值与冷却剂中的硼含量成反向变化。因此，在 EOL 温度控制的效率会提高，当堆在额定功率下运行时，冷却剂温度变化 1 ℃引起的反应性变化约为 0.02%～0.04%$\Delta k/k$，这相当于使反应堆功率变化约 1%FP～2%FP，或者使第 10 组控制棒移动约 6%～7%。

当功率从满功率或某个高功率水平降至某个较低的功率水平并保持在该功率水平运行后，由于慢化剂温度变化的影响，将使轴向功率分布的峰值向堆芯上部移动(见 5.4 节)，即使 *AO* 向正向发展。这种降功率前后的轴向功率分布形状的改变会引发轴向功率分布形状的氙振荡和 *AO* 振荡。

5.10.4　关于氙瞬态和氙振荡

在 5.2.2 节中讲述的除氙振荡之外的所有氙瞬态过程都未考虑氙浓度的空间分布，而只考虑堆芯中氙核的总量随时间的变化，从而也使反应性随时间而变化。这种瞬态过程称为整体氙瞬态过程，是反应堆功率改变的结果。在功率增加的初始阶段的“氙燃耗”(由于氙吸收中子使其浓度下降)，在功率下降的初始阶段的“氙中毒”(由于^{135}I 衰变使^{135}Xe 的浓度升高)，以及在功率下降后的“氙消毒”(在中毒过程中中毒达到最低水平后，由于^{135}Xe的衰变使反应性增加)，将在功率变化造成的整体氙瞬态过程的不同阶段中起主导作用。

如果对由反应堆功率变化引起的整体氙过程不采取控制行动来补偿，则功率将继续变化，并以振荡的形式进行，其幅度可能超过初始功率变化值。

空间氙过程是氙核在整个堆芯内再分布的过程。此过程是由功率分布最初的畸变引起的(例如：功率变化，断开或连接带蒸汽发生器的环路，控制棒移动)，它将以空间功率分布振荡的形式进行下去。

按产生的机理，氙振荡可分为功率分布的最大峰因子沿堆芯直径移动的径向氙振荡(它在一束(或一组)控制棒掉入堆芯或从堆芯中抽出，或在带蒸汽发生器的环路被连接等非对称效应产生时发生，但它最终将消失)和轴向氙振荡。要加以关注的是轴向氙振荡。

轴向氙振荡幅度随时间的变化可用正弦函数表示，其周期约为30 h。在BOL时，轴向自由氙振荡是收敛的，而在EOL则是发散的。如果已知即时AO和平衡AO^*之差及关于AO的漂移速度，可对振荡幅度进行估算。

控制棒组的移动和反应堆功率的变化是造成轴向氙振荡的直接原因：

1) 初始AO扰动：控制棒组的移动或功率的变化会造成正的或负的AO增量，引起相应的上升或下降的振荡相位。

2) 功率降低：控制棒在一固定的位置上时，功率的降低将引起初始的AO增加和处于振荡的上升相位。如果插入控制棒组来补偿AO的增加，则氙振荡的初始状态由沿轴向高度初始的碘分布来决定。在功率下降后，碘的衰变使氙浓度的增加(“氙中毒”)的过程立即起主导作用。若初始稳定状态具有一个负的或正的AO，则与此相应，功率下降会引起氙振荡相位的上升或下降。如果氙振荡的相位与功率下降相一致，则氙振荡强度将增加。

3) 功率升高：控制棒在一固定的位置上时，功率的升高将引起初始的AO减少和处于振荡的下降相位。在功率上升后“氙燃耗”过程立即起主导作用。氙振荡的状态由AO变化来决定：一个负的或正的AO增量，相应地会造成氙振荡相位的下降或者上升。

5.10.5 功率和功率分布控制

堆功率和功率分布的在线控制的目的在于在考虑设计限值的情况下维持或改变所要求的功率；控制最佳化主要是为了预防和遏制功率分布轴向氙振荡以及使容积和硼控制系统(KBA系统)产生的液体废物量最少。

通过MCDS给出的信息，操纵员可以知道一些表征全堆芯功率分布的参数(如最大线功率密度)的当前值以及对它们的评价，知道堆芯状态的变化趋向，就可预测和控制允许局部功率可能被超出的情况，并采取适当的控制行动使AO增加或减少，将功率保持在恒定的功率水平上，以防止超限情况的发生。

功率和功率分布的控制可通过移动控制棒或进行硼控制来实现。从BOL到EOL，由于随着燃料燃耗的加深冷却剂中硼酸浓度下降，要改变同样的硼酸浓度，在EOL时需要更多的硼酸或清水的添加量，所以硼控制会造成液体废物的大量积累。因此，要优先考虑采用棒控和硼控两者相结合的组合控制。尤其在EOL，当要求有大的水的交换量时，首先要考虑用控制棒组的移动代替化学和容积控制系统的运行。

反应堆控制也可从氙过程中功率发生自发变化的现象得到好处：由于中毒而功率降低，

以及由于氙燃耗或解毒而功率升高。为了使最终的反应堆状态具有可靠的稳定性,功率应按以下顺序一步一步地改变:移动控制棒组—硼酸浓度控制—在氙过程中功率自发变化。

在进行功率和功率分布控制时,操纵员可利用功率分布在线监测图(参见图 5-10-6)、*AO*-功率图和 *AO*-*AO** 图,评价反应堆状态不稳定性的程度,确定当前 *AO* 振荡的幅度和状态,预测状态点落到 *AO*-功率图的推荐区域之外的可能性,或超出功率分布参数允许限值的可能性。

防止氙振荡的总原则是:当改变反应堆状态时,要使 *AO* 与最终稳定状态相对应的值 *AO** 偏离最小。遏制氙振荡的总原则是:控制行动应使 *AO* 朝它漂移的相反方向移动。控制行动应在一定的时间间隔内进行,此间隔长度应足以确定 *AO* 漂移的方向、速度和振幅。

图 5-10-7 表示了用 10 号控制棒遏制氙振荡的原理。图中表示了两种遏制氙振荡的方法:维持恒定的 *AO* 的方法和维持平衡的 *AO** 的方法。

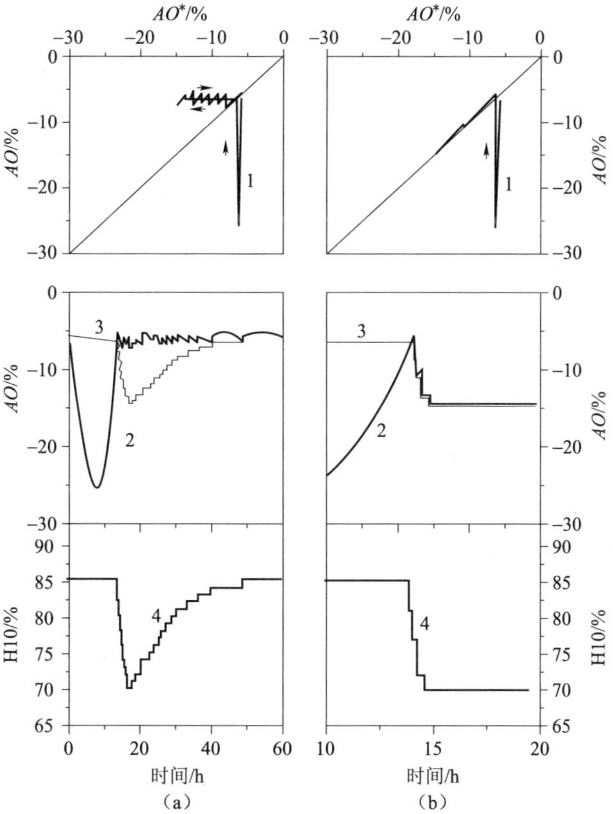

图 5-10-7 遏制氙振荡原理(循环 1,100 EFPD)

(a) 保持即时 *AO* 不变;(b) 保持平衡 *AO** 不变

1—*AO*-*AO** 图中的状态径迹;2—即时 *AO* 曲线;3—平衡 *AO* 曲线;4—H10 号控制棒位置曲线

5.10.5.1 在反应堆功率恒定情况下预防氙振荡

稳态运行工况的特征是在整个堆芯内氙分布是稳定的,堆参数不变。除 10 号棒保持在允许范围内(推荐 70%~90%)之外,其余所有棒组都提升到堆芯顶部。在 APC 作用之下,通过 10 号棒的提升来补偿由于燃耗而引进的反应性的慢变化。如果 *AO* 偏离规定的稳定水平约 1%,则操纵员可利用化学容积控制系统将冷却剂中的硼酸浓度降低,使调节棒组降到原来的位置。对平衡循环进行分析得到如下结果：在 BOL 和 EOL(20 EFPD 和 280 EFPD)，10 号棒在 12 h 内相应地改变约 1.5%到 0.5%。为了使 10 号棒回到初始位置，硼酸浓度应降低 0.012 g/kg 和 0.007 g/kg，需注入的清水相应地约为 0.5 t 到 25 t。

5.10.5.2 降功率时遏制氙振荡

功率从满功率降至某一功率水平后，不论在初始满功率时的 *AO* 值是正还是负，以及当时堆芯燃耗如何，如果不采取控制行动，*AO* 均往正向发展，第一个 *AO* 正峰值约在 8～12 h 的时间范围内出现。随后，无论轴向氙振荡所产生的 *AO* 振荡是收敛还是衰减，或发散成等幅振荡，其振荡周期变化范围从 34～46 h 不等。

在降功率时，为了补偿氙中毒和进一步的氙消毒过程，要考虑到需要引入堆芯的吸收剂的量(控制棒组移动量、硼化或稀释量)。如果化学容积控制系统的效率足够高(尤其在 BOL 时)，则降功率和进一步的中毒补偿就可通过硼控制来保证(但要注意，这要求化学和容积控制系统加强运行，随之而来的问题是液体废物的积累)。在此过程中，将 *AO* 保持在一恒定的水平上，从而防止和遏制轴向氙振荡。

例 5-10-1 图 5-10-8 和图 5-10-9 表示反应堆在首循环 100 EFPD，其负荷从 100%FP 降到 50%FP，*AO* 保持在常数 $AO_{\text{finish}} \approx -6\%$。在 A 状态到 B 状态的过程中，由于注入 20 t/h 的浓硼酸溶液以及将 10 号棒从 90%降到 78%，使反应堆以 3%FP/min 的速率降负荷。在 B 状态到 C 状态的过程中，先以 15 t/h、然后将流量率逐渐降零往堆内注入清水，以此来补偿氙中毒。在 C 状态到 D 状态的过程中，以最小流量率以阶跃的方式注入 16 g/kg 的浓硼酸溶液，并逐渐增加阶跃式注入浓硼酸的时间间隔，以进一步降低平均浓硼酸溶液的

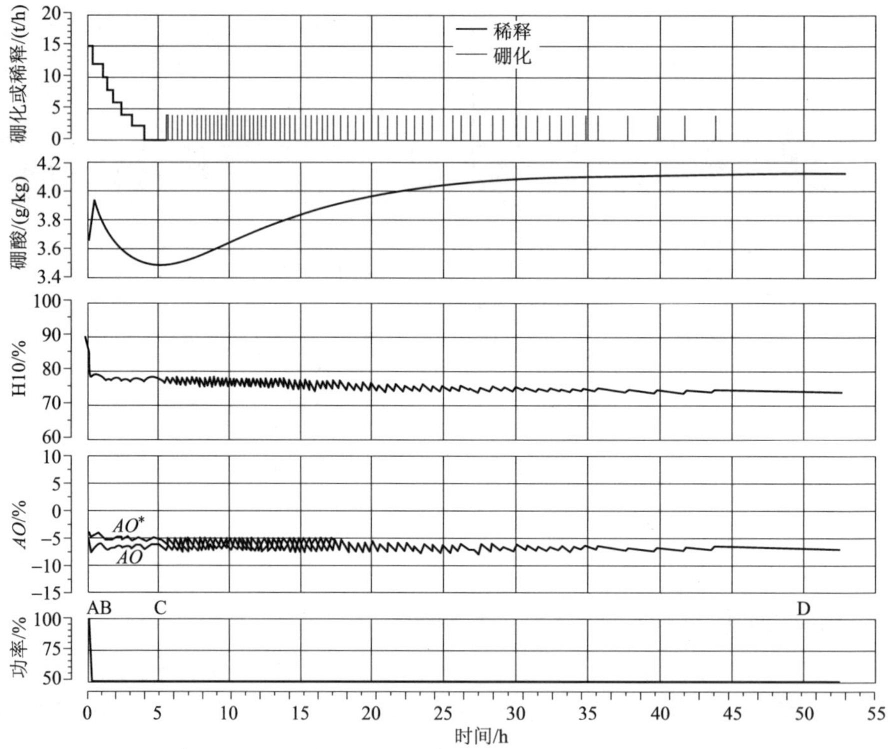

图 5-10-8 降功率时基本参数的变化(循环 1,100 EFPD)

注入速率。最后,AO 稳定在−6%,第 10 组棒在 74%的位置。在第一个 24 h 内液体废物的总量为 45.4 t。

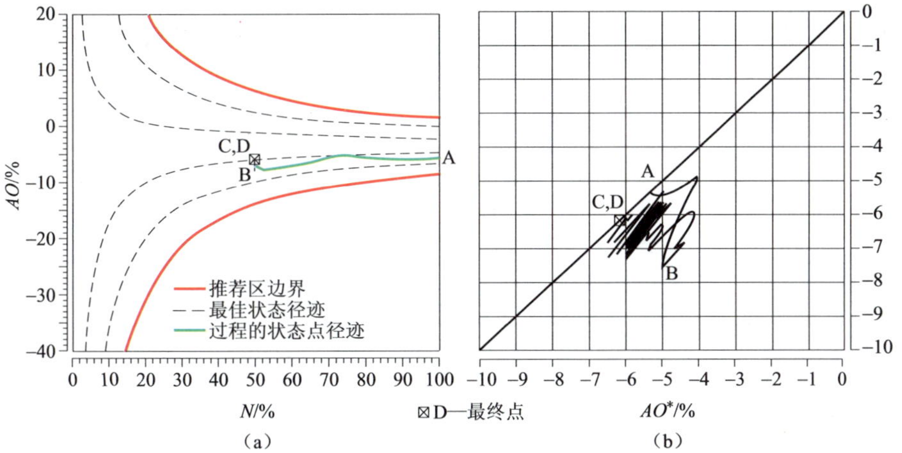

图 5-10-9　降功率时的过程状态图(循环 1,100 EFPD)

(a) AO-功率图;(b) AO-AO* 状态图

例 5-10-2　图 5-10-10 和图 5-10-11 表示在首循环 280 EFPD(EOL)反应堆的负荷从 100%FP 降到 50%FP 时的例子。要求液体废物的积累最少。最终的 AO 为−3%,10 号棒的最终位置在 70%。

在 A—B—C 段,反应堆以 3% N_{nom}/min 的速率降负荷(注意:图中的"N_{nom}"与"FP"同。下同),开始由于 10 号棒从 90%降到 20%,然后 10 号棒和 9 号棒联合相应地插入到 5%和 85%的位置。这样降负荷的方法保证在 AO-功率图中的状态点返回推荐区内(见图 5-10-10)。

在 C—D 段,提升控制棒组,以补偿堆中的氙中毒;9 号棒到达上行程开关,10 号棒到达 50%的位置,在 AO-功率图中的状态点移动到推荐区的下限。

在 D—E 段,10 号棒在提升到最大位置约 80%之后,开始下插(消毒),在此过程中,在 AO-功率图中的状态点移动到上部的非推荐区。为了限制 10 号棒的插入深度,以及为了加强对 AO 的影响,9 号棒在时刻 E 插入堆芯,它用 10 号棒的抽出予以补偿。在此过程中,10 号和 9 号棒之间保持约 10%的高度差。

在 E—F 段,在插入 10 号棒和 9 号棒之后,再插入 8 号棒,以补偿消毒反应性,使 AO 减少。

在 F—G 段,由于 16 g/kg 的浓硼酸以最小流量率以阶跃方式注入来补偿消毒反应性,控制棒组位置保持不变,自由氙振荡的下降相位得到发展。一旦在 AO-AO* 状态图中的当前状态点到达对角线(点 G),MCDS 按照保持平衡 AO 的算法开始遏制氙振荡过程。

在 G—H 段,由于浓硼酸以最小流量率注入,第 8、9、10 组棒以约 10%的间距提升到一个使 AO 漂移最小的位置。然后第 8、9 组进一步一段一段地抽出一直到上行程开关,同时 10 号棒插到 72%位置。

在 H—I 段,观察到剩余的自由氙振荡,在此过程中,AO 振荡幅度不超过 3%,将当前状态点保持在 AO-功率图的推荐区中。在最初的 24 h 总的液体废物补水量为 15.1 t。

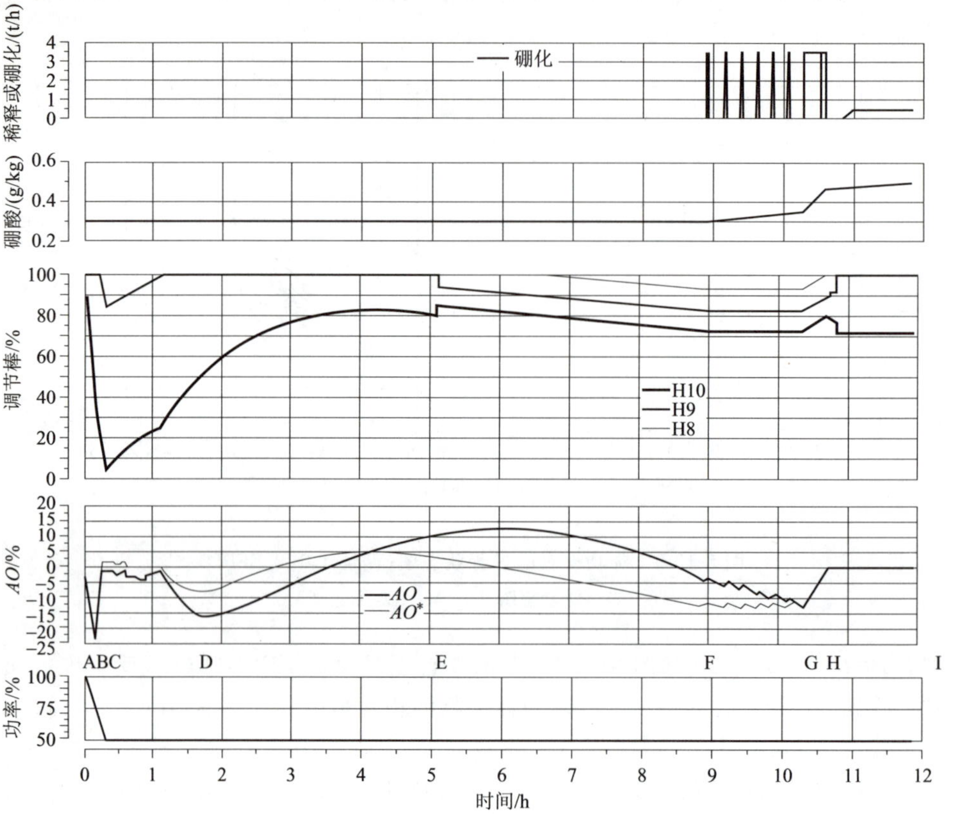

图 5-10-10 使降功率时的液体废物积累量最小，过程实际阶段

（循环 1，280 EFPD）

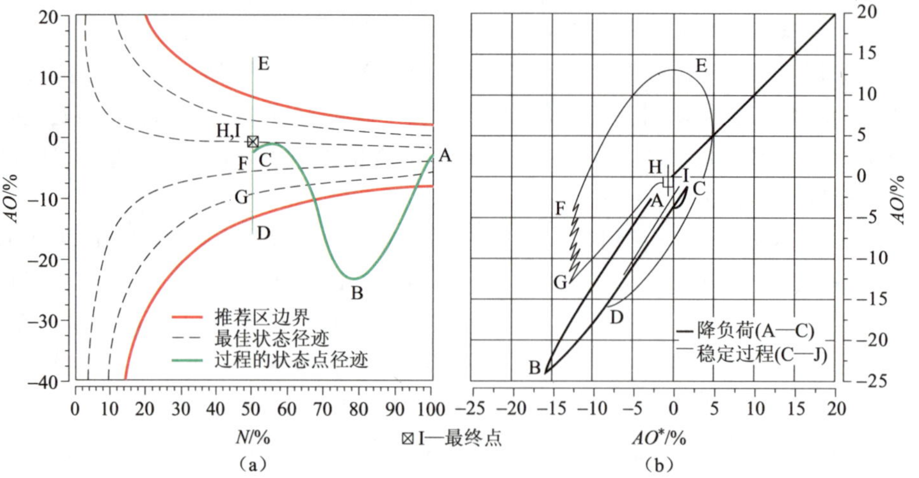

图 5-10-11 使降功率时液体废物积累量最小的过程状态图

（循环 1，280 EFPD）

(a) AO-功率图；(b) AO-AO* 状态图

5.10.5.3　升功率时遏制氙振荡

例 5-10-3　图 5-10-12 和图 5-10-13 表示反应堆在首循环、100 EFPD 时，功率从 50%FP 增加到 100% FP，要求将状态点保持在推荐区内。反应堆应在“中间”功率 75%FP～85%FP 至少运行 3 h(此要求与燃料元件的热工-机械强度有关)。在反应堆运行过程中，应防止功率自发增加，由于氙的燃耗，功率的这种增加将继续下去。功率的增加和整体氙过程的补偿两者主要都由水的交换来保证。在此过程中，*AO* 由第 10 组棒进行控制。要采取措施防止氙振荡，使 *AO*-功率图中的状态点保持在推荐区内，并使最终和初始点在最佳径迹附近。在前 24 h 总的液体废物补水量为 38.7 t。

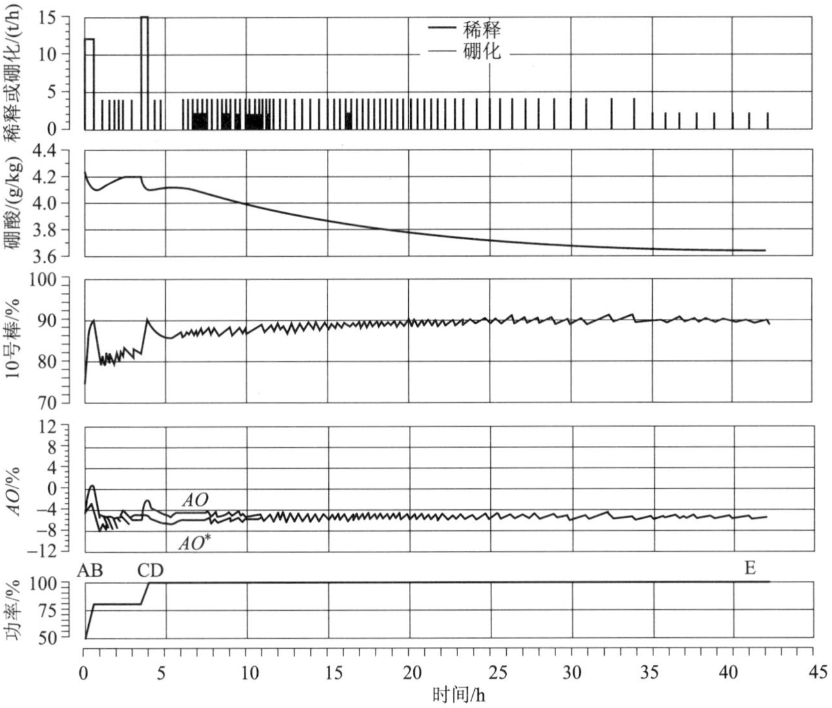

图 5-10-12　在保持 *AO* 不变的情况下升功率时基本参数的变化
(循环 1,100 EFPD)

例 5-10-4　图 5-10-14 和图 5-10-15 说明在首循环内 280 EFPD 时反应堆功率从 50%FP 升高到 100%FP，要求使液体废物积累量最小。在 A—B 段，功率以 1% N_{nom}/min 的速率从 50%FP 增加到 75%FP，这是靠第 10 号棒的提升和以 60 t/h 的流量率注入清水来保证的。在此过程中，在 *AO*-功率图中状态点移动到非推荐区的上部。

在 B—C 段，功率保持在 75%FP，在此过程中，由于氙燃耗引入的剩余正反应性通过 10 号棒的插入予以补偿，从而使状态点返回到推荐区内。

在 C—D 段，靠 10 号棒的提升功率以 1%/min 的速率从 75%FP 升到 100%FP。在此过程中，*AO*-功率图中的状态点到达推荐区的上限。

在 D—E 段，由于以 60 t/h 的流量率注入清水，功率以小于 1%/h 的速率进一步增长。在此过程中，通过 10 号棒的移动，使在 *AO*-功率图中的状态点保持在推荐区中。

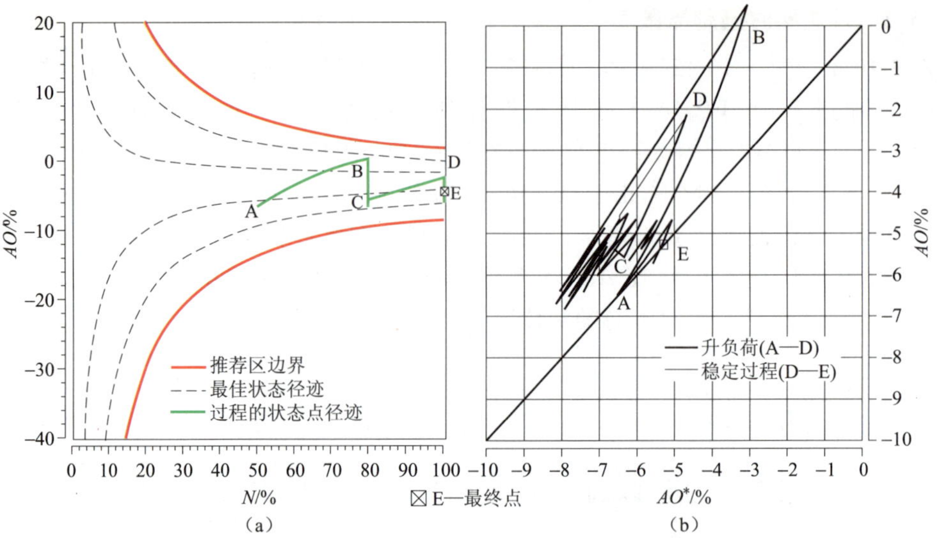

图 5-10-13 在保持 AO 不变的情况下升功率过程的状态图

(循环 1,100 EFPD)

(a) AO-功率图;(b) AO-AO^* 状态图

在额定功率下运行的初始阶段(E—F),通过移动 10 号棒防止了氙振荡。在前 24 h 内,液体废物的总量(补水量)为 209 t。

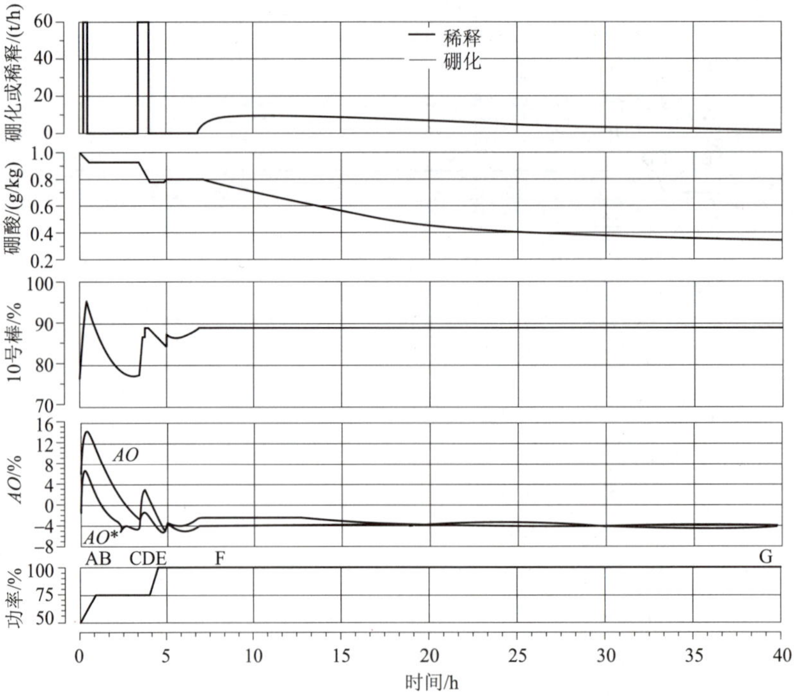

图 5-10-14 升功率过程中使液体废物积累量最小

(循环 1, 280 EFPD)

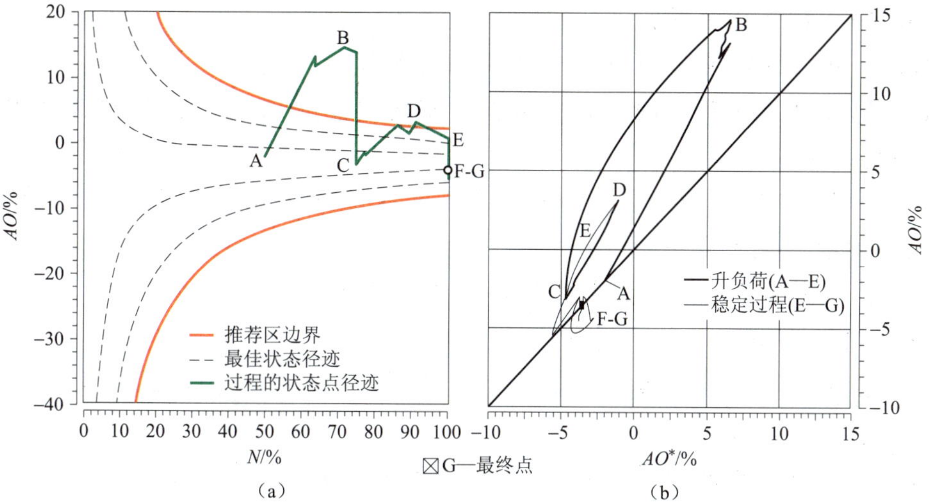

图 5-10-15 升功率过程的状态图,使液体废物积累量最小

(循环 1,280 EFPD)

(a) *AO*-功率图;(b) *AO*-*AO** 状态图

复习思考题

1. 压水反应堆运行中影响反应性变化的因素主要有哪些?

2. 压水反应堆的温度反应性效应为什么必须是负的?怎样保证其为负值?

3. 反应堆的慢化剂温度系数是否越负越好?为什么?

4. 试分析产生燃料的反应性温度效应的原因。

5. 试比较压水反应堆在寿期初(BOL)和寿期末(EOL)冷却剂硼浓度、慢化剂温度系数和硼微分价值这三个物理参数,并从物理角度进行解释。

6. 试通过查阅安全分析报告或其他相关资料,定性画出本电站反应堆燃耗末期各功率亏损分量随功率的变化曲线,并说明功率亏损现象对反应堆运行安全的意义。

7. 试根据毒物氙产生和消失的原理,解释反应堆从较低的功率水平快速提升到较高的功率水平时的氙毒反应性随时间变化的关系曲线。

8. 氙振荡是在什么条件下产生的?有什么危害?对氙振荡如何加以控制?

9. 田湾核电站控制反应性的手段主要有哪几种?各有什么优缺点?

10. 什么是控制棒的积分曲线和微分曲线?两者之间有什么关系?

11. 在田湾核电站反应堆堆芯中布置可燃毒物棒的目的是什么?

12. 试从六因子的变化定性分析慢化剂(水)在其温度改变时对慢化剂温度系数 α_m 的影响。

13. 什么是功率系数?

14. 什么是燃耗深度?

15. 燃耗的加深使反应堆易于控制还是难以控制? 为什么?

16. 什么叫裂变产物的中毒效应? 主要与哪些因素有关? 氙和钐的中毒各有什么特点?

17. 什么叫碘坑? 在反应堆停堆后产生的碘坑过程中反应堆再启动时,添加反应性的操作应如何进行?

18. 试解释图 5-7-1 中两条临界硼硼浓度随燃耗变化的曲线的变化趋势,并简要说明它们的相同点和不同点。

19. 在应用反应性平衡原理进行关于恢复临界试验的计算时,要注意什么问题?

20. 对于田湾核电站反应堆的功率和功率分布监测使用了哪些特征量?

21. 试分析造成轴向氙振荡的直接原因,并简述利用“即时轴向偏移”和“平衡轴向偏移”来遏制氙振荡的原理。

22. 仔细研读教材中给出的各例子,以了解遏制氙振荡的实际过程。

第六章 压水堆堆芯燃料管理简介

6.1 压水堆堆芯燃料管理概述

堆芯是反应堆的核心部分，它的设计直接影响反应堆的安全和经济性能。堆芯设计要根据反应堆设计的总体要求，综合考虑反应堆物理、热工、力学、机械结构、材料和辐射屏蔽等方面的因素，使堆芯满足特定循环的发电要求，并具有良好的性能，满足设计准则。

堆芯设计的任务是：针对所要求的核电站的运行方式（诸如稳定运行、负荷跟踪、延伸运行、长期低功率运行等）和特定的燃料循环能力（年度换料、18 个月换料、24 个月换料等）的需求，在满足循环设计长度、堆芯及燃料安全性指标和循环的经济性要求的前提下，确定堆芯的各种参数。

换料堆芯设计是为下一个燃料循环考虑的，为此必须尽可能准确预计本燃料循环的卸料燃耗（包括：核燃料在经过一个运行循环后净增加的平均燃耗深度，即该循环的循环燃耗；新的燃料从装入堆芯开始，经历若干个循环后卸出堆芯时所达到的燃耗深度，即卸料燃耗深度），以便为下一个循环机组运行和发电服务，其任务主要是：

1）燃料管理设计及核设计；

2）燃料棒及燃料组件机械分析；

3）换料安全评价。

换料堆芯设计涉及以下燃料管理重要变量（所谓决策变量）：

1）新燃料的富集度 ε；

2）批料数 n 或一批换料量 N（n 是堆内燃料组件的总数与一批换料量的比值）；

3）循环长度 T（反应堆两次停堆换料之间的时间间隔称为换料周期，相当于满负荷运行的时间，即等效满功率天数）；

4）循环功率水平 P；

5）燃料组件在堆芯中的装载方案 $X(i,j)$，其中 i、j 为燃料组件在堆中的坐标位置；

6）控制毒物在堆芯中的布置 $BP(i,j)$和控制方案。

对于新设计的核电站堆芯，要考虑和研究的最主要的事情是核燃料设计与选择、反应性控制方式与设计、热工水力设计以及设计基准事故分析。

本章简要介绍了换料设计过程，换料安全评价，各种可供选择的换料方案，多循环燃料管理，田湾核电站反应堆的初始堆芯和换料堆芯，以及换料堆芯设计的优化问题。

6.2 换料设计过程

6.2.1 概述

换料设计的首要问题是：通过对能够满足基本设计参数的多个方案进行搜索性的计算

来确定燃料的装载方案。这些基本设计参数包括：功率峰因子、循环长度及一些基本的堆芯参数（如 BOL 和 EOL 的慢化剂温度系数、初始硼浓度等）。

根据经验，尽管某些反应性事故（如主蒸汽管道断裂事故、落棒事故、硼稀释事故等）还必须有赖于具体的堆芯设计的特定参数进行分析和计算，但只要基本参数能够满足要求，则换料设计出现颠覆性后果的可能性就会比较小。

在确定燃料装载方案之后，要进行堆芯的全面设计（即核设计），包括：燃耗分析、能力分析、堆芯中子动力学特性分析、反应性控制能力分析、物理启动试验所用的堆芯参数计算等。

还要进行热工水力设计，包括：稳态的堆芯流量及其分配、旁通流量分析、燃料棒弯曲 DNBR 惩罚分析、超温 ΔT 保护和超功率 ΔT 保护通道的适应性分析等。对于不同燃料组件混合使用的堆芯装载，则还需要进行混合堆芯的横向流动分析和 DNBR 惩罚分析。由于换料堆芯设计的热工水力分析一般都在初始堆芯热工水力分析报告范围之内，一般不做完整的热工水力设计。

换料安全评价是换料设计的最关键部分，是在堆芯核设计和热工水力设计之后进行的，其目的在于确认对于所选定的装料方案，在发生设计基准事故时，有关的安全设计准则是否能得到满足。

上述过程如图 6-2-1 所示。

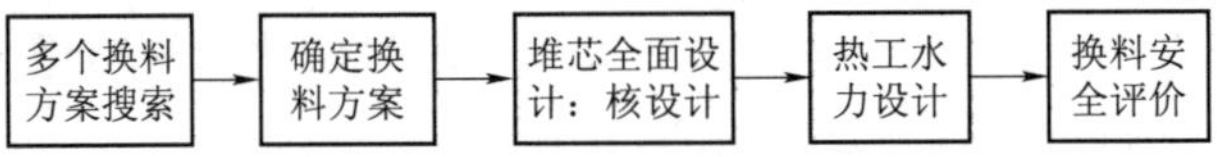

图 6-2-1 换料堆芯设计流程

6.2.2 堆芯核设计

6.2.2.1 堆芯核设计的主要任务

1）建立堆芯数值模型；

2）确定堆芯内各类燃料组件数目、相应的燃料富集度及可燃毒物量，确定装料型式；

3）为热工水力设计提供数据；

4）为安全评价提供堆芯参数；

5）生成全部运行数据包，用于支持电厂运行。

6.2.2.2 核设计流程

核设计流程如图 6-2-2 所示。

6.2.2.3 确定堆芯核参数

（1）确定基本燃料栅元参数

基本参数包括燃料富集度、包壳材料厚度、燃料棒直径、慢化剂与燃料体积比。

（2）反应性控制设计

1）堆芯反应性控制要求

假想将所有控制吸收体从堆芯中取出后燃料所提供的反应性（即剩余反应性 ρ_{ex}），应在预期的燃料循环寿期内，能克服燃耗和核素变化及温度变化所引入的负反应性效应，确保满功率运行；对于停堆裕度 ρ_{sm} 的要求：在反应堆停堆时，在满足“卡棒准则”（即一束反应性价值最大的控制棒组件被卡在堆芯顶部)的前提下,仍能满足停堆裕度的要求。

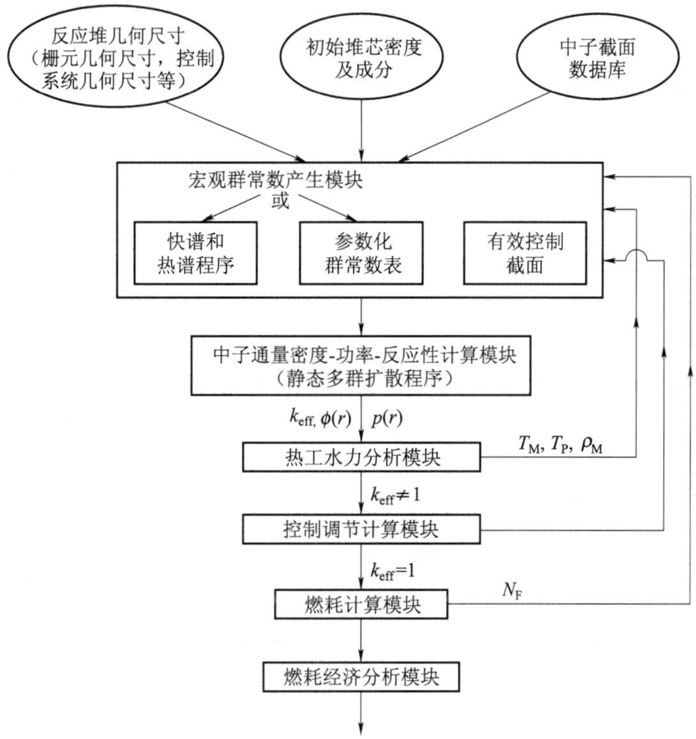

图 6-2-2 核设计流程主要计算步骤

2) 反应性控制量的分配

使用化学毒物、控制棒及可燃毒物三种反应性控制手段,针对堆芯物理状态的变化,安排好对 ρ_{ex} 的各自的控制量(参见 5.9.1 节)。

3) 控制吸收体的设计

① 控制棒设计:按其功能可分为两大类:一类起热停堆作用,在正常运行时不插入堆芯;一类起调节功率变化和功率分布形状的作用。控制棒组件按功能和以下原则编组:

• 调节棒组的效率应满足电厂负荷调节的要求(如:满足 5%/min 线性负荷变化和 10%阶跃负荷的变化);

• 分组提棒程序应使功率不均匀系数在允许范围内;

• 反应性的引入速率小于设计准则规定的要求;

• 当主调节组发生故障时,备用调节组应能替换;

• 确定合适的调节带:要根据预期的负荷变化情况估算堆芯内反应性的变化,考虑调节棒组价值与插入深度的关系,考虑在调节带内控制棒组件造成的轴向功率不均匀系数应小于设计规定,按必要的响应速率规定调节棒组的抽出极限,为万一发生弹棒事故时引入过大的正反应性而规定下插极限。

② 可溶毒物(硼)的浓度调节:计算冷却剂中硼浓度随运行工况和燃耗变化的曲线,从而确定其调节时间和调节量。

③ 固体可燃毒物设计:对于年度换料的大型压水堆,在首循环中,为避免循环初期出现

正的反应性温度系数，要在堆芯中添加一定量固体可燃毒物以降低可溶毒物硼的浓度；在第二循环以后通常无需使用固体可燃毒物；但对于长燃料循环，每个循环都需采用固体可燃毒物，尤其是采用“低泄漏”装载型式的堆芯，固体可燃毒物有助于降低功率峰因子。固体可燃毒物设计的基本要求如下：

- 使可燃毒物吸收过剩中子的能力随着运行循环的进行具有合适的下降性能，借以把可燃毒物抑制的反应性随着燃耗释放出来，做到在循环末期“反应性残留惩罚”尽量小；
- 提供良好的功率分布控制能力，其关键在于做到可燃毒物和燃耗的同步消耗及空间关系上的最佳匹配；
- 易于制造，具有良好的耐辐照性能，与燃料和包壳具有良好的相容性。

6.2.2.4 堆芯燃料管理设计

在换料过程中卸出和装入哪些燃料组件以及重新布置堆芯内新旧燃料组件的方案称为换料方案。压水堆基本上采用“由外向内的‘跳棋盘式’布置”和“低泄漏”方案（见6.4节）。

6.2.3 堆芯热工水力设计

堆芯热工水力设计的任务是保证堆芯在各种运行条件下有足够的冷却，以确保它在正常的稳态运行、预期瞬态以及事故工况下的核安全，即，要根据反应堆额定功率和设计原则配合堆芯总体设计，初步选择热工水力参数（包括：堆芯冷却剂进出口温度、压力和流量，燃料棒的线功率和燃料棒表面热流等），再按堆芯物理计算提供的堆芯内功率分布进行热工水力分析计算，并检查是否满足热工水力设计准则的要求。

6.2.4 换料安全评价

6.2.4.1 换料安全评价的原理

核电厂的最终安全分析报告（Final Safety Analysis Report，FSAR）把电厂寿期内对采用的燃料管理中各种可能出现的换料堆芯布置进行了核计算，把所得到的中子学参数或特定的事故安全参数的包络值作为事故分析的输入，所以，从理论上来说，FSAR安全分析中的输入参数包络了后续循环的预计值。

但是，对于实际的换料堆芯，某些中子学参数可能超出原来FSAR安全分析所设定的输入参数边界，从而导致某些安全分析结论不能直接适用于换料堆芯。因而对于换料堆芯要：

1）进行关键安全参数检验：通过计算，确认能够被FSAR安全分析的限值（输入边界）所包络。

2）若换料堆芯的关键安全参数超出原来FSAR安全分析的限值，就要对受影响的事故进行再评价和再分析。

6.2.4.2 换料安全评价的主要内容

1）确认换料堆芯的运行参数，包括：堆芯功率、线功率、一回路压力、冷却剂温度、热工设计流量及旁通流量、DNBR设计准则、电站参数的不确定性、组件类型等。

2）换料堆芯通用关键安全参数验证，主要包括：慢化剂温度系数、多普勒温度系数和功率系数（最大值和最小值），缓发中子份额（最大值和最小值），瞬发中子寿命（最大值），停堆反应性引入曲线等。

3）换料堆芯功率能力验证，包括：Ⅰ类工况 LOCA 限值（线功率），Ⅰ类工况参考功率分布（DNBR 裕量），Ⅱ类工况超功率保护（线功率），Ⅱ类工况超温保护（DNBR 裕量）。

4）特定事故关键安全参数验证。在 FSAR 中，反应性事故的后果不仅与通用关键安全参数有关，而且与换料堆芯的具体布置特性密切相关，因此，对于这类事故，需要检验一些和事故相关的特定的参数，以确认该事故的后果已被 FSAR 的分析结论所包络。

5）检查 FSAR 事故（包括Ⅱ、Ⅲ、Ⅳ类工况）是否有关键安全参数超限，如有，则应在以后进行再分析和再评价。

6.3　各种换料方案简介

堆芯的换料方案应解决新旧燃料组件如何布置的问题。

最简单的换料方式是均匀换料，即在整个堆芯中采用富集度相同的燃料组件。但是这种换料方式有着两个大的缺点。第一个缺点是：按这种方式装料，堆芯中心区域的中子通量密度高，在 BOL 堆芯的功率峰因子很大，因而限制了反应堆的输出功率；第二个缺点是：在堆芯边缘的大部分区域，中子通量密度较低，燃耗速度较慢，卸出的燃料组件的燃耗深度很浅，使得整个反应堆的平均卸料燃耗深度也很浅。鉴于这些缺点的存在，目前动力堆都不采用均匀装料方式进行装、换料，而采用非均匀的分区装料、分批换料的方式。

堆芯内各燃料组件的燃耗程度本来就都是不相同的，这是由反应堆内中子通量密度分布的不均匀性造成的。通常位于堆芯的中心区域的组件燃耗较深，在堆芯边缘的组件燃耗较浅。为了提高燃料利用率，可采用将反应堆内的燃料组件分批卸出堆芯的办法，即，在每次换料时，一般只将燃耗比较深的燃料组件卸出堆芯，其余燃耗较浅的燃料组件则仍留在堆芯内进入下一个循环的运行。

按非均匀的分区装料方式装料，可将堆芯按径向分成若干区域，再在不同区域装载富集度和燃耗深度不同的燃料。以图 6-3-1 所示的某压水堆为例，从中心到边缘分成三个区域，其燃料富集度分别为 2.1%、2.6%和 3.1%。在换料时，先把富集度最低（燃耗深度最大）的组件卸出堆芯，用新的燃料组件加以替换。

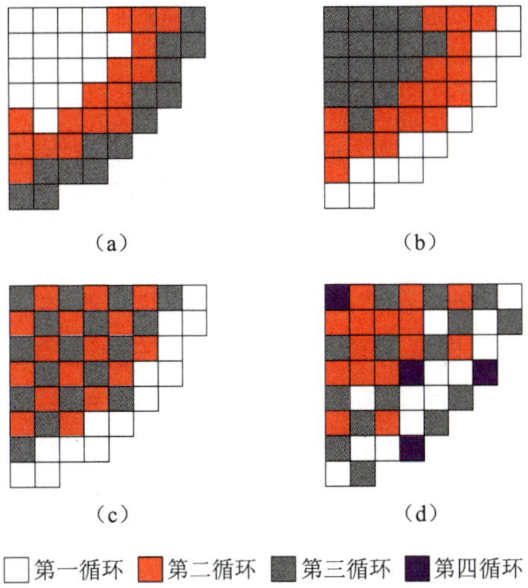

图 6-3-1　1/4 堆芯燃料装载图

压水反应堆实行非均匀分区装料方式时，新的燃料组件和旧的已烧过的燃料组件的相对布置有下列方案可供选择：

(1) 由中心向外缘分批移动装料：内-外换料方案

芯部由中心向外缘分成三个区域：新料装在堆芯的最内区，烧过一个循环的燃料组件布置在第二区，烧过两个循环的燃料组件布置在最外区(见图 6-3-1(a))。在换料时，把最外区的燃料组件卸出，再把中间两个区域的燃料组件依此分别移到第二区和边缘区，新料由堆芯中心区域添入。在中心区由于中子泄漏较少，故燃料价值较高，这样，中子得到了有效的利用，反应堆的寿期较长。这种燃料管理方案可使燃料燃耗比较均匀，可得到较高的平均卸料燃耗深度。然而，由于在堆芯中央的中子通量密度与易裂变核密度均为最高(向外逐渐减小)，堆芯的功率峰因子较大，限制了反应堆的功率水平，这是这种换料方案的重大缺陷，因此，在实际运行中不采用这种装料方式。

(2) 由外缘向中心分批移动装料：外-内换料方案

这一方案的装换料次序正好与上一方案相反：新燃料装入堆芯外缘区，然后按批将燃料组件逐渐向中心移动，而最后将乏燃料在中心区卸下(见图 6-3-1(b))。这种装料方案的优点是可展平堆芯功率密度的分布，从而降低堆芯的功率不均匀系数；其缺点是由于在分区装料方案中将较高富集的燃料放在外区，因此使中子泄漏的概率增大，中子利用率较差，使堆芯的泄漏反应性损失较大，从而缩短堆芯的循环长度。而且使反应堆压力壳内的中子积分通量密度增大，对压力壳的热冲击大，导致压力壳的寿命降低。

(3) 外-内分区交替换料方案

这是在上述外-内装料方案基础上发展起来的。新料仍放在堆芯的外区，而堆芯内区则把已燃烧了一个和两个循环的燃料组件按图 6-3-1(c)所示的方式形成“跳棋盘”式的布置。因此，一方面由于新料布置在堆芯的最外区，就展平了全堆芯的通量密度分布，降低了整体功率峰；另一方面，堆芯内局部的反应性分布比较均匀，故而能降低局部功率峰因子。换料时，在内区卸下经过了三个循环、燃耗最深的燃料组件，再用最外区已经历了一个循环的组件加以填充，而在最外区则装上新的燃料组件。因此，每次换料时无需移动堆芯中所有燃料组件，从而节省了换料时间，装卸料也比较简单，所以，这种换料方案在 20 世纪 80 年代曾被广泛采用。

(4) 低泄漏换料方案

这是 20 世纪 70 年代末发展起来的压水堆的装料方式，它吸收了前面几种装料方案的优点，所以为目前世界上多数压水堆核电站所采用。按这种装料方式，燃料组件将作如下配置[图 6-3-1(d)]：

- 将新鲜燃料组件多数布置在离开边缘靠近堆芯中心的位置上；
- 把烧过两个循环以上、燃耗深度比较大的组件安置在堆芯的最外边缘区；
- 把烧过一个和两个循环的组件交替地布置在堆芯的中间区。

这种装料方式的重要优点在于，由于新组件布置在堆芯偏内的区域，而最外区是燃耗深度较大的组件，因而堆芯边缘中子通量密度较低，从而减少了中子从堆芯的泄漏，提高了中子利用的经济性和芯部的有效增殖因数，延长了堆芯的寿期。或者说，在保持循环长度和新燃料组件数不变的情况下，这种低泄漏方案的新料富集度可比外-内装料方案减少 5%～10%。另外，由于快中子泄漏的降低，减少了反应堆压力容器的中子通量密度，降低了对它的热冲击，从而延长了反应堆压力容器和反应堆的使用寿命。

但是，低泄漏装料也带来了新的问题。由于新燃料组件被移到了堆芯内部，故功率峰值较外-内装料方案时有所增加。为了得到可接受的功率峰值，除了恰当地选择组件的合理布置外，还必须采用一定数量的可燃毒物来抑制功率峰以达到允许的数值。但可燃毒物的使用可能在EOL会残剩一小部分可燃毒物而未能烧尽，从而减少反应堆的剩余反应性、缩短堆芯寿期，造成所谓“可燃毒物反应性惩罚”现象。这是一个要解决的问题。另一个要解决的问题是功率峰值可能随燃耗的加深而增大（见图6-3-2）。所以采用低泄漏方案时，应使其在整个寿期内功率峰值的变化满足安全约束条件。这样一来，低泄漏方案的设计要比别的装、换料方案设计复杂得多。

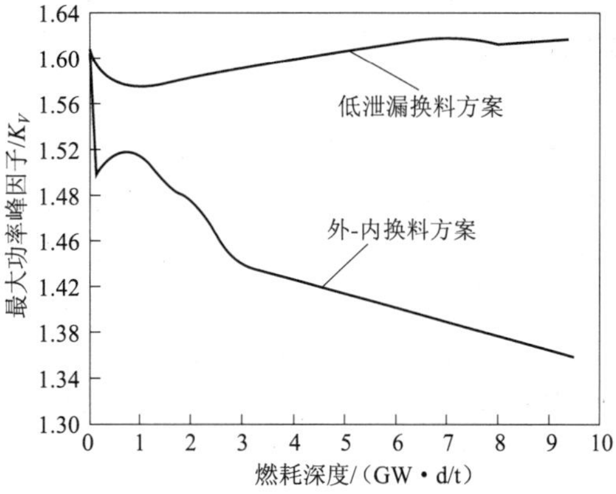

图6-3-2　功率峰因子随燃耗的变化

6.4　多循环燃料管理

核电站的寿期约为40 a，在此期间，要经历几十个运行循环形成所谓运行循环系列。按照各运行循环的特性，可将它们分为初始循环（或启动循环）、过渡循环、平衡循环序列和受扰动循环序列。其中，初始循环是反应堆启动运行时的第一个循环，是反应堆整个运行寿命中唯一一个全部由新燃料组成堆芯的循环。过渡循环是指从第二循环开始一直持续到平衡循环序列的第一个循环为止的多循环序列。在工程上，也把从第二循环起直到初始循环堆芯内的燃料组件被全部卸出堆芯为止的运行循环叫做过渡循环，往后即被认为进入了平衡循环。受扰动的平衡循环到平衡循环重新建立之间的循环也称为过渡循环。平衡循环序列在理想情况下是一个无限的循环序列，其中每个循环的性能参数（如ε、n、T及平均卸料燃耗等）都保持相同，即，运行循环进入一个平衡状态。尽管在实际上运行总要受到种种因素的扰动而使反应堆不可能真正建立起稳定的平衡循环序列，但是，平衡循环的概念仍然具有重要的理论价值。平衡循环是最简单也是最重要的循环，一般认为它是性能指标最佳的循环方案，并为燃料管理人员定为目标运行循环。

6.1节所述决策变量（新燃料的富集度ε、批料数n或一批换料量N、循环长度T、循环功率水平P、燃料组件在堆芯中的装载方案$X(i,j)$、控制毒物在堆芯中的布置$BP(i,j)$和控制方案）之间相互耦合、互相影响，关系很密切；而且，采用分批换料方案时，一个燃料组件一般要在堆内停留3个循环才被卸出堆芯，所以上一个循环确定的决策变量必定对下一个循环的结果产生影响，即，各运行循环之间有着强烈的耦合关系。所以，在确定一个决策变量时，必须考虑到它对后续循环结果的影响，尤其是第(1)～(4)这4个变量对各循环之间的耦合关系影响更为强烈。为此，要优化对它们的决策，就必须进行多循环（至少3个循环）的分析；另外，由于在堆芯不同位置上的燃料组件和控制毒物承受着不同的燃耗，所以，在对第(5)、(6)个变量进行分析或决策时，应考虑空间位置的影响，进行二维或三维的计算。

多循环燃料管理的任务是要确定最佳的各循环的装料策略，包括循环长度 T、新燃料的富集度 ε、换料批数 n 和一批换料量 N 等，使燃料循环的成本最低。

通常在进行多循环分析时并不需要了解燃料组件在堆芯内的详细布置，而采用即点堆模型进行分析。

在研究平衡循环及各参数之间的关系时，可以选定适当的物理量来描述点堆模型堆芯的物理状态，例如，燃料组件的反应性、组件所产生的功率占堆芯总功率的份额，建立起点堆模型多循环分析的基本公式；再根据实际的观察，对于典型的轻水堆燃料组件，可以建立起所谓“线性反应性模型”，来描述组件的反应性与燃料的燃耗深度的关系；并且，考虑到泄漏反应性损失；另外，根据所分析的具体问题作出一些简化的假设。经过计算，可得到以下结论：一批换料量 N 或批料数 n 对循环特性有很重要的影响，若批料数 n 不变，通过提高新料富集度便可延长循环长度、加深循环燃耗，达到提高卸料燃耗的目的。例如，对于压水反应堆，过去普遍采用 3 批年换料的方案，但 20 世纪 80 年代后逐步改用提高富集度将循环长度延长到 18 个月的先进燃料管理策略，从而提高了卸料燃耗深度 BU_d，降低了燃料循环的成本。但是，卸料燃耗深度 BU_d 不应超过燃料允许的限值，对于压水反应堆目前限定每批料的平均卸料燃耗深度 BU_d 不得超过 45 GW·d/t。

那么，燃料循环是如何从初始循环过渡到平衡循环的呢？在实际电站的运行过程中，从初始装载的堆芯出发，可通过多种方式向平衡循环过渡。在压水堆核电站中，给定循环燃耗或循环的能量生产，并给定换料批量 N，调节逐个循环的新料富集度，这是最常采用的过渡循环方式。在电站的实际运行中，往往从第二循环开始就使新料采用平衡循环的富集度，即，第一批料卸出堆芯，换进的新料的富集度就与平衡循环时的相同，往后的循环序列均依此类推，一直到初始堆芯所有新料被卸出堆芯为止，就认为堆芯开始进入平衡循环序列。确定初始堆芯富集度时，仍可采用点堆、线性反应性模型，并作一些近似的假设，但这样做与实际情况出入较大，需要对求得的富集度进行适当的调整，希望初始堆芯各批料之间的富集度不要相差太大。因此，目前在工程上已开始采用优化方法来确定初始循环的富集度。图 6-4-1 为某压水堆核电站从初始循环开始各循环的循环燃耗的变化情况。该电站初始堆芯 3 批燃料调整后的富集度分别为 2.4%、2.672%和 3.0% ^{235}U，从第二循环开始，换料富集度就采用平衡循环的换料富集度 3.0% ^{235}U。由图可知，从第五循环开始，循环燃耗就已基本接近平衡燃耗了。

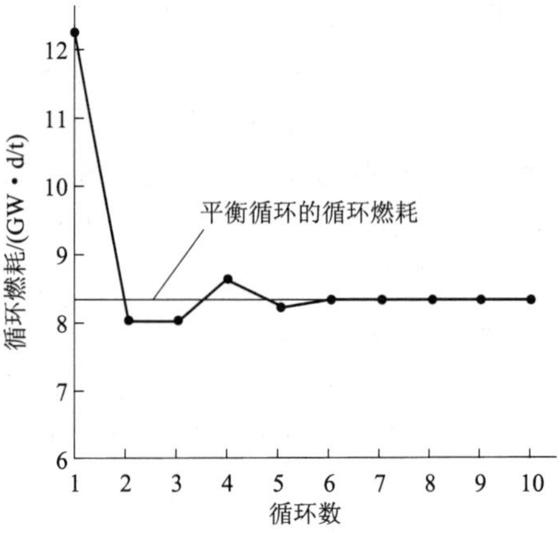

图 6-4-1 从初始循环向平衡循环的过渡

6.5 田湾核电站的初始堆芯和换料堆芯

6.5.1 田湾核电站的初始堆芯

田湾核电站第一循环堆芯的装载布置图如图 6-5-1 所示。它的特点是：

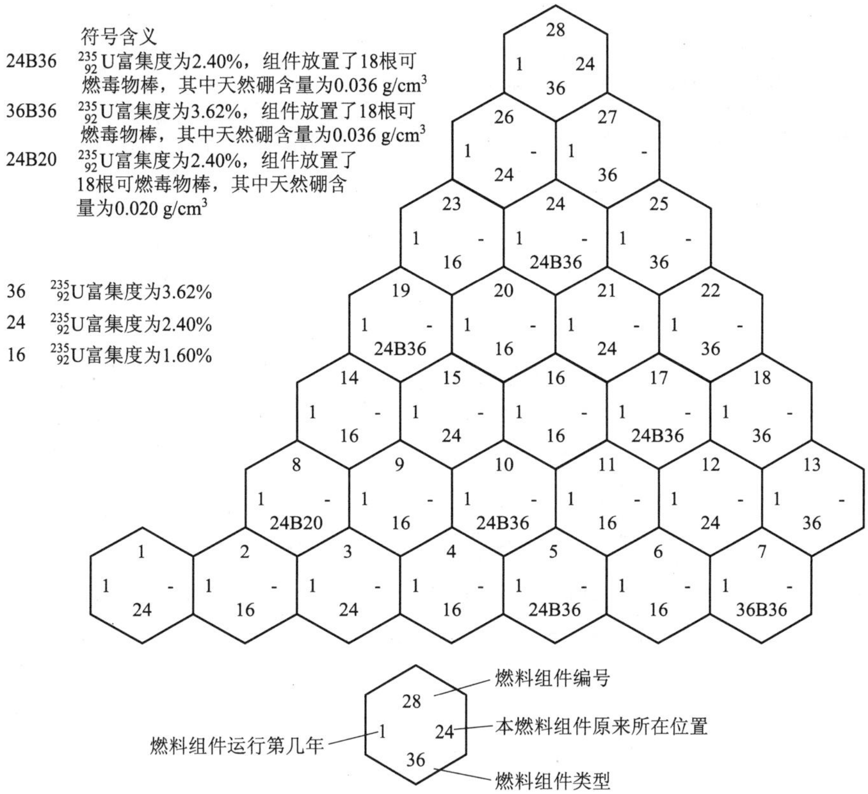

图 6-5-1　田湾核电站第一循环堆芯布置图

1）最高富集度的燃料组件放置在堆芯的边缘，其余较低富集度的燃料组件交替放置在堆芯的中心区域，以展平堆芯的功率分布；

2）高泄漏的堆芯装载布置增加了堆外探测器的中子计数，有利于反应堆首次启动的安全；

3）把只使用一个循环就卸出的最低富集度（1.6%）的燃料组件放置在堆芯的中心区域，尽可能增加它的比燃耗，以提高燃料的利用率。

6.5.2　田湾核电站的换料堆芯

田湾核电站的堆芯采用年换料制，每次换料时在堆芯中换入 48 个混合型燃料组件。在第八循环时达到平衡，此时堆芯的燃耗和功率分布具有稳定的特征。平衡循环的堆芯装载布置如图 6-5-2 所示。在平衡循环中所加入的 48 个新燃料组件中，12 个、24 个和 12 个组件的平均富集度分别为 3.61%、4.0%和 4.1%，采用部分低泄漏的堆芯装载布置方式。平衡循环的批卸料平均比燃耗为 43 000 MW・d/tU。

与参考电站的反应堆堆芯相比较，田湾核电站堆芯换料和布置方式设计作了以下改进：

1）换料方式的改进。由参考堆芯的堆 1/3 芯换料方式改进为本堆芯的介于 1/4 堆芯与 1/3 堆芯的换料方式，即每次换料的卸料组件数由原来的 54 个改为 48 个。此项改进减少了换料的燃料组件数，降低了燃料成本。

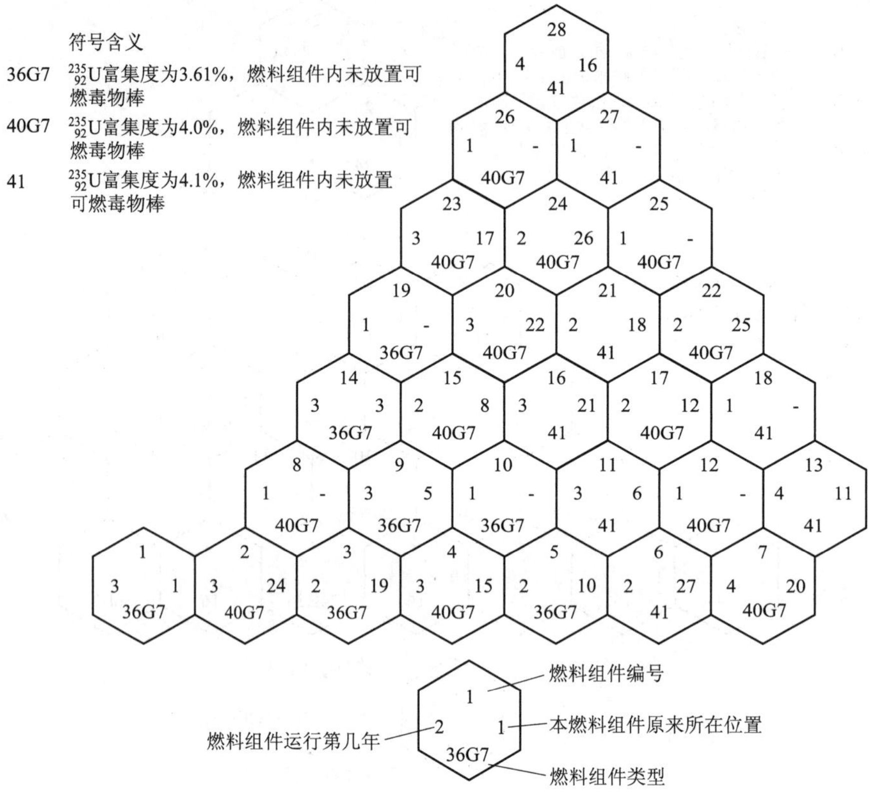

图 6-5-2 田湾核电站第八循环(平衡循环)堆芯布置图

2）部分低泄漏装载布置。此项改进使堆芯的快中子泄漏降低了35%，从而能使反应堆压力容器的使用寿命由30 a延长到40 a，同时还使卸料燃料的平均比燃耗增加了1.5%～2%。

3）由于上述换料方式和部分低泄漏装载布置的这两项改进，使平衡循环的卸料平均比燃耗比参考堆芯增加了7%，由40 200 MW・d/tU提高到43 000 MW・d/tU。

在堆芯设计方面，除了上述换料和布置方式方面的改进外，还有：采用全锆改进型的燃料组件、缩小燃料芯块中心孔直径、增加控制棒束数量，以及控制棒下端采用Dy_2O_3-TiO_2等方面的改进，这里不展开讨论。

6.6 关于换料设计的优化

现代压水堆堆芯燃料管理的优化方向是深燃耗、长循环、低中子泄漏，即：

1）加深燃料的燃耗深度，以提高燃料的利用率。一般情况下，在分批换料的方案中，通过倒料，使得每个燃料组件在堆芯内的辐照时间至少大于一个循环。使得燃料组件的燃耗加深。

2）增长循环长度，并缩短反应堆换料停产的时间，以此来提高核发电的经济性。如选取较短的循环长度，将使得循环燃耗和燃料的卸料燃耗深度下降，而且还需要频繁地停堆，进而使核电站的容量因子减小，经济性下降，因此目前世界上核电站设计的趋势是缩短停堆换料的时间，减少换料的次数，使运行的循环长度延长。大多数压水堆核电站一个换料周期取 1 年或 18 个月，有的已采用 24 个月或更长的换料周期。

3）减少中子从堆芯的泄漏，提高中子利用的经济性和芯部的反应性。

对于一个具体的核电站，需要结合它的实际情况来优化燃料管理策略。例如要考虑：

• 各相关燃料循环燃料管理特点，包括：燃料组件富集度、堆芯装载方式、可燃毒物布置、燃料运行情况等；

• 电网对本电站的要求，例如：南方电力市场倾向于冬季换料，难以接受夏季大修；夏季大修的机组在冬季需要运行发电，但冬季电网负荷处于低谷，所以难以避免减载运行或停机备用；而减载运行若干时间又会使延长循环长度的好处丧失殆尽。当然，如果本电站投运的机组数量增多，则有若干机组在夏季进行换料大修也未尝不可；

• 相关部门对电站维修、运行实行的管理模式，例如：群堆管理要求电厂或反应堆之间的换料大修不重叠；

• 设备的可靠性的情况。如可靠性明确，则可以使换料周期加长。

根据以上种种情况，在条件成熟时，可以从年度换料逐渐过渡到 18 个月或 24 个月换料。

换料设计优化计算的问题却是十分复杂的问题。这是一个多目标优化问题。往往采用凭物理上直觉的主观选择进行尝试、再进行修正的方法，选择一些直接和燃料循环成本有关的非费用函数作为优化时的目标函数，例如：循环末从反应堆卸出的燃料组件的平均卸料燃耗深度最大；循环初堆芯燃料的装载量与循环期间所产生的能量之比为最小；对给定的循环初燃料富集度和循环长度，使循环末堆芯反应性或临界硼浓度最大；从安全角度出发要求在整个循环期间堆芯的最大功率峰因子最小。

在实际优化分析和计算中，往往要受到堆物理、热工、运行和材料辐照等多方面因素的约束。例如：在循环期内堆芯的最大功率峰值小于允许值；燃料组件的最大卸料燃耗小于允许值；堆芯的慢化剂温度系数为负值；新燃料的富集度小于某一规定值（往往由燃料供应商提出）。

另外，在实际计算中，还会遇到种种困难，例如：要进行涉及燃料循环的能量成本的经济分析，这使得换料优化设计问题成为与一个与时间有关的动态规划问题；由于在堆芯内燃料组件位置、可燃毒物数量等控制变量是离散变化的，这比通常连续变量的优化要困难得多；问题的非线性（如堆芯的燃耗分布与堆芯功率分布之间存在着密切的相互依赖关系）；目标函数与部分约束条件只能通过求解复杂的反应堆多维中子扩散方程和燃耗方程来得到，而不能用表达式直接表示；需要多次重复地进行堆芯的扩散-燃耗计算。

这些特点使堆芯换料优化问题变得非常复杂，因计算量极大而耗时很多，并且很难处理。所以一直以来，人们对堆芯换料优化问题给予了极大的重视，努力寻找解决问题的办法，包括：致力于寻找简化和缩小问题规模的办法，例如，对问题的线性化，变量之间的脱耦等；研究先进快速的堆芯中子学计算方法，以提高计算可行解的能力和速度；研究开发先进有效的优化技术，以扩大搜索的范围、提高搜索的能力和速度。

复习思考题

1. 试解释下列名词:运行循环的循环长度,核燃料的比装量,一批换料量,批料数,循环燃耗,卸料燃耗深度。

2. 核电站反应堆堆芯燃料管理的主要任务是什么?

3. 简述换料堆芯设计的流程。

4. 简述换料堆芯全面核设计的主要内容。

5. 说明换料堆芯设计安全评价的原理及主要内容。

6. 压水反应堆实行非均匀分区装料方式时有哪些方案可供选择? 通常采用哪两个换料方案? 这两个方案各有什么优、缺点?

7. 田湾核电站的装换料方案是怎样的?

8. 现代压水堆堆芯燃料管理的优化方向是什么? 在堆芯换料设计优化时要考虑哪些实际因素? 优化设计计算有什么困难? 怎样努力去克服困难?

参考文献

[1] 王炎森,史福庭．原子核物理学[M]. 北京:原子能出版社,1998.

[2] 卢希庭．原子核物理[M]. 2 版．北京:原子能出版社,2000.

[3] 李泽华．反应堆物理(核电系列培训教材)[M]. 核工业研究生部/核工业北京核电技术培训中心,1998.

[4] 杨福家．原子物理学[M]. 3 版．北京:高等教育出版社,2007.

[5] 崔宏滨．原子物理学[M]. 合肥:中国科技大学出版社,2009.

[6] 广东大亚湾核电站培训中心和核工业研究生部．压水反应堆核电站基础知识(900 MW 压水堆核电站现场操纵员培训教材)第一分册．2000.

[7] Weston M. Stacey. Nuclear reactor physics. Georgia Institute of Technology,2001.

[8] 《NUCLEAR PHYSICS AND THEORY》, DOE FUNDAMANTALS HANDBOOK, DOE-HDBK-1019/1 AND 2-93,JANUARY 1993.

[9] 谢仲生．核反应堆物理分析(修订本)[M]. 西安:西安交通大学出版社,2004.

[10] 郑福裕．压水堆核电厂运行导论[M]. 北京:原子能出版社,2009.

[11] 田湾核电站 1 号和 2 号机组最终安全分析报告,2005.

[12] 朱继洲．压水堆核电厂的运行[M]. 北京:原子能出版社,2000.

[13] 俄罗斯联邦原子能部俄罗斯原子能联合企业原子能技术公司．核物理和反应堆理论—WWER-1000 核电厂基础教程,中文版第二册(俄供教材),1999.

[14] 钱纪生．1 号机组反应堆首次临界试验和零功率试验[M]//大亚湾核电站建设经验汇编第 5 卷,1995.

[15] Reactor transfer into critical condition,TNPS TEST REPORT,LYG-1-000 TP-01,26/12/2005.

[16] 陶少平,居玉鑫．对压水堆温度系数的再认识[M]. 核动力运行研究所,2002.

[17] 贺禹．核电站操纵人员取照必读[M]. 北京:中国电力出版社,2002.

[18] 钱纪生．用计数率法刻度控制棒[J]. 核动力工程,1984,5(3).

[19] 钱纪生．恢复临界试验[M]//大亚湾核电站建设经验汇编第 6 卷,1994.

[20] 陈济东．大亚湾核电站系统及运行上册[M]. 北京:原子能出版社,1994.

[21] 陈济东．大亚湾核电站系统及运行下册[M]. 北京:原子能出版社,1995.

[22] Description of algorithms of power control and power distribution control in the core of TNPP unit 1,topic report, VVER Research Division, Institute of Nuclear Reactors, "Kurchatov Institute", Russian Research Center,2003.

[23] 濮继龙．大亚湾核电站运行教程[M]. 北京:原子能出版社,1999.

[24] 肖岷．压水堆核电站燃料管理、燃料制造与燃料运行[M]. 北京:原子能出版社,2009.

缩略语表

AO axial offset 轴向偏移

APC automatic power controller 自动功率控制器

ARI all rods in 所有控制棒插入

ARO all rods out 所有控制棒提出

BOC beginning of cycle 循环初期

BOL beginning of life 寿期初

cps counts per second 中子计数率:中子计数/秒

div $\boldsymbol{J}$ divergence of neutron current density 中子流密度的散度

DNB departure from nucleate boiling 偏离泡核沸腾

DNBR departure from nucleate boiling ratio 偏离泡核沸腾比值(烧毁比)

ECP estimated criticality position 估计临界棒位

EFPD effective full power day 等效满功率天

EOC end of cycle 循环末期

EOL end of life 寿期末

FP full power 满功率

grad ϕ gradient of neutron flux 中子通量密度的梯度

HFP heat full power 热态满功率

HZP heat zero power 热态零功率

IRC intermediate range channel 中间量程通道

KBA volume and boron control 容积和硼控系统

MCDS monitoring,control and diagnostics system 检测、控制和诊断系统

MOL middle of life 寿期中

NFME neutron flux monitoring equipment 中子通量密度监测装置

pcm pour cent mille(法语)反应性单位(国际),1 pcm$=10^{-5}\Delta k/k$

ppm parts per million 硼浓度单位(习惯),1 ppm$=1\ \mu g(^{10}B)/g(H_2O)$

POAH point of adding heat 核加热点(或多普勒发热点)

PRC power range channel 功率量程通道

SPND self-powered neutron detector 自给能中子探测器

SRC source range channel 源量程通道

TNPS Tianwan Nuclear Power Station 田湾核电站

WDR differential worth of control rod 控制棒微分价值